SISTEMAS AGROALIMENTARES e AMAZÔNIAS

ORGANIZAÇÃO
Uma Concertação pela Amazônia e
Instituto Clima e Sociedade

SISTEMAS AGROALIMENTARES e AMAZÔNIAS

ORGANIZAÇÃO
Uma Concertação pela Amazônia e
Instituto Clima e Sociedade

jandaíra

São Paulo, 2025

PREFÁCIO

Renato S. Maluf

É mais do que oportuna a publicação da coletânea que me foi dada a prazerosa honra de prefaciar. São indiscutíveis as relevâncias do objeto mais geral — Amazônia — e das variadas contribuições relacionadas com a questão alimentar naquela região especial do país, com significado global. No centro das abordagens propostas encontram-se os sistemas alimentares em linha com o indispensável enfoque sistêmico dos fenômenos e processos relativos aos alimentos e à alimentação. Além disso, os sistemas alimentares são campo por excelência de manifestação conjunta das principais crises que afetam a humanidade, todas elas sistêmicas e interrelacionadas. Os formatos e as dinâmicas socioeconômicas e políticas predominantes nos sistemas alimentares reproduzem desigualdades e iniquidades sociais, comprometem o ambiente e a sustentabilidade, repercutem na saúde humana e estão entre os causadores de mudanças climáticas.

A coletânea se propõe, justamente, a contribuir com o debate sobre o entrecruzamento da produção e o consumo de alimentos com dinâmicas socioeconômicas, com vistas a apontar caminhos possíveis para transformar os sistemas alimentares na direção da sustentabilidade, da justiça e da alimentação adequada e saudável. A riqueza da publicação deve muito ao fato de este objetivo ter sido buscado com base na mobilização de redes, organizações e indivíduos com perfis diversos que interagem com a Uma Concertação pela Amazônia e com o Instituto Clima e Sociedade de algum modo. Ressalto também a perspectiva de combinar diversas formas narrativas, do papo ao redor da mesa às análises fundadas em pesquisas acadêmicas e relatos de experiências.

As várias dimensões da problemática mais geral abordadas nos capítulos aportam elementos de grande relevância em face da necessidade incontornável de transformação dos sistemas alimentares, suposto que perpassa todos os capítulos. Nada mais em sintonia com a questão que mobiliza as organizações e movimentos sociais, a comunidade acadêmica e as políticas públicas do que a transição dos sistemas alimentares. Há uma perspectiva bastante difundida no mundo de transição justa em direção a sistemas alimentares sustentáveis, saudáveis e responsivos às mudanças climáticas, formulação genérica relevante que, porém, abre para um amplo espectro de escolhas, não sem controvérsias, quanto aos modelos e caminhos a serem seguidos, questões a serem desvendadas e amplamente debatidas.

A presente publicação aporta elementos que iluminam esses desafios pelas variadas portas de entrada e aspectos trazidos à luz nos capítulos que a compõem. Leitoras e leitores terão à disposição um amplo cardápio no qual os alimentos e a alimentação, a comida, enfim, são remetidas aos territórios, culturas, ancestralidades, sociobiodiversidade, relações urbano-rural, condição alimentar-nutricional das populações amazônidas e, como não poderia deixar de ser em se tratando da Amazônia, recursos hídricos e floresta.

O acesso à alimentação adequada e saudável, articulado aos modos de produzi-la e comercializá-la em contexto amazônico, felizmente, tem mobilizado significativo número de estudos e pesquisas. Fenômenos e processos análogos aos que encontramos nesta publicação foram identificados em pesquisa recente desenvolvida pelo Centro de Referência em Soberania e Segurança Alimentar e Nutricional (CERESAN). Uma abordagem multiescalar sobre as dinâmicas sistêmicas que influenciam o acesso à alimentação e os modos de produção e circulação de alimentos na Região Metropolitana de Santarém (PA) guarda semelhanças com o que se verifica nas diversas regiões da Amazônia. Semelhanças que não devem, porém, sugerir ser homogênea aquela grande região do país caracterizada como um bioma, mas bastante diversa em seu interior.

Não obstante as especificidades, nelas incidem fatores como a expansão do complexo soja-carne e de outras cadeias de valor que reproduzem desigualdades sociais e políticas, assim como a expansão de redes regionais e nacionais de supermercados, o que estimula profundas transformações nos hábitos de consumo e cardápios alimentares. Tais processos caminham lado a lado com concentração de terras, desmatamento e degradação ambiental, garimpo ilegal, conflitos territoriais, urbanização desigual, agroquímicos e crescente consumo de alimentos ultraprocessados.

Diferentes grupos sociais são desigualmente afetados, como são os casos dos povos indígenas, povos e comunidades tradicionais e agricultores familiares que vivenciam conflitos e disputas relacionadas ao acesso à terra, à biodiversidade local e a outros recursos naturais, agravados pelo empobrecimento das famílias, a erosão da base de produção de alimentos e a violência nas áreas rurais. Analogamente, as desigualdades socioespaciais próprias do padrão de urbanização brasileiro restringem o acesso pelos habitantes nas periferias das cidades da região.

O paradoxo corretamente apontado na apresentação da publicação, sobre ser o Brasil um país grande produtor e exportador de bens agroalimentares na forma de *commodities* que, no entanto, convive com a fome e outras manifestações de insegurança alimentar, fica explícito de forma ainda mais impactante no contexto amazônico comumente associado à imagem de abundância. A tradução desse paradoxo no plano das famílias rurais se revela no grau de incidência da fome e da insegurança alimentar acima da média entre famílias que, em princípio, deveriam ser capazes de produzir boa parte da sua própria alimentação, vulnerabilidade que ocorre com intensidade variável em todas as regiões do Brasil.

Finalizo este prefácio referindo-me à perspectiva subjacente à publicação de contribuir para uma concertação pela Amazônia. Creio poder afirmar que não há no Brasil, mais propriamente no seio da sociedade brasileira, uma concepção minimamente estabelecida sobre a Amazônia, suas possibilidades e desafios. Claro que em se tratando de uma formação social heterogênea com interesses não raro conflitantes, como todas são, porém, aqui acrescida por acentuado grau de desigualdade, é mais apropriado falar de concepções sobre a Amazônia a serem objeto de debate aberto. Não compartilho do uso de projeto com essa amplitude — "um projeto para a Amazônia" — porém, parece-me promissor caminhar na direção de uma concertação capaz de estabelecer parâmetros balizadores das iniciativas oriundas das aspirações dos próprios habitantes da região e daquelas articuladas com a trajetória desejada para o país, neste caso, em conexão com o papel global da Amazônia.

Estou certo de que leitoras e leitores farão uma profícua leitura dessa oportuna e importante publicação.

Renato S. Maluf

Professor titular do Departamento de Desenvolvimento, Agricultura e Sociedade (DDAS) e membro permanente do Programa de Pós-Graduação de Ciências Sociais em Desenvolvimento, Agricultura e Sociedade da Universidade Federal Rural do Rio de Janeiro (CPDA/UFRRJ), onde coordena o Centro de Referência em Soberania e Segurança Alimentar e Nutricional. Membro do Conselho Consultivo e ex-coordenador da Rede Brasileira de Pesquisa em Soberania e Segurança Alimentar e Nutricional. Integra a Coordenação Nacional do Fórum Brasileiro de Soberania e Segurança Alimentar e Nutricional desde 1998. Presidiu o Conselho Nacional de Segurança Alimentar e Nutricional entre 2007-2011. Integrou o Comitê Diretivo do Painel de Alto Nível das Nações Unidas de Especialistas em Segurança Alimentar de 2010 a 2015.

Georgia Jordão

Responsável pela frente de conhecimento da iniciativa Uma Concertação pela Amazônia. Pesquisadora associada no Centro de Desenvolvimento Sustentável da Universidade de Brasília (CDS-UnB), é bacharel e licenciada em Geografia, mestre em Geografia pela Universidade Federal do Rio de Janeiro (UFRJ) e doutora em Política e Gestão da Sustentabilidade pelo CDS-UnB. É professora colaboradora do Mestrado Profissional em Ciência da Sustentabilidade na PUC-RJ.

Kamyla Borges

Especialista em Sistemas Alimentares e Agricultura no Instituto Clima e Sociedade (iCS), bacharel em Direito pela Faculdade de Direito da Universidade de São Paulo (USP), mestre e doutora em Planejamento de Sistemas Energéticos pela Faculdade de Engenharia Mecânica da Universidade Estadual de Campinas (Unicamp), tendo como foco de pesquisa o papel do Brasil frente às negociações internacionais sobre a mudança global do clima. Atualmente, dedica-se ao tema de sistemas alimentares como parte da equipe de Transição de Uso da Terra, Sistemas Alimentares e Bioeconomia.

Lívia Pagotto

Secretária-executiva da iniciativa Uma Concertação pela Amazônia e diretora institucional do Instituto Arapyaú. Pós-doutora pelo Centro Brasileiro de Análise e Planejamento (Cebrap), é bacharel em Ciências Sociais, mestre em Governança Ambiental pela Albert-Ludwigs Universität Freiburg e doutora em Administração Pública e Governo pela FGV-EAESP. É conselheira na Rioterra e no Centro Brasileiro de Justiça Climática (CBJC) e colunista fixa no site Poder360.

Thaís Ferraz

Diretora programática no Instituto Clima e Sociedade (iCS). Foi codiretora executiva do Instituto Arapyaú. Graduada em Ciências Biológicas pela Unicamp, com ênfase em agricultura sustentável pela Universidade de Nebraska. Possui especialização em Gestão Socioambiental pela FIA-USP, certificação em gestão de projetos pelo PMI e formação executiva em Liderança Adaptativa pela Harvard Kennedy School.

CONECTANDO ALIMENTAÇÃO, CULTURA, ECONOMIA, FLORESTA E CLIMA

O sistema agroalimentar global constitui um campo de sobreposição de crises contemporâneas — incluindo as crises alimentar, de saúde humana, econômica, financeira, energética, ambiental e climática. Além de ser altamente impactado pelas mudanças no clima, esse sistema também atua como um importante vetor de transformações: cerca de um terço das emissões globais de gases de efeito estufa estão associadas a ele (FAO, 2021).

No Brasil, os efeitos das mudanças climáticas sobre o sistema agroalimentar já são visíveis. Eventos extremos e alterações no regime de chuvas têm provocado inflação de alimentos e estão redesenhando a geografia produtiva do país. Soma-se a isso a relação entre a expansão da fronteira agropecuária para a produção de *commodities* com o avanço do desmatamento e as emissões de gases de efeito estufa (MAPBIOMAS, 2023). Esse cenário evidencia a urgência de repensar a atual configuração do sistema agroalimentar, uma vez que ele repercute diretamente sobre as dimensões ambiental, econômica e social.

Sabe-se que, no país, o setor agropecuário é o principal responsável pela emissão de gases de efeito estufa (GEE) e, portanto, sem uma estratégia de transição para esse setor que envolva metas claras e meios de implementação concretos, não será possível cumprir os objetivos de mitigação e adaptação estipuladas pelo Brasil nas Contribuições Nacionalmente Determinadas (NDCs). Contudo, essa informação não é debatida publicamente de forma qualificada, tampouco são evidenciados e contabilizados os impactos negativos que emergem das interações entre os sistemas agroalimentares e as dimensões social, ambiental e econômica nos territórios. Em 2025 observa-se que o debate sobre sistemas agroalimentares ainda está fragmentado em diferentes setores do conhecimento ou em silos disciplinares, dificultando uma visão integrada de questões críticas a serem enfrentadas e ofuscando oportunidades de enfrentar simultaneamente velhos e novos desafios postos para as sociedades humanas.

Além disso, ao abordar os sistemas agroalimentares sob uma abordagem integradora e a partir do recorte geográfico amazônico, é possível gerar uma série de recomendações e ações concretas com potencial impacto positivo (ganha-ganha/feedback positivo) em questões estruturantes do desenvolvimento amazônico e brasileiro, que são altamente influenciadas pela dinâmicas desses sistemas, como a da segurança alimentar, a inclusão socioeconômica e as mudanças climáticas.

Nos últimos 38 anos — tempo de uma vida humana adulta —, a Amazônia Legal é a região brasileira que mais converteu florestas em pastagens; a que mais contribuiu para o aquecimento global devido às altas emissões de CO_2 e gás metano e uma das que mais vêm sofrendo com eventos climáticos extremos como as secas e as chuvas excessivas, com consequências na redução da disponibilidade de água, no isolamento de comunidades, na insegurança alimentar e na realocação de cidades e de seus moradores, como aconteceu com Brasileia, no Acre, após as inundações de 2024 (SANTOS *et al.*, 2025).

Uma ideia-chave — paradoxo — pode ser utilizada para estruturar a análise dos sistemas alimentares no Brasil, particularmente nas Amazônias. Enquanto as diversas paisagens da região sustentam a produção de alimentos para o Brasil e além, a Amazônia Legal apresenta as maiores taxas de insegurança alimentar e nutricional do país, afetando desproporcionalmente as mulheres. Em 2021/2022, quatro em cada dez famílias sobreviviam com quantidades insuficientes ou acesso limitado a alimentos (REDE PENSSAN, 2022). No norte do Brasil, mais de 27% das mulheres autodeclaradas pardas e pretas enfrentaram insegurança alimentar moderada ou grave (SANTOS *et al.*, 2022). Esse contraste torna-se ainda mais evidente ao considerar que, nos últimos 38 anos, a área destinada à produção de poucas *commodities* na região quadruplicou. Grandes propriedades, que correspondem a apenas 4% dos estabelecimentos rurais da região, controlam 66% das terras. Já as pequenas e micro propriedades, responsáveis pela produção de alimentos que chegam à mesa das famílias, representam 96% dos estabelecimentos rurais e ocupam 32% da área rural total (MAPBIOMAS, 2023; IBGE, 2017).

No setor pecuário, destaca-se que o rebanho bovino nos estados da Amazônia representava 49% do total do Brasil em 2022, com 104,3 milhões de cabeças de um total de 211,3 milhões (CITE, 2024). Apesar da megabiodiversidade da região e de seu potencial para a produção e o consumo diversificados de alimentos, a fome está aumentando nas cidades e o Direito Humano à Alimentação Adequada (DHAA) é persistentemente violado. Nos últimos 30 anos, dietas inadequadas têm impactado negativamente a saúde de adultos e jovens. A taxa de obesidade entre adultos supera 18% nos nove estados amazônicos, e as doenças crônicas não transmissíveis relacionadas à má alimentação já são a principal causa de mortes no país (INSTITUTO ESCOLHAS E CÁTEDRA JOSUÉ DE CASTRO, 2024).

Marcado pela convivência entre abundância e escassez, o território amazônico torna-se assim um laboratório para refletir sobre caminhos possíveis e pontos de partida para a transição dos sistemas agroalimentares brasileiros, uma vez que concentra no mesmo espaço problemas e soluções. Isso quer dizer que a coexistência de diversidades de vidas e culturas tem potencial para ser uma inspiração para a mudança e para ser resgatada e mobilizada a fim de que questões persistentes, como a fome, a má nutrição e o desmatamento, sejam enfrentadas.

Diante da lacuna de conhecimento associada ao tema e de tanto potencial, a Uma Concertação pela Amazônia e o Instituto Clima e Sociedade (ICS) juntam esforços e provocam reflexões sob diferentes perspectivas quanto à produção e ao consumo de comida nas Amazônias e suas conexões com questões socioeconômicas e ambientais.

Esta coletânea, portanto, tem o objetivo de qualificar o debate sobre como a produção e o consumo de alimentos na Amazônia se articulam com dinâmicas culturais, socioeconômicas, ambientais e climáticas, oferecendo reflexões e um cardápio de ações práticas para que a região transite para sistemas mais justos, regenerativos e resilientes.

Para guiar essa travessia de ideias e experiências, escolhemos um fio narrativo ancestral: a lenda da mandioca, ou lenda da Mani. O nome "mandioca" deriva de "mani-oca", que em tupi significa "a casa de Mani". Essa história, contada entre muitos povos indígenas da Amazônia, narra o nascimento e a morte de Mani, uma criança de pele clara e alma especial, cuja partida precoce fez brotar, de seu túmulo, uma planta com raízes brancas e nutritivas. A mandioca, símbolo da vida que ressurge da terra, tornou-se alimento essencial do prato amazônico e metáfora potente de transformação.

Mais do que um mito de origem, essa narrativa expressa a relação profunda e simbiótica entre os povos amazônicos e o ambiente que os sustenta. Ela fala de dor e de generosidade, de ciclo e de renascimento — e nos inspira a enxergar a comida não apenas como produto, mas como cultura, território, história e possibilidade de futuro.

Foi a partir dessa imagem da mandioca, que surge da terra como um gesto de continuidade e afeto, que escolhemos organizar este livro. A lenda da Mani é o caminho narrativo que nos conduz, conectando temas complexos por raízes simbólicas e sensíveis. Inspirados pela força dessas raízes, cada capítulo se inicia com uma breve composição de Fernanda Rennó, que prolonga o exercício de interpretar a lenda e estabelece, de modo sensível e direto, o elo entre o mito e o tema (a)bordado.

Cada capítulo é, assim, como uma dessas raízes: único em sua forma e perspectiva, mas pertencente a um mesmo sistema que nutre tanto o corpo quanto o imaginário social. Os textos foram pensados para transitar entre o técnico e o sensível, tecendo uma abordagem respeitosa, criativa e informativa — capaz de conectar passado e desejos de futuro, ancestralidade, tradição e inovação, floresta e cidade.

A publicação é composta por um prólogo, onze capítulos e um epílogo, produzidos por autoras e autores que mobilizam perspectivas distintas para abordar os sistemas agroalimentares e suas principais conexões. Os principais temas estão conectados à discussão de cultura, uso da terra, segurança alimentar, saúde, desmatamento, cidades e clima. A primeira seção aborda o que são afinal os sistemas agroalimentares e as questões socioambientais e de saúde pública conectadas a eles. A segunda seção traz caminhos que suscitam a reflexão de que a grande diversidade de contextos no território amazônico faz com que problema e solução coexistam e possam ser observados para oferecer respostas que conciliam comida saudável no prato de todos, floresta em pé e qualidade de vida.

O prólogo "Mesa Posta: Uma conversa imaginada sobre território, comida, cultura e mudança" foi tecido a muitas mãos e é composto por muitas vozes. Fruto de entrevistas realizadas com pessoas das mais diversas trajetórias no território amazônico, convida o leitor a cenários e questões centrais conectadas aos sistemas agroalimentares da Amazônia, conduzindo-as por assuntos como a bioeconomia, a biodiversidade e a educação e por temas associados, tais como a agroecologia, o manejo produtivo e de recursos hídricos e as mudanças nos padrões de cultura alimentar local. Todo esse trajeto é realizado desde as raízes sócio-históricas e culturais dos sistemas agroalimentares, suas tipicidades, as modificações produzidas pela interação com o universo dos ultraprocessados e as necessidades de adaptação e de regeneração das práticas culturais e agroalimentares nesse novo contexto.

A relação de comida e ancestralidade é o mote do primeiro capítulo, redigido por Eduardo Neves, Laura Furquim, Jennifer Watling e Myrtle Shock. O artigo aborda, a partir da compilação de dados arqueológicos, os processos de domesticação de plantas e de introdução de espécies alimentícias na floresta na Amazônia há mais de 12 mil anos. Evidências acerca do uso de tecnologias sociais como — a "terra preta" indígena — e o manejo de diversas espécies botânicas por parte de povos indígenas que habitaram e habitam a região foram capazes de contribuir para a constituição de uma rica agrobiodiversidade local. O pano de fundo do capítulo é o reconhecimento de que, desde a Antiguidade, as Amazônias são territórios nos quais se concilia produção de comida e floresta em pé, e que os povos indígenas desenvolveram técnicas sofisticadas de domesticação de espécies da biodiversidade e de manejo regenerativo, que hoje são chave para transformar as práticas que prejudicam o solo e as dietas pouco diversas e de reduzido valor nutricional.

Em "Destruição ambiental e desigualdades: Caminhos para romper esse ciclo", Cesar Favarão e Arilson Favareto seguem intuições similares e exploram as conexões entre desempenho socioeconômico dos modelos de desenvolvimento historicamente adotados na Amazônia e suas inter-relações com os sistemas agroalimentares e as questões ambientais. Os autores reconstroem a sucessão dos ciclos econômicos regionais até a consolidação do atual modelo agropecuário exportador de carne e soja, e argumentam que a trajetória dos sistemas agroalimentares da região foi marcada pela tensão entre dois principais modelos de desenvolvimento: um produtivista (intensivo em carbono e voltado para o consumo externo) e outro caracterizado por algumas ilhas de produção sustentável, mas ainda com pouca articulação e restrita a nichos. As consequências econômicas dessa configuração podem ser observadas a partir do baixo desempenho social dos municípios amazônicos, e também na degradação ambiental e na persistência da insegurança alimentar. A superação desse cenário não tem resposta fácil, e necessariamente passa, entre outros pontos, pela consolidação de sistemas produtivos sustentáveis, pelo desenvolvimento da bioeconomia e pela ampliação da conexão entre oferta e consumo de alimentos sustentáveis.

No terceiro capítulo, "Economia e território: Um panorama dos sistemas alimentares locais", o grupo de pesquisadores formado por Rosana Maneschy, Daniel Soares, Gisalda Filgueiras e Priscilla Tamasauskas analisa os sistemas alimentares amazônicos a partir dos efeitos que os setores primário, secundário e terciário da economia têm sobre a espacialização dos usos da terra. Enfocando as principais cadeias produtivas da região — milho e soja, gado de corte e leiteiro, produtos florestais e nativos e fruticultura e horticultura — os autores argumentam que as transformações das paisagens, ocasionadas pela modificação nos usos da terra, catalisam fenômenos como as mudanças climáticas e induzem consequências sobre sistemas alimentares e acesso da população aos alimentos. As tensões dessa copresença refletem-se nos desafios ao abastecimento alimentar das populações locais nas diferentes regiões amazônicas, que também envolvem aspectos como os diferentes canais de distribuição e logística, a origem local ou não local dos produtos alimentares e a perda da biodiversidade.

O Capítulo 4, "O desmatamento ameaça a segurança alimentar: O desafio de produzir comida sem derrubar a floresta", Paulo Barreto e Arthur Rocha partem do paradoxo segundo o qual o aumento da produção de alimentos e de energia prejudica a produtividade agrícola no longo prazo, pois se baseia fundamentalmente no desmatamento e na conversão de florestas em terras agrícolas, agravando as mudanças climáticas. A opção pelo desmatamento, dizem os autores, é comum a grandes e pequenos produtores rurais, desde a agricultura de larga escala, passando pela agricultura familiar e pela agricultura de subsistência, até chegar à produção de biocombustíveis. Os autores identificam como impactos desse modelo a alteração dos padrões climáticos, a degradação do solo, a desregulação hidrológica, a desestabilização de ecossistemas e a perda de biodiversidade, todos fatores com efeito de retroalimentação negativa nos indicadores de produção agrícola.

Andréa Jacqueline Fortes Ferreira, no Capítulo 5, intitulado "Sistemas alimentares da escassez: A persistência da fome no contexto das mudanças climáticas", investigam o aumento das vulnerabilidades sociais decorrente da expansão dos sistemas alimentares fundamentados em ultraprocessados e como isso impacta a consecução do Direito Humano à Alimentação e Nutrição Adequada (DHANA) e a soberania alimentar de povos e comunidades tradicionais. Substituindo os sistemas alimentares regionalizados e marcados pela diversidade, esse novo sistema hegemônico contribui não somente para a monotonia e a insegurança alimentar, mas também para a má nutrição e para as mudanças climáticas.

"Sem água na torneira, sem comida no prato: Conexões entre as inseguranças hídrica e alimenta" é o título do capítulo 6, de autoria de Mayline Menezes da Mata e Maria Angélica Tavares de Medeiros. As autoras abordam o nexo entre esses dois problemas, tendo como ponto de partida a desigualdade intrarregional. As altas taxas de insegurança alimentar encontradas na região Norte do país associam-se com a insegurança hídrica domiciliar, propiciada pela má qualidade, déficit de abastecimento e dificuldades de armazenamento de água para consumo humano, justamente numa região em que, paradoxalmente, os recursos hídricos são abundantes. Soma-se a esse quadro as mudanças climáticas decorrentes do desmatamento, que têm contribuído para a perda de biodiversidade e a redução de regimes de chuvas.

No Capítulo 7, "Quando a floresta ensina: Reflexões sobre uma sociobioeconomia da prosperidade", Marcelo Salazar destaca o potencial dos alimentos da floresta para integrar-se a sistemas produtivos que geram valor econômico, social e cultural, beneficiando simultaneamente comunidades tradicionais e conservação ambiental. Salazar critica a substituição das práticas ancestrais pelo monocultivo, megaprojetos e a lógica do consumismo, que têm levado ao abandono de roças, maior integração de ultraprocessados às dietas e prejuízos à saúde. Como alternativas, o autor propõe fortalecer a governança local, valorizar economicamente as atividades tradicionais e tornar os produtos florestais e postos de trabalho relacionados a sociobioeconomia mais competitivos e atraentes. Ele cita quatro iniciativas já implementadas: miniusinas de processamento, rede de cantinas abastecidas com insumos da floresta, inclusão da farinha de babaçu na merenda escolar e desenvolvimento de negócios do setor privado que agregam valor aos produtos e integram a participação comunitária na gestão.

Laís Mais e Lorenza Longhi uniram-se a Estela Sanseverino, Fernanda Marrocos-Leite e Nadine Nunes-Galbes para elaborar o oitavo capítulo, sobre a falta de diversidade alimentar nas Amazônias. Introduzindo o conceito de "monotonia alimentar" como fio condutor de sua análise, as autoras identificam que o padrão hegemônico do sistema alimentar, também introduzido na Amazônia, tem contribuído para a sindemia global e fomentado padrões alimentares cada vez menos diversos, mais dependentes de alimentos de origem animal e das poucas *commodities* que fazem parte do ciclo produtivo dos alimentos ultraprocessados. Além dos efeitos ambientais relacionados às mudanças climáticas e ao empobrecimento do solo, entre outros, assiste-se a efeitos negativos na saúde da população, aferíveis pelo aumento do sobrepeso, da obesidade e de incidência de doenças crônicas não transmissíveis (DCNTs), tais como diabetes e problemas cardiovasculares.

O Capítulo 9, elaborado por Ana Barezi e Beatriz Duarte, intitula-se "Conexões campo-cidade: os caminhos para facilitar o acesso a alimentos nutritivos e sustentáveis". Nele, as autoras debruçam-se sobre as possibilidades de produção de alimentos saudáveis e sustentáveis, em especial a sua viabilidade e relevância a partir da agricultura urbana e periurbana. Seu foco é sobre o papel que pode vir a ser desempenhado nesse processo pelos tomadores de decisão para apoiar e tornar operantes e generalizadas algumas iniciativas estruturantes, nos moldes de políticas públicas, que incentivem a proliferação desse modelo de produção, assim como, necessariamente, a ampliação de espaços para a comercialização desse tipo de produto. Na visão estratégica das autoras, as políticas públicas assim orientadas também devem promover tanto a conexão entre campo e cidade como a demanda pelo consumo de alimentos da sociobiodiversidade regional e agroecológicos. Essa perspectiva implica uma gama de investimentos capazes de superar tanto as dificuldades de logística como a disseminação de informações sobre os benefícios desse tipo de alimentação e o fortalecimento da comercialização, a fim de facilitar o acesso a esses produtos.

"Agropecuária com floresta em pé: O papel do Estado como indutor da transição" é o título do décimo capítulo, de autoria de Fernando Sampaio. Nele, o autor se debruça em propostas de apoio à atividade agropecuária na Amazônia que associam desenvolvimento socioeconômico, conservação da biodiversidade e mitigação da crise climática. Em geral, são iniciativas que incentivam ganhos de produtividade da atividade *vis-à-vis* a sua expansão espacial para novas áreas, que tradicionalmente tem se convertido em desmatamento. Modelos de produção de baixo carbono, de agricultura regenerativa, de Integração-Lavoura-Pecuária-Floresta (ILPF), de recuperação e manejo de pastagens ou o uso de bioinsumos são alguns dos exemplos elencados pelo autor de tecnologias de aumento da produtividade agropecuária sem a necessidade de desmatamento. O sucesso de sua implantação depende de planejamento, de um projeto nacional para a Amazônia, no qual o Estado ocupe um papel relevante como organizador e viabilizador dessa mudança. Seja por meio da governança fundiária, do controle das fronteiras, da regularização ambiental, seja por meio da integração entre os diversos planos elaborados nas diferentes esferas de governo, seja, ainda pela cessão de crédito ou disponibilização de infraestrutura, cabe ao Estado essa orquestração de um ambiente institucional equilibrado para que o setor privado possa de fato disseminar e aprofundar iniciativas para transicionar a produção em direção a cadeias sustentáveis.

O Capítulo 11, "Culinárias indígenas: práticas e inspirações de uma alimentação ancestral", elaborado pela antropóloga Lorena França, pela pesquisadora indígena Mel Mura e pela chef de cozinha Débora Shornik, apresenta as características culturais da alimentação indígena no território amazônico, a partir das experiências dos povos Baniwa, Enawene-Nnawe, Mura, Tukano e Wajãpi. Os alimentos cultivados por esses povos obedecem a um calendário ecológico associado ao conhecimento tradicional que reúne, de maneira complexa, a compreensão de bioindicadores, as percepções sobre os ciclos das condições climáticas e sazonais de seus territórios e as concepções sobre a passagem do tempo. Também são praticados por meio de técnicas de cultivo, processamento, preparo e cocção que denotam relações específicas com a terra, suscitando a importância da dimensão cultural e ancestral na garantia da soberania alimentar. O capítulo é ricamente complementado pelo relato a respeito da vivência da cultura alimentar Mura por Melrilane Faria, de origem Mura e quilombola, e pela identificação de experiências de recuperação da segurança alimentar através do conhecimento tradicional, que atualmente tem sido valorizado tanto em iniciativas de alta gastronomia como de cozinhas solidárias.

Para finalizar, o epílogo "Paradoxos amazônicos: Desafios e oportunidades para uma transição justa e sustentável dos sistemas agroalimentares" arremata a discussão elencando vetores de tração e de retração desses paradoxos, e projetando soluções a partir dos desafios e oportunidades.

Sabemos que esta coletânea não abrange todos os temas relevantes. Ficam de fora questões importantes, como o desperdício de alimentos, o uso crescente de agroquímicos e antibióticos, e o bem-estar animal. Ainda assim, ela nasce com a ambição de fomentar debates menos óbvios e de apontar caminhos para a transformação das formas hegemônicas de produzir e consumir alimentos na Amazônia. Que este seja o início de uma conversa inadiável sobre que comidas queremos comer no Brasil e como as produziremos, nas quais a transição justa e regenerativa dos sistemas agroalimentares amazônicos seja reconhecida como uma oportunidade de alavancar as seguranças alimentar, nutricional e climática — no país e no mundo.

Boa leitura a todas e a todos!

Referências bibliográficas

CITE - CENTRO DE INTELIGÊNCIA PARA GOVERNANÇA DE TERRAS E DESENVOLVIMENTO SUSTENTÁVEL. Raio X das pastagens da Amazônia Legal. 2024. No prelo.

FAO. The State of the World's Land and Water Resources for Food and Agriculture – Systems at breaking point (SOLAW 2021). Roma: FAO, 2021.

IBGE - INSTITUTO BRASILEIRO DE GEOGRAFIA E ESTATÍSTICA. Censo Agropecuário 2017. Disponível em: https://censoagro2017.ibge.gov.br/resultados-censo-agro-2017.html. Acesso em: 13 set. 2024.

INSTITUTO ESCOLHAS E CÁTEDRA JOSUÉ DE CASTRO. Promoção da saúde e a produção de alimentos nas cidades. Policy Brief, São Paulo, n. 7, ago. 2024. Disponível em: https://escolhas.org/wp-content/uploads/2024/04/PolicyBrief_7_AUP-e-Saude.pdf. Acesso em: 23 set. 2024.

MAPBIOMAS. Amazônia: evolução anual da cobertura e uso da terra (1985-2023). [Infográfico]. 2023. Disponível em: https://brasil.mapbiomas.org/wp-content/uploads/sites/4/2023/08/MBI-Infografico-amazonia-8.0-BR-rev4-scaled.jpg. Acesso em: 21 set. 2024.

REDE PENSSAM - REDE BRASILEIRA DE PESQUISA EM SOBERANIA E SEGURANÇA ALIMENTAR E NUTRICIONAL. 2º Inquérito nacional sobre insegurança alimentar no contexto da pandemia da COVID-19 no Brasil. São Paulo: Fundação Friedrich Ebert, 2022.

SANTOS, Daniel. *et al.* Fatos da Amazônia 2025. Amazônia 2030, 2025. Disponível em: https://amazonia2030.org.br/fatos-da-amazonia-2025/. Acesso em: 30 mai. 2025.

SANTOS, Lisandra Amorim. *et al.* Interseções de gênero e raça/cor e insegurança alimentar nos domicílios das diferentes regiões do Brasil. Cadernos de Saúde Pública, Rio de Janeiro, v. 38, n. 11, 2022. Disponível em: https://www.scielo.br/j/csp/a/8n98GjtF49CJzYqhyQRCjyk/?format=pdf&lang=pt. Acesso em: 16 set. 2024.

MESA POSTA

Uma conversa imaginada sobre território, comida e cultura

A Mani atravessa tempos pelos quais ecoam saberes de ontem e os sonhos de amanhã, entrelaçando tradição e inovação.

Uma mesa e dez cadeiras. Cada lugar traz um modo de ver e de viver os sistemas agroalimentares da Amazônia. As vozes que ocupam a mesa pertencem a mulheres e homens de cinco estados: Amapá, Maranhão, Rondônia, Pará e Amazonas — em sua maioria, das capitais. Em comum, reconhecem que por trás da comida existem conexões ancestrais entre culturas e natureza. Trata-se de um grupo que trabalha em distintos elos das cadeias (re)produtivas, narrando, a seu modo, pontos de vista.

A conversa imaginada é tecida em tempos diversos. Embora as escutas tenham sido conduzidas individualmente e em momentos distintos de 2024, as palavras reorganizadas em texto se encontram, atravessam-se, desenham um panorama coletivo sobre questões centrais associadas ao tema dos sistemas agroalimentares na região amazônica. A mesa que se coloca em cena é fio e tear: um espaço simbólico no qual as vozes se unem para contar o que já existe, identificar mudanças e imaginar o que se deseja.

O desafio, portanto, foi trazer pessoas do território para um encontro imaginado, mas enraizado no real. A prosa que se cria coletivamente não é invencionice ou ficção: cada palavra pertence a quem a proferiu, apenas levemente temperada com conectivos e situações de fala que dão liga às histórias. Ou seja: as intromissões possuem, tanto quanto possível, apenas um caráter de amarração formal, ficando o conteúdo central restrito às falas transcritas das pessoas ouvidas. Isso não implica que não tenha sido imprimido um tratamento criativo aos dados originais, pois reorganizar as diversas falas de maneira articulada, em conjuntos coerentes e coesos dotados de sentido, exigiu a adoção de critérios que respondessem simultaneamente à configuração dialógica e à relevância de certos assuntos e temas.

Para a identificação dos temas e assuntos mais relevantes, os conteúdos das entrevistas individuais foram organizados em matrizes, nas quais se verificou a frequência com que se cruzavam. O termo "assunto" foi reservado aos tópicos mais amplos, isto é, sobre "o que" se fala, ao passo que o termo "tema" diz respeito às diferentes formas de se abordar os "assuntos" — ou seja, a "como" se fala sobre determinado assunto. Feitas as análises de frequência, os três assuntos que ocuparam posição de destaque nas entrevistas sobre os sistemas agroalimentares foram a bioeconomia, a biodiversidade e a educação. O mesmo procedimento foi realizado em relação aos temas. Nesse caso, a avaliação da frequência identificou como tópicos significativos a agroecologia, o manejo produtivo e de recursos hídricos e as mudanças nos padrões de cultura alimentar local.

O desafio de imaginar uma conversa que efetivamente nunca existiu foi abordado tendo como fio condutor esses três assuntos e esses três temas principais, responsáveis por encadear cinco atos que, semelhantes às cenas teatrais, retratam as interações entre as pessoas entrevistadas, apresentando-as umas às outras, sem negar a complementaridade ou a diferença entre suas visões de mundo no contexto dos sistemas agroalimentares da Amazônia.

O diálogo flui conforme a saturação dos assuntos e temas nas escutas individuais, sem que nenhuma voz se perca. Entre uma fala e outra, costura-se uma narrativa que não só respeita, mas amplia e evidencia a riqueza de cada depoimento. Afinal, como numa boa refeição partilhada, cada ingrediente — ou cada voz — tem seu valor, e é no encontro entre eles que emergem novos sabores.

A mesa está posta. Que venham as palavras, os sabores e as novas receitas que elas inspiram! Conheça os comensais:

- Ed Carlos Santana Tenório (Belém/PA): Kiko, como é conhecido, trabalha diretamente com alimentação, em especial conduzindo projetos relacionados à reunião e à divulgação de receitas que têm a mandioca como principal insumo.

- Tainá Paiva Godinho (Belém/PA): também chamada de Tainá Marajoara, devido à sua origem, é pesquisadora, artista, cozinheira e ativista da cultura alimentar tradicional amazônica.
- Fernanda de Araújo Moraes (Carauari/AM): líder comunitária e defensora ambiental na comunidade de Lago Serrado, município amazonense de Carauari, onde atua com projetos relacionados ao manejo do pirarucu.
- Mauro Lúcio de Castro (Paragominas/PA): pecuarista, especialista em gestão, sustentabilidade e desenvolvimento humano no contexto da atividade pecuária.
- Kátia Gomes de Sousa Di Teodoro (São Luís/MA): moradora do Assentamento Califórnia e militante do Movimento Sem Terra (MST), dedica-se à educação no campo e a projetos de implantação de sistemas agroflorestais na Amazônia. Também participa do Coletivo Nacional Plantar Árvores e Produzir Alimentos Saudáveis, do MST.
- Justino Alves Barbosa (Porto Velho/RO): músico, ator, produtor de cinema e cenógrafo, Tino Alves atualmente dedica-se a propagar os benefícios da permacultura e dos sistemas agroflorestais, atuando em projetos cuja orientação é tornar os sistemas agroflorestais viáveis produtivamente e economicamente em comunidades tradicionais da Amazônia de diversas matizes: seringueiros, mulheres indígenas, extrativistas, quilombolas e ribeirinhos.
- Pedro Aquino de Santana (Macapá/AP): professor e pesquisador do Instituto Federal do Amapá (IFAP), tem se dedicado a projetos devotados à saúde e à melhoria da qualidade de vida de comunidades ribeirinhas da Amazônia, tendo desenvolvido um modelo de casa sustentável adaptado a esse modo de vida.
- Célio José Pereira da Costa (Belém/PA): agrônomo paraense dedicado à agroecologia e à questão ambiental, atualmente é servidor na Secretaria de Estado de Meio Ambiente e Sustentabilidade (Semas) do Estado do Pará e professor na Fundação Centro de Referência em Educação Ambiental Escola Bosque "Professor Eidorfe Moreira" (Funbosque), da Prefeitura

Municipal de Belém, na qual também exerce o cargo de coordenador de planejamento e pesquisa.

- Tarcísio Silva Ferreira (Itacoatiara/AM): pedagogo, graduado em Letras (Português e Inglês), pós-graduado em Informática e Comunicação na Educação, mestre no Curso Internacional Estado, Governo e Políticas Públicas com ênfase em Educação, coordenador do Coletivo Puraqué de Cultura Digital e Cidadania, ativista de Cultura Digital e Software Livre, professor do Ensino Mediado por Tecnologias do Ensino Médio e professor do Ensino Fundamental I da Secretaria de Educação de Itacoatiara (AM).
- Pricila Almeida (Manaus/AM): economista e especialista em agricultura e desenvolvimento regional e em Negócios da Floresta Amazônica. Sócia-fundadora da Amazônia Smart Food.
- Jader Gama: cientista da Computação, doutor em Desenvolvimento Socioambiental pelo Núcleo de Altos Estudos Amazônicos da Universidade Federal do Pará (UFPA) e pesquisador do Laboratório de Cultura Digital da Universidade Federal do Paraná (UFPR)/Ministério da Cultura.
- Nara Pessoa: doutora e mestre em Comunicação, Cultura e Amazônia (UFPA). Especialista em Marketing, Publicidade e Propaganda. Jornalista e relações públicas. Pesquisadora da comunicação e da Economia Feminista em territórios amazônicos.
- Georgia Moutella Jordão: doutora em Política e Gestão da Sustentabilidade, coordenadora de Conhecimento na Uma Concertação pela Amazônia e pesquisadora associada no Centro de Desenvolvimento Sustentável da Universidade de Brasília (UnB).
- Clayton Peron F. de Godoy: consultor socioambiental e sócio-diretor da SocioLógica Projetos e Soluções Socioambientais. Doutor e mestre em Sociologia pela Universidade de São Paulo (USP).
- Fernanda Rennó: PhD em Planejamento Territorial, Meio Ambiente e Paisagem pela Université de Toulouse/Universidade Federal de Minas Gerais (UFMG), pós-doutora em Engenharia Sanitária (UFMG). Membro do Núcleo de Governança e coordenadora da frente de Cultura na Uma Concertação pela Amazônia.

RAÍZES

— Sou paraense, de Belém — a voz de Kiko Tenório irrompe no silêncio. — Eu venho de uma família que trabalha há mais de cem anos com culinária indígena. Sou bisneto de alforriada, cozinheira alforriada, que comprou sua alforria vendendo os quitutes dela lá no Ver-o-Peso. Trabalhava numa casa na Veiga Cabral. E a minha avó, a minha avó Mundica, que era bambambã em cozinha também, costumava cozinhar em aniversários ou em terreiros de candomblé aqui na região. Eu já nasci dentro desse contexto alimentar, cortando cupuaçu, beneficiando açaí... A minha mãe, D. Eliete, era uma lenda viva, conhecida como a rainha do tucupi pela população da época e pela imprensa escrita e televisionada. Ela foi a primeira a mandar para fora tudo o que se consumia aqui no estado.

— Eu venho de um povo matriarcal — diz Tainá Marajoara. — Também moro em Belém, mas vejo as coisas de um jeito diferente. A gente, enquanto matriarcal, nunca pôde existir. É essa história de a gente sempre ter vivido a nossa cultura de forma escondida, porque, apesar de ter sido bisneta de alguém que é da pajelança caruana, que me ensinou os cantos, que me ensinou o que eu devia respeitar, que me ensinou sobre as forças da natureza, que me ensinou todo esse mundo, nunca pude praticar. Eu não tinha ideia de que a gente não existia enquanto povo marajoara. Aí, quando eu chego na faculdade de Sociologia é que eu vou descobrir que o marajoara não existe. Um dos professores lá foi falar dos antigos, dos egípcios e tudo, e eu disse: "não, não são os mais antigos, porque tem gente do marajoara". Eu sabia toda a minha história, e resolvi contar. E aí, com 16 anos, fui enfrentar um professor de Sociologia. Lógico que esse professor me deixou reprovada. Mesmo assim, terminei a faculdade, depois cursei Comunicação. Migrei para São Paulo, onde estudei teatro e trabalhei em diversos centros culturais e companhias teatrais, antes de retornar para Belém e me dedicar ao trabalho com a cozinha.

— Sou o Mauro Lúcio. Também moro no Pará. Em Paragominas. Mas sou mineiro de nascimento. Eu me estabeleci por lá em 1982, aos 19 anos, pra morar na primeira fazenda que meu pai tinha comprado na região, ainda em 1975. Quando me mudei, a infraestrutura era muito precária, muito pobre. Estrada, energia, não tinha praticamente nada e era muita mata. Então, eu fiquei morando e trabalhando na fazenda. Sou filho e neto de pecuarista, então eu nasci e me criei trabalhando em fazendas e convivendo com fazendas de pecuária. Praticamente a minha vida inteira foi trabalhando com pecuária e, como você falou muito da infância, né, a minha era muito na fazenda. E não só eu, mas toda a família, né? Meus primos, todo mundo, a gente convivia, e era essa coisa toda de fazenda, era coisa de estar montando a cavalo... Meu relacionamento com a terra, e principalmente com a pecuária, é desde quando eu me entendo por gente.

Pricila Almeida diz:

— Assim como o Mauro, eu sou mineira, mas hoje em dia moro em Manaus. Já tem 18 anos que eu estou no Amazonas. Eu fui criada com uma alimentação supernatural. Super. Então, aquela comida do mineiro [...] toda artesanal, e isso fez parte de toda minha rotina, né? Era comida do fogo, no fogão à lenha, no tacho de cobre. Isso esteve e está muito presente na nossa cultura e com a minha família desde sempre. E por conta de a alimentação natural ter sido muito presente, eu sempre gostei dela. Hoje eu sou economista e especialista em agricultura e desenvolvimento regional. Trouxe essa preocupação com a alimentação saudável para a minha vida profissional, e estou atuando no segmento de alimentos veganos, no desenvolvimento de proteínas alternativas a partir de frutas amazônicas.

— Aqui, mais um paraense para a lista! Me chamo Célio Costa, tenho 55 anos, e, assim como a Tainá e o Kiko, também moro em Belém, cidade onde nasci. Meus pais têm ascendência nordestina e são paraenses. Meu pai veio de Maracanã e minha mãe também veio do interior. Meu pai foi para Belém atrás de um emprego. Em Maracanã, ele fazia extração de caranguejo e colhia arroz. Em Belém, entrou no Ministério da Agricultura. E minha mãe é professora. Éramos uma família numerosa, de dez irmãos. Eu acabei me tornando agrônomo, por influência do trabalho do meu pai, que me expôs ao mundo da agronomia, e devido ao contato com a pobreza rural, quando eu visitava a cidade natal do meu pai.

— Que interessante, Célio! Atuamos em campos similares, apesar da nossa distância geográfica — disse Tino Alves, rondoniense da capital. — Hoje eu moro numa comunidade ao lado de Porto Velho, chamada Belmonte. É onde a gente desenvolve algumas coisas, alguns trabalhos dentro da permacultura, agrofloresta, vivências ancestrais. Tenho 55 anos já completos. Na minha vida, já migrei para São Paulo, para o Rio de Janeiro; viajei pelo baixo Madeira, envolvendo-me com música, praticando malabares, tecendo amizades, compondo canções sobre os seres encantados da floresta — Curupira, Boto e tantos outros. Há nove anos, comecei a me envolver com sistemas agroflorestais e permacultura, por ter a percepção da carência alimentar em meu entorno. Iniciei a atividade em minha propriedade, para subsistência, aí fui adquirindo conhecimento prático a respeito de formas alternativas de plantio orgânico, ao ponto de começar a ser chamado para dar palestras a respeito de técnicas de cultivo agroflorestal em escolas da região.

— Eu vivo em Manaus, Tino. Meu nome é Fernanda Moraes, sou líder comunitária e defensora ambiental. Você falou em vivência ancestral e, sabe, eu lembro muito dessa vivência, do meu pai passando para a gente todo esse cuidado com os alimentos, com os ambientes — pois lá a gente chama os lagos de "ambientes". O local onde a gente mora era chamado, na época, de Casarão dos Patrões, e, após toda essa vivência da época do patrão, meu pai permaneceu por lá [...] Teve toda a resistência, enfrentou pessoas que diziam cuidar do local, mas que arrendavam os lagos, e meu pai começou a impedir que isso acontecesse. Hoje a gente é uma das comunidades de referência na área do acordo de pesca, com os maiores potenciais, maior forma de organização, maior estrutura para acontecimentos e eventos. É onde está a minha família, da qual tenho o maior orgulho da história e do legado de luta que meu pai deixou, em respeito à família, em respeito à natureza e ao meio ambiente.

— Você falando assim, principalmente da relação com a água, me traz muitas lembranças, Fernanda. Sou o Pedro Aquino, tenho 59 anos. Sou natural de Alenquer, no Pará, mas atualmente resido em Macapá, onde sou pesquisador no Instituto Federal. Enfrentei uma infância difícil, trabalhei na roça desde os meus 6 anos. Sou de uma família de agricultores familiares. Éramos meu pai, minha mãe e seis irmãos, quatro morreram ainda bebês. Hoje, na condição de pesquisador, fui investigar a causa da morte dos meus irmãos. Era água. Água contaminada. Foi o que tirou a vida dos meus irmãos, quase tirou a minha e a do meu outro irmão que sobreviveu. Inclusive, segundo meu pai, eu sobrevivi porque um curandeiro, um curador, cuidou de mim. Então, dessa infância, tem toda uma memória que me remeteu sempre à preocupação com a situação amazônica. Eu ficava olhando desde criança como é que essas pessoas vivem, como é que a gente vive aqui em cima dessa água, mora aqui em cima e bebe essa água. E hoje eu observo que continua do mesmo jeito.

— Minha trajetória de vida tem alguma semelhança com a sua, Pedro — continua Kátia Gomes. — Também sou filha de agricultores e minha família migrou bastante. Nasci em Barra do Corda, no Maranhão, e atualmente resido na capital, São Luís. Mas já morei em praticamente todo o estado na minha infância. Meus pais são camponeses e, em virtude disso, nós fomos morando de município em município, nessa perspectiva de conseguir um espaço para trabalhar, onde a família pudesse ter comida, né? Moramos a vida toda no campo, com meu pai trabalhando para fazendeiros. A minha mãe tinha já bastante filhos, nós somos uma família de sete irmãos. Ao longo desse tempo, começávamos a estudar em uma escola no interior e, de repente, tínhamos que mudar para outro local. Até que meus pais participaram de uma ocupação de terra junto ao movimento dos trabalhadores rurais aqui no estado, então nós fomos morar, na época, em um acampamento, que ficava na cidade de Açailândia, na região sul. Tornou-se o Assentamento Califórnia. Eu morei lá por muitos anos, minha família continua morando lá. Foi exatamente nesse período que tive outra perspectiva de vida, porque pude conhecer uma organização social, tomar outra formação de consciência [...] inclusive, da situação agrária no estado. Eu sou uma militante do movimento, atuo nos assentamentos da região amazônica do Maranhão, mas também desenvolvo um trabalho em nível nacional. Faço parte de um coletivo e participo da coordenação nacional. Plantar árvores, produzir alimentos saudáveis, acompanhar alguns estados dessa região. Desenvolvo esse trabalho que é de fazer formação, trazer informação, fazer a implantação de sistemas agroflorestais...

— Vejo que, além da relação comum com a alimentação, muitos de nós somos migrantes na própria Amazônia — afirma Tarcísio Ferreira. — Eu mesmo sou paraense, mas moro em Itacoatiara, no Amazonas, onde sou professor nas redes estadual e municipal. Na verdade, é um vilarejo chamado Lindoia. Fica às margens de uma rodovia, a AM-010, que liga Manaus a Itacoatiara. Eu nasci numa comunidade próxima às cidades de Alenquer e Santarém. [...] Garoto do interior, muita fartura de peixe, muita fartura de alimento, graças a Deus. E, como filho mais velho, já naquele período de 9, 10, 11 anos, já tinha que saber cuidar da casa, olhar o feijão que a mãe tinha deixado no fogo, ajudar a pescar, a tirar leite da vaca. Foi uma infância muito boa, com muita alimentação, com muitas brincadeiras, muitos primos por perto. Mas chega um tempo em que, por morar no interior, os pais escolhem, tomam uma decisão de levar os filhos para a cidade para estudar. Então, foi quando fomos para a cidade de Santarém, por conta da família, avó, tios já estarem por lá. E eu estudei. E me tornei professor.

COMIDA

— O peixe é o meu alimento principal. Não como todos os dias porque não é fácil, mesmo morando em Itacoatiara, no interior do Amazonas, às margens de um rio. Mas considero um alimento fundamental na dieta amazônica — relata Tarcísio. —

Por exemplo, aqui tem o bodó, que é um peixe preto. É o que lá para o Centro-Sul chamam de peixe-cascudo, eu acho. Mas no nosso Pará é acari. Olha só, a diferença de chamar de acari e de bodó é grande. Muda-se o nome, mas o peixe é o mesmo. Isso me traz recordações de outros tempos. Minha mãe sempre plantando aquela chicória, a cebolinha, o coentro... E o meu pai sempre gostando também do peixe. Eu, até hoje, largo qualquer outro tipo de alimento se tiver peixe.

— E o cheiro do tamatá, gente? — intercede Tainá Marajoara. — Que é uma das memórias mais fortes que eu tenho. O cheiro do tamatá! Pra vocês verem que a alimentação mexe com todos os nossos sentidos. Eu sentia aquele cheiro, aquilo para mim era muito estranho. Aquele peixe com aquele cheiro muito forte. A outra coisa era o cheiro de quando ia limpar a tripa de búfalo. Quando ia limpar para fazer linguiça para ferver. O cheiro de bucho também.

— Tem também o tucumã — intervém Tarcísio. — O tucumã é um fruto daqui da região. Lá no Pará, é muito mais conhecido um tucumã pequeno. Aqui no estado do Amazonas é um grandão, que você tira aquela primeira capinha dele, aquela casca, e entre a casca e o caroço tem uma massa. Ela é bem gordurosa e muito rica em nutrientes. E aqui muita gente usa para o café da manhã. E é bom, não precisa cozinhar, não precisa nada, basta descascar ele, pegar aquelas fatias ali e comer.

— Na minha localidade, em Belém, eu tenho, de cabeça, dez, 12 receitas que aproveitam o mesmo insumo, a mandioca — diz Kiko. — Inclusive, passei a reunir receitas dessa planta, e atualmente conto com 23 receitas catalogadas. Da mandioca, aqui na região Amazônica, dá para fazer farinha, maniçoba, o carimã [...] usa tanto para empanar o peixe, como para fazer mingau, fazer aqueles biscoitos, molhos, reelaborar para fazer o tucupi, dá para ti fazer a goma, farinha de tapioca, para engrossar outros molhos, reelaborar outras receitas, farinha d'água, dá para fazer os beijus da vida.

— Cultura alimentar é um conceito que sai do Marajó, do território de pior IDH do país, sabe? — comenta Tainá Marajoara. — Então, quando a gente se levanta e fala que cultura alimentar é principalmente aquilo que a gente não come, mas o que pensa, vive, cultiva... não estamos falando do que a gente cultiva na terra. Não é o ato mecânico de plantar. Não é o ato mecânico de cozinhar. Não é isso. É o ato simbólico, invisível, identitário e de existência que há em tudo isso.

Kiko complementa a ideia de Tainá:

— Não dá pra falar em cultura popular sem falar em ancestralidade. E essa galera que abriu as portas para a Amazônia ser o polo gastronômico mundial tem que, primeiro, reverenciar os mais velhos, homenagear não uma, mas várias mulheres que iam para a linha de frente da cozinha para complementar a renda familiar, prover o alimento da sua prole. E elas eram, posso dizer, todas amigas, se ajudavam.

Tainá retoma:

— Sim, esse pessoal que se apropria fala de flores comestíveis, não sei o quê. Gente, nós já comemos flores há muito tempo. Uma vez, nos anos 80, em um aniversário, a vovó viu uma mesa cheia de docinho colorido e ficou muito apavorada com aquilo. Indígena, né? E aí ela me levou para fora e eu fiquei comendo flor com ela durante boa parte da noite, chupando a florzinha lá do beija-flor que tinha no canteiro do prédio.

— Eu acho que tem um racismo nisso daí — opina Kiko. — Para falarmos da mandioca em si, deveríamos, com todo respeito, recorrer aos que vieram antes de nós. Era o que eles sabiam fazer, e, por causa da origem deles, não eram bem aceitos. E isso se passa não só com a pessoa, mas também com o alimento que ela come.

— Está tudo conectado na rede que existe por trás de um alimento: ancestralidade, memória, religião, meio ambiente — resume Kiko. — No período do Círio de Nazaré, a rua cheira a maniçoba ou algum alimento no tucupi, essa é a sensação. Eu já cheguei a passar um Círio fora de Belém, para mim foi super nostálgico.

— Verdade — emenda Célio Costa. — Nossa comida era raiz, tubérculos, frutas, peixe. Muito rica. O nosso café da manhã era tubérculo, macaxeira. A gente não comia pão de trigo. Mas agora mudou, né?

ADAPTAÇÃO

— A melhor alimentação é a dos nossos ancestrais, porque os aditivos químicos não faziam parte da cultura alimentar amazônica — diz Kiko. — Atualmente, os alimentos recebem uma carga de produtos químicos desde a lavoura... o malatol, o folidol.

— Eu acho que houve uma grande transformação nos sistemas agroalimentares da Amazônia. Hoje, a gente vai nos supermercados e pode constatar como praticamente não existe a diversidade de alimentos. Eles acabam se tornando muito restritos, e, assim, gera uma dependência nas pessoas de consumir praticamente um único produto — observa Kátia.

— Como assim? — retruca Mauro. Kátia continua:

— Tipo, eu vou no supermercado. Quando eu chego lá, acho a batata, a laranja, que nem são as laranjas da região mesmo, do local, ou seja, são produtos que, na maioria das vezes, geograficamente não se explicam. Mas se explicam no momento em que a gente consegue fazer essa leitura, de que o que tem ali é uma produção de alimentos diferente das áreas de assentamento, das comunidades quilombolas, das terras indígenas. Nos territórios tradicionais, a gente vê que há diversidade de alimentos, porque ainda há uma biodiversidade.

Tarcísio faz uma ressalva:

— Eu não acho que seja somente isso. Infelizmente, em mudanças, quando você vai de uma cidade para outra, de um estado para outro, muda-se muito o hábito alimentar. Muitas das vezes é porque você não encontra realmente o que tinha antes. Aí você é obrigado a mudar. E nem sempre essa mudança vai te fazer bem, porque muitas das vezes ela é forçada, porque você não encontra mais aquela alimentação saudável que tinha no seu dia a dia. E muitas pessoas não conseguem se alimentar com uma alimentação melhor também por causa do poder aquisitivo. Porque a gente sabe que, para se ter uma verdura, uma fruta ou uma alimentação melhor, que você não planta e não colhe, se não tiver dinheiro todos os dias para comprar, você não vai se alimentar bem. Aí é preciso se alimentar com o que tem, que são essas alimentações artificiais que a gente encontra com muito mais facilidade em qualquer esquina, em qualquer comércio.

— De um ponto de vista mais amplo, a mudança nas dietas também tem a ver com a invasão dos ultraprocessados e a ampliação de monocultivos — complementa Kátia. — A partir do momento em que essas empresas se apropriam dos territórios, expulsam as famílias, destroem as culturas — e são várias culturas, né? —, apagam da história a ancestralidade de todos esses povos, também destroem o solo com esse pacote tecnológico que a grande industrialização traz, né? E que vem com um número abusivo de agrotóxicos, que é o que tem afetado muito as comunidades hoje.

— Eu tendo a concordar — manifesta-se Célio. — Se você pega o prato do indígena lá de 1500, antes da invasão, como é que ele se alimentava? Era muito colorido. Frutas, folhagem, tubérculos, raízes, peixe... era diversificado. Hoje, você compra salgadinho de saco, muito forte em sódio. Com certeza é cancerígeno. E está provado que nem alimentos são. As pessoas estão inconscientes do que elas comem. Na televisão, passa propaganda de alimentos não saudáveis. Por que não passa um comercial do queijo do Marajó, que é saudável, ou da farinha de Bragança? Por que não passa propaganda do cupulate, que é o chocolate nativo da Amazônia?

Tarcísio retoma a fala:

— A gente não vê goma de tapioca nem pé de moleque chegando nas escolas. Aliás, a merenda do estado é uma, e a do município é outra. As únicas coisas que vêm de verdura na do estado é alho e cebola. O próprio sistema, o próprio estado e município, ainda hoje trabalham com muitos enlatados. O que chega nas escolas para a merenda de alunos e professores são almôndegas enlatadas, conservas, sardinhas, são coisas que já deveriam ter saído do cardápio. O trabalho tem que ser muito seriamente feito nessa questão alimentar. Por exemplo, no dia que é uma canja, os alunos quase não comem. O dia que é almôndega, repetem. Repetem porque gostam de almôndegas, que não encontram na casa deles, mas é um enlatado cheio de...

eu não preciso explicar aqui. Mas isso precisa ser feito não apenas com os alunos. Isso aqui tem que vir lá de cima, porque, se o sistema manda, é para o consumo. Se o sistema não mandar, não tem. E o aluno vai comer o que tiver. E isso aí é o que a gente fica batendo na tecla, tentando conscientizar, orientar, mas, se vem lá de cima, não tem jeito.

E continua:

— Só que isso faz um mal danado. É questão de política pública mesmo, de estar no plano do governo não enviar esse tipo de produto para as escolas, porque é ali que começa o costume da criança. Se a criança se acostumou a comer almôndega, vai ser adolescente comendo almôndega, vai sair da escola jovem comendo almôndega, ela vai trabalhar... vai comprar o que para se alimentar? Almôndega. Então, é todo um processo que precisa ser trabalhado. Vejo a necessidade de investimento público qualitativamente diferenciado para a merenda escolar. E acho que esse incentivo também precisa ser direcionado aos produtores locais, para eles produzirem em uma quantidade que dê para suprir a demanda.

Tainá Marajoara aproveita a oportunidade para acrescentar:

— Pois é, o contexto importa. E não só o contexto político, mas o econômico, o social, o ambiental, o conflito de terra, a grilagem, tudo isso tem que ser medido na qualidade do alimento. A qualidade do alimento não pode ser se ele é bom ou ruim de gosto. Não! Tem que considerar todo o sistema em volta dele.

Célio desenvolve:

— Essa forma de agricultura foi importada dos países europeus. Qual é a pauta deles? Uma só cultura. Nós tínhamos aqui uma diversidade de plantios que está nos nossos quintais hoje. Em pequena escala. E nós temos os plantios que chegaram através dos invasores. Que é o monocultivo. É só olhar a nossa balança comercial. O que a gente exporta hoje? Soja? Monocultivo. Café? Monocultivo. Cana-de-açúcar? Monocultivo. Então, são os ciclos. Mas não reagimos a isso, não avançamos com a implementação dos sistemas agroflorestais. Nós já provamos que o sistema agroflorestal, que está presente em pequena escala nos quintais, não deixa o agricultor ficar inadimplente. Porque ele é diverso, gera safras em momentos diferentes do ano, permitindo que o agricultor pague o seu eventual crédito rural. Assim, ele consegue ser mais sustentável no seu lote agrícola. Consegue desenvolver uma cultura alimentar mais saudável.

Pricila complementa:

— Hoje, por exemplo, não existe no mercado nenhuma alternativa vegana realmente saudável que não seja de monocultura, né? Você pode puxar qualquer produto que você conheça que não tenha glúten, por exemplo, que não seja de monocultura, que não tenha transgênico, que não tenha aditivo artificial. Não existe né? A gente busca essa alternativa, que não imita o sabor da carne; a gente leva o sabor amazônico, né? Não é porque você é vegana que obrigatoriamente você quer comer algo com gosto artificial de carne.

REGENERAÇÃO

Célio propõe:

— A solução é a diversificação agroflorestal. Precisa levar isso para a escola. Vamos decidir tudo na sala de aula. Por que não ensinar a produção sustentável através de várias disciplinas?

— Eu sou um entusiasta da ideia! — proclama Tino. — Porque nesse modelo você faz plantios com foco. Por exemplo, no trabalho que fiz agora, foquei na pupunha e no açaí, deixei prontinho para eles escolherem, tudo desenhadinho. Só de abacaxi, plantei uns quatro mil. Mas botamos também bananas, mais cacau, café... Entendeu? Então, o sistema agroflorestal é viável sim, produtivamente, economicamente, porque você vai ter colheita a cada momento. A agrofloresta pode, inclusive, ser adaptada ao contexto urbano. A grande vantagem da agrofloresta urbana é que, em pequenos espaços, é possível plantar o que quiser. Você pode construir. E a agrofloresta te dá essa oportunidade de planejar, de saber o que quer comer. Se quero comer manga, vou plantar manga.

— O cacau é amazônico — observa Célio. — Há, inclusive, uma possibilidade de renda, porque a venda de mudas é uma fonte de recursos para as famílias.

— Em nossos territórios de atuação — comenta Fernanda — estamos plantando, produzindo alimentos, né? E, quando fazemos isso, fazemos o plantio de árvores também. A gente trabalha muito essas questões. Porque não é só plantar árvores. A gente está trabalhando a formação de consciência com a juventude, com as crianças, com os adultos. Estamos melhorando a qualidade dos solos. Trabalhando outra perspectiva, outro olhar para a questão ambiental nas nossas áreas e nos vários estados em que a gente atua. E, nesse sentido, temos fortalecido naturalmente um sistema agroalimentar nos nossos territórios.

Tino reflete:

— O sentimento de ser agroflorestal, ser um agricultor sintrópico, é um sentimento de liberdade por saber que sabe. Que a gente está sendo capaz de dizer sim, é possível viver na floresta e se alimentar dela, cuidando dela sem precisar derrubar, né? É possível. E esse é um sentimento que a gente gosta de transmitir. Quando eu vou para uma aldeia montar um sistema agroflorestal, isso me traz muita paz e muito amor.

— Exatamente! Traz dignidade, relação com a terra, empoderamento — concorda Fernanda. — O manejo do pirarucu, como uma alternativa relacionada à Amazônia, modificou a minha comunidade e as comunidades do meu entorno. Economicamente, se vocês pudessem ver as comunidades, é de encher os olhos, como a gente diz. Algumas pessoas, além de terem suas casas na comunidade, conseguiram comprar ou construir outra na cidade para, quando forem — pois elas vão mensalmente —, poderem ter o seu lugarzinho para ficar. Elas estão comprando seus eletrodomésticos, estruturando suas casas... algumas pessoas já conseguiram até instalar energia solar.

Fernanda continua, destacando as mudanças ocorridas na vida das mulheres:

— Alguns homens achavam que nós, mulheres, não seríamos capazes. Antes, o papel da mulher na comunidade era ir para o roçado, trabalhar na agricultura, ficar em casa com os filhos. Eram os homens que tinham o poder de estar nas reuniões, falar e tomar as decisões. As mulheres lutaram para ter funções integradas no manejo do pirarucu, e não subalternas. Disputaram posição com os homens inclusive na ação de contagem de pirarucus, até então reservada a eles. Realizaram, em igualdade de condições, capacitações e formações disponibilizadas por instituições parceiras. Recentemente, grande parte das nossas mulheres optou autonomamente por participar dessa cadeia produtiva, menos da contagem e da pesca e mais do evisceramento e do beneficiamento do pescado.

— E os benefícios não ficam restritos à comunidade, não — continua ela. — Ao resgatarmos e aprimorarmos manejos tradicionais, também contribuímos para a preservação do ecossistema como um todo. Quando cuidamos do lago para manejar o pirarucu, cuidamos, além do pirarucu, também dos quelônios, jacarés, ariranhas, peixes-boi... E evitamos o desmatamento, porque próximo aos lagos não pode desmatar.

Tocado pela fala, Pedro comenta:

— Sim, é possível fortalecer técnicas do tipo "ganha-ganha", respeitando a sazonalidade dos recursos naturais. Isto é, modos de produção de alimentos que ao mesmo tempo garantam a segurança alimentar, a produção de comida de verdade, e que funcionem como ferramentas para a inclusão social. No rio, a gente está trabalhando para fazer gaiolas para criar peixe com tiras de pneu, flutuantes, usando garrafas PET. Os alunos arrecadam a garrafa PET e eu levo para lá para fazer as gaiolas flutuantes, para que pelo menos cada família tenha uma dessa em casa, para garantir a segurança alimentar, para criar peixes que não precisam de ração, se autossustentam, tipo o tamuatá, o acari, a cujuba e outros que, se não tiver mercado, pelo menos garantem alimentação familiar. No centro disso aí entrou a água, que é o grande problema da nossa região. Água tratada. Então, fui trabalhando para conseguir desenvolver equipamentos, procedimentos e métodos que fossem capazes, de maneira simples, que qualquer cidadão pudesse operar, de tratar aquela água. E a gente conseguiu. Hoje, temos capacidade, tecnologia para purificar água de qualquer rio, lago, igarapé, cacimba, poço, qualquer fonte de água doce. Fazemos o tratamento e em 24 horas ela está purificada e alcalina.

Mauro pede a palavra:

— Gosto muito de ouvir as notícias sobre essas iniciativas! Não podemos viver nesse nível de extrativismo maluco. Precisamos inverter esse processo produtivo, porque uma atividade consegue dar muito mais resultado quando você trabalha de uma maneira sustentável, ou seja, para durar muito. Não no modelo extrativista. Veja o exemplo da pecuária, que é a minha atividade. Foi em 2002 que eu resolvi sair do modelo extrativista, que é o modelo normal do setor. Naquele tempo, a gente convertia florestas em pasto. E aí usava de maneira errada esse espaço, sem tecnologia nenhuma. Entrava num nível de degradação muito grande, em um período rápido, algo em torno de oito a dez anos. A reforma desse pasto era cara, então ficava mais barato ir à floresta de novo e converter novas áreas em pastagem. Por um bom tempo, isso foi um grande incentivador do desmatamento. Em 2002, eu tinha uma fazenda que entrou nesse processo. Foi quando eu falei: "Olha, não quero desmatar, não. Quero trabalhar essa área mesmo que está aberta e criar um modelo, um jeito de trabalhar para que eu não precise ficar fazendo novos desmatamentos. Eu não quero isso".

— Então, Mauro — diz Kátia. — Na região amazônica estão trabalhando com o sistema ILPF [Integração Lavoura-Pecuária-Floresta], que é a produção de gado com floresta dentro, com alimentos, né? Temos algumas experiências perto de São Luís, que é o Assentamento Cristina Alves. Lá, está sendo desenvolvida agora essa experiência de criação de gado em parceria com árvores nativas frutíferas dentro da área.

— O que eu vejo, de todos esses nossos relatos — observa Tino, novamente — é que a gente está buscando uma reconexão com a terra. E não podemos nos reconectar sem ser utilizando essas nossas práticas ancestrais. Com certeza é uma revolução plantar seu próprio alimento, saber o que quer comer, comer algo e saber a procedência, algo que você plantou, que orgulho que dá! E o orgulho que dá você fazer um rango todo preparado com coisas que você colheu e plantou... É uma satisfação aliada com felicidade, com dever cumprido, satisfação de promover esse bem para o planeta.

MUDANÇA

— Sabe? — continua Tino. — Hoje, eu busco conversar com os fazendeiros do agronegócio. Às vezes, quando a gente conversa, eles começam a pôr a mão na consciência, começam a se tocar: "Rapaz, eu acho que nós estamos fazendo errado. Eu vou tentar trocar o meu pensamento". Começam a implantar sistemas regenerativos dentro das suas propriedades, sabe?

Mauro reage:

— Que coincidência, Tino! Hoje, grande parte do meu trabalho é mentorar as pessoas. Comecei a fazer um trabalho de mudar, e vi que realmente tem condições, tem chance, é muito melhor, é mais produtivo, é mais lucrativo trabalhar a área do que desmatar. Então, me especializei muito em manejar pasto, em melhorar a fertilidade, mudar o sistema, passar para rotacionado. Só que quando você sai de um modelo extrativista para um sustentável, é preciso um nível maior de investimento, conhecimento e responsabilidade para poder dar resultado. E a gente sabe, e não é só comigo, que quando você exige essa mudança de qualquer ser humano, há uma resistência muito grande.

— Além das iniciativas já empreendidas e dessas atividades de mentoria, de convencimento que vocês fazem, eu acho que um dos caminhos iniciais seria a educação, a pesquisa, a extensão. Ter políticas públicas que sejam capazes de fazer isso. Você já pensou o que é viver numa cidade onde não tem água tratada? — indaga Pedro. — Se quisermos manter a Amazônia em pé, pelo menos do jeito que está, temos que manter as populações ribeirinhas onde estão. Porque são elas as responsáveis pelo que temos lá. Me preocupa muito um processo, que cada vez se acelera mais, de pressão para que elas abandonem essas áreas, sob a lógica de que se o ribeirinho quiser segurança, saúde, educação, geração de renda, tem que ir embora para o centro urbano. Tudo isso é negado para ele. Então, a forma de mantê-los nos territórios é fazer com que as políticas públicas cheguem massivamente nas áreas ribeirinhas, e que não cheguem sazonalmente, mas permanentemente.

Fernanda pede a palavra:

— No nosso caso, o que a gente mais precisa hoje são políticas que apoiem as comunidades de forma estrutural, mas também que auxiliem, principalmente, a instituição que vende nosso pescado, para que a gente consiga alcançar outros mercados. Estamos lutando exatamente na questão da certificação orgânica, do pescador orgânico, para que ele tenha uma visibilidade maior nos mercados. Um dos grandes gargalos é encontrar mercados onde vender esse pescado e, assim, melhorar a vida das famílias economicamente.

— Eu também costumo bater nessa tecla, Fernanda — responde Pricila. — Para a produção e comercialização da proteína de tucumã, por exemplo, que é um produto que desenvolvo, existiam inúmeros gargalos para o desenvolvimento e fortalecimento de uma cadeia produtiva dentro da Amazônia. Incontáveis. Mas eu posso resumir na dificuldade de pulverização de plantio, acesso logístico, energia elétrica, saneamento básico e tudo mais. Há uma questão mais de fundo aí. Ou fortalecemos o consumo de proteínas alternativas, ou teremos um colapso alimentar em breve. Porque não tem como o mundo viver só em função de carne animal. Impossível, né?

Pricila continua:

— Eu tenho consciência de que existe um dano, um custo de oportunidade no consumo da carne. Consumo de água gigantesco, pastos, degradação ambiental... a gente que está no ecossistema sabe o custo de consumir carne animal. Atualmente, 50% da população brasileira se diz flexivegetariana. Vamos pensar: se conseguirmos aumentar esse percentual para 55%, considerando esse novo percentual em relação ao total de 200 milhões de habitantes, qual o volume de pessoas consumindo proteína alternativa teremos futuramente? E para isso a gente precisa de proteínas alternativas saborosas, porque quem come carne não vai comer qualquer hambúrguer vegano, não vai comer coisa cheia de aditivo, entendeu? E com isso a gente fomenta a entrada de novos flexivegetarianos para dentro do círculo.

— É, vendo por esse prisma — pondera Célio — os produtos amazônicos, ou elaborados a partir da biodiversidade amazônica, como a proteína de tucumã que você menciona, encontram um enorme potencial, que passa pelo reconhecimento e a divulgação dos alimentos da floresta.

— Sim, é disso que estou falando! — exclama Pricila. — Pode-se dizer: "Ah, é um sabor exótico". Não, o sabor da carne do tucumã é como qualquer outro, como alho, como tomate. Tem que normalizar os sabores amazônicos e não segurar no pé da exoticidade. Porque o exótico você come uma vez ou outra, já o que não é exótico você come diariamente. Então, precisamos trabalhar essa consciência de consumo, validar esses alimentos, porque nunca foi feito, né? E aí, abrindo esses caminhos e construindo esse novo modelo de desenvolvimento, estaremos prontos para aplicar para outra cadeia.

— Mas aí esbarramos novamente naquela questão do racismo — pondera Kiko. — Não é só retomar os sabores amazônicos, ou os alimentos amazônicos. Também se trata de resgatar as pessoas envolvidas nesse processo. Antigamente, não existia uma produção de tucupi em Belém, porque era criminalizado. Tu tinha medo de vender, de colocar na rua, e não podia arrumar uma namorada porque tu era filho da feirante, da tucupizeira. Agora não: tem famílias que têm condições, mas não dominam o fazer o alimento. É o que eu chamo de capital cultural especulativo: eu tenho capital para especular com a atividade cultural alimentar, mas não sei preparar o alimento. Mas está dando dinheiro, então, o que eu faço? Invisto no restaurante, pego a filha ou neta ou bisneta do fulano que sabe fazer, eu ganho dinheiro e pago um salário para ele. Na verdade, assim estou fortalecendo o modelo econômico que já é antigo na região, porque é pautado na exploração individual, do homem pelo homem, em tirar o máximo do que ele pode dar para o sistema, né, cara?

— Eu concordo! — apressa-se em dizer Tainá. — Nós somos expropriados, enquanto nortistas, da maioria das nossas capacidades técnicas, científicas e tecnológicas tradicionais. Somos expropriados das nossas competências. Por isso que eu falo do Nego Bispo: quando ele diz que eles expropriam, é porque eles expropriam de fato. Então, não dá nem para falarmos de um conceito de cultura alimentar que venha de uma forma que não seja a orgânica, porque foi dessa forma que ele foi criado. Eu nem sabia que o conceito de cultura alimentar não existia. A gente quer falar de um sistema alimentar que seja justo. Não um sistema alimentar que tenha uma conceituação intelectual bonita, branca, sudestina, que diz que precisamos conseguir reconhecer as nossas competências, as nossas capacidades de ser para sempre coletores de semente. Porque, enquanto coletora de semente, eu sou reconhecida. Mas quero ser reconhecida também enquanto pensadora, intelectual, enquanto alguém que não separa a cabeça do corpo, como alguém que traz o conhecimento orgânico.

Eduardo Neves
Professor titular do Museu de Arqueologia e Etnologia (MAE-USP); do Programa de Pós-Graduação em Diversidade Sociocultural do Museu Paraense Emilio Goeldi (PPGDS-MPEG) e do Programa de Pós-Graduação em Arqueologia do Neotrópico, na Escuela Superior Politécnica del Litoral (ESPOL), no Equador. Integrante do Núcleo de Governança da Uma Concertação pela Amazônia.

Laura Furquim
Arqueóloga, bacharel em História (FFLCH-USP), mestre e doutora em Arqueologia (MAE-USP). Especializou-se em Arqueologia Amazônica, com foco no estudos sobre formas de manejo e cultivo, agricultura, usos de plantas, padrões de alimentação e mobilidade durantes o Holoceno nos períodos pré-colonial e colonial. Adota metodologias colaborativas, tendo experiência em gestão de acervos e pesquisa junto a comunidades indígenas e tradicionais da Amazônia, em Terras Indígenas e Unidades de Conservação.

Jennifer Watling
Arqueóloga especialista em análises de fitólitos e grãos de amido aplicadas ao estudo das interações entre pessoas e ambiente ao longo do tempo, sobretudo na Amazônia. Possui graduação, mestrado e doutorado em Arqueologia da Universidade de Exeter, Reino Unido (2005-2014). É coordenadora de Arqueobotânica no Laboratório de Microarqueologia, membro do Laboratório de Arqueologia dos Trópicos (MAE-USP) e do Laboratório de Micropaleontologia do Instituto de Geociêncidas da Universidade de São Paulo (IGC-USP), e administradora da base de dados REFtropica. Integra diversos projetos de pesquisa na Amazônia, no cerrado e na Mata Atlântica.

Myrtle Shock
Professora da Universidade Federal do Oeste do Pará (UFOPA). Doutora em Arqueologia pela Universidade da Califórnia em Santa Bárbara. Atuou em pesquisas sobre assentamentos de caçadores-coletores, arte-rupestre, industrial lítica, subsistência e a transmissão de tecnologias. Atualmente se dedica ao estudo do manejo ambiental e cultivo de plantas nas terras baixas, cerrado e floresta tropical, através de pesquisas paleoetnobotânicas.

FLORESTAS DE COMIDA

A produção ancestral de agrobiodiversidade

CAPÍTULO 1

Como o corpo de Mani que brotou da terra e se fez alimento, as florestas de comida são heranças vivas, nas quais cada planta carrega a memória dos antigos e a promessa de sustento enraizada na diversidade.

Em 2008, o arqueólogo Michael Heckenberger e um grupo de colaboradores brasileiros e estrangeiros, incluindo indígenas como o cacique Afukaká Kuikuro, do Alto Xingu, publicaram na revista *Science* um artigo no qual propunham que as sociedades indígenas antigas do Alto Xingu, entre eles os ancestrais dos Kuikuro, viviam há cerca de 1 mil anos em grandes assentamentos conectados por estradas lineares que, por sua vez, constituíam redes regionais que poderiam ser caracterizadas como urbanas.

Quinze anos depois, em outubro de 2023, o mesmo periódico publicou outro artigo, de autoria de dezenas de cientistas, no qual se afirma que mais de 10 mil estruturas de terra — aterros, valas, estradas, açudes etc. — devem existir escondidos sob a espessa copa das árvores que cobrem as áreas da Amazônia que ainda não foram destruídas pelo desmatamento. É curioso que, nesse último caso, a maioria dos autores do trabalho seja cientista natural, um grupo que normalmente relutava em aceitar a hipótese, proposta pela arqueologia, de que a região amazônica foi densamente ocupada pelos povos indígenas no passado e, sobretudo, que a Amazônia que conhecemos hoje, incluindo suas matas e seus solos, resulta parcialmente de mudanças promovidas pelos povos indígenas que a habitam há milênios.

Já na década de 1990, antropólogos como William Balée e Darrell Posey, que trabalhavam na Amazônia Oriental, no Pará e Maranhão, propunham que os povos indígenas exerciam um papel importante na modificação de áreas de floresta e na produção de paisagens — através do uso controlado do fogo nas roças, do plantio de mudas de árvores ao longo das trilhas que cortam as matas e do enriquecimento do solo pela compostagem de lixo orgânico. Balée, atualmente professor da Universidade Tulane, em Nova Orleans, Estados Unidos, e até hoje ativo em pesquisas na região, propôs, em um trabalho clássico publicado em 1989, que cerca de 11% das matas de terra firme da Amazônia — portanto distantes das planícies aluviais dos grandes rios da região — resultariam do manejo exercido pelos povos indígenas ao longo do tempo.

Nos séculos anteriores ao início da colonização portuguesa, a diversidade de modos de vida indígenas na região amazônica era muito grande. As hipóteses atuais sustentam que havia entre 8 e 10 milhões de habitantes na grande Amazônia em 1492 (Clement *et al.*, 2015; Koch *et al.*, 2019). Contudo, a Amazônia já era ocupada pelos ancestrais dos povos indígenas há pelo menos 13 mil anos, o que pode ser comprovado graças a achados feitos em Monte Alegre, no Pará, e no rio Guaviare, na Colômbia, onde também se documentou uma arte rupestre que está entre as mais antigas do continente. Trabalhos realizados na bacia do alto rio Madeira, em Rondônia, e novamente em Monte Alegre, bem como no Departamento de Beni, na Bolívia, mostram que há 9 mil anos plantas como mandioca, castanha-do-pará e goiaba-araçá já eram consumidas e talvez cultivadas pelos povos que viviam nesses lugares.

Tais descobertas confirmam hipóteses, anteriormente apresentadas com base em dados genéticos, que indicavam que a Amazônia foi um centro antigo e independente de domesticação de plantas — ou de "neolitização", como se diria em contextos do Velho Mundo — e de produção de agrobiodiversidade. De fato, a quantidade de plantas hoje disseminadas pelo planeta e que foram inicialmente cultivadas na Amazônia ou em seu entorno impressiona: mandioca, cacau, abacaxi, maracujá, mamão, amendoim, tabaco, taioba, açaí, castanha--do-pará, guaraná, ingá, cupuaçu, pimenta murupi, goiaba e pupunha, para nomear algumas de uma lista que é muito maior. A maioria dessas plantas é formada por tubérculos e por árvores ou arbustos: são batatas e frutos (Lombardo *et al.* 2020; Watling *et al.*, 2018). Dos poucos grãos, o destaque vai para o milho, que, apesar de sua origem mesoamericana, no sul do México, já estava presente na Amazônia há cerca de 6 mil anos, tendo inclusive passado por um processo local de seleção genética independente de seu centro de origem na América do Norte (Kistler *et al.*, 2018). Dessas plantas, muitas se encontrariam em uma espécie de "estágio intermediário", nas palavras de Claude Lévi-Strauss, entre sua condição selvagem e seu cultivo pleno. Nessa mesma época, surgem os primeiros sinais de produção dos solos férteis e produtivos, resultado do manejo humano, conhecidos como "terras pretas de índio" (Watling *et al.*, 2018).

A arqueologia mostra que, desde a sua antiguidade, as Amazônias são territórios nos quais se concilia produção de comida e floresta em pé, e que os povos indígenas desenvolveram técnicas sofisticadas de domesticação de espécies da biodiversidade e de manejo regenerativo, que hoje são chave para transformar usos extrativistas do solo e dietas pautadas em poucas espécies e de reduzido valor nutricional.

Embora essas inovações produzidas há milênios tivessem como finalidade a produção de alimentos para o autossustento, e não para mercados nacionais e globais, tais conhecimentos podem ser resgatados num contexto marcado pela crescente degradação ambiental, pela expansão da produção de *commodities* e de pecuária e pela intensificação da insegurança alimentar e nutricional na Amazônia.

Para tanto, há herdeiros diretos, sujeitos capazes de disseminar e aprofundar esses saberes; afinal, as estratégias adotadas pelas populações tradicionais foram e são consistentemente baseadas na diversificação agrobiológica. Continuidades e mudanças dos históricos de manejo ambiental foram acumuladas na forma de conhecimento entre populações tradicionais e materializadas na biodiversidade da flora atual, e se constituem como uma chave para a transformação dos sistemas agroalimentares sob bases regenerativas e inclusivas.

Plantando alimentos, criando paisagens

A arqueologia é uma fonte privilegiada para o entendimento da longa história socioambiental que envolve pessoas, plantas, animais e paisagens no Brasil antigo. Além dos vestígios materiais que compõem as matrizes dos sítios arqueológicos, as plantas que recobrem esses locais são documentos de processos seculares ou milenares de construção de paisagens compostas por florestas antropogênicas (Cassino *et al.*, 2019), florestas hiperdominantes (Steege *et al.*, 2013) e plantas domesticadas (Clement *et al.*, 2010).

Em diferentes partes do planeta, a partir do fim do Pleistoceno — a última era do gelo, cerca de 12 mil anos atrás —, populações humanas estabeleceram, de maneira independente, relações com plantas ou animais selvagens que, em alguns casos, levaram ao surgimento de novas espécies. Tal processo, conhecido como domesticação, compõe uma parte importante do que, ainda na década de 1930, o arqueólogo marxista Vere Gordon Childe denominou "revolução neolítica" (Childe, 1933). O caso amazônico é, no entanto, particular; embora a região tenha sido um centro importante de cultivo de plantas, muitas delas, como a castanha-do-pará ou o açaí, nunca foram domesticadas.

Um aspecto interessante desse neolítico tropical, que o antropólogo Carlos Fausto e eu chamamos de processo de familiarização, em vez de domesticação, tem a ver com a notável produção e valorização da diversidade de plantas cultivadas. Autoras como Laure Emperaire, Janet Chernela e Manuela Carneiro da Cunha já chamaram a atenção para a quantidade imensa de variedades de cultivos existentes hoje nas roças indígenas pela Amazônia. A pensadora Jerá Guarani argumenta o mesmo em relação aos povos Guarani da Mata Atlântica e vai além ao demonstrar que tais roças diversas — refúgios de agrobiodiversidade — são também espaços poderosos de resistência e de produção e circulação de práticas de conhecimentos, plasmadas nas plantas e nos espaços de cultivo (Guarani, 2020).

Mas é talvez na notável diversidade linguística vista entre os povos indígenas da América do Sul tropical que tal processo de produção de diferença pode ser mais bem aferido. A quantidade de línguas faladas no norte da zona tropical do continente sul-americano — incluindo Amazônia, Orinoquia e Guianas — pode chegar a cerca de 300. Tais idiomas estão agrupados em 50 unidades que podem ser famílias — ou seja, grupos de línguas com origem comum determinada — ou línguas isoladas (Epps e Salanova, 2013).

O número de idiomas isolados falados na Amazônia, principalmente em sua parte ocidental, junto ao sopé dos Andes, é impressionante. A diversidade linguística da Amazônia está entre as maiores do planeta e é mais notável porque se desenvolveu em um quadro sem aparentes barreiras geográficas, tais como desertos, cordilheiras ou arquipélagos, que poderiam ter ilhado populações locais e levado à emergência dessa diversidade. Na ausência desses fatores, há de se considerar que essa característica é resultado de um processo ativo de valorização e cultivo das diferenças através das línguas e não resultado passivo do isolamento geográfico.

No Brasil, a transição entre as épocas geológicas do Pleistoceno e Holoceno, ocorrida entre 12 mil e 10 mil anos atrás, foi definida por um padrão de povoamento aparentemente esparso, que não permite inferir rotas de migração ou dispersão, mas que se iniciou pela ocupação recorrente de abrigos sob rochas e cachoeiras (Shock e Moraes 2019).

Sítios arqueológicos distantes entre si, como o vale da Pedra Furada, no Piauí, e a caverna da Pedra Pintada, no Pará, já eram povoados há 12 mil anos (Roosevelt *et al.*, 1996; Boëda *et al.*, 2014). Pouco mais de mil anos depois, todos os biomas brasileiros já estavam ocupados por grupos com distintas tecnologias de aquisição e processamento de plantas e animais, sugerindo uma dispersão territorial rápida. Os vestígios associados incluem artefatos como pontas de projéteis, anzóis, percutores, entre outros instrumentos utilizados para processar alimentos e sustentar uma dieta generalista, não especializada, de amplo espectro, com consumo de animais de pesca e de caça de médio e pequeno porte, tubérculos, palmeiras e outras plantas (Roosevelt *et al.*, 1996).

Ecótonos — ambientes de contato entre biomas distintos — parecem ter sido locais privilegiados para o manejo de plantas no início da ocupação humana da Amazônia e do Cerrado. Esses contextos teriam ampliado o leque de recursos disponíveis e provido o quadro ambiental para a experimentação e a modificação das espécies utilizadas pelos grupos humanos do passado, uma vez que o transporte de variedades de plantas para fora de seu habitat requer algum tipo de modificação e adaptação. Atualmente, porém, esses são os ambientes com maior fragilidade, decorrente do avanço do desmatamento e de mudanças climáticas que fragilizam as áreas de transição florestais e aumentam o risco de incêndios naturais ou artificiais.

Plantas domesticadas no presente já eram consumidas nesse período, tanto as de origem local quanto em outras partes do continente. No sítio Teotônio, localizado em alto barranco às margens do rio Madeira, ocupações datadas em cerca de 9 mil A.P., onde havia ferramentas de pedra lascada, possuem vestígios de feijão (*Phaseolus sp.*), abóbora (*Cucurbita sp.*) — já com indícios de domesticação — e ariá (cf. *Calathea allouia*) — um pequeno tubérculo pouco consumido atualmente (Watling *et al.*, 2018). Em ocupações subsequentes no mesmo sítio, foram identificados grãos de amido de mandioca (*Manihot sp.*) presentes em pequenas lascas de quartzo, datadas ao redor de 6 mil A.P., que são interpretadas como dentes de ralador (Watling *et al.*, 2018). Esses contextos nos mostram que, além do manejo de espécies arbóreas, havia também o cultivo de espécies sazonais herbáceas, processadas através de diferentes tecnologias líticas de pedra lascada.

A Caverna da Pedra Pintada (PA), localizada no bioma amazônico, em um ambiente de mosaico formado por florestas e savanas, é o sítio arqueológico com ocupação mais antiga da região, habitada desde o final do Pleistoceno, há aproximadamente 13 mil anos. Seus habitantes tinham uma dieta baseada na pesca, na caça de animais terrestres e aquáticos (como tartarugas e peixes) e no consumo de frutas de diferentes espécies. Foi identificada grande quantidade de vestígios de palmeiras (*Arecaceae*), como o tucumã (*Astrocaryum vulgare*), o buriti (*Mauritia flexuosa*), a bacaba (*Oenocarpus cf. bacaba*) e outras menos utilizadas atualmente, como *Attalea microcarpa*, *Attalea spectabilis* e *Acrocomia* sp. 7. Eram também consumidos frutos como o jutaí (*Hymenaea parvifolia*), a pitomba (*Talisia esculenta*), o murici (*Byrsonima sp.*) e plantas do gênero *Solanum*. Esses vestígios foram encontrados em áreas de fogueira (antigas áreas de cocção de alimentos) ou dispersos em áreas de descarte, e representam usos concomitantes de áreas florestadas e abertas.

A transição para o Holoceno médio (ca. 8.200-4.200 A.P.) foi marcada por uma série de mudanças ambientais, como variações climáticas e alternância acentuada entre períodos mais ou menos secos, e pela consolidação de alguns dos ecótonos que perduram até o presente, como é o caso do Pantanal do Guaporé, na fronteira entre Brasil e Bolívia. Mudanças na composição florística de alguns dos importantes biomas brasileiros foram acompanhadas por processos de modificações ambientais antrópicas próximo aos sítios arqueológicos. Através de um processo coevolutivo em que indígenas modificaram paisagens por meio do uso controlado do fogo — voltado à limpeza de pequenas áreas para moradia e/ou cultivo — e do estímulo, favorecimento e introdução de espécies úteis, foram formados sistemas agroflorestais compostos por plantas de ciclo curto e longo (Neves e Heckenberger, 2019).

Em linhas gerais, os vestígios arqueológicos indicam:

1. a existência de plantas domesticadas e cultivadas desde a transição Pleistoceno/Holoceno, entre 12 mil e 9 mil A.P.;

2. o início da modificação de solos decorrente de atividades cotidianas no Holoceno médio, entre 8 mil e 6 mil A.P., e

3. uma mudança no adensamento e na dispersão de áreas com solos antrópicos e novas tecnologias de manejo hídrico e florestal a partir do Holoceno tardio, em torno de 3 mil A.P. Esses processos foram, porém, regionais e descontínuos, reflexo da alternância entre ciclos de maior e menor coalescência social e política, resultando em distintas formas de interação com o ambiente.

É notável o aumento gradual da agrobiodiversidade produzida por povos indígenas no passado e um padrão resiliente composto pelo cultivo combinado de plantas silvestres e domesticadas, com ciclos curtos e longos, incluindo espécies frutíferas, tubérculos, grãos, oleaginosas e castanhas. Enquanto há vestígios do uso de 46 gêneros de plantas durante o Holoceno inicial, esse número passou para 75 no Holoceno médio e chegou a 134 no Holoceno tardio.

Esses dados indicam um claro aumento na produção de agrobiodiversidade, em um quadro em que plantas atualmente utilizadas como base da alimentação de muitas comunidades indígenas e ribeirinhas parecem ter sido componentes relativamente menos importantes em sistemas de cultivos baseados na diversificação e não na especialização. Algumas delas (como abóboras e feijão) estão presentes na dieta dos povos indígenas há cerca de 9 mil anos — anteriormente, portanto, ao surgimento das primeiras cerâmicas, ao estabelecimento difundido da vida em aldeias, à formação das primeiras terras pretas e ao desenvolvimento de técnicas agrícolas de modificação do solo —, mostrando que o manejo e o cultivo de plantas são práticas que compõem o conhecimento tradicional ameríndio desde o início da ocupação humana da América do Sul.

Há um extenso debate acerca da construção de paisagens antrópicas, florestas antropogênicas e do incremento da biodiversidade local e regional por povos indígenas no passado, bem como da relação entre biodiversidade e diversidade de plantas úteis (Balée, 1989; Clement *et al.*, 2015; Levis *et al.*, 2017). Na Amazônia, esses processos se manifestam tanto na criação de áreas de florestas modificadas próximas a sítios arqueológicos

— nas quais a biodiversidade é mais elevada que em outros locais — quanto na construção de uma hiperdominância florística, que foi ao menos parcialmente influenciada pelo manejo humano no passado. Seus efeitos são duradouros e parecem ter se dispersado em "ondas" de antropização, tendo as áreas de acampamento e moradia como pontos centrais e se espalhando através de jardins, roçados, áreas de manejo e coleta, e em ambientes diversos, como beiras de rios, terraços, várzeas e terras firmes.

Florestas antrópicas são paisagens formadas pelo acúmulo de práticas e formas de interação entre pessoas e plantas, que podem emergir por meio de diversos processos que incluem, ou não, a ação humana direta, tais quais a sucessão vegetal, a quebra da dormência de sementes através do fogo, a retirada da cobertura vegetal ou, ainda, o manejo de plantas competidoras (Fausto e Neves, 2018). Estudos clássicos (Balée, 1989; Politis, 2016) mostram como até pequenos grupos de caçadores-coletores podem chegar a mudar a configuração de espécies úteis nos seus arredores e criar ambientes mais produtivos. Tais práticas, agrupadas sob o termo "agrofloresta" (Denevan, 2001), foram revisadas por Levis *et al.* (2017), que indica que a hiperdominância da flora amazônica foi ao menos parcialmente construída em um processo coevolutivo entre indígenas e plantas desde o início do Holoceno.

A Amazônia possui cerca de 390 bilhões de árvores, agrupadas em 16 mil espécies, das quais apenas 227 (ou seja, 1,4%) representam metade do total. Tais espécies são conhecidas como hiperdominantes (Ter Steege *et al*, 2013). Entre elas, há 85 domesticadas/manejadas, cuja dispersão e concentração foram possivelmente influenciadas pela ação humana no passado (Levis *et al.*, 2017).

Dentre as espécies de palmeiras hiperdominantes, o açaí-do-pará (*Euterpe precatoria*), o açaí-do-mato (*Euterpe oleraceae*), o patauá (*Oenocarpus bataua*) e o murumuru (*Astrocaryum murumuru*) são aquelas com maior população e concentração no presente. Sua distribuição cronológica, porém, é bastante distinta. Apesar do uso do gênero *Euterpe sp.* ser documentado desde o

Holoceno inicial, não é possível avaliar se uma das espécies de açaí mencionadas está presente nos sítios com datas mais antigas. Sabe-se que o açaí (*E. precatoria* e *E. oleraceae*) é manejado há pelo menos 2 mil anos A.P. e está ligado a áreas de floresta na Amazônia brasileira e colombiana em que há ocorrência de sítios com terras pretas.

O mesmo ocorre com a bacaba. Há evidências de que plantas do gênero *Oenocarpus sp.* são consumidas desde 11 mil A.P., mas vestígios de *Oenocarpus bacaba* estão presentes apenas a partir do Holoceno médio. As demais palmeiras, como pataué (*O. bataua*), murumuru (*Astrocaryum murumuru*), buriti (*Mauritia flexuosa*), inajá (*Attalea maripa*) e tucumã (*Astrocaryum aculeatum*), são manejadas desde o Holoceno inicial, há cerca de 11 mil anos A.P., e aparecem em abrigos sob rocha e sítios a céu aberto, com ou sem solos antropogênicos.

A Terra Preta indígena

A partir de cerca de 2,5 mil anos atrás, um notável processo de adensamento demográfico se verificou em diferentes partes do que é hoje o território brasileiro. Na Amazônia, os testemunhos estão registrados em sítios arqueológicos dispersos por áreas de dezenas de hectares e compostos por depósitos espessos de cerâmicas associadas a solos escuros e muito férteis conhecidos como "terras pretas". Embora as mais antigas datem de mais de 5 mil anos, é a partir de 2,5 mil anos atrás que elas se tornaram disseminadas por grandes partes da Amazônia.

Terras pretas são fantásticas devido a sua estabilidade; mesmo sob as extremas condições pluviais da Amazônia, não perdem sua fertilidade ainda depois de séculos de formadas. Até a década de 1990, havia um debate sobre se sua origem era natural ou humana, mas, atualmente, a despeito de visões minoritárias destoantes, há um consenso de que se formaram graças às atividades dos povos indígenas, através de práticas que continuam ativas até hoje, como, por exemplo, no Alto Xingu. Apesar disso, seria um erro supor que foram produzidas para servir expressamente como locais de cultivo e assim resolver algum problema de escassez ou limitação ambiental. Na Amazônia central, a escavação em diversos sítios demonstrou que os depósitos mais espessos de terras pretas estavam associados a áreas de atividades domésticas (Neves, 2022). Portanto, eram formadas por composto: lixo orgânico adicionado de carvões queimados a baixa temperatura e, em alguns casos, de fragmentos de cerâmica. Trata-se de maneiras sofisticadas de produzir solos cuja lógica não foi ainda totalmente compreendida pela agronomia contemporânea.

Estudos sobre a fertilidade do solo, a presença de materiais arqueológicos — incluindo a Terra Preta Antropogênica — e a agrobiodiversidade existente em quintais no Baixo Rio Madeira, no Amazonas, demonstraram que há uma correlação positiva entre esses três vetores (Junqueira *et al.*, 2016). Do mesmo modo, inventários florísticos realizados em quintais localizados em comunidades assentadas sobre TPA no rio Urubu, no mesmo estado, comprovaram que sítios ocupados ao longo do tempo por diferentes grupos suportam maior heterogeneidade e diversidade na sua composição vegetal (Lins *et al.*, 2015). Ademais, espécies exóticas são aquelas que mais necessitam das condições favoráveis das Terras Pretas Antropogênicas, uma vez que não foram selecionadas para os solos amazônicos (Junqueira *et al.*, 2016), e, por isso, os sítios arqueológicos são utilizados para seu plantio.

Além de influenciar na hiperdominância de espécies de grande porte (DAP>10cm) (Steege *et al.*, 2013; Levis *et al.*, 2017), a presença de sítios arqueológicos também influencia na biodiversidade de espécies de pequeno porte, como herbáceas e lianas, em todos os níveis da estrutura florística amazônica. A continuidade do manejo por populações tradicionais e as escolhas culturais relacionadas são apontadas como os principais vetores nesse processo (Lins *et al.*, 2015; Junqueira *et al.*, 2016).

Entre as práticas de manejo agroflorestal pretéritas, o uso do fogo teve um papel importante na abertura de roças, na adição de nutrientes ao solo, no extermínio de pestes e ervas daninhas, e na prevenção de incêndios mais severos. A própria existência de plantas domesticadas pode ser utilizada como uma evidência indireta dessas estratégias.

Na Amazônia, Clement (1999) identificou 122 espécies que exibem algum grau de domesticação, ou seja, cujos fenótipos e genótipos foram modificados pela seleção humana ao longo de milênios. Tais modificações foram realizadas e mantidas concomitantemente a um processo de domesticação da paisagem, em que populações inteiras (e, consequentemente, seus fluxos gênicos) foram manejadas. A riqueza e a diversidade das plantas domesticadas, como resultado da coevolução entre indígenas, plantas e paisagens antrópicas, é um importante aspecto da história do manejo ambiental no passado e no presente.

A arqueologia mostra, por exemplo, que a mandioca já era cultivada entre 10 mil e 6 mil anos atrás na região entre Rondônia, Mato Grosso e partes da Amazônia boliviana (Lombardo *et al.*, 2020; Watling *et al.*, 2018). É importante lembrar que a mandioca silvestre não se reproduz por clonagem, e que essa forma de reprodução foi desenvolvida pelos indígenas para que outros traços vantajosos pudessem se tornar perenes de forma mais eficaz, como a presença de raízes maiores e mais produtivas (Rival e McKey, 2008). No início, então, a seleção envolvia a remoção e o isolamento de indivíduos para evitar cruzamento com populações silvestres, operando mudanças paisagísticas derivadas. Essas práticas, já em curso há 10 mil anos, formam a base dos sistemas agroflorestais de hoje.

A domesticação das plantas é um conjunto de processos que, no contexto das culturas humanas, modificam atributos morfológicos, bioquímicos e/ou genéticos das espécies. Geralmente, é possível observar diferenças entre variedades domesticadas e silvestres em suas dinâmicas de crescimento, tamanhos das sementes, frutos, folhas ou tubérculos, e em seus sabores e toxinas. Quando uma determinada planta é encontrada fora da região geográfica de seus ancestrais, sugere-se implicitamente que a ação humana esteja por trás do transporte e do cultivo de sua dispersão. Foi o que ocorreu com o milho, espécie domesticada inicialmente na Mesoamérica e encontrada em diversos locais da Amazônia (Kistler *et al.*, 2018).

No sítio Teotônio, em Rondônia, a recuperação de sementes de palmeiras carbonizadas, somada a vestígios de outras espécies frutíferas que possuem populações cultivadas no presente (por exemplo: castanha, pequiá, goiaba e biribá) em camadas de ocupação datadas entre ca. 9 mil e 6 mil anos A.P. é outra evidência indireta de manejo agroflorestal desde as primeiras ocupações da região (Watling *et al.*, 2018).

Evidências diretas de manejo de plantas de ciclo longo, porém, são mais escassas no registro paleoecológico, já que a resolução taxonômica permitida por pólens fósseis é muitas vezes restrita ao nível de gênero, e é comum que um gênero que contenha espécies utilizadas também contenha espécies não utilizadas. No entanto, um estudo paleoecológico realizado em Santarém, no Pará, quantificou a abundância de gêneros econômicos anuais (milho, mandioca e abóbora) ao longo de 8,5 mil anos de história e mostrou que sua frequência no registro aumentou com o uso de fogo na região a partir de 4.500 cal. A.P (Maezumi *et al.*, 2018). Estudos arqueobotânicos em sítios arqueológicos na região também mostraram a intensificação desses sistemas agroflorestais ao longo do tempo.

O estudo de Watling e colaboradores (2017) revelou que as áreas no Acre onde atualmente se encontram os chamados geoglifos, ocupados desde pelo menos ca. 2,5 mil anos atrás (Saunaluoma *et al.*, 2018), encontravam-se cobertas por florestas de bambu (*Guadua sp.*). As intervenções de derrubada de floresta parecem ter sido restritas às áreas de habitação, porém, a presença humana está correlacionada ao aumento significativo de palmeiras nos mesmos locais. Vestígios dessas florestas antrópicas podem ser encontrados atualmente próximos a esses sítios arqueológicos, a exemplo do geoglifo Três Vertentes (Balée *et al.*, 2014).

Sol de Campinas, sítio composto por montículos dispostos em formato circular ao redor de uma praça central e ocupado de modo recorrente entre 1 mil e 400 A.P., representa um modelo de uso do espaço pelos povos indígenas que viveram na atual região leste do Acre. Assim como outros sítios semelhantes, encontra-se em um pequeno platô encaixado próximo a uma nascente de água e no encontro de dois riachos, e foi construído de modo a aproveitar esse potencial hídrico. No local, foi cultivada uma variedade de milho com um grão pouco maior do que 2 milímetros, utilizado em combinação com espécies indicadoras de florestas secundárias, como o maracujá (*Passiflora sp.*) e o murici (*Byrsonima sp.*), além de espécies perenes como a castanha (*B. excelsa*), o tucumã (*Astrocaryum vulgare*), o urucuri (*Syagrus coronata*) e outras palmeiras.

Presente ancestral

Os registros paleoecológicos (Watling *et al.*, 2017) permitem uma comparação entre práticas de cultivo de plantas no passado e no presente e mostram que, enquanto o manejo indígena levou ao aumento da agrobiodiversidade, as atuais práticas de uso da terra para a produção de comida são caracterizadas por desmatamento em uma escala espacial e temporal nunca vista antes, especialmente na Amazônia. Mais de 500 estruturas arqueológicas já foram identificadas no leste do Acre, a grande maioria localizada em área de pasto. A supressão das florestas parcialmente antropizadas formadas há mais de 2 mil anos leva a uma rápida exaustão do solo, que em pouco tempo fica improdutivo para a agricultura.

Desde o início da colonização europeia, tem ocorrido um gradual decréscimo na agrobiodiversidade das terras baixas, resultante da diminuição drástica do tamanho da população indígena, de processos de emigração de populações tradicionais e do desmantelamento de extensas redes de troca que conectavam pessoas, plantas, territórios e conhecimentos. Além disso, entre os povos indígenas, a disseminação de espécies exóticas vem se ampliando desde a criação do Serviço de Proteção ao Índio, no início do século 20. O aumento no cultivo de plantas como a soja, o arroz asiático, o café e o dendê africano promove um direcionamento dos investimentos de produtores de médio porte nessas culturas, ao passo que desvaloriza a cadeia produtiva de produtos tradicionais.

O exame da localização dos sítios arqueológicos (com ou sem TPA) datados dos 500 anos anteriores à colonização e o mapa dos territórios indígenas homologados pelo Estado nos mostram como diversas áreas tradicionalmente ocupadas por povos indígenas são atualmente destinadas a outros usos, e o quanto há poucas terras indígenas junto às calhas dos grandes rios, áreas que foram densamente ocupadas no passado. Tais mudanças colocam em risco a continuidade de um processo milenar de construção da biodiversidade e da agrobiodiversidade, essenciais para a manutenção das seguranças climática e alimentar do planeta.

As paisagens legadas pelos grupos indígenas que ocupam a Amazônia há milênios são percebidas e incorporadas por comunidades tradicionais modernas, sejam estas indígenas, quilombolas, extrativistas ou ribeirinhas, e integram parte de seu conhecimento ecológico tradicional e de suas práticas de manejo e cultivo. Terras Pretas, plantas e paisagens formadas no passado são frequentemente utilizadas na construção de roças, quintais, florestas e agroflorestas modernas. A construção do conhecimento ecológico tradicional passa por uma relação direta entre conhecedores e conhecedoras através de gerações, mas também por um engajamento criativo que une tradição e inovação a partir de um aprendizado que se constrói com base em memórias inscritas no território. A agrobiodiversidade atual é positivamente relacionada à história de ocupação humana e resulta da variabilidade sociocultural no passado, ao mesmo tempo em que é favorecida pelo uso de solos antropogênicos arqueológicos no presente.

Um olhar para o passado pode não somente valorizar a história indígena, como também apontar para a incorporação de estratégias de manejo agroflorestal e hídrico nas Amazônias que possibilitaria a conciliação entre o cultivo e a restauração e conservação ambientais. O manejo ancestral está associado às práticas regenerativas e é uma das soluções para compatibilizar sistemas agroalimentares e floresta em pé, especialmente em contextos de produção extensiva de *commodities* e carne. Além disso, a imensa diversidade de espécies que podem ser aproveitadas para a alimentação, domesticadas ou não, podem contribuir para reverter a monotonia dos padrões alimentares contemporâneos na Amazônia.

Referências bibliográficas

BALÉE, W. The culture of Amazonian forests: an example from Maranhão, Brazil. In: POSEY, D.I A.; BALÉE, W. *Resource management in Amazonia: indigenous and folk strategies.* Nova York: The New York Botanical Garden, 1989, p. 1-21.

BALÉE, W. *et al.* Florestas antrópicas no Acre: inventário florestal no geoglifo Três Vertentes, Acrelândia. *Amazônica-Revista de Antropologia* 6, n. 1, p. 140-169, 2014.

BOËDA E, C-C. I. *et al.* A new late Pleistocene archaeological sequence in South America: the Vale da Pedra Furada (Piauí, Brazil). *Antiquity*, n. 88, p. 927-941. 2014.

CASSINO, M. F. *et al.* Ethnobotany and ethnoecology applied to historical ecology. In: ALBUQUERQUE, Ulysses Paulino. *et al.* (ed.) *Methods and Techniques in Ethnobiology and Ethnoecology*. Nova York: Springer, Human Press, 2019.

CHILDE, V. G. The neolithic revolution. In: ______. Man makes himself. Londres: Watts & Co, 1936.

CLEMENT, C. R. 1492 and the loss of Amazonian crop genetic resources. I. The relation between domestication and human population decline. *Economic Botany*, v. 53, n. 2, p. 188-202, 1999a.

CLEMENT, C. R. *et al.* The domestication of Amazonia before European conquest. Proceedings of the Royal Society B: *Biological Sciences*, Londres, v. 282, n. 1812, 2015.

DENEVAN, W. M. *Cultivated landscapes of native Amazonia and the Andes.* Reino Unido: Oxford University Press, 2001.

EPPS, P.; SALANOVA, A. P. The languages of Amazonia. *Tipití: Journal of the Society for the Anthropology of Lowland South America*, [s.l.], n. 11, p. 1-28, 2013.

FAUSTO, C.; EDUARDO, N. G. Was there ever a Neolithic in the Neotropics? Plant familiarisation and biodiversity in the Amazon. *Antiquity*, Reino Unido, v. 92, n. 366, p. 1604-1618, 2018.

GUARANI, J. Tornar-se selvagem. *Piseagrama*, Belo Horizonte, n. 14, p. 12-19, 2020.

JUNQUEIRA, A. B. *et al.* Soil fertility gradients shape the agrobiodiversity of Amazonian homegardens. *Agriculture, Ecosystems & Environment*, [s.l.], n. 221, p. 270-281, 2016.

KISTLER, L. *et al.* Multiproxy evidence highlights a complex evolutionary legacy of maize in South America. *Science*, [s.l.], v. 362, n. 6420, p.1309-1313, dez. 2018.

KOCH, A. et. al. Earth system impacts of the European arrival and Great Dying in the Americas after 1492. *Quaternary Science Reviews*, [s.l.], n. 207, p. 13-36, 2019.

LEVIS, C. *et al.* Persistent effects of pre-Columbian plant domestication on Amazonian forest composition. *Science*, [s.l.], v. 355, n. 6328, p. 925-931, 2017.

LINS, J. *et al.* Pre-Columbian Floristic Legacies in Modern Homegardens of Central Amazonia. *PLoS ONE*, Califórnia, v. 10, n. 6, jun. 2015.

LOMBARDO, U. *et al.* Early Holocene crop cultivation and landscape modification in Amazonia. *Nature*, [s.l.], v. 581, n. 7807, p. 190-193, mai. 2020.

MAEZUMI, S. Y. *et al.* The legacy of 4,500 years of polyculture agroforestry in the eastern Amazon. *Nature Plants*, [s.l.], v. 4, n. 8, p. 540-547, ago. 2018.

NEVES, E. G.; HECKENBERGER, M. J. The call of the wild: rethinking food production in ancient Amazonia. *Annual Review of Anthropology*, Palo Alto, n. 48, p. 371-388, 2019.

NEVES, E. G. *Sob os tempos do equinócio*: 8.000 anos de história na Amazônia Central. São Paulo: Ubu, 2022.

POLITIS, G. *Nukak*: ethnoarchaeology of an Amazonian people. Abingdon: Routledge, 2016.

RIVAL, L.; MCKEY, D. Domestication and diversity in manioc (Manihot esculenta Crantz ssp. esculenta, Euphorbiaceae). *Current Anthropology*, [s.l.], n. 49, p. 1119-1128, 2008.

ROOSEVELT, A. C. *et al.* Paleoindian cave dwellers in the Amazon: the peopling of the Americas. *Science*, [s.l.], n. 272, p. 373-384, 1996.

SAUNALUOMA, S; PÄRSSINEN, M.; SCHAAN, D. Diversity of pre-colonial earthworks in the Brazilian state of Acre, southwestern Amazonia. *Journal of Field Archaeology*, Helsinque, v. 43, n. 5, p. 362-379, ago. 2018.

SHOCK, M. P.; MORAES, C. de P. A floresta é o domus: a importância das evidências arqueobotânicas e arqueológicas das ocupações humanas amazônicas na transição Pleistoceno/Holoceno. Boletim do Museu Paraense Emílio Goeldi. Ciências Humanas, Belém, n. 14, p. 263-289, mai./ago. 2019.

STEEGE, H. ter. *et al.* Hyperdominance in the Amazonian Tree Flora. *Science*, Washington, v. 342, n. 325, p. 1243092-1 - 1243092-9, out. 2013.

WATLING, J. *et al.* Direct archaeological evidence for Southwestern Amazonia as an early plant domestication and food production centre. *PLoS ONE*, Califórnia, v. 13, n. 7, 2018.

WATLING, J. *et al.* Impact of pre-Columbian "geoglyph" builders on Amazonian forests. *Proceedings of the National Academy of Sciences*, Washington, v. 114, n. 8, p. 1868-1873, fev. 2017.

Cesar Favarão

Geógrafo e doutor em Planejamento e Gestão do Território pela UFABC. É pesquisador no Núcleo Cebrap Sustentabilidade, onde foi coordenador da Cátedra Itinerante "Inclusão Produtiva no Brasil Rural e Interiorano" e, atualmente, desenvolve pesquisas sobre as transições sustentáveis nos sistemas agroalimentares.

Arilson Favareto

Professor titular da Cátedra Josué de Castro de Sistemas Alimentares Saudáveis e Sustentáveis da USP e da área de Planejamento Territorial da Universidade Federal do ABC (UFABC). É também pesquisador do CNPQ e diretor científico do Centro Brasileiro de Análise e Planejamento (Cebrap).

DESTRUIÇÃO AMBIENTAL E DESIGUALDADES

Caminhos para romper esse ciclo

Mani brotou para alimentar com justiça e abundância. Romper o ciclo da destruição é reencontrar o caminho das raízes: diverso, justo e em harmonia com a floresta.

A Amazônia Legal, situada na região Norte e parte do Centro-Oeste e Nordeste do país, é composta por nove estados e 772 municípios. Uma das regiões mais importantes do ponto de vista da riqueza socioambiental e cultural do mundo, ocupa cerca de 60% do território brasileiro e abriga 27,8 milhões de pessoas, o equivalente a 13,7% do total da população brasileira (IBGE, 2022). Um aspecto importante de sua composição sociocultural são suas 198 etnias indígenas e várias comunidades tradicionais, como quilombolas e ribeirinhas, que, juntas, representam cerca de cinquenta famílias linguísticas. Quase metade de seu território é formada pelo bioma amazônico, a maior floresta tropical do mundo, que abriga a maior reserva de diversidade biológica do planeta (Nobre *et al.*, 2023).

Dadas essas características, a trajetória de desenvolvimento econômico da região e suas repercussões socioambientais têm sido alvo crescente de preocupação e debate público no âmbito nacional e internacional. Isso porque, especialmente nas últimas décadas, consolidou-se na Amazônia um modelo de desenvolvimento marcado pelo agravamento das desigualdades em várias dimensões, pois orientado pelo que autores como Acemoglu e Robinson (2012) chamam de instituições econômicas e políticas extrativas, ou seja, quando predominam no ordenamento social incentivos políticos e econômicos que produzem desigualdades e concentram oportunidades (Acemoglu; Robinson, 2012).

Essas bases político-institucionais foram implementadas pelo Estado brasileiro, com a criação de diversas políticas de ocupação da região, promoção da construção de infraestruturas e concessão de incentivos fiscais e financeiros para a consolidação de pastagens e outras *commodities* nos moldes do que chamamos de modelo convencional. Entre 1974 e 2019, o rebanho bovino nos municípios da Amazônia Legal cresceu dez vezes, passando de 9% para 42% do total do gado do Brasil (Barreto, 2021).

A produção de soja também avança pelo bioma, inclusive sob a forma de projetos dirigidos como o da chamada Amacro, iniciativa na confluência dos estados do Amazonas, Acre e Rondônia, cujas siglas dão forma ao acrônimo (MapBiomas, 2024).

O resultado dessas políticas são os 83 milhões de hectares de florestas primárias já desmatados e a perda de aproximadamente 23% da cobertura vegetal original nos últimos 36 anos em razão do contínuo avanço da agropecuária no bioma. Tamanha devastação está conduzindo a floresta ao que os especialistas chamam de "ponto de não retorno" (Nobre *et al.*, 2023).

Na dimensão socioeconômica, os impactos também não são positivos, visto que a região apresenta os piores indicadores de desenvolvimento e progresso social nos últimos anos no país (Santos *et al.*, 2023). A Amazônia contribui com 9% do Produto Interno Bruto (PIB) do Brasil, mas emite 48% dos gases de efeito estufa (GEE), principalmente devido ao desmatamento e às queimadas (Veríssimo; Assunção; Barreto, 2022). Além disso, o crescimento do setor produtivo convencional nos últimos anos não contribuiu para a geração de empregos nas áreas rurais nem evitou o aumento da insegurança alimentar na região[1] (Favareto *et al.*, 2024; von der Weid, 2023).

1 As ocupações agropecuárias vêm diminuindo sistematicamente nos últimos 30 anos: em 1985, esse setor empregava 23,4 milhões de pessoas; em 2017, o número caiu para 15 milhões de pessoas, uma redução de aproximadamente 35% (Maia, 2020). Para uma panorama mais completo, ver Favareto *et al.* (2024).

Em contraste, há diversas experiências de nichos e experimentações conduzidas por populações tradicionais que apresentam potencial para instituir sistemas agroalimentares sustentáveis e inclusivos (Brondizio *et al.*, 2021). Existem, além disso, enormes possibilidades abertas com a bioeconomia, a agricultura orgânica e outras práticas agropecuárias regenerativas. No entanto, essas iniciativas ainda estão dispersas e longe de representar o modelo predominante de desenvolvimento, já que a inserção econômica do país na ordem neoliberal mundial resultou na reprimarização da economia. Por um lado, esse movimento tornou o país um dos principais players do comércio mundial de alimentos, pela exportação de importantes *commodities*, como soja, café e carne bovina. Por outro lado, tal modelo depende, em grande medida, do avanço da fronteira agrícola sobre biomas sensíveis (Chamma; Sparovek, 2022).

Essa trajetória recente coloca os sistemas agroalimentares da Amazônia diante de um cenário de incentivos contraditórios. Por um lado, a demanda internacional por *commodities* permanece relevante, indicando a possibilidade de maior especialização produtiva; por outro, há incentivos derivados de uma renovação da arquitetura de financiamento global para o enfrentamento das mudanças climáticas, na qual os países ricos assumiriam um papel importante de fomento a novas formas de aproveitamento dos recursos naturais.

Sob qualquer dos dois aspectos, entretanto, é certo que os sistemas agroalimentares da região terão de se adequar minimamente às mudanças do comércio internacional, que apontam para restrições ainda maiores à comercialização de produtos provenientes de degradação ambiental e desrespeito aos direitos humanos.

No âmbito internacional, importantes parceiros comerciais e organizações têm identificado o setor agropecuário do Brasil como o principal responsável pelas emissões de gases de efeito estufa e pelas mais graves ameaças aos direitos humanos. Em 2023, por exemplo, o Parlamento Europeu aprovou uma legislação que proíbe a importação de produtos provenientes de áreas de desmatamento e que violam os direitos humanos e dos povos tradicionais. Dois anos antes, Estados Unidos e China haviam assinado, durante a COP26[2], uma declaração conjunta que determinava maior restrição à comercialização de produtos ligados ao desmatamento ilegal (Abramovay, 2023). Principal parceira comercial do Brasil, a China tem passado por mudanças sociais, com a desaceleração do crescimento populacional e do processo de urbanização, e adotado políticas que incluem um alinhamento crescente às metas de mitigação do aquecimento global. Esses aspectos não apontam para uma estabilidade na demanda por alimentos sob os mesmos moldes do período anterior (Wilkinson, 2023).

Embora possa contribuir para a redução dos impactos ambientais, a emergência de inovações tecnológicas que potencialmente ampliam os horizontes de produtividade não configura, por si só, um movimento em direção à transição sustentável. Isso depende, sobretudo, das formas de apropriação dos benefícios dessas tecnologias pelos diferentes grupos sociais. No caso brasileiro, inovações no setor produtivo, como a chamada agricultura 4.0, têm sido apropriadas de maneira heterogênea e, muitas vezes, ambígua pelos atores desse setor. Tal ambiguidade, e o quadro institucional construído para promover essas inovações, resultam não só em lento avanço do setor em direção a uma maior sustentabilidade, como também na incorporação tecnológica seletiva e desigual, visto que os pequenos agricultores, sem apoio técnico e financeiro, ainda continuam à margem do processo (Viola; Mendes, 2022).

No âmbito das políticas de adaptação e mitigação na agropecuária, o arranjo institucional tem sido influenciado de forma tímida pelos acordos internacionais sobre mudanças climáticas. Para cumprir as metas globais de redução dos gases de efeito estufa e do aquecimento global ao máximo de 1,5°C, o Brasil teria de reduzir as emissões da Amazônia em 96% até 2050, tendo como referência a quantidade de toneladas de carbono emitida nos últimos 30 anos (Nobre *et al.*, 2023).

2 Conferência das Nações Unidas sobre Mudanças Climáticas, realizada em Glasgow, Escócia, entre 1º e 11 de novembro de 2021.

Por meio das Contribuições Nacionalmente Determinadas (NDCs)[3] propostas no âmbito do Acordo de Paris[4], nosso país comprometeu-se a reduzir as emissões de carbono pela metade até 2030. No entanto, os planos e estratégias voltados para a descarbonização no setor agropecuário, como o Plano Nacional para Agricultura de Baixo Carbono (Plano ABC), que visa a intensificação sustentável, e a Política Nacional de Biocombustíveis (RenovaBio), criada com o objetivo de expandir a matriz energética "limpa", ainda são pouco contempladas em termos de investimentos (Assad, 2022).

Com base nesse contexto, este capítulo tem como objetivo oferecer um quadro geral sobre os sistemas agroalimentares amazônicos e o desempenho socioeconômico recente da região, explorando as inter-relações desses aspectos com as questões ambientais mais prementes, como o avanço do desmatamento.

Para atingir esse objetivo, o capítulo está estruturado em três grandes partes, além desta introdução e das considerações finais. Na primeira parte, abordam-se os grandes ciclos econômicos que predominaram na trajetória de desenvolvimento da região e a consolidação do modelo agropecuário para exportação. A segunda parte trata das repercussões socioeconômicas desse modelo sobre os sistemas agroalimentares e a coexistência com os chamados modelos alternativos. Por fim, a terceira parte trata de três vetores para impulsionar uma transição sustentável e inclusiva nos sistemas agroalimentares.

Os grandes ciclos econômicos na constituição da região amazônica

Um dos autores pioneiros no estudo dos sistemas agroalimentares no Brasil, Josué de Castro inicia sua obra clássica

3 Como são chamados os compromissos que os países assumem para reduzir suas emissões de gases de efeito estufa, que incluem as políticas e medidas necessárias para atingir as metas globais estabelecidas no Acordo de Paris.

4 Tratado internacional sobre mudanças climáticas, adotado em 2015.

Geografia da fome (1946-2022) com um capítulo sobre a "área amazônica". Nele, o autor menciona o enorme desafio enfrentado pelas populações locais, que por um longo período se viram "esmagadas pelas forças da natureza", com poucas condições técnicas para "reagir contra os obstáculos do meio". A Amazônia era cheia de contrastes e a existência de vastos recursos naturais era pouco aproveitada para a constituição de sistemas de produção e consumo estáveis, devido, sobretudo, à baixa capacidade técnica e econômica ali instalada.

Com o passar do tempo, o aumento dos processos migratórios e a inserção da região nos circuitos econômicos regionais e internacionais agravaram as condições de existência, deterioradas pelo crescimento da pobreza e da insegurança alimentar. Castro argumenta que o período colonial na Amazônia foi marcado pela profunda inter-relação entre os grandes ciclos econômicos de exportação e a decadência da produção de alimentos para o consumo interno. Com o domínio da monocultura exportadora, ancorada no trabalho escravo e na concentração de terras, a produção de subsistência sempre esteve à margem, pois era essencialmente realizada por escravizados e lavradores que dedicavam a maior parte de seu tempo e esforço à grande lavoura.

Em outro estudo clássico sobre a formação econômica do Brasil, Caio Prado Jr. (2011) abordou o que seriam os "sentidos da colonização" brasileira, demonstrando que o modelo agroexportador constituiu um mercado interno frágil, subordinado nas trocas internacionais e dependente da importação de produtos manufaturados. A produção de alimentos era uma atividade subsidiária: fazia parte do que ele chamou de sistema inorgânico da economia colonial. Dadas essas características, não era raro que os núcleos de povoamento mais densos da Colônia sofressem de escassez de alimentos.

Nesse período, a economia da região amazônica, por muito tempo, ligou-se à Metrópole por meio de dois circuitos mercantis regulares. O primeiro, de caráter extrativista, baseava-se, entre outras atividades, na coleta de especiarias, na pesca e no cultivo de cacau, castanhas e frutas, voltados tanto ao consumo interno quanto ao externo. O segundo, mais robusto e destinado ao comércio exterior, era formado pelas plantações de cana-de-açúcar, arroz, café e algodão, além das fábricas de madeira. Estas, sob o controle da Coroa portuguesa, formavam redes de extração predatória e beneficiamento para exportação, utilizando mão de obra escravizada indígena (Castro; Campos, 2015).

Esse cenário mudou consideravelmente na segunda metade do século 19 e nas três primeiras décadas do século 20, quando, impulsionada pelo aumento da demanda dos países europeus e dos EUA, a produção de borracha se consolidou como a atividade econômica dominante no território amazônico (Castro; Campos, 2015), embora a extração desse produto, notabilizado por sua qualidade, fosse prática antiga na região, realizada pelos indígenas sob o comando de expedições missionárias.

A utilização da população autóctone, no entanto, não supria a quantidade necessária de mão de obra para viabilizar o empreendimento econômico. A solução de curto prazo encontrada pelos governadores da época foi a concessão de subsídios e o custeio do transporte de trabalhadores do Nordeste, política que desencadeou uma grande corrente migratória, denominada por Furtado (2001) como transumância amazônica.

Diferentemente do que ocorreu no caso de outros fluxos migratórios, como o dos europeus para o Centro-Sul do Brasil, a migração de nordestinos para a Amazônia foi marcada por sua inserção completamente subordinada às relações econômicas da região de destino. Eles chegavam já endividados e obrigados a arcar com os custos dos instrumentos de trabalho, vivendo em regime de servidão ao empresário da borracha.

Na década de 1940, ocorreu um segundo ciclo de exploração da borracha, de menor duração e que logo entrou em declínio, primeiramente, em razão da concorrência externa e, posteriormente, com a criação da borracha sintética. Sem condições de regressar a seus estados de origem, o grande contingente de migrantes do Nordeste permaneceu na região, sobrevivendo, como aponta Furtado (2001), sob bases econômicas primitivas de subsistência.

A partir da década de 1960, um novo ciclo de ocupação das "fronteiras amazônicas" foi inaugurado. Conforme apontam Castro e Campos (2015), esse movimento ocorreu sob a égide da modernização institucional e econômica pela qual passava o país, com políticas que buscavam integrar a região tanto ao mercado de consumo interno quanto aos mercados externos demandantes de recursos primários, como madeira, minério e produtos agroextrativistas.

Sob a Revolução Verde[5], a Superintendência do Desenvolvimento da Amazônia (Sudam), autarquia do governo federal criada pela ditadura militar, instaurou, em associação com o Banco da Amazônia (Basa), incentivos fiscais e financeiros para atrair investimentos à região. Nesse momento, intensificou-se sua ocupação por pecuaristas e exploradores de madeira, genericamente chamados de "paulistas", que aproveitaram os recursos financeiros disponibilizados para viabilizar projetos agropecuários (Castro; Campos, 2015).

O tipo de desenvolvimento empreendido pelo governo militar na Região Norte teve como parte de sua força motriz a ideologia da ocupação e sua integração à dinâmica econômica nacional. Sob esse arranjo, o Estado funcionou como o principal provedor de infraestrutura (estradas, energia rural e apoio tecnológico), abrindo caminho para o chamado grande capital nacional e internacional. Mais tarde, esse projeto consolidou definitivamente a priorização de grandes empreendimentos em detrimento dos projetos voltados à agricultura familiar, sob o argumento ideológico de que a produção agrícola em grande escala apresentava melhor eficiência para a promoção do desenvolvimento (Kitamura, 1994).

O resultado do projeto desenvolvimentista militar para a Amazônia foi a apropriação do território sem qualquer tipo de

5 A Revolução Verde foi um conjunto de inovações tecnológicas aplicadas à agricultura entre as décadas de 1940 e 1970, que permitiram o aumento da produtividade agrícola por meio da utilização de insumos industriais na agricultura e da conversão de paisagens ecológicas em grandes monoculturas. Apesar do aumento da produtividade, esse modelo é responsável por vários impactos ambientais, como degradação do solo, redução da biodiversidade, contaminação das águas e emissões de gases de efeito estufa.

preocupação ambiental. Além dos impactos causados pela exploração econômica, a ausência de apoio técnico e jurídico aos pequenos empreendimentos aprofundou a grilagem e a extração indiscriminada dos recursos florestais e minerais (Nabuco, 2007). Além disso, políticas estatais de ocupação tratavam a região de forma homogênea, dificultando a inserção das populações e realidades diversas (MPEG, 2004).

Na década de 1990, o cenário mudou com a ascensão da questão ambiental e a centralidade que o bioma amazônico assumiu no debate internacional. No entanto, após a promulgação da Constituição Federal, em 1988, os sistemas agroalimentares da região evoluíram em um contexto político e econômico paradoxal. Se, por um lado, o texto constitucional sinalizava a necessidade de ampliação da oferta de bens públicos para garantir a expansão dos direitos expressos em seu conteúdo, por outro, a conjuntura econômica era problemática, marcada pelo alto endividamento público e pela adesão à agenda neoliberal (Bresser-Pereira, 2016).

Com a emergência da globalização, o aproveitamento das chamadas "vantagens comparativas" foi o caminho adotado para a inserção econômica internacional do país, aprofundando o viés primário de sua economia (Delgado; Leite, 2023). O papel do Estado, nesse contexto, foi garantir a estabilidade política e econômica, baseada no combate à inflação e na sinalização de um ambiente seguro para os investimentos estrangeiros (Bresser-Pereira, 2016). Essa unidade de contraditórios determinou a base sobre a qual se construiu a agenda política e econômica das décadas subsequentes (Favareto, no prelo). Os resultados socioeconômicos desse processo tiveram efeitos importantes sobre os sistemas agroalimentares amazônicos.

Entre o neoextrativismo e os nichos

A partir da década de 2000, o mundo viveu o chamado *boom* das *commodities*, quando as exportações agrícolas explodiram em razão do aumento da demanda chinesa por alimentos[6] (Carvalho, 2018). No Brasil, o setor gerou um superávit de US$ 486 bilhões entre 2000 e 2011, e o país tornou-se o maior exportador mundial de carne e soja (Barros, 2020). Se ao longo do século 20 o capital agrícola desempenhou certo papel no impulso à industrialização, nesse período o setor reassumiu um protagonismo nos moldes do que alguns autores têm classificado como neoextrativismo.

Como define a socióloga argentina Maristella Svampa (2013), o neoextrativismo é um modelo de desenvolvimento orientado pela convergência de interesses de atores financeiros, corporativos e patrimonialistas, atentos às novas possibilidades abertas de revalorização das terras e ativos ambientais. Esse modelo mantém o padrão histórico de dependência econômica dos países latino-americanos no comércio internacional e gera crescimento econômico às custas do aumento das emissões de GEE, da perda de biodiversidade e do aumento dos conflitos sociais, que têm como vítimas, especialmente, as populações indígenas e comunidades tradicionais, que veem seus territórios e modos de vida ameaçados.

No Brasil, o resultado tem sido a consolidação de uma agenda político-institucional paradoxal. Apesar dos avanços institucionais em relação à Segurança Alimentar e Nutricional (SAN) e às políticas para a agricultura familiar, a maior parte do fundo público se destinou ao apoio ao modelo de exportação de produtos primários (Niederle; Wesz Jr., 2018). O arranjo institucional, fundado na ordem neoliberal e denominado tripé macroeconômico, limitou o papel do Estado na diversificação do tecido econômico. Como consequência, o setor industrial se retraiu, o setor terciário de baixa complexidade se ampliou e o setor primário se fortaleceu, passando a desempenhar papel fundamental na sustentação da balança comercial brasileira (Saad Filho; Moraes, 2018).

Acompanhando a trajetória nacional, a Amazônia aprofundou seu viés agroexportador de produtos primários com baixo

6 Entre 2000 e 2010, os preços internacionais das *commodities* aumentaram 10,3% ao ano para os produtos agrícolas, 15,9% para os produtos do setor energético e 14,7% para metais e minérios (Barros, 2020).

valor agregado e consumidor de bens e serviços de maior complexidade (Nobre *et al.*, 2023). O caráter neoextrativista do seu modelo de desenvolvimento é evidenciado pelo fato de que, sob esses moldes, a ampliação da produtividade depende do crescente avanço da fronteira agrícola, intensificando a devastação socioambiental. Em 2023, por causa do desmatamento e da degradação florestal, a região foi responsável por quase a metade — cerca de 52% — das emissões de GEE do Brasil. Isso contrasta com a relativamente pequena contribuição de sua economia para a geração do PIB nacional, resultado da baixa eficiência econômica e energética (Nobre *et al.*, 2023; Santos *et al.*, 2025).

Um exemplo nesse sentido é a atividade pecuária, caracterizada pela baixa produtividade. Em 2022, a Amazônia possuía aproximadamente 90 milhões de cabeças de gado, ou cerca de 40% do total nacional (Barreto, 2021). Segundo análises da Empresa Brasileira de Pesquisa Agropecuária (Embrapa), na região, em média, apenas dez animais ocupam uma área em que seria possível criar 33 (Barreto, 2021). O setor é, também, o principal vetor de desmatamento da região, pois vastas áreas de floresta são derrubadas para dar lugar a pastagens de gado.

Estima-se que entre 75% e 80% das áreas desmatadas na Amazônia sejam usadas para esse fim. Outros impactos causados por esse modelo são a compactação do solo e a degradação generalizada dos pastos, o que faz com que a fronteira agropecuária seja continuamente expandida[7]. Nas duas últimas décadas, a atividade agrícola no bioma teve um crescimento de impressionantes 327,3%, puxado, principalmente, pela soja[8]. O estado do Mato Grosso, sozinho, é responsável por pouco mais da metade dessa produção: aumento de 1.563,5% entre 2000 e 2020 (Serigati; Possamai, 2022). Em 2022, o valor da produ-

7 Os incentivos governamentais também contribuem para essa lógica, na medida em que recorrentemente são oferecidos programas de regularização de posses ilegais, estimulando as ocupações especulativas. Isso gera um ciclo vicioso, uma vez que a criação de latifúndios empodera politicamente elites locais e regionais, que passam a exercer influência em instâncias políticas locais, regionais e nacionais.

8 A soja responde atualmente por 43,9% de todo o valor da produção agrícola da região, e aproximadamente 14% do total dessa *commodity* cultivada no país.

ção de alimentos na região foi de R$ 118,5 bilhões — destes, R$ 24,4 bilhões foram gerados pelo cultivo de açaí, mandioca, café, cacau, banana, cana, dendê, abacaxi, arroz, feijão e outras culturas. Esse montante parece pequeno em comparação aos R$ 94,1 bilhões obtidos pela soja, milho e algodão, que se destinam essencialmente à exportação (FGVEESP, 2022).

No entanto, é importante relativizar o peso dessas *commodities* na composição socioeconômica da Amazônia, já que três quartos do total da produção vieram de municípios do Mato Grosso, ainda considerando os dados de 2022. Se retirarmos a participação mato-grossense, o valor gerado pelos cultivos de soja, milho e algodão no restante da região seria de apenas R$ 19,8 bilhões, inferior ao alcançado conjuntamente pelas culturas citadas anteriormente. Isso demonstra a importância destas últimas na composição dos sistemas alimentares amazônicos (FGVEESP, 2021)[9].

Do ponto de vista da ocupação laboral, os sistemas agroalimentares na Amazônia — incluindo as fases de produção, processamento, distribuição, consumo e descarte — empregam cerca de 3,5 milhões de pessoas. Os empregos são marcados pela alta taxa de informalidade — cerca de 71% — e geram rendas médias inferiores à média nacional (Smeraldi, 2021). Aproximadamente 2,3 milhões de pessoas são empregadas em estabelecimentos rurais da agricultura familiar, o que significa 74% de todo o pessoal ocupado na agropecuária da região (Nobre *et al.*, 2023).

Apesar da importância socioeconômica dos sistemas alimentares, o modelo de especialização produtiva aumentou as desigualdades inter-regionais: os municípios da Região Norte figuram por sucessivos períodos entre aqueles com os piores indicadores socioeconômicos do país. Segundo o Índice de Progresso Social (IPS), que mensura o desenvolvimento de maneira multidimensio-

9 A mesma lógica acontece quando se olha para os números de áreas colhidas. Dos 13 milhões de hectares de área colhida no total na região, a soja, o milho e o algodão responderam por 11,2 milhões. No entanto, se desconsideramos o Mato Grosso, a área colhida dessas *commodities* cai para 2,5 milhões de hectares, pouco mais do que o 1,5 milhão das outras culturas somadas (FGVEESP, 2021).

nal e se baseia exclusivamente em dados sociais e ambientais[10], o progresso social na região se manteve estagnado entre 2014 e 2021. Nesse período, a pontuação da região passou de 54,35 para 54,94, abaixo do índice nacional, de 67,94. É importante destacar que o indicador considera uma escala de 0 a 100, em que pontuações mais altas indicam melhores níveis de progresso social (Santos *et al.*, 2023).

Uma das principais conclusões quando se analisa o IPS na Amazônia é que os municípios com altas taxas de desmatamento apresentam um índice muito baixo. Dos 20 com maiores áreas devastadas, 13 integram os grupos com piores pontuações (ver Tabela 1) (Santos *et al.*, 2023). É o caso, por exemplo, de Portel (PA) — 44,01 — e Feijó (AC) — 48,10 —, que nos últimos três anos têm figurado nas listas de municípios críticos segundo o Sistema de Alerta de Desmatamento. Aqueles que possuem as maiores taxas de desmatamento também apresentaram desempenho ruim na análise da dimensão de necessidades humanas básicas, que incluem as variáveis de subnutrição e desnutrição infantil, o que possivelmente indica as interconexões entre desmatamento e piores índices socioeconômicos e de segurança alimentar (Santos *et al.*, 2023) (Figura 1).

Contribuem para esse cenário de degradação socioambiental outras práticas, como a mineração, que, em sua forma ilegal, além de causar severos danos ambientais, constitui-se de grandes redes de atores que viabilizam a apropriação e o comércio dos produtos extraídos. Essas redes são formadas por diferentes etapas e práticas, entre elas, associação criminosa, corrupção, lavagem de dinheiro e crimes tributários (Waisbich *et al.*, 2022). Não por acaso, nos últimos anos, houve uma piora significativa também nos componentes da dimensão três do IPS, que refletem a questão da violência. O indicador de liberdades

10 Isso permite uma mensuração sem eventuais distorções causadas pelos dados econômicos. O índice é composto por três dimensões, e cada uma delas corresponde às médias simples dos componentes que as integram. São 12 componentes que, por sua vez, abrangem de dois a cinco indicadores. "Por sua vez, os índices dos componentes foram gerados a partir da Análise de Componentes Principais (ACP) entre os indicadores" (Santos *et al.*, 2023, p. 12).

individuais teve um decréscimo de 12,44 pontos, passando de 59,98 em 2014 para 25,59 em 2023 (Santos *et al.*, 2023).

Tabela 1. Munícipios que mais desmatam e IPS

Município	Estado	Desmatamento do Prodes/Inpe em 2020, 2021 e 2022 (km^2)	Tier	IPS Amazônia 2023	Ranking dos municípios
Altamira	PA	2.189,24	4	51,28	619
São Félix do Xingu	PA	1.720,32	4	52,56	505
Lábrea	AM	1.622,69	4	52,97	470
Porto Velho	RO	1.620,17	2	61,31	34
Apuí	AM	1.321,23	5	49,49	704
Novo Progresso	PA	1.040,05	4	51,02	637
Itaituba	PA	975,95	4	52,63	500
Colniza	MT	904,67	4	52,25	533
Portel	PA	746,09	5	44,01	770
Pacajá	PA	727,52	5	46,38	760
Novo Aripuanã	AM	599,76	2	57,99	122
Candeias do Jamari	RO	522,9	3	53,86	399
Boca do Acre	AM	522,5	4	51,32	616
Humaitá	AM	476,23	2	255,19	282
Uruará	PA	466,61	5	48,18	740
Manicoré	AM	461,28	2	56,78	183
Novo Repartimento	PA	454,72	3	53,96	386
Aripuanã	MT	445,88	2	57,06	161
Feijó	AC	432,11	5	48,10	742
Rurópolis	PA	386,18	5	49,67	696

Fonte: Souza *et al.*, (2023).

Figura 1. Áreas de desmatamento e IPS

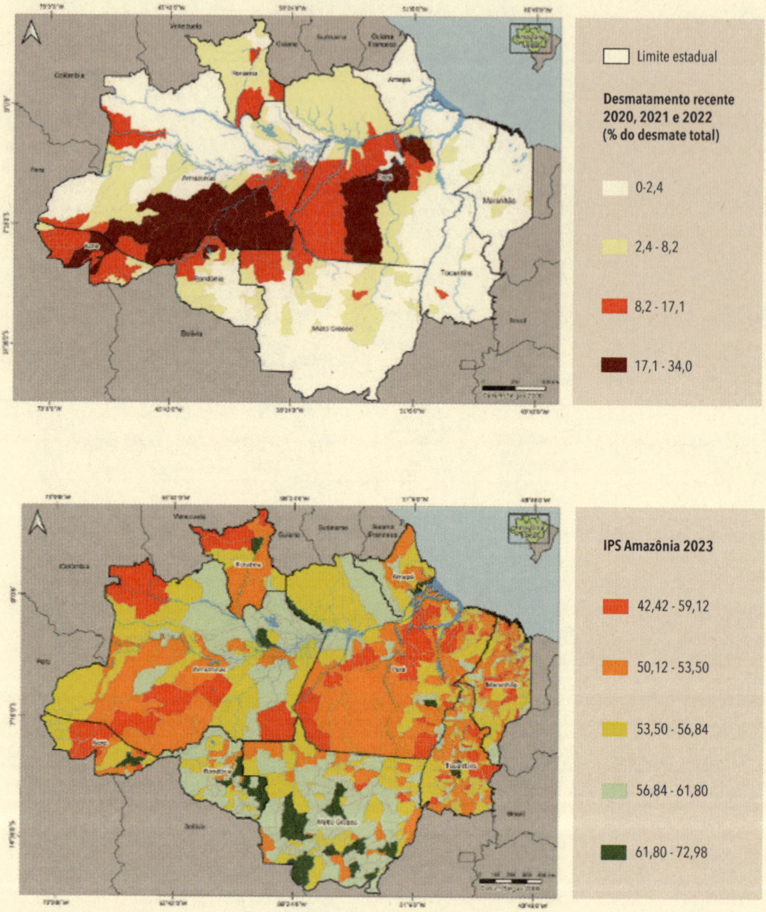

Fonte: Souza *et al.*, (2023).

Essa situação é ainda mais crítica quando se considera a questão fundiária da região, onde um terço das terras, cerca de 143,2 milhões de hectares, são públicas e objetos de múltiplos interesses, estando constantemente ameaçadas por invasões voltadas à prática econômica ilegal, incluindo a grilagem. Entre 2019 e 2021, metade do desmatamento da Amazônia ocorreu em terras públicas, com a utilização ilegal do Cadastro

Ambiental Rural (CAR) como tentativa de apropriação dessas terras. Nesse período, o Ministério Público Federal (MPF) identificou cerca de 9.901 registros de propriedades "cujos limites se sobrepõem a territórios indígenas ou a trechos com restrição de uso" (BPBES, 2024, p. 26).

O impacto mais direto e crítico dessa realidade sobre os sistemas alimentares amazônicos é a persistência e o aprofundamento da insegurança alimentar. Segundo dados da Rede Penssan (2021), a Região Norte do Brasil apresenta os piores índices do país no que diz respeito a esse problema, com a maior prevalência de insegurança alimentar grave.

Talvez o caso recente mais emblemático da relação entre o avanço de atividades ilegais e a degradação socioambiental tenha sido a situação enfrentada pelos Yanomamis, que tiveram suas bases de recursos naturais comprometidas pelo garimpo ilegal. Dados do Ministério da Saúde e de organizações que atuam na região apontam que mais de 570 crianças desse povo morreram por causas evitáveis entre 2019 e 2022, incluindo desnutrição severa, pneumonia e diarreia, todas elas relacionadas à degradação ambiental e à falta de acesso a cuidados de saúde adequados. Além disso, centenas de Yanomamis, especialmente crianças, entraram em situação de desnutrição crônica.

Como podemos observar, essas atividades impactam diretamente os sistemas alimentares locais, tanto por meio da degradação direta do meio ambiente, como a poluição das águas, o esgotamento de recursos pesqueiros e a degradação do solo — fatores que, conjuntamente, prejudicam a pequena agricultura —, quanto pela baixa conversão dos ganhos obtidos em benefícios para a economia local.

Nichos agroalimentares sustentáveis: um potencial emergente?

Em contraste com o panorama esboçado acima, a Amazônia é conhecida por seu potencial sociocultural e de recursos naturais que, apesar de ainda pouco explorado, tem se desenvolvido gradativamente ao longo das últimas décadas, graças à ação de diversos atores preocupados com a questão socioambiental na região (Barreto, 2021; Nobre *et al.*, 2023).

Nessa perspectiva, o projeto Agents (Amazonian Governance to Enable Transformation to Sustainability) mapeou mais de 200 iniciativas em 900 localidades e 174 municípios na Amazônia brasileira e identificou uma variedade de iniciativas em pequena escala que abrangem atividades econômicas e associativas, além de arranjos de governança para o gerenciamento de conflitos sobre recursos naturais. Esses empreendimentos envolvem o estabelecimento de formas de uso sustentável de rios, florestas e áreas agrícolas que se aproximam dos modelos de governança preconizados pela literatura (Brondizio *et al.*, 2021). Até o momento, configuram um arquipélago de nichos ainda isolados, mas contribuem para a geração de renda e a inclusão econômica e sociocultural de populações vulnerabilizadas, e oferecem bases para um consumo alimentar sustentável e para mercados alternativos de alimentos saudáveis, como mostra a Figura 2.

Nele, podemos observar como as ações mapeadas estabelecem diversos vínculos com os sistemas agroalimentares em suas diferentes etapas, da implementação de sistemas produtivos — como projetos agroflorestais e sistemas pesqueiros — à comercialização — evidenciada por iniciativas de comércio justo de produtos orgânicos e redes de sementes. Além disso, há empreendimentos voltados para a transformação e o processamento, como as agroindústrias de produção de polpas de frutas e transformação de cacau, bem como a confecção de roupas, joias e óleos, entre outros produtos.

A formação de cooperativas e associações são parte expressiva dos projetos mapeados. Embora o número desse tipo de sociedades na região esteja abaixo da média nacional, os dados mostram uma evolução importante na formalização de formas de ação coletiva, essenciais não apenas para viabilizar os aspectos técnicos e logísticos da produção, mas também para o acesso às políticas públicas (Brondizio *et al.*, 2021).

Essas iniciativas promissoras, no entanto, ainda não têm força suficiente para fazer frente ao modelo convencional predominante na região. Os incentivos econômicos, políticos e institucionais foram e continuam sendo prioritariamente destinados a práticas associadas à degradação ambiental, que operam nos moldes do neoextrativismo, conforme vimos brevemente acima.

Figura 2. Iniciativas promissoras de gestão dos sistemas agroalimentares no bioma amazônico

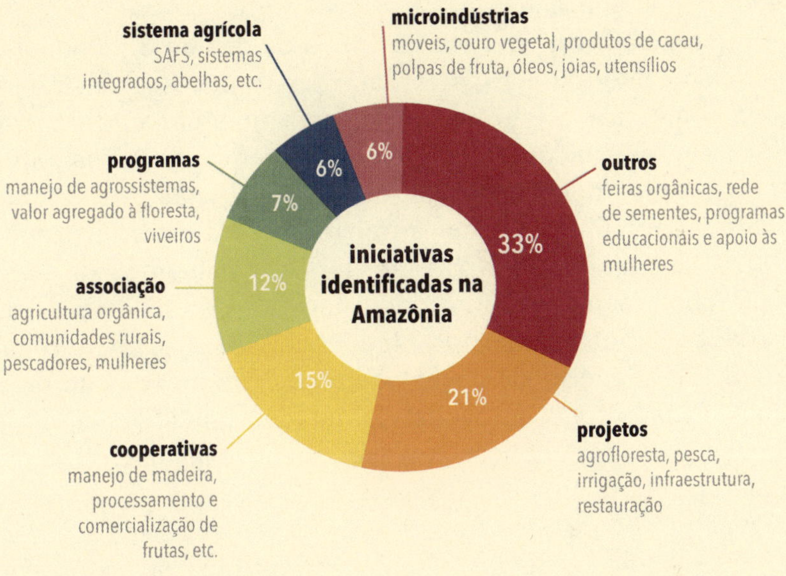

Fonte: Adaptado de Brondizio *et al.* (2021).

Oportunidades e desafios para uma transição sustentável e inclusiva

Reconhecidamente, o Brasil possui trunfos para consolidar uma trajetória de desenvolvimento sustentável e se tornar um modelo de transição ecológica. Um deles é o próprio bioma amazônico que, ao abrigar a maior biodiversidade do planeta, oferece um bom horizonte para o avanço de uma economia baseada em novas formas de apropriação dos recursos naturais, capazes de gerar, também, oportunidades econômicas (Gramkow, 2019).

Importantes especialistas na Amazônia, como o cientista Carlos Nobre, têm apontado para a necessidade do estabelecimento de um novo paradigma de desenvolvimento para a região: a Amazônia 4.0. Sob esse modelo, os principais entraves ao desenvolvimento sustentável local poderiam ser superados através da combinação dos recursos da biodiversidade com os recentes avanços tecnológicos em sistemas de informação e redes de comunicação.

Apesar da diversidade de campos de estudo e influências teóricas, a literatura especializada nos processos de transições sustentáveis tem convergido no entendimento de que estas são dinâmicas complexas e ocorrem simultaneamente em diferentes domínios, com interdependências que se desdobram em múltiplas escalas (micro, meso e macro) (Raskin, 2002; Scoones *et al.*, 2020). Assim, os movimentos de transição compreenderiam um duplo movimento: o primeiro, de identificar e potencializar as experiências no nível micro (*phase-in*), e o segundo, de desestabilização das práticas no nível meso (*phase-out*), aproveitando as oportunidades abertas com as crises e mudanças que ocorrem no nível macro (Kemp; Schot; Hoogma, 1998).

A seguir, abordamos caminhos promissores para o *phase-in* e *phase-out* nos sistemas agroalimentares amazônicos, considerando três vetores estratégicos de incidência para promover mudanças sistêmicas, isto é, capazes de atacar diferentes dimensões dos problemas.

Consolidar sistemas produtivos sustentáveis

Atualmente, os recursos governamentais são predominantemente destinados ao financiamento dos setores convencionais, que são os maiores emissores de gases de efeito estufa e vetores da erosão da biodiversidade. Para se ter uma ideia, apenas 3% de todo o crédito do Plano Safra para a agropecuária na Amazônia está condicionado a práticas de baixa emissão de carbono (Nobre *et al.*, 2023). Segundo um estudo do

Instituto Escolhas, se houvesse um país chamado "Pecuária Brasil", ele seria o 20º maior emissor de GEE do mundo, superando países como Argentina e Inglaterra.

Para alcançar a transição sustentável nos sistemas produtivos amazônicos, diversos especialistas apontam para a necessidade de internalizar práticas sustentáveis, como agroecologia, agropecuária regenerativa, agricultura orgânica, entre outras, através da adoção, pelo Estado, de uma agenda que vá além do "alternativo". A exemplo de como sua versão desenvolvimentista atuou nas décadas de 1960 e 1970, induzindo a expansão das fronteiras agropecuárias e financiando os pacotes tecnológicos da Revolução Verde, o Estado teria agora um papel importante a desempenhar em uma política que priorizasse os sistemas produtivos sustentáveis.

Diferentemente dos países centrais, onde as transições devem superar um forte *lock-in* em setores industriais, quase metade do total das emissões de gases de efeito estufa do Brasil vem das transformações no uso da terra, sobretudo decorrentes da agropecuária (WBG, 2014). Intervenções estratégicas nessas atividades podem contribuir enormemente para que o país avance rumo ao cumprimento das metas acordadas de redução de emissões (Abramovay *et al.*, 2023).

Um exemplo disso é a cadeia da pecuária, que, como vimos anteriormente, é considerada um dos principais vetores de desmatamento e degradação do solo no bioma amazônico (WBG, 2024). Ao contrário de outros grandes países produtores de carne, que criam gado em sistemas de confinamento, no Brasil essa prática ocorre predominantemente em pastagens; muitas delas, unidades familiares de produção. Das 2,5 milhões de pequenas propriedades pecuaristas do país, 500 mil estão localizadas na Amazônia. Nesse contexto, é possível combinar técnicas simples e de baixo custo de manejo, como a implantação de sistemas agroflorestais e a arborização das pastagens, que trariam enormes benefícios ambientais e sociais (Abramovay *et al.*, 2023)

Para que a região siga um caminho de saída da pecuária convencional, será necessário induzir formas localizadas de inovação e aumentar a participação dos setores privados e das organizações da sociedade civil. Apenas por meio da aproximação das redes públicas de ciência e tecnologia com o setor privado e as organizações sociais será possível criar um ambiente inovador e adaptado às necessidades ecossistêmicas e sociais locais.

Como se vê, alavancar sistemas produtivos sustentáveis não é apenas uma questão de financiamento, mas, também, de moldagem de estruturas adequadas de incentivos, que penalizem práticas predatórias e poluentes e premiem as inclusivas e sustentáveis. Envolve, ainda, o aprimoramento e a atualização de marcos regulatórios, entre outros aspectos (Favareto *et al.*, 2023).

Viabilizar um desenvolvimento baseado na bioeconomia

A década de 1990 foi marcada pela ascensão do chamado socioambientalismo transnacional, quando a realização da Conferência das Nações Unidas sobre o Desenvolvimento e o Meio Ambiente, a Rio-92, convergiu com a emergência da luta ambiental dos extrativistas da Amazônia, liderados por Chico Mendes, dando centralidade à questão da proteção florestal. Nos anos 2000, houve o crescimento do conservacionismo baseado no mercado, quando as modalidades de pagamento por serviços ambientais passaram a ser a forma de reconhecimento da importância dos produtos da sociobiodiversidade.

Já nos anos mais recentes, a bioeconomia é tida como a "bola da vez". E, como acontece com todo tema emergente na agenda pública, ainda persistem visões muito contrastantes em relação a esse termo ou conceito. Alguns se referem à bioeconomia como a principal solução para a economia da Amazônia e outras regiões de florestas tropicais no mundo. Outros a enxergam como uma via meramente mercadológica, que visa à expansão do capital sobre as fronteiras dda natureza. Por isso, é fundamental esclarecer: de qual bioeconomia estamos falando?

Apesar das diferentes visões, há um consenso na literatura que a define como um tipo de economia cujas bases produtivas, materiais e energéticas derivam de recursos biológicos renováveis. Além disso, ao se pensar no bioma amazônico, é importante considerar, como sugerem autores como Nobre *et al.* (2023), que a bioeconomia significaria a substituição da lógica convencional baseada na derrubada da floresta por uma economia que valoriza e identifica ativos biológicos e biomiméticos ainda inexplorados, um processo que seria orientado pelo conhecimento dos povos e comunidades tradicionais. A bioeconomia, entendida dessa forma, garantiria a resiliência ecossistêmica e a geração de oportunidades econômicas, desde que ancorada em arranjos econômicos e coletivos que permitam ganhos mais justos em todas as suas etapas.

Já existem várias iniciativas e práticas que caminham em consonância com essa definição. Alguns dos principais produtos da região, como cacau, borracha, castanha-do-Brasil, palmito, açaí e a própria madeira, estão fortemente associados ao que a literatura denomina Sistema Agrícola Tradicional (SAT), ou seja, um sistema que integra de forma interdependente o cultivo de plantas, a criação de animais, o aproveitamento de insumos locais, o uso de tecnologias simples e a mão de obra familiar. Caracterizado por uma forma de interação entre grupos sociais e a natureza, baseado na baixa intensidade de apropriação e transformação da paisagem natural, esse modelo é fundamental para garantir a segurança alimentar de povos indígenas, quilombolas, extrativistas, ribeirinhos e pescadores artesanais, entre outros grupos.

Algumas dessas ações são projetos coletivos bem-sucedidos de extrativismo e manejo de florestas conduzidos por povos tradicionais, como é o caso da Rede de Sementes do Xingu, que articula a troca e a distribuição de sementes de espécies de plantas e árvores nativas das regiões do Xingu, Araguaia e Teles Pires. As sementes são coletadas e beneficiadas localmente e, em 2019, geraram, na bacia do Rio Xingu, uma renda de R$ 4 milhões, repassados diretamente às comunidades desse território, especialmente na região do Mato Grosso. Estima-se que cerca de 450 famílias sejam diretamente impactadas pela geração de renda proveniente da coleta e comercialização de sementes nativas (Redes de Sementes do Xingu, 2023).

Além disso, a rede interliga conhecimentos e saberes diversos, por ser composta por uma diversidade de atores e arranjos sociais que se articulam de forma colaborativa, envolvendo comunidades indígenas, ribeirinhas, agricultores familiares, ONGs, pesquisadores e órgãos governamentais. A iniciativa não se restringe a sementes de árvores nativas para reflorestamento, mas também inclui espécies com valor alimentar e medicinal. Em muitos casos, essas espécies nativas, que já fazem parte da cultura e dos sistemas alimentares indígenas, são utilizadas no cultivo de frutas, castanhas e outras plantas que complementam a dieta das comunidades, promovendo maior segurança alimentar. A coleta e a comercialização de sementes nativas permitem que as comunidades locais diversifiquem suas atividades econômicas, muitas vezes complementando a renda gerada pela agricultura. Com o recurso adicional, as famílias podem investir na melhoria de sua produção alimentar ou na compra de alimentos, fortalecendo ainda mais a segurança alimentar (Redes de Sementes do Xingu, 2023).

Conectar oferta e consumo de alimentos sustentáveis

O Programa Nacional de Alimentação Escolar (PNAE) foi criado em 1979 e, desde então, passou por uma série de mudanças. Em 2009, foi atualizado pela Lei 11.947, que o consolidou como uma política pública fundamental para a segurança alimentar e nutricional no Brasil. Uma das inovações mais significativas foi a exigência de que no mínimo 30% dos recursos repassados pelo Fundo Nacional de Desenvolvimento da Educação (FNDE) para a alimentação escolar fossem destinados à compra de produtos provenientes da agricultura familiar, com prioridade para assentamentos da reforma agrária, comunidades indígenas e quilombolas. Essa medida teve como objetivo promover o desenvolvimento sustentável e valorizar a produção local.

Em 2020, alinhado às diretrizes do Guia Alimentar para a População Brasileira, o PNAE passou a limitar a quantidade de alimentos processados e ultraprocessados, indicando porções mínimas semanais de frutas, legumes e verduras. Assim, o programa se configura como uma importante política para o fomento de sistemas agroalimentares sustentáveis e inclusivos, atingindo várias dimensões desses sistemas de forma concomitante, pois, ao mesmo tempo, permite o acesso à comida de qualidade, auxilia na geração de renda para diversos segmentos da agricultura familiar e conta com dispositivos para impulsionar sistemas produtivos sustentáveis (Grisa; Porto, 2023).

Embora a Região Norte conte com investimentos do PNAE abaixo da média de outras regiões brasileiras, ela tem sido palco de algumas inovações importantes, resultantes da associação entre comunidades locais, organizações da sociedade civil e poder público. Algumas delas respondem à necessidade de adequar os projetos às especificidades do consumo e da oferta de alimentos na região.

Em 2016, o Ministério Público Federal (MPF) do estado do Amazonas, com base nas diretrizes do Guia Alimentar Brasileiro, questionou a oferta de produtos ultraprocessados e descontextualizados dos hábitos alimentares indígenas. Embora o programa possibilite um tratamento específico para grupos prioritários da agricultura familiar, como as comunidades indígenas, isso não estava ocorrendo na prática. Com o objetivo de viabilizar a oferta de alimentos mais saudáveis e adaptados aos hábitos alimentares regionais, o MPF criou a Comissão de Alimentos Tradicionais dos Povos do Amazonas (Catrapoa). A ideia inicial era permitir a oferta de produtos locais e tradicionais das comunidades do estado por meio da simplificação da legislação e da fiscalização sanitária com base em dispositivos institucionais que tratam das especificidades dos povos indígenas. Isso garantiu que as escolas indígenas adquirissem alimentos produzidos e adaptados à dieta local.

Desde então, a Secretaria Estadual de Educação do Amazonas realiza as chamadas públicas do PNAE com base nessas diretrizes. Em 2021, com o objetivo de expandir para outras regiões a experiência desenvolvida pela Catrapoa, o MPF instituiu a Mesa Permanente de Diálogo Catrapovos Brasil, incluindo lideranças indígenas, quilombolas, agricultores e sociedade civil organizada, entre outros atores.

Outro exemplo de viabilização da conexão entre consumo e oferta de alimentos sustentáveis por meio do PNAE é o programa Florestas de Valor, criado pelo Instituto de Manejo e Certificação Florestal e Agrícola (Imaflora) em 2018. A iniciativa foi desenvolvida para identificar e auxiliar na resolução de problemas de acesso aos mercados do PNAE enfrentados pelos agricultores familiares dos municípios de Oriximiná e São Félix do Xingu, no estado do Pará.

A baixa formalização e uma série de problemas logísticos e operacionais estão entre os principais obstáculos[11] (Menu; Garcia-Drigo; Galiano, 2024). Com o apoio do PNAE, os produtores têm conseguido superar essas barreiras e, agora, oferecem uma maior diversidade de alimentos e obtêm uma renda média maior. Entre 2018 e 2023, por exemplo, houve um aumento de 500% na renda média dos agricultores de Oriximiná. Já em São Félix do Xingu, o programa apoia a Associação de Mulheres Produtoras de Polpa de Frutas (AMPPF), cuja organização coletiva possibilitou o acesso das agricultoras do município aos mercados do PNAE. As rendas obtidas com o programa têm impulsionado a produção e a transformação de frutas, oferecendo uma diversidade de alimentos às escolas rurais, como acerola, caju, café, goiaba e abacaxi (Menu; Garcia-Drigo; Galiano, 2024).

11 Muitos desses agricultores não contavam com a Declaração de Aptidão ao Pronaf (DAP), documento obrigatório para participação nas chamadas públicas do PNAE.

Considerações finais

Em 2025, o Brasil sedia a COP30, assumindo um papel de protagonismo na construção da agenda climática global. Os debates e cúpulas internacionais sobre o clima têm influenciado significativamente a agenda pública brasileira. A Rio-92, por exemplo, foi um marco importante, a partir do qual os temas ambientais e alimentares ganharam espaço não só nas políticas dos governos, mas, também, nas ações dos setores empresariais. Desde então, consolidaram-se diversos institutos, fundações filantrópicas e ONGs focados na promoção da sustentabilidade e da responsabilidade social no mundo corporativo[12]. Isso se reflete na crescente internalização, no discurso desses atores, de temas como bioeconomia, agricultura orgânica, agropecuária regenerativa, mercado de carbono, entre outras referências a uma diversidade de novas práticas e formas de apropriação da natureza (Coalizão Brasil, 2024).

No tema das inovações tecnológicas, no entanto, existem divergências entre segmentos do agronegócio. Há atores e organizações assumindo posturas mais reacionárias em relação às pautas socioambientais e climáticas, outros com posturas mais ambíguas e volúveis em relação a esses compromissos, e um terceiro grupo mais sensível e aderente à agenda da "descarbonização" (Pompeia; Schneider, 2021). Isso sugere uma diversidade de tendências e possibilidades de respostas diferenciadas aos estímulos externos como as crises econômicas e ambientais e as mudanças nas exigências do mercado internacional de alimentos.

Em determinadas cadeias, as tensões e controvérsias nos discursos entre frações dominantes têm sido mais evidentes. Esse aspecto se manifesta nos esforços de determinados pecuaristas de tentar dissociar a atividade das práticas ilegais (Abramovay *et al.*, 2023). São segmentos que, nos últimos anos, têm se posicionado de forma desafiadora, defendendo mais enfaticamente as unidades de conservação, apoiando ações

12 Uma dessas mobilizações teve impactos positivos na mobilização do setor varejista em favor do Pacto da Pecuária na Amazônia.

de combate ao desmatamento e propondo caminhos para a transição sustentável do setor produtivo. Há, assim, um caráter dinâmico de alinhamentos, realinhamentos e possibilidades de explorar as fissuras intracoalizões sociais dominantes que precisa ser mais bem compreendido nos processos de transição (Acemoglu; Robinson, 2012).

Até o momento, no entanto, como vimos ao longo deste capítulo, o resultado tem sido a configuração de um quadro político-institucional fragmentado e pouco aderente aos desafios que exigem ações mais coordenadas e referenciais de políticas mais integradas (Grisa; Porto, 2023). Como argumenta Favareto (no prelo), o Estado brasileiro tem administrado ambiguidades: por um lado, sustenta e financia pesadamente o modelo convencional; por outro, estabelece mecanismos parciais de proteção e compensação aos atores mais vulneráveis. A coexistência entre esses modelos tem significado um saldo negativo do ponto de vista socioambiental.

As transformações tecnológicas e as recentes contestações pelas quais passam os sistemas agroalimentares oferecem uma conjuntura de oportunidades para potencializar narrativas e práticas que desafiem o paradigma convencional. Como aponta parte da literatura institucionalista (Acemoglu; Robinson, 2002), para transições desse tipo, são necessários arranjos sociais que consigam amalgamar interesses de um conjunto amplo e plural de atores, mas também uma definição clara de que segmentos ficarão de fora do novo ordenamento institucional. Torna-se, portanto, fundamental entender a influência do debate socioambiental e climático no posicionamento dos diferentes segmentos e na possibilidade de emergência de novos arranjos sociais que permitam sustentar uma agenda de transição sustentável nos sistemas agroalimentares amazônicos.

Referências bibliográficas

ABRAMOVAY, R. *et al. Produção pecuária na América Latina e no Caribe*. São Paulo: Cátedra Josué de Castro, 2023.

ACEMOGLU, D.; ROBINSON, J. A. *Por que as nações fracassam:* as origens do poder, da prosperidade e da pobreza. Rio de Janeiro: Elsevier, 2012.

ASSAD, E. Só 2% do Plano Safra vão para agricultura de baixo carbono, critica pesquisador Eduardo Assad. Entrevista concedida à Cristiane Fontes e Marcelo Leite. *Folha de São Paulo*, São Paulo, jun. 2022. Disponível em: https://www1.folha.uol.com.br/ambiente/2022/06/so-2-do-plano-safra-vao-para-agricultura-de-baixo--carbono-critica-pesquisador-eduardo-assad.shtmlAcesso em: 24 mar. 2025.

BARRETO, P. *Políticas para desenvolver a pecuária na Amazônia sem desmatamento.* Belém: Imazon, 2021. Disponível em: https://amazonia2030.org.br/wp-content/uploads/2021/09/pecuaria-extrativa_final_Paulo-Barreto-1.pdf. Acesso em: 21. ago. 2025.

BARROS, G. S. de C. The Brazilian agri-food sector: an overview. *In*: JANK, M. S.; GUO, P.; MIRANDA, S. H. G. de (eds.). *China-Brazil partnership on agriculture and food security*. Piracicaba: Esalq/USP, 2020.

BRESSER-PEREIRA, L. C. *A construção política do Brasil:* sociedade, economia e Estado desde a Independência. São Paulo: Editora 34, 2016.

BRONDIZIO, E. S. *et al.* Making place-based sustainability initiatives visible in the Brazilian Amazon. *Current Opinion in Environmental Sustainability,* [s.l.], v. 49, p. 66-78, abr. 2021.

CARVALHO, L. *Valsa brasileira:* do boom ao caos econômico. São Paulo: Todavia, 2018.

CASTRO, E. R. de; CAMPOS, I. Formação socioeconômica do Estado do Pará. *In:* CASTRO, E. R. de; CAMPOS, I. *Formação socioeconômica da Amazônia.* Belém: Naea, 2015, p. 401-482.

CASTRO, J. de. *Geografia da fome. O dilema brasileiro:* pão ou aço. São Paulo: Todavia, 2022.

CHAMMA, P.; SPAROVEK, G. De onde vem e para onde vai: o caso do setor agropecuário brasileiro. *In*: CAMPELLO, T. (ed.). *Da fome à fome*: diálogos com Josué de Castro. São Paulo: Editora Elefante, 2022.

COALIZÃO BRASIL. *Coalizão Brasil Posicionamentos,* 2024. Disponível em: https://coalizaobr.com.br/posicionamentos/. Acesso em: 07 Jul. 2024.

DELGADO, G.; LEITE, S.P. The Agribusiness Pact – the "reprimarization" of Brazilian economy. *Phenomenal World*, [s.l.], p.1-6, 05 ago. 2023.

FAVARETO, A. *et al. Relatório de inclusão produtiva no Brasil rural e interiorano 2021.* São Paulo: Cebrap, 2022.

FAVARETO, A. *et al. Relatório de inclusão produtiva no Brasil rural e interiorano 2023-2024.* São Paulo: Cebrap, 2024.

FAVARETO, A. *Notas preliminares sobre pós-neoliberalismo e transição ecológica.* Cebrap: Center for Critical Imagination. No prelo.

FGVEESP. *Mapeamento da produção agropecuária no Bioma Amazônia.* São Paulo: FGV, 2022. Disponível em: https://agro.fgv.br/sites/default/files/2024-04/Mapeamento%20da%20Atividade%20Agri%CC%81cola%20no%20Bioma%20Amazo%CC%82nia_2022%201.pdf. Acesso em: 21 ago. 2025.

FURTADO, C. *Formação econômica do Brasil*. São Paulo: Companhia das letras, 2007.

GRAMKOW, C. O Big Push Ambiental no Brasil. *Série perspectivas - Fundação Friedrich Ebert*, [s.l.], n. 20, p. 31, 2019.

GRISA, C.; PORTO, S. Dez anos de PAA: As contribuições e os desafios para o desenvolvimento rural. In: GRISA, C.; SCHNEIDER, S. (eds.). *Políticas públicas de desenvolvimento rural no Brasil*. Porto Alegre: Editora da UFRGS, 2015.

IBGE. Amazônia Legal. *Instituto Brasileiro de Geografia e Estatística*, 2022. Disponível em: https://www.ibge.gov.br/geociencias/cartas-e-mapas/mapas-regionais/15819-amazonia-legal.html. Acesso em: 14 out. 2024.

KEMP, R; SCHOT, J; HOOGMA, R. Regime shifts to sustainability through processes of niche formation: The approach of strategic niche management. *Technology Analysis & Strategic Management*, [s.l.], v. 10, n. 2, p.175-198, jan. 1998.

KITAMURA, P. C. *Desenvolvimento sustentável: uma abordagem para as questões ambientais da Amazônia*. 1994. Tese (Doutorado) - Instituto de Economia da Unicamp, Campinas, 1994.

MAIA, A. G. Mudanças demográficas no rural brasileiro de 2006 a 2017. *In*: VIEIRA FILHO, J. E. R.; GASQUES, J. G. (org.). *Uma jornada pelos contrastes do Brasil*: cem anos de Censo Agropecuário. Brasília: Ipea, 2020, p.67-76.

MAPBIOMAS. Mais de 90% do desmatamento da Amazônia é para abertura de pastagem. *MapBiomas*, 3 out. 2024. Disponível em: https://brasil.mapbiomas.org/2024/10/03/mais-de-90-do-desmatamento-da-amazonia-e-para-abertura-de-pastagem/. Acesso em: 24 mar. 2025.

MCMICHAEL, P. *Food Regimes and Agrarian Questions*. Nova Scotia: Fernwood Publishing, 2013.

MENU, H.; GARCIA-DRIGO, I.; GALIANO, M. Programa Nacional de Alimentação Escolar e sua aplicação na Amazônia: experiências do Florestas de Valor. *Perspectiva Imaflora*, v. 10, 2024.

NIEDERLE, P. A.; JUNIOR, V. J. W. *As novas ordens alimentares*. Porto Alegre: Editora da UFRGS, 2018.

NOBRE, C. A. *et al. Nova Economia da Amazônia*. São Paulo: WRI Brasil, 2023. Disponível em: https://www.wribrasil.org.br/nova-economia-da-amazonia. Acesso em: 21 ago. 2025.

PLATAFORMA BRASILEIRA DE BIODIVERSIDADE E SERVIÇOS ECOSSISTÊMICOS (BPBES). *Sumário para tomadores de decisão*: relatório temático sobre agricultura, biodiversidade e serviços ecossistêmicos. Campinas: Ed. dos autores, 2024.

POMPEIA, C.; SCHNEIDER, S. As diferentes narrativas alimentares do agronegócio. *Desenvolvimento e Meio Ambiente*, Paraná, v. 57, p. 175-198, 2021.

PRADO JR., C. *Formação do Brasil contemporâneo*. São Paulo: Companhia das Letras, 2011.

RASKIN, P. *et al. The great transition: the promise and lure of the times ahead.* Boston: Stockholm Environment Institute, 2002.

SAAD FILHO, A.; MORAIS, L. *Brasil*: neoliberalismo versus democracia. São Paulo: Boitempo, 2018.

SANTOS, D. *et al. Fatos da Amazônia 2025*. Online: Projeto Amazônia 2030, 2025. Disponível em: https://amazonia2030.org.br/wp-content/uploads/2025/05/FatosAMZ2025.pdf.

SANTOS, D. *et al. Índice de Progresso Social na Amazônia Brasileira IPS Amazônia 2023*. Belém: Instituto do Homem e Meio Ambiente da Amazônia, 2023.

SCOONES, I. *et al.* Transformations to sustainability: combining structural, systemic and enabling approaches. *Current Opinion in Environmental Sustainability,* [s.l.], v. 42, p. 65-75, 2020.

SERIGATI, F.; POSSAMAI, R. A produção de alimentos no bioma Amazônia. *Boletim informativo - FGV EESP*, São Paulo, v. 2, 2022.

SMERALDI, R. *Conhecendo o Sistema Comida na Amazônia:* Amazônia 2030. Belém: Imazon, 2021. Disponível em: https://amazonia2030.org.br/wp-content/uploads/2021/10/Smeraldi-Sistema-comida-05.10.pdf. Acesso em 21 ago. 2025.

SVAMPA, M. Consenso de los *commodities* y lenguajes de valoración en América Latina. *Nueva Sociedad*, Buenos Aires, n. 244, mar./abr., 2013.

VERÍSSIMO, B.; ASSUNÇÃO, J.; BARRETO, P. O paradoxo amazônico. *O Eco*, [*s.l.*], n. 50, p. 30, 2022.

VIOLA, E.; MENDES, V. Agricultura 4.0 e mudanças climáticas no Brasil. *Ambiente & Sociedade*, São Paulo, v. 25, 2022.

VON DER WEID, J. M. Um novo lugar para agricultura familiar (parte 2). *Revista Será? Penso, logo duvido*. 18 ago. 2023. Disponível em: https://revistasera.info/2023/08/um-novo-lugar-para-a-agricultura-parte-2/. Acesso em: 01 ago. 2024.

WILKINSON, J. *O mundo dos alimentos em transformação*. Curitiba: Appris, 2023.

WORLD BANK GROUP (WBG). *Recipe for a livable planet*: Achieving Net Zero Emissions in the agrifood System. Washington: International Bank for Reconstruction and Development, 2024.

Rosana Quaresma Maneschy

Doutora em Ciências Agrárias, professora do Programa de Pós-Graduação Profissional em Gestão de Recursos Naturais e Desenvolvimento Local da Amazônia (PPGEDAM) do Núcleo de Meio Ambiente da Universidade Federal do Pará (UFPA).

Daniel Araújo Sombra Soares

Doutor em Geografia, professor do Programa de Pós-Graduação Profissional em Gestão de Recursos Naturais e Desenvolvimento Local da Amazônia (PPGEDAM) do Núcleo de Ambiente da UFPA, e do Programa de Mestrado Profissional em Ensino de Geografia (PROFGEO) do Campus Universitário de Ananindeua da UFPA.

Gisalda Carvalho Filgueiras

Doutora em Ciências Agrárias, professora do Instituto de Ciências Sociais Aplicadas (ICSA) da UFPA.

Priscilla Flores Leão Ferreira Tamasauskas

Mestra em Ciências Ambientais, doutoranda do Programa de Pós-Graduação em Geografia (PPGEO) da UFPA, técnica do Laboratório de Análise Ambiental e Representação Cartográfica (LARC) do NUMA/UFPA.

CAPÍTULO 3

ECONOMIA E TERRITÓRIO

Um panorama dos sistemas alimentares locais

CAPÍTULO 3

A mandioca finca suas raízes em solo fértil e desafiador, e os sistemas alimentares da Amazônia crescem entrelaçados com a biodiversidade, os saberes ancestrais e a eterna dança com o ambiente.

A Amazônia brasileira é uma região com vasta biodiversidade e heterogeneidade climática, e onde as atividades agropecuárias desempenham um papel fundamental na economia e no sustento das populações locais. Os estados que a compõem[1] — Amazonas, Pará, Acre, Rondônia, Roraima, Amapá, Maranhão, Tocantins e Mato Grosso — apresentam diferentes perfis de produção agrícola, variando entre grandes monoculturas comerciais e a agricultura familiar de subsistência. Cada um desses modelos é influenciado por fatores como clima, acesso a mercados e políticas agrícolas.

Embora o bioma seja historicamente associado à preservação ambiental e à exploração de recursos naturais, sua participação no Produto Interno Bruto (PIB) brasileiro tem crescido,

1 "A Amazônia Legal brasileira foi estabelecida no artigo 2 da Lei n. 5.173, de 27/10/1966 e tinha por objetivo definir a área de atuação político-administrativa da Superintendência do Desenvolvimento da Amazônia (SUDAM), no período de implantação dos chamados 'Grandes Projetos' [...]. De acordo com o Instituto Brasileiro de Geografia e Estatística (IBGE), a Amazônia Legal atualmente é composta por 772 municípios distribuídos em nove estados, com área de 5.020.791 km² e equivale, aproximadamente, a 60% do território brasileiro, possuindo ainda normas específicas no que tange à questão agrária e ambiental, o que justifica a continuação de sua existência legal" (Fenzl *et al.*, 2020, p. 2).

puxada pela agropecuária, especialmente no Mato Grosso e no Pará, e pela indústria de alimentos, que está intimamente ligada à produção agrícola local.

Além das duas unidades da federação mencionadas, o setor primário (agropecuário) é dominante em Rondônia, Tocantins e Maranhão. A produção de soja, milho, algodão e a pecuária são principais responsáveis por grande parte do PIB desses estados. No Amazonas e no Acre, por sua vez, a agropecuária é caracterizada especialmente pela agricultura familiar e o extrativismo — com menor impacto no PIB regional, mas importante para o sustento local (Gomes *et al.*, 2012). Produtos como borracha, castanha-do-pará e açaí são essenciais para os circuitos curtos e as economias locais, especialmente em áreas de difícil acesso (Gomes *et al.*, 2012).

O avanço da fronteira agrícola, em especial nas regiões do sul e sudeste do Pará, sul do Maranhão, centro-norte de Tocantins, norte e noroeste de Mato Grosso e sul de Rondônia, tem consolidado essas áreas como grandes polos produtores, voltados tanto para o mercado interno quanto para a exportação (Carvalho *et al.*, 2018). A produção de grãos, com destaque para soja e milho, tem se tornado um dos maiores responsáveis pelo crescimento econômico em estados como Tocantins e Rondônia, ao mesmo tempo em que se consolida como um dos principais vetores de mudanças do uso da terra. Em 2020, Rondônia produziu mais de 1,5 milhão de toneladas de soja, resultado impulsionado pela modernização agrícola e pela ampliação das áreas cultivadas (CONAB, 2021). O cultivo de milho, por sua vez, é muitas vezes integrado com o de soja por meio do uso dos mesmos recursos de infraestrutura.

O Mato Grosso é o maior produtor nacional de soja e milho, tendo sido responsável, por exemplo, por 28% da produção brasileira de grãos em 2021 (CONAB, 2021). Sua agropecuária de grande escala está concentrada no médio-norte, com destaque para municípios como Sorriso, Nova Mutum e Lucas do Rio Verde, que também abrigam importantes polos de agroindústria. A pecuária extensiva contribui significativamente para o PIB do estado e o torna o maior exportador de carne bovina do Brasil (Cattelan; Dall'Agnol, 2018).

No Pará, o setor agropecuário está dividido entre a produção de *commodities*, como a soja, e o extrativismo, como a coleta de açaí e castanha-do-pará. A expansão da fronteira agrícola, especialmente nas regiões de Santana do Araguaia e Redenção, tem impulsionado o crescimento da produção de grãos, enquanto o açaí, produzido no Baixo Tocantins e no Marajó, e voltado especialmente para a exportação, movimenta milhões de reais anualmente, tanto no mercado interno quanto no externo, onde a demanda por produtos naturais e funcionais é crescente (IBGE, 2020; Tavares *et al.*, 2022; D'Arace *et al.*, 2019).

Rondônia se destaca pela produção de carne bovina, com uma pecuária intensiva voltada tanto para o mercado interno quanto para exportações, enquanto Tocantins se consolidou como um importante produtor de soja e milho do Matopiba[2], região de expansão agrícola que engloba Maranhão, Tocantins, Piauí e Bahia (Barros et. al, 2021).

O setor secundário (indústria) na Amazônia é caracterizado principalmente pela transformação de produtos agrícolas e pela produção de alimentos. A indústria de transformação está concentrada no Pará e em Mato Grosso. O primeiro se destaca pela mineração e pela indústria alimentícia, enquanto o segundo possui uma forte presença de agroindústrias de processamento de grãos e produção de carne (frigoríficos) (Palheta *et al.*, 2023; Vasconcellos *et al.*, 2009). Em contrapartida, estados como Acre e Amapá têm uma base industrial menos desenvolvida, concentrando-se na transformação de produtos agroextrativistas e na produção de alimentos para o mercado local.

2 "A região do Matopiba é composta por 336 municípios de quatro estados fronteiriços, sendo 143 do Maranhão, 130 do Tocantins, 33 do Piauí e 30 da Bahia. A expressão Matopiba, criada a partir das iniciais dos respectivos estados componentes, serve para designar parte do território desses estados pertencentes ao bioma Cerrado e onde se desenvolve agricultura de alta produtividade com uso intensivo de insumos modernos. Essa região vem passando por transformações tanto em aspectos econômicos quanto sociais, consequência da expansão da agricultura, como produção de grãos, com destaque para soja, milho e algodão" (Pereira; Porcionato; Castro, 2018, p. 47).

A emergência dos "grandes projetos" alterou a face industrial da Amazônia (Fenzl *et al.*, 2020). A indústria mercantil baseada no comércio local e nos produtos extrativistas concentrada em Belém, São Luís e, em menor escala, Manaus, deu lugar a uma indústria voltada ao semibeneficiamento de *commodities*. Em 2021, Pará (5,6%), Amazonas (2,1%) e Mato Grosso (1,6%) foram os três estados amazônicos que mais contribuíram com o PIB industrial brasileiro, alcançando, respectivamente, os 6º, 11º e 14º lugares no ranking (CNI, 2022).

No primeiro, predomina a indústria da mineração, presente em municípios como Barcarena, na Região Metropolitana de Belém, que se tornou um polo logístico-industrial (Palheta *et al.*, 2023). Em contrapartida, em alguns municípios do sudeste do estado, estudos indicam que, considerando-se o número de empregos criados e a capacidade de geração de arranjos produtivos locais, a atividade industrial de produtos metálicos gera menos desenvolvimento local do que outras atividades de transformação, como a tradicional produção de cerâmica para a construção civil em São Miguel do Guamá, no nordeste do Pará, cadeia produtiva de pouca relevância nacional, mas importante local e regionalmente (Leite *et al.*, 2018a, 2018b).

No Amazonas, a Zona Franca de Manaus é considerada a base de sustentação do polo industrial de Manaus. Sua produção é destinada principalmente ao mercado interno brasileiro, mas uma parcela é exportada para os Estados Unidos, América Latina e Europa. Destaca-se a manufatura de aparelhos televisores, produtos de informática e motocicletas. No entanto, essas cadeias produtivas são extremamente verticais. Em 2021, a capital concentrava 73,7% do PIB do estado (Cavalcante, 2020; Rey, 2019; Araújo, 2009).

No Mato Grosso, onde aproximadamente 70% do PIB deve-se ao setor agropecuário, a indústria emergente a partir dos anos 2000 é ligada a ele, com destaque para as cadeias de frigoríficos, que acompanham o avanço da fronteira agropecuária (Vasconcellos *et al.*, 2009). Em 2021, a indústria alimentícia foi responsável por 27,4% do PIB industrial do estado, enquanto o setor de construção civil respondeu por 23,8% (CNI, 2022).

O setor terciário (serviços), cujo crescimento é puxado principalmente pelo turismo, comércio e serviços públicos, é o maior contribuinte para o PIB na maioria dos estados da Amazônia, especialmente nos mais urbanizados, como Pará e Amazonas (IBGE, 2020). A colonização do bioma foi fortemente influenciada por redes mercantis, e, na sua face recente, pelo peso do Estado na ordenação do território. Essa dinâmica socioespacial deixou como legado o forte peso do comércio na região, sobretudo nas metrópoles e cidades médias (Fenzl *et al.*, 2020).

Neste capítulo, será apresentado um panorama dos sistemas alimentares na Amazônia brasileira a partir dos diferentes setores da economia. Para isso, será considerado o perfil da produção comercial, da grande à pequena escala, e serão analisadas desde a espacialização dos usos da terra no território até a organização das principais cadeias produtivas, a industrialização e o acesso da população local aos alimentos.

Uso e cobertura da terra

Cobertura da terra (*land cover*) e uso da terra (*land use*) são conceitos inter-relacionados, mas que guardam uma distinção. Por cobertura da terra, busca-se analisar as paisagens que recobrem a superfície terrestre, tanto naturais quanto antropizadas. Já o uso da terra diz respeito à organização espacial e à utilização dada ao solo e demais recursos naturais — é, portanto, uma categoria mais econômica (Soares *et al.*, 2017).

Analisar as mudanças na cobertura e uso da terra na Amazônia brasileira é uma questão de importância global. A conversão acelerada das florestas primárias em áreas de pastos a partir dos anos 1960 — sob a égide da construção dos "grandes projetos" (Monteiro; Coelho, 2004; Fenzl *et al.*, 2020) —, em sua grande maioria, secundada pelas monoculturas, além da expansão das atividades madeireiras e garimpeiras, não apenas comprometem a resiliência do bioma como também intensificam as alterações climáticas globais (Fearnside, 2020c).

Ao se analisar o mapa de cobertura da terra de 2022 (Figura 1), produzido a partir de dados vetoriais do Instituto Nacional de Pesquisas Espaciais (INPE, c2024a), no âmbito do projeto TerraClass[3] Amazônia[4], constata-se as marcas na paisagem do avanço da fronteira agropecuária na faixa que Becker (1980) nomeou de "arco do fogo", e que, posteriormente, a mesma autora a reinterpretou como um "arco do povoamento consolidado" (Becker, 2003).

No Pará, estado ocupado por uma miríade de unidades de conservação e terras indígenas, os grandes redutos de vegetação natural florestal primária estão concentrados no oeste, sobretudo no Baixo Amazonas, e nos interflúvios entre os rios Tapajós e Xingu. As rodovias e estradas são os grandes vetores de antropização (Lobato; Soares, 2015; Fearnside, 2022a), sendo possível delimitar claramente a borda de influência das rodovias BR-010 (Belém-Brasília) e PA-150 (Belém-Marabá) nas porções sudeste e nordeste do estado (Lobato *et al.*, 2022), ao passo que a Rodovia BR-030 (Transamazônica) é responsável pelo crescimento, no formato "espinha de peixe", das pastagens e monoculturas no interflúvio entre os rios Tapajós e Xingu (Watrin *et al.*, 2020), que, dali, avançam sobre o vale do rio Madeira (Carrero; Fearnside, 2022).

A Rodovia BR-163 (Cuiabá-Santarém) representa o novo eixo de avanço dos grãos (Fearnside, 2022b), com destaque para a soja, que foi antecedida pelas atividades de extração madeireira e garimpeira, típicas da primeira frente da fronteira (Martins, 2009; Lobato; Soares, 2017). Nessa área, estão os maiores vetores de pressão e de desmatamento sobre as florestas nacionais (Flonas) amazônicas (Gusmão *et al.*, 2024).

3 A resolução espacial, espectral, radiométrica e temporal dos produtos matriciais analisados, e a metodologia de vetorização do Projeto TerraClass Amazônia, são descritos por Almeida *et al.* (2016).

4 O mapa de cobertura da terra, elaborado no Laboratório de Análise Ambiental e Representação Cartográfica (Larc), utilizou dados vetoriais do Projeto TerraClass Amazônia, e cobre apenas o bioma amazônico. As áreas em branco, ainda que oficialmente dentro dos limites da Amazônia Legal brasileira, correspondem a áreas de Cerrado. Existe um projeto TerraClass Cerrado (INPE, c2024b), porém, optou-se por ilustrar apenas as classes do TerraClass Amazônia.

Figura 1. Mapa de uso e cobertura da terra da Amazônia Legal Brasileira, com base nos dados do TerraClass/Inpe, 2022

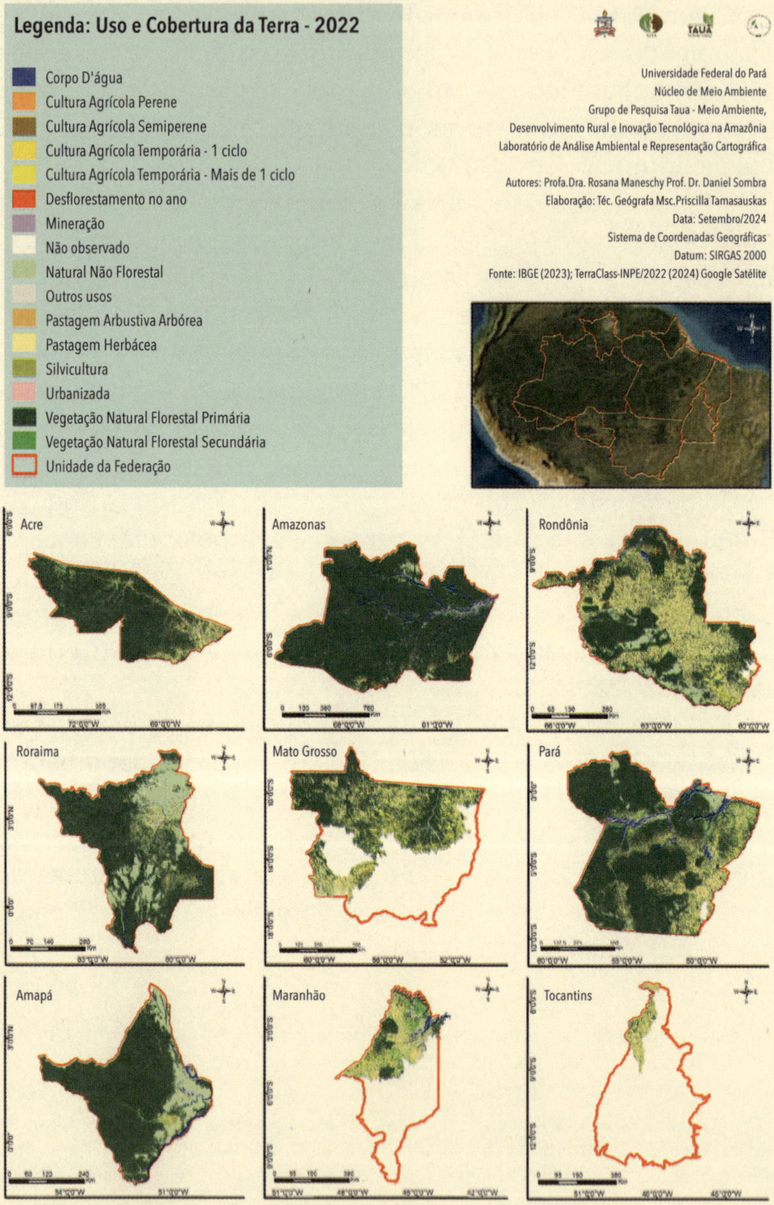

Fonte: TerraClass/Inpe, 2022.

As principais coberturas antropizadas são as pastagens, com as do tipo herbáceas ocupando 12,6% do território paraense e as arbustivas/arbóreas, 3,5% (Figura 2). As primeiras concentram-se no sudeste do estado, onde prevalecem a atividade pecuária e seus centros logísticos, como a cidade de Redenção (Lopes *et al.*, 2023). A criação de gado, por sua vez, também se expande no nordeste do estado (Guilherme Jr., 2023) e em direção à zona costeira (Rocha; Soares; Moraes, 2019).

Figura 2. Classes de cobertura e uso da terra no estado do Pará

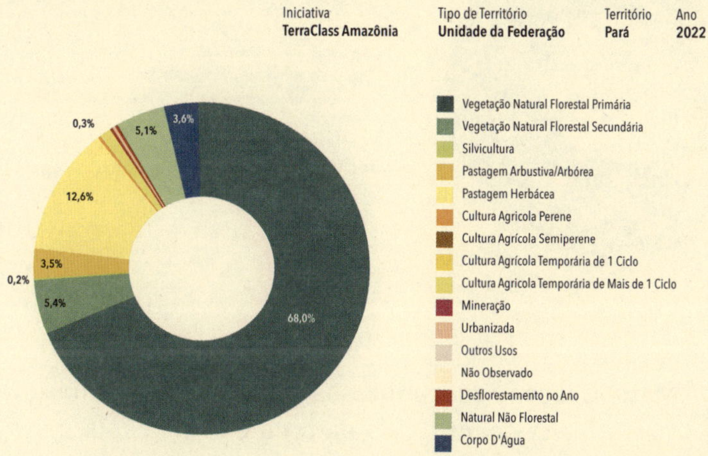

Fonte: TerraClass (2022).

A predominância de pastagens arbustivas herbáceas ("pastos limpos") sobre as pastagens arbustivas/arbóreas ("pastos sujos") indica o avanço de uma pecuária mais intensiva (vetores a partir do sul do Pará) sobre as áreas tradicionais de pecuária extensiva (nordeste do estado e a porção oriental dos campos salinos do arquipélago marajoara) (Maneschy *et al.*, 2022; Fernandes *et al.*, 2022).

Já as culturas agrícolas do Pará, incluindo as monoculturas, não deixam pegadas (footprints) tão intensas quanto as da atividade pecuária, embora sejam importantes do ponto de vista da reprodução social e porventura estruturem dinâmicas locais e microrregionais[5]: não atingem nem 1% da área total do território paraense.

Figura 3. Classes de cobertura e uso da terra no estado do Mato Grosso

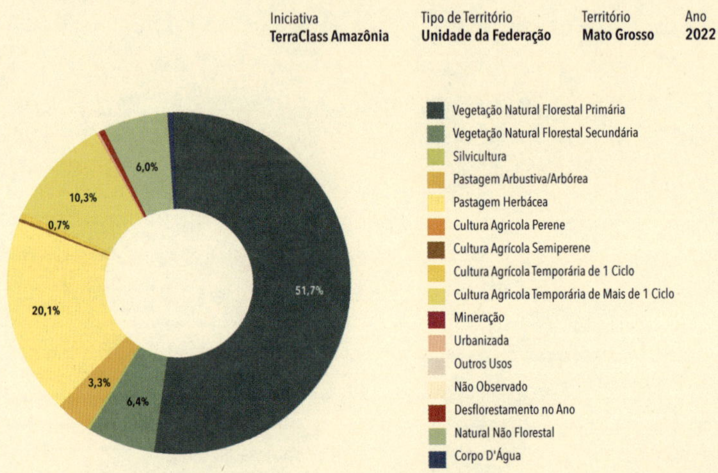

Fonte: TerraClass (2022).

Já no Mato Grosso, as culturas agrícolas temporárias de mais de um ciclo alcançam 10,3% da área da Amazônia mato-grossense, ao passo que as pastagens herbáceas ocupam 20,1% (Figura 3).

O norte mato-grossense é marcado por uma consolidação dos vetores de antropização. Ainda assim, cabe destacar

5 No caso da dendeicultura, bastante estudada em razão de seu avanço no nordeste do Pará, sobretudo nos vales dos rios Moju, Acará e Acará-Mirim, há autores, como Carvalho e Nahum (2014), que delimitaram a existência de "um período geográfico do dendê" para a região, tamanhas as mudanças de cobertura da terra ocorridas na escala microrregional. Outros autores apontam fortes mudanças provocadas por essa monocultura, embora, em termos de área, não se compare às alterações e expansão causadas pela pecuária. Não obstante, trata-se, como lembram Rocha, Soares e Moraes (2019), da área mais populosa e povoada da Amazônia brasileira, daí a intensidade de seus impactos sobre a diversidade da agricultura familiar, as dinâmicas agroextrativistas e os padrões de uso dos recursos naturais (Córdoba *et al.*, 2018; Lima *et al.*, 2019; Ferreira *et al.*, 2023).

que mais da metade do território amazônico mato-grossense (51,7%) ainda é ocupada pela vegetação natural florestal primária. Isso demonstra que qualquer política ambiental de preservação da vegetação primária no bioma precisa priorizar o Mato Grosso, considerado "o portão de entrada para a Amazônia" (Picoli, 2006).

O vale do rio Xingu e seus grandes afluentes mato-grossenses (Curisevo, Tuatuari, Ronuro, Lamaçu, Manissauá-Miçu, Auaiá-Miçu, entre outros) e o interflúvio entre o rio São Manuel ou Teles Pires (que marca a divisa com o Pará) e o rio Juruena (fronteira com o Amazonas), afluentes do rio Tapajós, são as áreas que concentram as grandes reservas florestais da Amazônia no estado. O avanço da sojicultura sobre o primeiro (Irigaray *et al.*, 2013; Preto, 2020) e o da pecuária sobre o segundo (Souza; Andrade; Andrade, 2018; Santana *et al.*, 2018) são os maiores vetores de pressão atuais. Outros exemplos são as Pequenas Centrais Hidrelétricas (PCHs) nos rios afluentes do Tapajós, que atraem mudanças no uso de terra e conflitos socioambientais (Souza; Silva, 2009).

O eixo produzido pela Rodovia BR-163 é o principal corredor logístico da região. Juntamente com as rodovias estaduais MT-208 e MT-320, constituem um anel (cuja confluência é a cidade de Colíder) que concentra o avanço da sojicultura pelas áreas centrais, a partir de Alta Floresta, e da pecuária, nas bordas (Silva, 2022; Polachini *et al.*, 2018). Mais ao sul, no eixo da BR-163, os municípios de Sinop e Sorriso são os principais centros dos vetores de mudanças de cobertura e uso da terra, que, por sua vez, promovem alterações das forças produtivas e das relações de trabalho (Farias, 2020).

Lógica semelhante ocorre em Rondônia, onde a Rodovia BR-364 é o principal eixo de desenvolvimento e expansão, e organiza o estado do sul ao norte como uma grande "espinha de peixe" (Menegatto, 2012). A vegetação natural florestal primária já ocupa menos da metade do território rondoniense, com apenas 47,6% do total (Figura 4).

Os municípios de Porto Velho (ao norte, na divisa com o Amazonas) e Guajará-Mirim (ao noroeste, na fronteira com a Bolívia), os dois maiores do estado, concentram as formações florestais restantes nas planícies de inundação dos rios Madeira, Mamoré e Guaporé (Menegatto, 2012). Esses rios ainda estruturam os resquícios de um sistema hidroviário que conecta cidades e comunidades em uma rede fluvial mercantil típica da Amazônia antes dos grandes projetos.

Figura 4. Classes de cobertura e uso da terra no estado de Rondônia

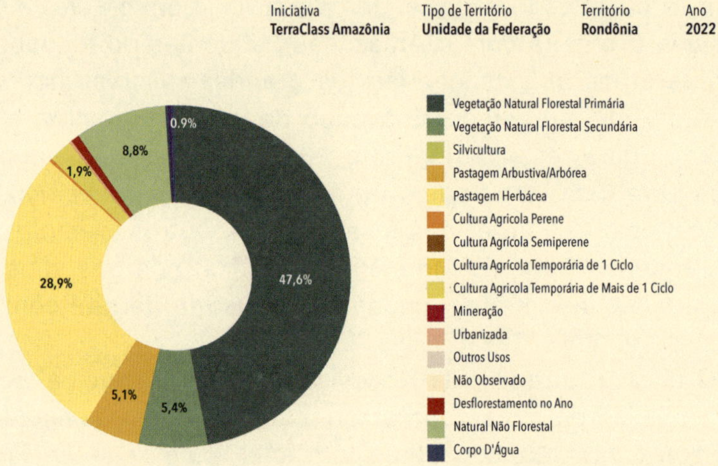

Fonte: TerraClass (2022).

A expansão de atividades econômicas e a consequente geração de tensões e conflitos socioambientais tornam o eixo da Rodovia BR-364 e seus principais nós — do sul ao norte: Vilhena, Cacoal, Ji-Paraná, Ariquemes e Porto Velho — vetores de pressão sobre as formações florestais e as práticas agroextrativistas na região (Menegatto, 2012).

Embora Rondônia seja um estado estruturado pelo rodoviarismo, as vilas e áreas florestais dos municípios de Guajará-Mirim e Porto Velho são redutos de um "padrão de organização espacial rio-várzea-floresta" (Gonçalves, 2001), mas com modificações intensas a partir da construção de grandes hidrelétricas no rio Madeira, empreendimentos que intensificaram as migrações (Cavalcante *et al.*, 2011), as mudanças de uso da terra (Cavalcante; Santos, 2012) e o avanço de atividades ilegais em terras indígenas e unidades de conservação (Costa *et al.*, 2015).

No outro flanco do avanço da fronteira, no "Bico do Papagaio", região da confluência dos rios Araguaia e Tocantins, no lado do estado do Tocantins, a floresta já é exceção. O maior bioma tocantinense é o Cerrado, mas na sua porção amazônica a vegetação florestal primária ocupa apenas 9% da área (Figura 5), enquanto as três classes de cobertura predominantes são: a) pastagem herbácea, com 54,2%; b) pastagem arbustiva/arbórea, com 17,3%; e c) vegetação secundária, com 14,1%. Esse tabuleiro de camadas é típico das áreas onde a fronteira já passou (Carvalho *et al.*, 2018), com a vegetação secundária se recuperando sobretudo nas áreas de preservação permanente e reserva legal.

Figura 5. Classes de cobertura e uso da terra no estado do Tocantins

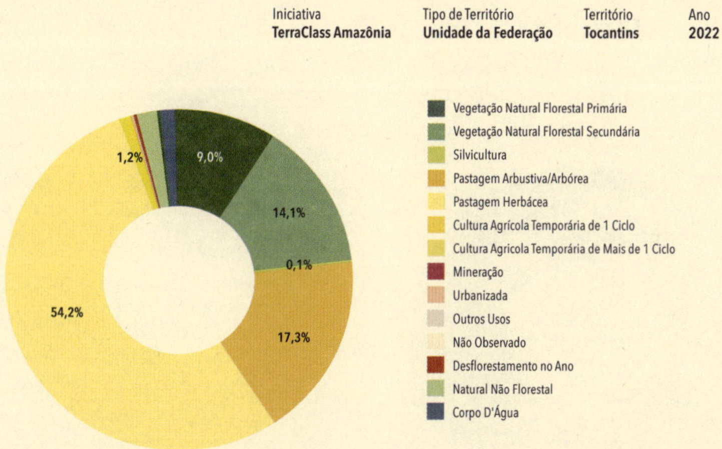

Fonte: TerraClass (2022).

A pecuária, atividade predominante do estado, tem como centro logístico Araguaína (Marinho; Sieben, 2023), que realiza um arco com inflexão em Paragominas, no sudeste do Pará (Soares *et al.*, 2016) e em direção do nordeste do mesmo estado e Redenção, no sul (Lopes *et al.*, 2023). Não obstante, diante dos freios ao avanço da fronteira no Pará, Amazonas e Acre, a onda de monoculturas se volta para o Cerrado tocantinense, região mais integrada ao novo circuito produtivo e a cadeias logísticas do Matopiba. Assim, o Tocantins vive uma redução da pecuária — em área, produção e trabalho — e uma intensificação da atividade graneleira, sobretudo a soja. Essa nova realidade não acontece sem implicações nas lógicas de organização espacial (Vieira Jr., 2016).

Na Amazônia maranhense, por sua vez, a vegetação natural florestal primária também já não é a classe de ocupação da terra predominante, com 22,2% da área total (Figura 6). A pastagem herbácea ocupa a maior parte do território, com 35,1%, enquanto a vegetação florestal secundária é a terceira classe de ocupação, com 19,8%.

Figura 6. Classes de cobertura e uso da terra no estado do Maranhão

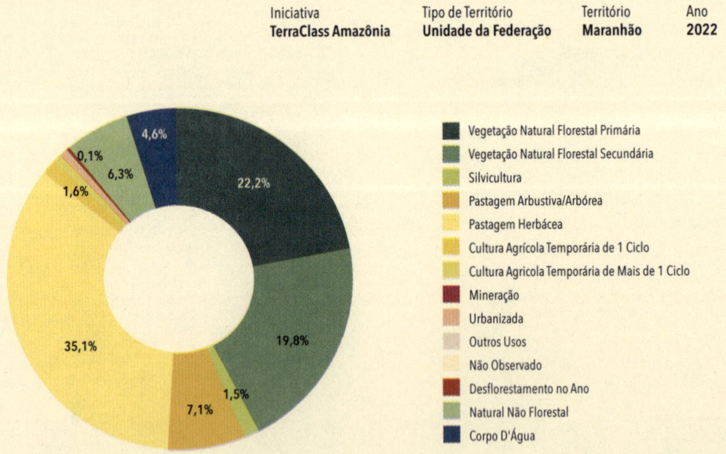

Fonte: TerraClass (2022).

Esse percentual de vegetação primária só é alcançado em razão da presença de unidades de conservação (Masullo *et al.*,

2018) e terras indígenas (Burnett *et al.*, 2022). Estas, no entanto, juntamente com os territórios quilombolas, sofrem a pressão decorrente do avanço da pecuária, que isolou as florestas de terra firme (onde estão as supracitadas áreas protegidas, com importantes usos extrativistas, como a extração do coco de babaçu) das áreas costeiras[6].

No sentido oposto à fronteira agropecuária está o grande arco florestal formado pelos estados do Amapá, Pará (a jusante dos rios Xingu e Tapajós), Amazonas, Acre e Roraima (este com uma importante formação savânica[7]). No Pará, as alterações a jusante do rio Xingu foram aceleradas após a implantação da usina hidrelétrica de Belo Monte (Quaresma, 2018). A jusante do rio Tapajós, apesar da presença da mineração e de suas contradições socioambientais e socioespaciais, o entorno de Santarém apresenta uma borda de proteção ambiental e às comunidades e populações agroextrativistas, indígenas e quilombolas (Folhes *et al.*, 2022).

No Amapá, os principais vetores de pressão são oriundos da zona costeira, em especial da cidade de Macapá. Não obstante, trata-se de um território extremamente preservado, com a vegetação natural florestal primária ocupando 77,1% do território, seguida por 16,8% de vegetação natural não florestal (vegetações campestres, restingas, manguezais e outros), o que totaliza 88,9% de áreas naturais preservadas. A pastagem herbácea ocupa apenas 1,2% do total (Figura 7).

Para preservar esse patrimônio natural, o principal desafio é aliar conservação e desenvolvimento local. O estado possui baixos índices de desenvolvimento socioeconômico e carência de infraestrutura e serviços básicos, como distribuição de água e coleta de esgoto (Silva; Soares, 2022).

As lógicas comunitárias locais de uso dos recursos naturais também são ameaçadas por grandes projetos. O Amapá foi pio-

6 Para consultar trabalhos cartográficos que acompanham essas dinâmicas em nível local, ver, entre outros, Canto *et al.* (2024a; 2024b).

7 Um "refúgio" de períodos climáticos mais secos na transição do Plioceno para o Pleistoceno (Ab'Sáber, 2000; Lima; Sombra, 2018), período que coincide com a chegada do ser humano à Amazônia pela primeira vez (Gonçalves, 2001; Moreira, 2012; Soares, 2015).

neiro na Amazônia tanto ao permitir a mineração em seu território quanto por sofrer os grandes impactos sociais e ambientais decorrentes dessa atividade (Simões, 2009). Atualmente, os principais indutores de mudanças no uso da terra no estado são as hidrelétricas (com destaque para as localizadas no vale do rio Araguari) (Lima *et al.*, 2020), a pesca industrial e a grande navegação, que provocam conflitos com comunidades de pesca artesanal e outros usos agroextrativistas nas praias, dunas, manguezais e restingas, a exemplo do que também acontece nos litorais paraense e maranhense (Sombra *et al.*, 2018; Soares *et al.*, 2019).

Figura 7. Classes de cobertura e uso da terra no estado do Amapá

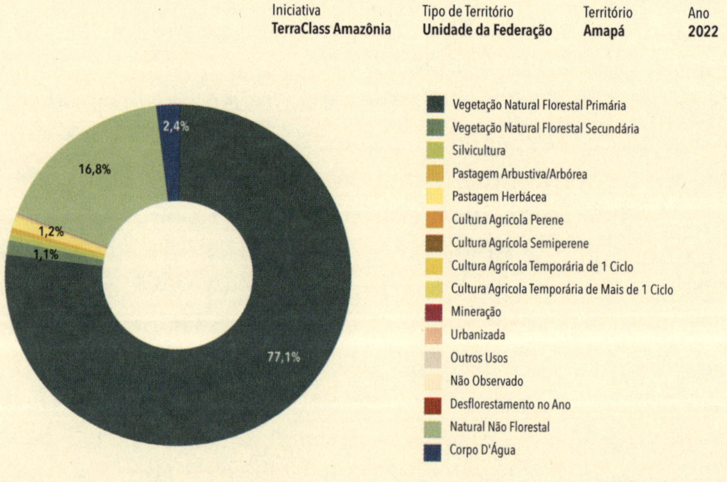

Fonte: TerraClass (2022).

Conectado ao brasão florestal do Amapá e da porção paraense do Baixo Amazonas, está o estado do Amazonas, aquele que possui o maior percentual de vegetação natural florestal primária preservada, com 90,5%. É também o maior em área absoluta (aproximadamente 1.421.755 km²) de florestas primárias no Brasil (Figura 8).

Figura 8. Classes de cobertura e uso da terra no estado do Amazonas

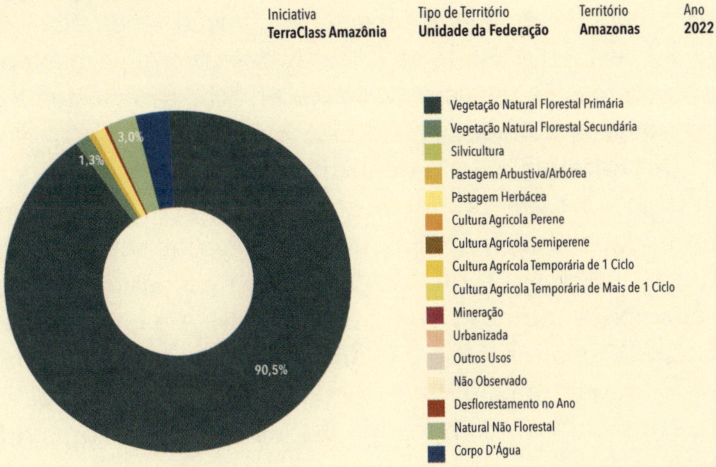

Fonte: TerraClass (2022).

O maior território antropizado está situado no município de Manaus, onde vivem 52% da população do estado (IBGE, 2023). A agropecuária concentra-se ao redor da capital amazonense, com destaque para o Distrito Agropecuário da Suframa (DAS), administrado pela Superintendência da Zona Franca de Manaus (Suframa). Embora seja importante para o abastecimento do município, muitas das atividades agropecuárias ali desenvolvidas não possuem licenciamento ambiental (Vieira; Medeiros, 2018) e exercem forte pressão sobre os recursos hídricos. Exemplo disso são os impactos sobre a bacia hidrográfica do rio Tarumã-Açu, cuja margem direita tem funcionado como um freio ao avanço da urbanização e das atividades agropecuárias em direção à floresta (Damasceno *et al.*, 2021).

O território amazonense possui duas ligações rodoviárias com outras capitais. A Rodovia BR-319, que liga Manaus a Porto Velho (RO), teve sua pavimentação anunciada pelo governo federal em 2024 (Pajolla, 2024), apesar das conhecidas histórias de sabotagem a iniciativas semelhantes orquestradas por atores locais ligados ao circuito mercantil hidroviário (Oliveira Neto, 2020). Se concluída, a obra fatalmente acelerará o avanço da fronteira e do desmatamento na Amazônia central (Fearnside; Graça, 2022). Já a Rodovia BR-174, que conecta a capital do estado a Boa Vista (RR), tem sido o corredor de entrada de uma forte migração venezuelana no Brasil (Palheta *et al.*, 2023). A intensificação dessa corrente migratória também representa uma ameaça à preservação da floresta no coração do bioma amazônico.

Em Roraima, 66,2% do território é ocupado pela vegetação natural florestal primária, enquanto 25,7% correspondem à formação natural não florestal — ou seja, as savanas (Miranda; Absy, 2000). No total, 92,4% da área do estado está preservada com vegetação original (Figura 9). A pastagem herbácea ocupa 4% do território. Ao lado do arquipélago Marajoara e da zona bragantina, no Pará, Roraima foi uma das primeiras áreas de consolidação da pecuária extensiva na Amazônia brasileira (Braga, 2016).

Figura 9. Classes de cobertura e uso da terra no estado de Roraima

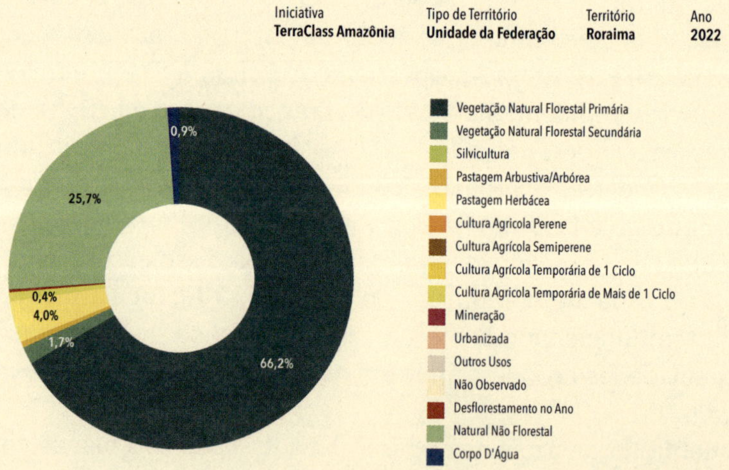

Fonte: TerraClass (2022).

No Acre, a Rodovia BR-364, que liga Porto Velho a Rio Branco, é o principal eixo de mudanças da cobertura da terra. A rede rodoviária tem se tornado cada vez mais complexa em torno da capital do estado, que exerce um efeito concêntrico sobre a atividade pecuária. A pastagem herbácea já ocupa 9,4% do território, sendo já a segunda classe de cobertura presente, atrás da vegetação natural florestal primária, que ainda abrange 83,8% do total (Figura 10).

Figura 10. Classes de cobertura e uso da terra no estado do Acre

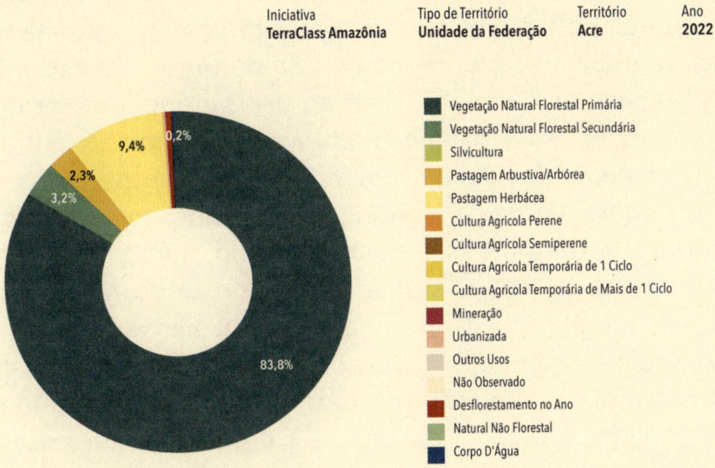

Fonte: TerraClass (2022).

Seguindo a Rodovia BR-364 de Rio Branco até Cruzeiro do Sul, nota-se que a fronteira agropecuária avançou a partir da capital e está estacionada em Feijó, onde as margens dos rios já estão bastante ocupadas por pastos. Um pouco antes, até Manoel Urbano, já se observa o processo de organização em formato de espinha de peixe, com os ramais partindo da estrada. Ali, desenvolve-se atividades de extração madeireira que posteriormente são substituídas por pasto, simultaneamente à consolidação de assentamentos rurais e loteamentos urbanos (Oliveira *et al.*, 2009).

A partir de Feijó e seguindo a Cruzeiro do Sul, volta-se ao "padrão de organização espacial rio-várzea-floresta" (Gonçalves, 2001), com os sítios e ocupações se concentrando nas margens dos rios, apesar da presença da rodovia. O Acre possui muitas unidades de conservação, em particular reservas extrativistas, modelo surgido da luta emblemática dos seringueiros acreanos, que tiveram Chico Mendes como um dos seus líderes (Almeida *et al.*, 2018). Não obstante, a presença de atividade madeireira (Fantini; Crisóstomo, 2009) e pecuária (Siviero *et al.*, 2019) nessas áreas é cada vez mais intensa.

Como se pode observar, a pecuária representa a maior classe de uso da terra no território amazônico. Ao se analisar o mapa de utilização propriamente dita da terra na Amazônia Legal[8], ou seja, com maior ênfase ao uso do que à cobertura (embora um se inter-relacione efetivamente com a outra), vê-se que a pecuária ocupa a maior parte dos territórios antropizados (Figura 11), constituindo um polígono contínuo que parte do norte do Mato Grosso, passa pelo sul e sudeste do Pará, norte do Tocantins, e chega até o oeste do Maranhão. Isso significa que práticas mais sustentáveis nesse setor econômico podem trazer importantes benefícios do ponto de vista socioambiental. Instrumentos de zoneamento são importantes para consolidar a área já destinada à produção sem necessitar de mais desflorestamento. A rastreabilidade dos produtos agropecuários também é importante. O instrumento do Cadastro Ambiental Rural (CAR), criado no estado do Pará, nos anos 1990, é fundamental para esses esforços.

8 O mapa foi produzido a partir dos arquivos vetoriais do IBGE (2020). A metodologia de produção dos dados, que envolve o uso de sensores orbitais, complementados com trabalhos de campo, é descrita por IBGE (2022).

Figura 11. Mapa de uso e cobertura da terra da Amazônia Legal Brasileira com base nos dados do IBGE, 2020

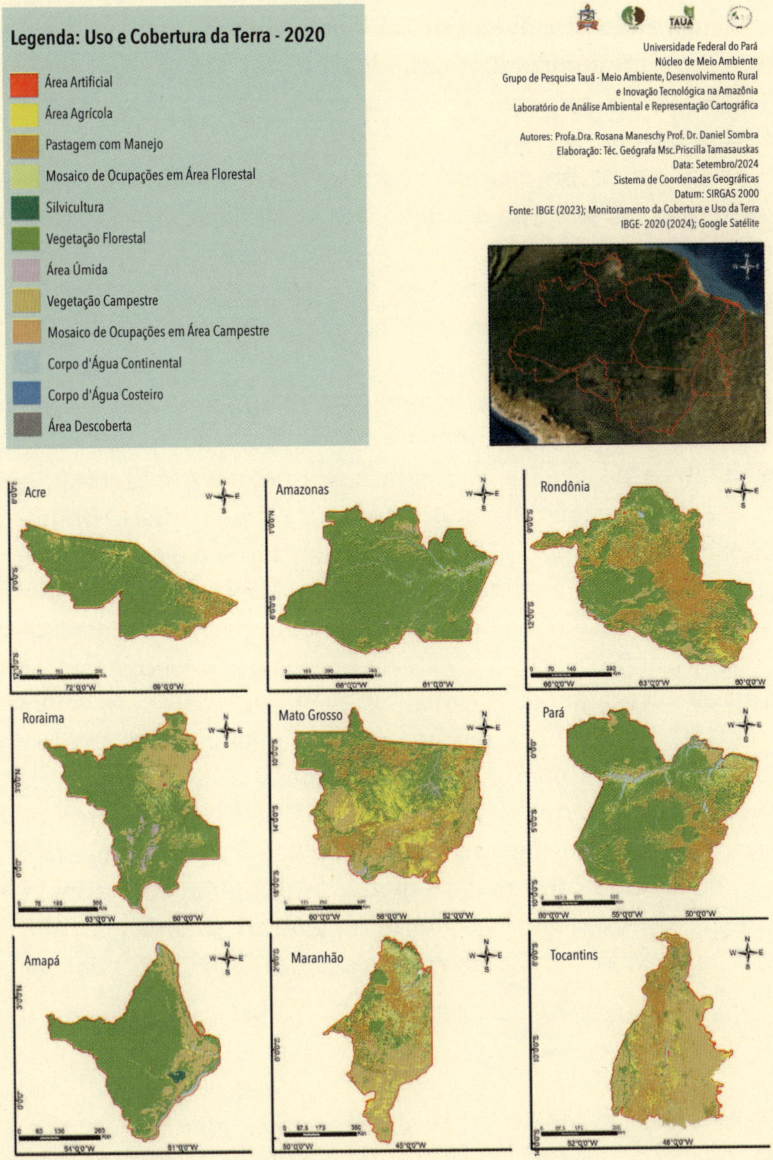

Fonte: IBGE, 2020.

Cadastro Ambiental Rural

A implementação do CAR[9] na Amazônia Legal tem enfrentado desafios significativos. Embora o número de propriedades inscritas tenha crescido, apenas uma pequena parcela dessas inscrições foi analisada e validada pelos órgãos competentes (RAISG, 2021), principalmente em razão da falta de pessoal e de infraestrutura tecnológica nos estados.

Além disso, problemas como a baixa qualidade técnica dos dados, a sobreposição de zonas cadastradas, Áreas de Proteção Permanente (APPs) cadastradas em desconformidade com a legislação e o uso do CAR para legalizar áreas desmatadas ilegalmente também são preocupantes (RAISG, 2021; Lopes; Segovia; Chiavari, 2023).

Algumas unidades da federação, porém, como Pará e Mato Grosso, conseguiram avanços significativos na implementação de sistemas de análise automatizada, como o AnalisaCAR, que acelera a verificação das informações dos cadastros. O primeiro, por exemplo, lidera essa agenda na Amazônia e é o maior beneficiário de fundos destinados à sua implementação. Além disso, investiu na capacitação de servidores e aperfeiçoou as análises e a regularização de imóveis rurais — o resultado foi o incremento de áreas em adequação ambiental.

Nos estados em que o Programa de Regularização Ambiental (PRA) já está em operação, foi confirmada a existência de passivos ambientais, que devem seguir para a adesão ao programa (Figura 12) e, posteriormente, para a apresentação de um Projeto de Regularização de Áreas Degradadas e Alteradas (Pradas) e a formalização do compromisso de regularizar as áreas de APP e Reserva Legal (Lopes; Segovia; Chiavari, 2023).

9 O Cadastro Ambiental Rural (CAR) é um importante instrumento de regularização ambiental e gestão sustentável de propriedades rurais, especialmente na Amazônia Legal. Criado pela Lei nº 12.651/2012 (Código Florestal), visa garantir que propriedades rurais cumpram a legislação ambiental, incluindo a preservação de Áreas de Preservação Permanente (APPs) e Reservas Legais (RLs).

Figura 12. Número de CAR com passivos de Área de Proteção Permanente e/ou Reserva Legal, número de Pradas e número de termos de compromisso assinados nos estados da Amazônia Legal que estão com o Programa de Regularização Ambiental em operação, 2023.

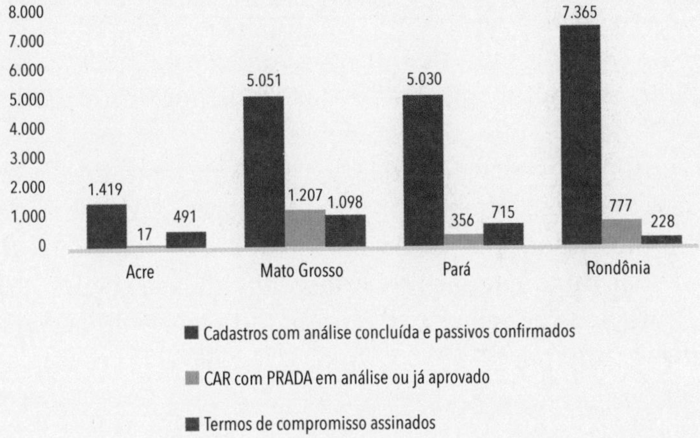

Fonte: Adaptado de Lopes, Segovia e Chiavari (2023).

O sucesso da implementação do CAR é determinante para a conservação da floresta amazônica e para o cumprimento de compromissos internacionais, como o Acordo de Paris[10]. No entanto, o ritmo lento de sua validação coloca em risco a efetividade das políticas de preservação e pode aumentar a vulnerabilidade do Brasil a sanções comerciais por desmatamento ilegal.

Setor agropecuário

Agricultura

A agricultura em larga escala na Amazônia está concentrada em algumas culturas específicas e é impulsionada pela demanda externa e pelo uso intensivo de tecnologia e capital.

10 O Acordo de Paris é um tratado global adotado em dezembro de 2015 pelos países signatários da Convenção Quadro das Nações Unidas sobre Mudança do Clima (UNFCCC, acrônimo em inglês), durante a 21ª Conferência das Partes (COP21).

Dessas, a soja é a principal, especialmente no Mato Grosso, o maior produtor do Brasil. As áreas de maior produção do estado estão localizadas na região do Médio Norte, com destaque para os municípios de Sorriso e Sinop. O grão também avança no sudeste do Pará, especialmente em Paragominas, Santarém e Redenção. Em Tocantins, predomina na região oeste e central do estado, em áreas como Porto Nacional e Gurupi, impulsionada por políticas de incentivo agrícola e infraestrutura logística em desenvolvimento (Nepstad *et al.*, 2006).

Em 2010, a área colhida de soja na Amazônia foi de 7 mil hectares. Em 2023, chegou a 16 mil hectares. A produtividade também aumentou, passando de 21,7 milhões toneladas para 58,4 milhões de toneladas no período em análise (Figura 13). O Valor Bruto da Produção (VBP)[11] registrado aumentou de R$ 28 bilhões em 2010 para R$ 130 bilhões em 2023 (Figura 14).

Figura 13. Área colhida (ha) e produção (ton) de soja, em unidade de mil, na Amazônia: 2010-2023.

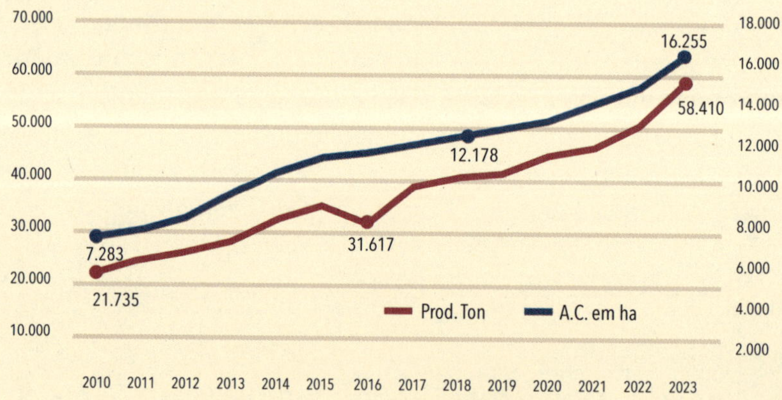

Fonte: IBGE - Produção Agrícola Municipal. Elaboração dos autores (2024).

11 O VBP é um índice financeiro apropriado pela agricultura e pecuária brasileira, baseado na variação dos preços e da quantidade estimada de produção anual.

Figura 14. Amazônia e seu VBP da produção da soja, 2010-2023 (em milhões de reais*)

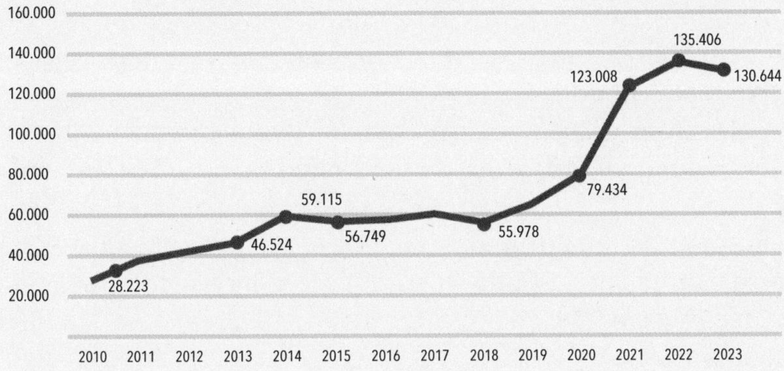

Fonte: IBGE - Produção Agrícola Municipal. Elaboração dos autores (2024).

O milho é frequentemente produzido em consórcio com a soja. No Mato Grosso, é cultivado na safrinha (segunda safra), logo após a colheita da soja, prática que maximiza a utilização dos recursos e a eficiência econômica. Em Rondônia, o cultivo desse cereal também tem crescido, particularmente em áreas de expansão agrícola, como Ji-Paraná e Vilhena (CONAB, 2021). No leste de Tocantins, sua produção está ligada à agricultura mecanizada e à utilização de técnicas como o plantio direto e a rotação de culturas (Fearnside, 2005).

Já a produção de média escala amazônica está associada à agricultura familiar comercial. Um dos exemplos é o açaí, fruto de fundamental importância na economia da Amazônia em razão de seu aspecto socioeconômico e cultural, uma vez que envolve uma grande cadeia de agentes econômicos (produtores, atravessadores, batedores, distribuidores e coletores, além dos consumidores). No Pará, maior produtor de açaí no Brasil, sua extração concentra-se nos municípios do entorno da foz do rio Amazonas e da ilha do Marajó. Já os municípios de Abaetetuba, Cametá e Igarapé-Mirim destacam-se pela produção em áreas manejadas e/ou plantadas (Tavares *et al.*, 2022). Embora amplamente associado à agricultura familiar, nos últimos 20 anos a demanda por esse produto tem crescido não apenas localmente, como também regional e até globalmente, especialmente para os mercados de sucos e cosméticos. O açaí de várzea, extraído de forma tradicional, está cada vez mais cedendo espaço para a produção intensiva em plantações manejadas (Brondízio, 2008).

Entre 2015 e 2023, a área colhida de açaí cresceu 72,79%, enquanto a quantidade variou um pouco menos (68,14%), passando de cerca de 1 milhão de toneladas para quase 1,7 milhão, conforme nos mostra a Figura 6. Com respeito ao seu VBP, a média no mesmo período foi de R$ 5,8 bilhões, com picos de R$ 7,9 bilhões e R$ 8,1 bilhões em 2015 e 2023, respectivamente (Figuras 15 e 16).

Figura 15. Área colhida (ha) e produção (ton) de açaí, em unidade de mil, na Amazônia: 2015-2023.

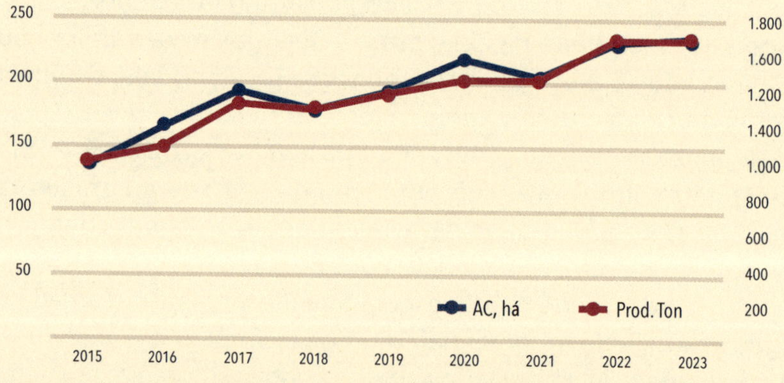

Fonte: IBGE - Produção Agrícola Municipal. Elaboração dos autores (2024).

A Amazônia também se destaca como grande produtora de cacau, desempenho puxado pelo Pará. Além de se sobressair como fornecedora de matéria-prima para o chocolate, sua própria indústria regional vem ganhando mercado, com marcas como: Kakaw Chocolates da Amazônia, Ocra Cacau da Amazônia e NAYAH Sabores d'Amazônia.

Figura 16. Amazônia e seu VBP, em milhões de reais*, da cadeia produtiva do açaí, 2015-2023.

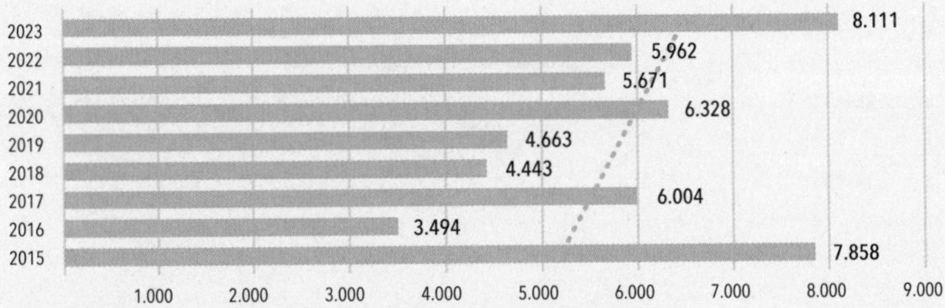

Fonte: IBGE - Produção Agrícola Municipal. Elaboração dos autores (2024).
*Valores corrigidos pelo IGP-DI, base 06/2024=100.

A região sudeste do Pará, especialmente em municípios como Medicilândia e Altamira, tem concentrado a maior parte da produção do estado. Rondônia também apresenta áreas significativas de plantação desse fruto, principalmente em regiões de assentamentos agrícolas. Via de regra, é uma atividade característica de pequenos e médios produtores, com a utilização de mão-de-obra familiar e a realização de mutirão ou contratação de trabalhadores adicionais para a quebra e descasca do produto. Além disso, muitos desses produtores estão integrados a cooperativas para escoar a colheita (Lima *et al.*, 2011).

Observa-se que em 2010 a área colhida era de 120 mil hectares, chegando a 171 mil hectares em 2023. A produtividade também aumentou, passando de 80 mil para 145 mil toneladas no mesmo período (Figura 17). Embora menor que o do açaí, o VBP do cacau também apresenta crescimento, com valores inferiores a R$ 1 bilhão somente em 2012 e 2013. Vale destacar que em 2020, 2021 e 2023, esse índice foi superior a R$ 2 bilhões, conforme indicado na Figura 18.

A agricultura de pequena escala praticada por núcleos familiares é predominante em muitos estados amazônicos, sendo uma atividade importante para a subsistência no campo e como fonte de alimentos para os mercados locais.

Figura 17. Área colhida (ha) e Produção (ton) em mil unidades, na Amazônia: 2010-2023.

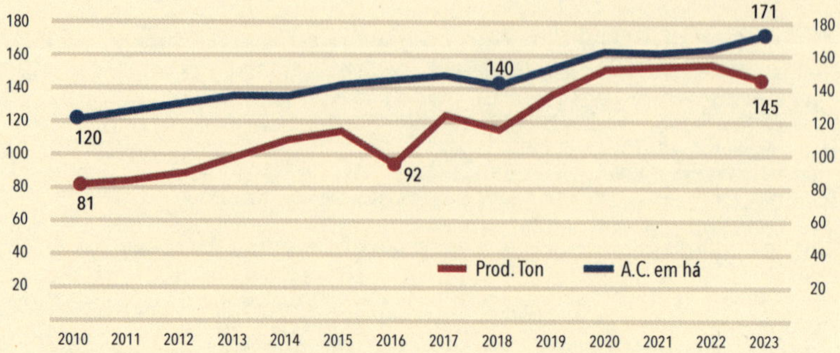

Fonte: IBGE - Produção Agrícola Municipal. Elaboração dos autores (2024).

Figura 18. Amazônia, VBP do cacau - em milhões, de 2010 a 2023.

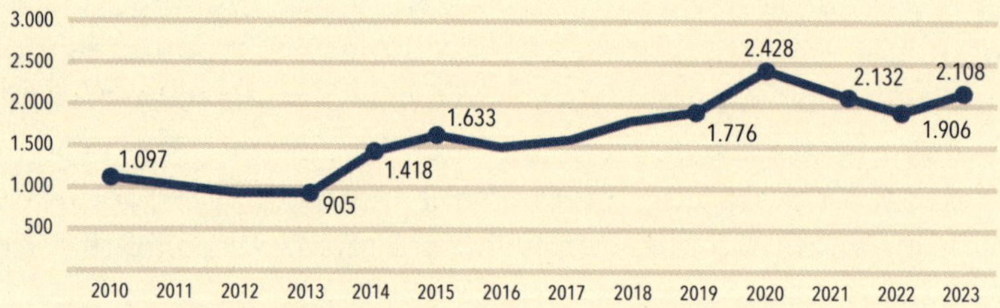

Fonte: IBGE - Produção Agrícola Municipal. Elaboração dos autores (2024).
*Valores corrigidos pelo IGP-DI, base 06/2024=100

A mandioca é cultivada em praticamente todas as unidades da federação da região, e sua produção é feita principalmente pela agricultura familiar no Amazonas, Acre e Amapá. Sua farinha é consumida localmente e tem grande importância cultural e econômica na dieta das populações ribeirinhas e indígenas (Homma, 2012). A área colhida, no entanto, vem diminuindo: de 716 mil hectares em 2010 para 459 mil hectares em 2023, uma redução de 64,71%. Essa queda também foi observada em relação à quantidade produzida: 9,3 milhões de toneladas em

2010 para 6,5 milhões de toneladas em 2023, uma retração de 44,46%. Embora o estado do Pará seja o maior produtor, sua produtividade é baixa.

Apesar disso, o preço tem compensado as perdas. Como visualiza-se na Figura 19, em 2013 teve-se o maior VBP da série (R$ 10,2 bilhões), e o valor médio foi de R$ 7,3 bilhões, índice considerável para gerar renda e emprego nessa atividade. Além disso, ao se considerar demais produtos, como as farinhas e o tucupi, o valor aumenta substancialmente.

Figura 19. Amazônia, VBP, em milhões, da mandioca no período de 2010 a 2023.

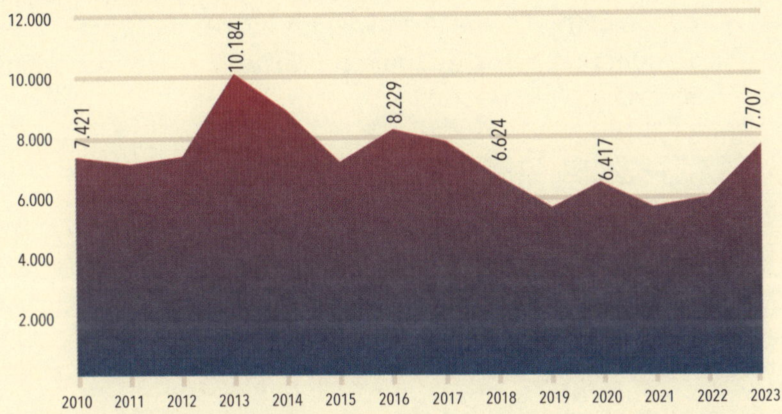

Fonte: IBGE - Produção Agrícola Municipal. Elaboração dos autores (2024).
*Valores corrigidos pelo IGP-DI, base 06/2024=100

Já a banana é muito cultivada por agricultores familiares em Rondônia e Amazonas, principalmente nas proximidades das margens dos rios. No primeiro estado, o vale do Guaporé é uma importante área produtora, enquanto no segundo a produção concentra-se ao longo dos rios Solimões e Negro. Seu cultivo é pouco mecanizado e majoritariamente voltado para o abastecimento do mercado regional (Lima *et al.*, 2011).

A agricultura na Amazônia enfrenta desafios relacionados à expansão da fronteira agrícola, o desmatamento e a falta de infraestrutura nos estabelecimentos rurais e de logística (Cavalcante Filho *et al.*, 2023). Segundo Altieri e Toledo (2011), a crescente demanda por produtos agrícolas, especialmente de grande escala, tem promovido a transformação de áreas florestais em pastagens e monoculturas. O reconhecimento do potencial das culturas agroflorestais e da agricultura familiar sustentável, por sua vez, abre oportunidades para práticas produtivas mais equilibradas e ecológicas.

Pecuária

A Amazônia é uma grande produtora de pescado. Amazonas e Pará destacam-se pela pesca artesanal e por sua indústria, enquanto Rondônia se sobressai pela produção de peixe em cativeiro (aquicultura). Das dez espécies escolhidas para representar a cadeia do setor, as mais produzidas são o tambaqui, matrinxã e tilápia (Figura 20).

Figura 20. Principais espécies (ton) de peixe produzidos na Amazônia, de 2013 a 2023.

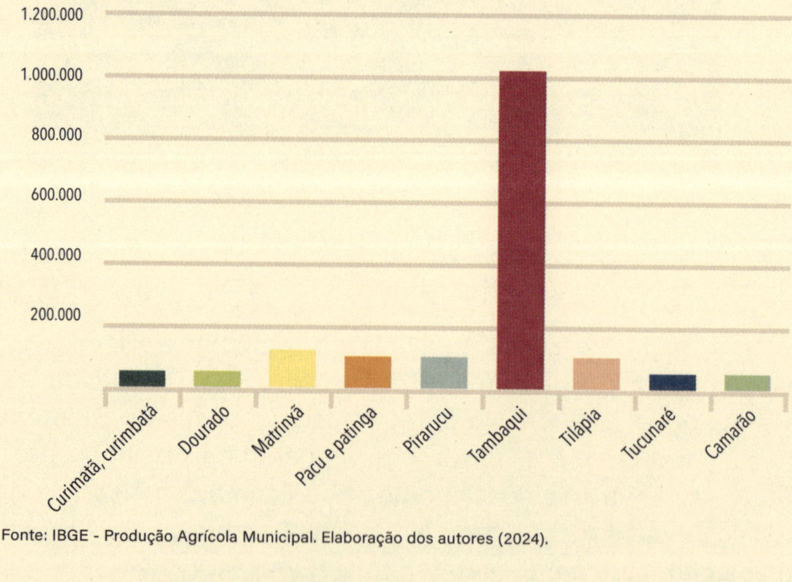

Fonte: IBGE - Produção Agrícola Municipal. Elaboração dos autores (2024).

O VBP da atividade pesqueira, calculado com base na soma dos valores comercializados das principais espécies, cresceu de R$ 122 milhões em 2013 para R$ 176 milhões em 2023, variação de 43,81% (Figura 21).

Figura 21. Valor Bruto da Produção (VBP), em milhões, da atividade pesqueira na Amazônia, de 2013 a 2023.

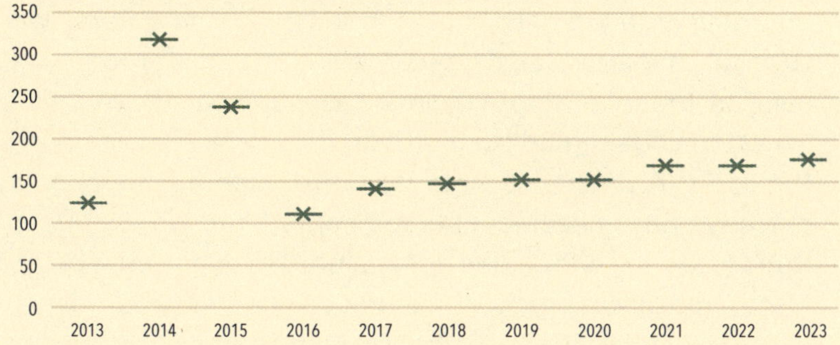

Fonte: IBGE - Produção Agrícola Municipal. Elaboração dos autores (2024).
*Valores corrigidos pelo IGP-DI, base 06/2024=100.

A produção de carne bovina, por sua vez, é liderada pelo Mato Grosso, seguido do Pará. Em 2010, a região amazônica contava com 77,8 milhões de cabeças de bois, número que chegou a 107,1 milhões em 2023, um aumento de 37,67%. Já a produção de carne suína manteve-se constante no mesmo período, com uma média anual de 5 milhões de cabeças (Figura 22).

Figura 22. Amazônia, efetivo de 1 mil cabeças de bovinos e suínos, de 2010 a 2023.

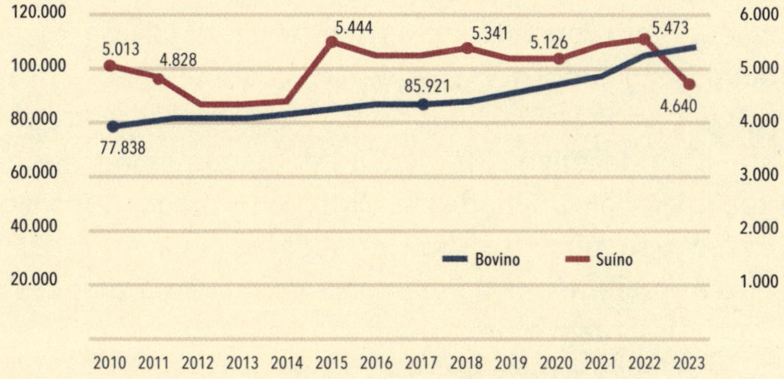

Fonte: IBGE - Produção Agrícola Municipal. Elaboração dos autores (2024).

Do campo à cidade

Na Amazônia brasileira, as cadeias produtivas alimentares são diversas e refletem a riqueza e a complexidade da região. As principais cadeias produtivas incluem:

- **Grãos:** A produção de grãos, especialmente soja e milho, é predominante em estados como Mato Grosso e Pará. Mato Grosso, em particular, destaca-se como o maior produtor de soja do Brasil, e a soja é uma das principais *commodities* exportadas da região (CONAB, 2021).
- **Pecuária:** A pecuária, tanto de corte quanto leiteira, é significativa na Amazônia. Estados como Mato Grosso, Pará e Rondônia são conhecidos por sua produção de carne bovina. Mato Grosso, em particular, é um dos maiores produtores de carne bovina do Brasil (Gottselig Schwertner *et al.*, 2022).
- **Produtos florestais e nativos:** Produtos de espécies como o açaizeiro, castanheira e cupuaçuzeiro têm grande importância econômica e social, especialmente no Pará e Amazonas. A cadeia produtiva desses produtos envolve a coleta, o processamento e a comercialização para mercados internos e internacionais (Brondízio, 2008; Alves; Filgueiras; Homma, 2014).
- **Fruticultura e horticultura:** A produção de frutas tropicais e hortaliças é relevante em várias partes da Amazônia, com destaque para o cultivo de frutas como banana, manga e melancia.

Entre as diversas cadeias produtivas alimentares, a cadeia de soja é a mais consolidada na Amazônia brasileira, especialmente em Mato Grosso. A soja se destaca não apenas pela sua importância econômica, mas também pela sua estrutura de mercado bem desenvolvida e pela integração com a cadeia de exportação global. O Estado do Mato Grosso é responsável por uma parcela significativa da produção de soja no Brasil, tem investido fortemente em tecnologias de cultivo e práticas agrícolas que aumentam a produtividade.

A soja é uma das principais exportações do Brasil, e sua produção na Amazônia atende tanto ao mercado interno quanto à demanda internacional (CONAB, 2021). A infraestrutura para o escoamento da soja é bastante desenvolvida em Mato Grosso, com investimentos significativos em rodovias, ferrovias e portos. O Porto de Santarém, junto com o Porto de Itaqui no Maranhão, são os canais de exportação da soja para mercados internacionais (Pontes; Carmo; Porto, 2009).

A infraestrutura para o escoamento de alimentos e *commodities* na Amazônia enfrenta desafios significativos em razão do tamanho do território e suas condições geográficas e climáticas. Entre seus principais aspectos, destacam-se:

- **Rodovias:** Muitas estradas, especialmente nas áreas mais remotas, são precárias e sujeitas a alagamentos e deterioração, o que pode causar elevação de custos e perda de cargas. A BR-163, que liga a região de Cuiabá ao porto de Santarém, é estratégica para o escoamento da soja, mas enfrenta desafios de manutenção e expansão (Nepstad *et al.*, 2002).
- **Ferrovias:** As ferrovias Norte-Sul, que permitirá ligar o porto de Itaqui (MA) ao de Santos (SP), e a Ferrogrão, que unirá a região produtora e grãos de Sinop (MT) ao porto de Miritituba (PA), são rotas importantes para o escoamento de grãos e outros produtos (Gabriel, 2020). No entanto, a extensão da malha ferroviária na Amazônia ainda é limitada e precisa de mais investimentos para cobrir áreas de produção agrícola relevantes.
- **Portos:** Embora sejam importantes para a exportação de soja e outros produtos, os portos de Santarém (PA) e de Itaqui (MA) têm sua capacidade limitada por questões como congestionamento e infraestrutura inadequada para o processamento e armazenamento de carga (Rodrigues; Nahum, 2023).
- **Armazéns e silos:** A falta de silos e armazéns adequados pode levar a perdas significativas de grãos e outros produtos durante a colheita e o armazenamento. Em Mato Grosso, investimentos nesse tipo de infraestrutura têm sido uma

prioridade para reduzir perdas e garantir a qualidade dos produtos (CONAB, 2021).

O abastecimento alimentar nas cidades amazônicas envolve uma rede diversificada de fornecedores e canais de distribuição que conectam os centros urbanos com áreas produtoras de alimentos, muitas vezes localizadas em regiões remotas e de difícil acesso. Estradas como a BR-163, que liga as regiões Centro-Oeste e Norte, são fundamentais para o transporte de grãos e outros produtos alimentares. No entanto, a infraestrutura rodoviária é precária em algumas áreas, o que afeta a eficiência e a regularidade do abastecimento (Nepstad *et al.*, 2002).

Dada a presença de uma vasta rede de rios na Amazônia, o transporte fluvial é essencial para o abastecimento das cidades, especialmente aquelas situadas em regiões mais isoladas, embora as condições fluviais possam variar dependendo da estação e das condições climáticas (Brondízio, 2008). Em localidades muito remotas, o transporte aéreo pode ser a única forma de obter alimentos.

Por isso, nas cidades menores e mais isoladas, a produção local é a principal fonte de alimentos. Produtos da agricultura familiar e obtidos pelo extrativismo, como frutas tropicais, hortaliças e pescados, são vendidos diretamente aos consumidores ou em mercados locais. A agricultura familiar desempenha um papel importante ao fornecer alimentos frescos e produtos regionais (Brondízio, 2008).

Já os municípios com menor produção local, sobretudo aqueles cujos territórios são dominados por monoculturas, "em detrimento de espaços destinados à produção de alimentos e à agricultura familiar policultural" (Corrêa *et al.*, 2019), dependem da importação de alimentos básicos e *commodities* através de grandes centros de distribuição. Os alimentos vêm geralmente de áreas rurais próximas, cidades maiores e de outros estados, e são transportados por via fluvial ou aérea (Schor, 2015). Localidades do Pará e do Maranhão frequentemente recebem produtos de estados como Mato Grosso e Tocantins, como soja, milho e carnes (CONAB,

2021). No Amazonas, a crescente importação de alimentos "está associada à escassa presença de setores produtivos" em seus municípios (Bartoli, 2022).

Os consumidores amazônicos adquirem alimentos frescos em mercados públicos e feiras livres, onde produtos locais e regionais são oferecidos. Esses pontos de venda são importantes para a comercialização de frutas, hortaliças e produtos pesqueiros, bem como para a interação direta entre produtores e consumidores (Brondízio, 2008; Belik, 2020). Já supermercados e redes de varejo são comuns nas cidades maiores e oferecem uma ampla gama de produtos alimentares, incluindo alimentos processados, grãos e carnes. Esses estabelecimentos geralmente obtêm produtos de centros de distribuição maiores e de outras regiões do país (CONAB, 2021). Em áreas mais isoladas e nas periferias urbanas, armazéns e mercearias locais costumam oferecer uma seleção básica de produtos alimentares, muitas vezes provenientes de canais de distribuição mais amplos.

O abastecimento alimentar nas cidades da Amazônia enfrenta vários desafios, tais como:

- **Infraestrutura precária:** como visto anteriormente, a infraestrutura de transporte é muitas vezes inadequada para atender às demandas de abastecimento de alimentos, especialmente em áreas remotas. A melhoria das rodovias, portos e sistemas fluviais pode garantir uma distribuição eficiente com custos menores (Fearnside, 2017).
- **Condições climáticas:** Cheias e estiagens, entre outros fenômenos, podem afetar a navegação fluvial e a qualidade dos alimentos durante o transporte, aumentando o risco de perdas e desperdícios (Brondízio, 2008).
- **Expansão das cadeias locais:** A promoção da produção local e a construção de cadeias de suprimento mais resilientes podem ajudar a reduzir a dependência de fontes externas e melhorar a segurança alimentar nas cidades amazônicas. Incentivos para a agricultura familiar e a diversificação das fontes de alimentos são estratégias importantes para enfrentar esses desafios (Altieri; Toledo, 2011).

Assim, Homma (2022) destaca que a conexão rural-urbana precisa integrar as políticas de urbanização com os mercados de produtos alimentares e agroindústria locais para criar estratégias de exportação de produtos, mas, também, garantir a segurança alimentar das cidades amazônicas.

Processamento e industrialização de alimentos

A indústria de alimentos na Amazônia é uma extensão direta da produção agropecuária, especialmente nas regiões onde há grande produção de soja, milho, carne e produtos extrativistas, como açaí e castanha-do-pará. A transformação de produtos agrícolas para o mercado nacional e internacional contribui significativamente para o PIB industrial da região. A seguir, serão apresentados os panoramas de processamento e industrialização para alguns estados da Amazônia brasileira:

- **Mato Grosso:** Sua indústria de alimentos é altamente vinculada à produção de grãos e carne. O estado abriga grandes frigoríficos, responsáveis por processar carne bovina para exportação, e indústrias de processamento de soja, que produzem farelo e óleo, ambos destinados ao mercado externo. A cadeia produtiva da soja, em especial, inclui a fabricação de biocombustíveis e insumos para ração animal, fazendo do Mato Grosso um dos maiores exportadores do Brasil desses dois produtos (CONAB, 2021).
- **Pará:** A indústria de processamento de açaí é um dos principais componentes do setor alimentício no estado, especialmente nas regiões de Belém e Abaetetuba. O fruto é processado em polpas, sucos e outros derivados, e atende tanto ao mercado nacional quanto ao internacional. Além disso, suas fábricas de processamento de peixe e produtos florestais têm grande potencial de crescimento em razão da demanda por produtos sustentáveis (Tavares *et al.*, 2022).
- **Rondônia:** Sua indústria de processamento de carne bovina é uma das mais importantes do estado, com frigorí-

ficos espalhados por municípios como Ji-Paraná e Vilhena. O setor é responsável por uma parte significativa do PIB industrial rondoniense, e é apoiado por uma rede de logística para exportação.

- **Tocantins**: Sua agroindústria de alimentos está em expansão, e tem contado com a instalação de fábricas de processamento de grãos, especialmente soja, milho e arroz (Lima; Lopes, 2020).

Embora o setor agropecuário e a indústria de alimentos sejam importantes na composição do PIB dos estados amazônicos, essa dependência acarreta desafios. A expansão da agricultura em grandes áreas tem sido associada ao desmatamento, especialmente em estados como Pará e Mato Grosso. A sustentabilidade ambiental tem se tornado uma questão central para a economia da região, com pressões internas e externas para a adoção de práticas agrícolas mais ecológicas e eficientes (Cavalcante Filho *et al.*, 2023; Dias-Filho; Lopes, 2022).

Em contrapartida, a indústria de alimentos voltada para produtos de alto valor agregado, como o açaí e a castanha-do-pará, oferece oportunidades de crescimento sustentável. O desenvolvimento de cadeias produtivas integradas, o investimento em tecnologia agrícola e a implementação de políticas que conciliam conservação ambiental e produção são fundamentais para isso. A indústria de alimentos tem se destacado como um dos setores que mais crescem na região amazônica, especialmente no Pará, Amazonas e Rondônia. O processamento de produtos agrícolas e extrativistas locais, como açaí, peixe e castanhas, tem impulsionado o desenvolvimento de indústrias voltadas para a exportação e o consumo interno:

- **Açaí:** O Pará é o maior produtor e processador desse fruto do Brasil. Sua indústria de processamento, especialmente nas regiões de Abaetetuba, Igarapé-Miri e Belém, contribui significativamente para o PIB do estado e gera empregos diretos e indiretos (Tavares *et al.*, 2022). Polpa, sucos e outros derivados possuem uma demanda crescente no mercado internacional, principalmente na América do Norte e Europa.

- **Pescado e piscicultura:** Estados como Amazonas e Rondônia contam com indústrias voltadas para o processamento de pescado, uma das principais fontes de proteína da região. A piscicultura, em especial o cultivo de tambaqui e pirarucu, tem ganhado espaço no Amazonas, contribuindo para o PIB estadual e fortalecendo a cadeia produtiva de alimentos (Lima; Lopes, 2020).

Apesar do crescimento significativo da agropecuária e da indústria de alimentos na Amazônia, a região ainda enfrenta dificuldades como a infraestrutura precária, a baixa industrialização em alguns estados e a necessidade de uma maior integração das cadeias produtivas locais ao mercado nacional e internacional. Há, também, o desafio de equilibrar o crescimento econômico com a sustentabilidade ambiental, especialmente frente ao aumento das áreas de pastagem e cultivo que levam ao desmatamento. Por outro lado, o desenvolvimento de tecnologias agrícolas sustentáveis, a valorização dos produtos agroextrativistas e o investimento em infraestrutura podem potencializar ainda mais o crescimento econômico da região, assegurando, ao mesmo tempo, a preservação dos recursos naturais e o bem-estar das populações locais.

Perdas e desperdício

Na Declaração dos Objetivos de Desenvolvimento Sustentáveis para 2030 (ODS), da Organização das Nações Unidas (ONU), a Meta 12.3 assinala que é preciso, "até 2030, reduzir pela metade o desperdício de alimentos per capita mundial, nos níveis de varejo e do consumidor, e reduzir as perdas de alimentos ao longo das cadeias de produção e abastecimento, incluindo as perdas pós-colheita". De acordo com a Organização das Nações Unidas para Alimentação e Agricultura (FAO), perdas na produção agropecuária referem-se à redução da quantidade ou qualidade de alimentos durante as fases de produção, manuseio e processamento, enquanto os desperdícios ocorrem principalmente nas fases de distribuição e consumo (FAO, 2011).

Nesse sentido, diante da importância da adoção de uma política nacional que contemple cidades ainda desprovidas de equipamentos públicos de abastecimento alimentar (EBC, 2024), o Brasil instituiu o Plano Nacional de Segurança Alimentar e Nutricional (Plansan), cujas duas primeiras versões — 2012-2015 e 2016-2019 –tiveram como desafio "promover o abastecimento e o acesso regular e permanente da população brasileira à alimentação adequada e saudável" (Zaro, 2018). Essa meta segue norteando o III Plansan, que vem sendo discutido no âmbito do Conselho Nacional de Segurança Alimentar e Nutricional (Consea).

Na Amazônia, onde grande parte da produção agropecuária e industrial está voltada para exportação, as perdas e desperdícios podem ocorrer em várias etapas da cadeia de valor, desde a colheita inadequada até o transporte deficiente e o armazenamento inadequado. Esses problemas afetam diretamente a eficiência econômica, a sustentabilidade ambiental e a segurança alimentar da região. Uma vez que a produção agropecuária nos estados da Amazônia é fortemente influenciada por condições climáticas, infraestrutura logística deficiente/custo elevado e práticas agrícolas que nem sempre seguem padrões de sustentabilidade ou eficiência, observa-se perdas significativas, especialmente nas culturas de grãos (Andrade, 2022), frutas tropicais (Rebello *et al.*, 2022) e no setor pecuário (Dias-Filho; Lopes, 2022).

A soja, o milho e o arroz, por exemplo, têm sido afetados por práticas agrícolas inadequadas e pela falta de infraestrutura apropriada para armazenamento. Segundo a Companhia Nacional de Abastecimento (Conab), as perdas durante a colheita na região podem chegar a 10%, devido ao manejo inadequado e à falta de mecanização em algumas áreas (CONAB, 2021). Além disso, a umidade elevada e a falta de instalações de armazenagem apropriadas resultam na degradação dos grãos e aumentam o risco de contaminação por fungos e pragas. A falta de infraestrutura logística, como estradas pavimentadas e armazéns, também é um fator importante para a ocorrência de desperdícios durante o transporte, especialmente em áreas remotas da Amazônia. As estradas em condições precárias aumentam o tempo de deslocamento e os riscos de danos aos grãos durante o trajeto, agravando ainda mais esse problema (Nepstad *et al.*, 2006; Schor, 2012).

A pecuária, especialmente em estados como Rondônia, Pará e Mato Grosso, também enfrenta desafios nesse campo. Na pecuária de corte, alguns dos principais obstáculos são o manejo inadequado das pastagens e a falta de assistência técnica pública e de acesso a tecnologias de reprodução e engorda eficientes, fatores que resultam em perdas de produtividade animal (Dias-Filho, Lopes, 2022). Especificamente na indústria da carne bovina, as perdas ocorrem durante o transporte dos animais (agravadas pelas longas distâncias) e nos processos de abate, principalmente em razão do manejo inadequado e da falta de controle de qualidade no processamento. Além disso, a carcaça de animais abatidos em condições inadequadas ou com baixo peso reduz a eficiência do setor e gera prejuízos econômicos significativos (Aurélio Neto, 2018).

A indústria de alimentos enfrenta desafios em relação ao desperdício de insumos e subprodutos em razão da ineficiência no processamento e da má conservação dos produtos durante o armazenamento e o transporte (a alta umidade e a temperatura elevada podem acelerar o processo de deterioração).

Na indústria de produtos florestais como o açaí, a castanha-do-pará e o cupuaçu, o desperdício é comum durante o processamento, seja por falta de tecnologia adequada ou pelo manejo ineficiente. O açaí, por exemplo, sofre perdas consideráveis durante o deslocamento entre os pontos de colheita e as áreas de processamento. Segundo Brondízio (2008), cerca de 15% da produção desse fruto é perdida em razão do processamento ou do manuseio inadequados durante o transporte. A ausência de infraestrutura de refrigeração em muitas áreas rurais agrava o problema e pode resultar na perda de qualidade do produto antes que ele chegue ao mercado.

As perdas e desperdícios na produção agropecuária e na indústria de alimentos nos estados amazônicos estão intimamente ligados a diversos fatores estruturais e econômicos. Entre as principais causas, estão a infraestrutura deficiente, a falta de mecanização e tecnologia adequada, e a baixa qualificação técnica dos trabalhadores do campo. Além disso, o manejo inadequado dos alimentos durante transporte e processamento contribui para a intensificação desses problemas. A redução da produtividade, combinada com os custos adicionais de transporte e armazenamento ineficiente, diminui a competitividade da produção agropecuária da região. Para os pequenos produtores, essas perdas podem representar a diferença entre um ciclo produtivo rentável e prejuízo econômico (Homma, 2012).

Do ponto de vista ambiental, as perdas na produção agropecuária contribuem para o desmatamento, uma vez que os produtores frequentemente expandem suas áreas de plantio para compensar a queda de produtividade. Além disso, os desperdícios na indústria de alimentos resultam na geração de resíduos orgânicos que, quando não geridos adequadamente, podem contribuir para a emissão de gases de efeito estufa, agravando as mudanças climáticas e seus impactos na Amazônia (Altieri; Toledo, 2011). Segundo Homma (2022), "a metabolização de lixo orgânico gerado pela população urbana regional (...) teria grande importância para resolver um problema ambiental grave para utilização na recuperação de áreas degradadas", uma vez que existe déficit de adubo orgânico para os solos amazônicos.

Diversas estratégias podem ser implementadas para reduzir as perdas e desperdícios na cadeia produtiva agroalimentar da Amazônia. Algumas dessas soluções incluem:

- **Melhoria da infraestrutura logística:** Investimentos em infraestrutura, como estradas pavimentadas, armazéns e sistemas de transporte refrigerado, são fundamentais para reduzir as perdas durante o transporte e o armazenamento de produtos agrícolas e alimentos processados (Abbade, 2019).

- **Inovação tecnológica no campo:** A adoção de tecnologias de precisão e práticas agrícolas mais sustentáveis pode aumentar a eficiência da produção e reduzir as perdas no campo. Em Mato Grosso, por exemplo, o uso de técnicas de plantio direto e rotação de culturas tem se mostrado eficaz na redução de perdas de solo e na melhoria da produtividade agrícola (Homma, 2012).
- **Aproveitamento de subprodutos:** A indústria de alimentos pode melhorar a eficiência de suas operações por meio do aproveitamento de subprodutos, como resíduos de grãos e carne, transformando-os em novos produtos, como biocombustíveis e ração animal, reduzindo o desperdício e gerando valor agregado (CONAB, 2021).

No Brasil, a Lei 14.016/2020 dispõe sobre o combate ao desperdício de alimentos e a doação de excedentes de alimentos para o consumo humano. Os estados da Amazônia que possuem instrumentos normativos e/ou políticas específicas para desperdício e perdas de alimento e/ou segurança alimentar são: Amazonas (Programa Estadual de Combate e Prevenção ao Desperdício e à Perda de Alimentos, que se transformou na Lei 5.297/2020), Pará (Lei 9.949/2023, que instituiu a Política Estadual de Segurança Alimentar Nutricional Sustentável - Poesans), Mato Grosso (Lei 6.647/2021, que dispõe sobre a destinação de alimentos próprios ao consumo sem comercialização no âmbito do município de Cuiabá) e Maranhão (Portaria 75/01/2024, da Secretaria de Estado do Maranhão , acerca do combate ao desperdício e perda de alimentos no âmbito estadual).

Considerações finais

O PIB dos estados da Amazônia brasileira reflete uma economia em transição, em que o setor agropecuário e a indústria de alimentos desempenham papéis centrais no desenvolvimento regional. A soja, o milho e a pecuária são motores de crescimento econômico, enquanto o extrativismo e a agricultura familiar continuam a sustentar milhões de pessoas, particularmente nas regiões mais isoladas. Por um lado, o Mato Grosso se destaca como o maior produtor de grãos e carne bovina, por outro, Pará e Rondônia vêm consolidando suas indústrias de processamento de alimentos, impulsionadas por produtos como o açaí e o pescado, que possibilitam agregar valor aos produtos locais e aumentar a participação da região no mercado global.

A soja, o açaí e o cacau são destaques na produção comercial, enquanto a mandioca representa a força da agricultura familiar. O futuro da agricultura na Amazônia dependerá da capacidade de conciliar a expansão agrícola e a preservação ambiental, com o fortalecimento das comunidades locais.

A cadeia produtiva de soja é a mais consolidada da região, especialmente em Mato Grosso, refletindo a importância econômica e a sofisticação da infraestrutura para o escoamento dessa *commodity*. Nos demais estados, a infraestrutura geral para o escoamento de alimentos e *commodities* enfrenta desafios significativos que precisam ser superados por meio de investimentos em rodovias, ferrovias, portos e armazenagem.

As perdas e desperdícios na produção agropecuária e na indústria de alimentos nos estados da Amazônia brasileira representam importantes obstáculos para o desenvolvimento sustentável da região e afetam a produtividade e a rentabilidade do setor, além de contribuir para impactos ambientais negativos, como é o caso da pecuária. A implementação de soluções tecnológicas, melhorias logísticas e políticas públicas que promovam o uso eficiente dos recursos são essenciais para reduzir esse problema e impulsionar uma agricultura mais sustentável na Amazônia.

O abastecimento alimentar nas cidades amazônicas é complexo e multifacetado, envolvendo uma combinação de produção local, regional e importação de alimentos. A diversidade dos canais de distribuição, incluindo transporte rodoviário, fluvial e aéreo, reflete a adaptabilidade das cadeias de suprimento às condições geográficas e climáticas da região.

No entanto, os desafios relacionados à infraestrutura e às condições climáticas exigem soluções eficazes para garantir um abastecimento eficiente e sustentável. Investimentos em infraestrutura e desenvolvimento de cadeias de suprimento locais são fundamentais para melhorar a segurança alimentar e a resiliência regional.

A região possui uma diversidade agrícola que varia entre a produção em grande escala de *commodities* até a agricultura familiar, que, embora menos intensiva em termos de capital, é essencial para garantir a segurança alimentar e a preservação da biodiversidade. Programas de incentivo à agroecologia e ao manejo sustentável, bem como o fortalecimento de cadeias produtivas locais, são caminhos promissores para o desenvolvimento da agricultura na Amazônia.

Referências bibliográficas

ABBADE, E. B. Desperdício de alimentos e performance logística: uma análise do cenário Brasil. *Revista da Gestão da Produção, Operações e Sistemas (GEPROS)*, [s.l.], v. 14, n. 5, p. 328-350, 2019.

AB'SÁBER, A. N. Space occupied by the expansion of dry climates in South America during the quaternary ice ages. *Revista do Instituto Geológico*, São Paulo, v. 21, n. 1, p. 71-78, 2000.

ALMEIDA, C. A. *et al.* High spatial resolution land use and land cover mapping of the Brazilian Legal Amazon in 2008 using Landsat-5/TM and MODIS data. *Acta Amazonica*, Manaus, v. 46, n. 3, p. 291-302, 2016.

ALMEIDA, M. W. B. *et al.* O legado de Chico Mendes: êxitos e entraves das Reservas Extrativistas. *Desenvolvimento e Meio Ambiente*, Paraná, v. 48, p. 25-55, 2018.

ALTIERI, M. A.; TOLEDO, V. M. The agroecological revolution in Latin America: Rescuing nature, ensuring food sovereignty and empowering peasants. *Journal of Peasant Studies*, [s.l.], n. 38, v. 3, p. 587-612, 2011.

ALVES, R. M.; FILGUEIRAS, G. C.; HOMMA, A.K.O. Aspectos socioeconômicos do cupuaçuzeiro na Amazônia: do extrativismo à domesticação. *In*: SANTANA, A. C. (ed.). *Mercado, cadeias produtivas e desenvolvimento rural na Amazônia*. Belém: UFRA, 2014. p.197-223.

ANDRADE, E. B. A soja no Pará: uma visão particular. In: HOMMA, A. K. O. *Sinergias de mudança da agricultura amazônica: conflitos e oportunidades*. Brasília: Embrapa, 2022. p. 357-381.

ARAÚJO, E. S. Desenvolvimento urbano local: o caso da Zona Franca de Manaus. *Urbe: Revista Brasileira de Gestão Urbana*, Curitiba, v. 1, n. 1, p. 32-42, 2009.

AURÉLIO NETO, O. O Brasil no mercado mundial de carne bovina: análise da competitividade da produção e da logística de exportação brasileira. *Ateliê Geográfico*, Goiânia, v. 12, n. 2, p. 183-204, ago. 2018.

BARROS, P. S.; SEVERO, L. W.; SILVA, C. H. R.; CARNEIRO, H. C. A ponte do Abunã e a integração da AMACRO ao Pacífico. Brasília: IPEA, 2021. (Nota técnica, 35). Disponível em: https://portalantigo.ipea.gov.br/agencia/images/stories/PDFs/nota_tecnica/210818_nt_dinte_n_35.pdf

BARTOLI, E. Sistemas territoriais na Amazônia e o papel das cidades para o desenvolvimento regional: a biorregião de Parintins (AM). *Eutopía. Revista de Desarrollo Económico Territorial*, [s.l.], n. 21, p. 30-51, jun. 2022. Disponível em: https://doi.org/10.17141/eutopia.21.2022.5348. Acesso em: 26 set. 2024.

BECKER, B. K. *Geopolítica da Amazônia*: a nova fronteira de recursos. Rio de Janeiro: Zahar, 1982.

BECKER, B. K. *Amazônia*: geopolítica na virada do III milênio. Rio de Janeiro: Garamond, 2009.

BRONDIZIO, E. S. The Amazonian Caboclo and the Açaí Palm: Forest Farmers in the Global Market. *Advances in Economic Botany*, [s.l.], v. 16, p. 121-142, 2008.

BRAGA, R. M. *A agricultura e a pecuária na história de Roraima*. Boa Vista: PoloBooks, 2016.

BURNETT, F. L. *et al.* Territorialidades e exercícios de autonomia: grupos sociais e moradia popular autoproduzida no Maranhão, Brasil. *Boletim do Museu Paraense Emílio Goeldi*: ciências humanas, Belém, v. 17, n. 3, 2022.

CANTO, O. *et al.* (Org.). *Atlas ambiental*: município de Maracanã-Pará-Amazônia-Brasil. Belém: NUMA/UFPA, 2024a.

CANTO, O. *et al.* (Org.). *Atlas ambiental*: município de Marapanim-Pará-Amazônia-Brasil. Belém: NUMA/UFPA, 2024b.

CARRERO, G. C.; FEARNSIDE, P. M. Dinâmica de uso da terra e expansão de propriedades rurais em Apuí, um hotspot de desmatamento na Rodovia Transamazônica. In: FEARNSIDE, P. M. (Org.). *Destruição e conservação da floresta amazônica. Manaus:* INPA, 2022, p. 329-344.

CARVALHO, A. C. *et al.* Consecuencias del avance de la frontera pecuaria capitalista y sus implicaciones en las tierras de la Amazonía, Pará, Brasil. *Contribuciones a las Ciencias Sociales*, [s.l.], v. 11, n. 9, p. 1-22, 2018.

CARVALHO, A. C. A.; NAHUM, J. S. Período do dendê na Amazônia paraense. In: NAHUM, J. S. (Org.). *Dendeicultura e dinâmicas territoriais do espaço agrário na Amazônia Paraense*. Belém: GAPTA/UFPA, 2014, p. 13-40.

CATTELAN, A. J.; DALL'AGNOL, A. The rapid soybean growth in Brazil. *Oilseeds & Fats Crops and Lipids*, [s.l.], v. 25, n. 1, p. 1-7, 2018.

CAVALCANTE FILHO, P. G. *et al.* Evolução da agropecuária da Amazônia Brasileira. *Revista de Política Agrícola*, Brasília, v. 32, n. 3, p. 51-68, 2023.

CAVALCANTE, L. R. Zona Franca de Manaus: uma revisão sistemática de impactos. *InterEspaço: Revista de Geografia e Interdisciplinaridade*, Grajaú, v. 6, p. 1-24, 2020.

CAVALCANTE, M. M. A. *et al.* Políticas territoriais e mobilidade populacional na Amazônia: contribuições sobre a área de influência das Hidrelétricas no Rio Madeira (Rondônia/Brasil). *Confins: Revista Franco-Brasileira de Geografia*, v. 11, p. 1-18, 2011.

CAVALCANTE, M. M. A.; SANTOS, L. J. C. Hidrelétricas no Rio Madeira-RO: tensões sobre o uso do território e dos recursos naturais na Amazônia. *Confins: Revista Franco-Brasileira de Geografia*, [s.l.], v. 15, p. 1-15, 2012.

CNI. *Confederação Nacional da Indústria. Participação do estado no PIB industrial - % (2021)*. Brasília: CNI, 2022. Disponível em: https://perfildaindustria.portaldaindustria.com.br/ranking?cat=10&id=3806. Acesso em: 15 set. 2024.

CONAB. *Companhia Nacional de Abastecimento. Acompanhamento da Safra Brasileira de Grãos: Safra 2020/21*. Brasília: CONAB, 2021. Disponível em: https://www.conab.gov.br/info-agro/safras/graos/boletim-da-safra-de-graos/item/16736-12-levantamento-safra-2020-21. Acesso em: 15 set. 2024.

CÓRDOBA, D. *et al.* Family farming, agribusiness and the state: building consent around oil palm expansion in post-neoliberal Brazil. *Journal of Rural Studies*, [s.l.], v. 57, p. 147-156, 2018.

CORRÊA, M. L. M.; PIGNATTI, W. A.; PIGNATTI, M. G.; MACHADO, J. M. H.; SOUZA-LIMA, F. A. Neri de Alimento ou mercadoria? Indicadores de autossuficiência alimentar em territórios do agronegócio, Mato Grosso, Brasil. *Saúde Debate*, v. 43, n. 123, p. 1070-1083, out./dez., 2019 Disponível em: https://www.scielo.br/j/sdeb/a/pcPNxVk4pjxVzxmRxCMnPVL/?format=pdf&lang=pt. Acesso em: 26 set. 2024.

COSTA, G. *et al.* Ocupações ilegais em unidades de conservação na Amazônia: o caso da Floresta Nacional do Bom Futuro no Estado de Rondônia/Brasil. *Revista de Geografia e Ordenamento do Território*, v. 8, p. 33-49, 2015.

DAMASCENO, S. B. *et al.* Valoração econômica dos atributos ambientais da bacia do Tarumã-Açu no município de Manaus, AM. In: FARIA, K. M. S. *et al.* (Org.). *Planejamento e desenvolvimento sustentável em bacias hidrográficas*. Goiânia: CEGRAF/UFG, 2021, p. 150-167.

D'ARACE, L. M. B. Produção de açaí na Região Norte do Brasil. *Revista Ibero-americana de Ciências Ambientais*, v. 10, n. 5, p. 15-21, 2019.

DIAS-FILHO, M. B.; LOPES, M. J. S. Histórico e desafios da pecuária bovina na Amazônia. In: HOMMA, A. K. O. *Sinergias de mudança da agricultura amazônica: conflitos e oportunidades*. Brasília: Embrapa, 2022, p. 267-288.

EBC. *Consea comemora avanços no Plano Nacional de Abastecimento Alimentar*, 2024. Disponível em: https://agenciagov.ebc.com.br/noticias/202406/consea-comemora-avancos-no-plano-nacional-de-abastecimento-alimentar-e-na-elaboracao-do-iii-plano-nacional-de-seguranca-alimentar-e-nutricional. Acesso em: 20 set. 2024.

FANTINI, A. C.; CRISÓSTOMO, C. F. Conflitos de interesses em torno da exploração madeireira na Reserva Extrativista Chico Mendes, Acre, Brasil. *Boletim do Museu Paraense Emílio Goeldi: ciências humanas*, Belém, v. 4, n. 2, 2009.

FAO. *Global Food Losses and Food Waste: Extent, Causes and Prevention*. Roma: Food and Agriculture Organization of the United Nations, 2011.

FARIAS, L. F. F. C. *Classe trabalhadora na "capital do agronegócio"*: terra, trabalho e espaço urbano em Sorriso-MT. Tese (Doutorado em Sociologia), Universidade de São Paulo, São Paulo, 2020.

FEARNSIDE, P. M. A tomada de decisão sobre grandes estradas amazônicas. In: FEARNSIDE, P. M. (Org.). *Destruição e conservação da floresta amazônica*. Manaus: INPA, 2022a, p. 317-327.

FEARNSIDE, P. M. BR-163: A rodovia Santarém-Cuiabá e o custo ambiental de asfaltar um corredor de soja na Amazônia. In: FEARNSIDE, P. M. (Org.). *Destruição e conservação da floresta amazônica*. Manaus: INPA, 2022b, p. 239-257.

FEARNSIDE, P. M. Deforestation in Brazilian Amazonia: History, Rates, and Consequences. *Conservation Biology*, [s.l.], v. 19, n. 3, p. 680-688, 2005.

FEARNSIDE, P. M. Uso da terra na Amazônia e as mudanças climáticas globais. In: FEARNSIDE, P. M. (Org.). Destruição e conservação da floresta amazônica. Manaus: INPA, 2022c, p. 21-38.

FEARNSIDE, P. M.; GRAÇA, P. M. L. A. BR-319: A rodovia Manaus-Porto Velho e o impacto potencial de conectar o arco do desmatamento à Amazônia central. In: FEARNSIDE, P. M. (Org.). *Destruição e conservação da floresta amazônica*. Manaus: INPA, 2022, p. 267-286.

FENZL, N. *et al.* Os "Grandes Projetos" e o processo de urbanização da Amazônia Brasileira: consequências sociais e transformações territoriais. *InterEspaço: Revista de Geografia e Interdisciplinaridade*, Grajaú, v. 6, p. 1-25, 2020.

FERNANDES, I. L. C. *et al.* Áreas prioritárias para inclusão de componente arbóreo: As áreas de proteção permanente em sistemas pecuários de São Domingos do Araguaia-PA (Brasil). *Geografia, Ensino & Pesquisa*, v. 26, p. 1-29, 2022.

FERREIRA, S. C. G. *et al.* Patterns of injustices in water allocation mechanisms in the Brazilian Amazon: Palm oil expansion and the reshaping of hydrosocial territories. *Environmental Science and Policy*, v. 147, p. 79-88, 2023.

FOLHES, R. T. *et al.* A configuração da mineração e o ordenamento territorial nos municípios de Juruti e Santarém na Amazônia brasileira. *Revista Brasileira de Planejamento e Desenvolvimento*, v. 11, n. 4, p. 1113-1136, 2022.

GABRIEL, L. C. A importância do transporte ferroviário de cargas no Brasil. *Revista do Clube Naval*, v. 4, n. 396, p. 56-61, 2020.

GOMES, C. V. A. *et al.* Sustentabilidade na Amazônia: a importância da agricultura familiar e do extrativismo. *Revista Brasileira de Agroecologia*, v. 7, n. 2, p. 35-45, 2012.

GONÇALVES, C. W. P. *Amazônia, Amazônias*. São Paulo: Contexto, 2001.

GOTTSELIG SCHWERTNER, J. J. *et al.* Desempenho dos principais estados brasileiros exportadores de carne bovina (2000-2020). *Sinergia. Revista do Instituto de Ciências Econômicas, Administrativas e Contábeis*, v. 26, n. 2, p. 27–45, 2022. Disponível em: https://furg.emnuvens.com.br/sinergia/article/view/13668. Acesso em: 27 set. 2024.

GUILHERME JR., J. A. Territorialização da pecuária em zona de colonização agrícola: uma análise a partir de Castanhal, estado do Pará. *Revista de Geografia,Recife*, v. 40, n. 3, p. 241-257, 2024.

GUSMÃO, L. H. A. *et al.* Dinâmica geográfica dos domicílios de uso ocasional no estado do Pará. PRACS: *Revista Eletrônica de Humanidades do Curso de Ciências Sociais da UNIFAP*, v. 14, n. 3, p. 281-298, 2021.

GUSMÃO, L. H. A. *et al.* National forests in the Brazilian Amazon: deforestation and land use pressure (2018-2021). *Ra'eGa: o espaço geográfico em análise*, v. 60, n. 1, p. 19-44, 2024.

HOMMA, A. K. O. Mandioca na Amazônia: história e futuro. *Cadernos de Ciência & Tecnologia*, v. 29, n. 1, p. 21-45, 2012.

HOMMA, A. K. O. Extrativismo Vegetal na Amazônia. *Estudos Avançados*, v. 26, n. 74, p. 149-166, 2012.

HOMMA, A. K. O. Propostas agrícolas para a Amazônia. In: HOMMA, A. K. O. *Sinergias de mudança da agricultura amazônica: conflitos e oportunidades*. Brasília, DF: Embrapa, 2022. p. 464-487.

IBGE. *Amazônia Legal*: aspectos geográficos e econômicos. Disponível em: https://www.ibge.gov.br/. Acesso em: 5 set. 2024.

IBGE. Contas Regionais do Brasil 2020. *Instituto Brasileiro de Geografia e Estatística*, 2020. Disponível em: https://agenciadenoticias.ibge.gov.br/media/com_mediaibge/arquivos/a15fa6b48d822ec2e3a1965518502782.pdf. Acesso em: 20 set. 2024.

IBGE. Monitoramento da cobertura e uso da terra. *Instituto Brasileiro de Geografia e Estatística*, 2020. Disponível em: https://www.ibge.gov.br/geociencias/informacoes-ambientais/cobertura-e-uso-da-terra/15831-cobertura-e-uso-da-terra-do-brasil.html?=&t=acesso-ao-produto. Acesso em: 25 set. 2024.

IBGE. *Monitoramento da Cobertura e Uso da Terra do Brasil*: 2018/2020. Rio de Janeiro: IBGE, 2022. Disponível em: https://biblioteca.ibge.gov.br/index.php/biblioteca-catalogo?view=detalhes&id=2101966. Acesso em: 27 set. 2024.

IBGE. Cidades e estados: Manaus, panorama. *Instituto Brasileiro de Geografia e Estatística*, c2023. Disponível em: https://cidades.ibge.gov.br/brasil/am/manaus/panorama. Acesso em: 25 set. 2024.

IBGE. Produção Agrícola Municipal. *Instituto Brasileiro de Geografia e Estatística*, 2010-2023. Disponível em: https://www.ibge.gov.br/estatisticas/economicas/agricultura-e-pecuaria/9117-producao-agricola-municipal-culturas-temporarias-e-permanentes.html?edicao=41285. Acesso em: 20 set. 2024.

INPE. TerraClass Amazônia. *Instituto Nacional de Pesquisas Espaciais*, c2024a. Disponível em: https://www.terraclass.gov.br/apoio#amazonia. Acesso em: 10 set. 2024.

INPE. TerraClass Cerrado. *Instituto Nacional de Pesquisas Espaciais*, c2024b. Disponível em: https://www.terraclass.gov.br/apoio#cerrado. Acesso em: 10 set. 2024.

IRIGARAY, C T. J. H. *et al.* Áreas protegidas na Amazônia mato-grossense: riscos e desafios à conservação e preservação. *Novos Cadernos NAEA*, v. 16, n. 1, p. 221-246, 2013.

LEITE, A. S. *et al.* Aprendizagem territorial, cooperação e inovação em espaços rurais: o caso da aglomeração ceramista de Eldorado dos Carajás (Pará/Brasil). *Revista Caribeña de Ciencias Sociales*, v. 7, n. 3, p. 1-23, 2018a.

LEITE, A. S. *et al.* Desenvolvimento local e gestão de recursos naturais em São Miguel do Guamá (Pará/Brasil): aprendizagem territorial, cooperação e inovação no arranjo produtivo local de indústrias ceramistas. *Observatório de la economía latinoamericana*, v. 16, n. 4, p. 1-41, 2018b.

LIMA, A. K. M.; SOMBRA, D. Resenha de AB'SÁBER, Aziz Nacib. Os domínios de natureza no Brasil: potencialidades paisagísticas. São Paulo: Ateliê Editorial, 2003. *InterEspaço: Revista de Geografia e Interdisciplinaridade*, Grajaú, v. 4, n. 13, p. 269-274, 2018.

LIMA, K. S. *et al.* Recursos hídricos e monocultura de palma: a problemática socioambiental no caso do Rio Uesugi, em Igarapé-Açu (Pará-Brasil). *GeoAmazônia*, v. 7, n. 13, p. 142-167, 2019.

LIMA, L. M. *et al.* Large hydroelectric projects in the Araguari River Basin: territorialities, impact and resistance of Amapá's fishing (Amazon, Amapá, Brazil). *International Journal of Development Research*, v. 10, n. 8, p. 38681-38689, 2020.

LIMA, M.; LOPES, G. Agroindústria de alimentos no Matopiba: desafios e potencialidades. *Revista de Economia Agrícola*, v. 67, n. 3, p. 45-59, 2020.

LIMA, P. M.; LOPES, W. S. Piscicultura e desenvolvimento econômico no Amazonas: o papel da produção sustentável. *Acta Amazonica*, Manaus, v. 50, n. 3, p. 320-329, 2020.

LIMA, R. P. *et al.* Agroecossistemas na Amazônia: desafios e perspectivas para a agricultura familiar. *Acta Amazonica,* Manuas, v. 41, n. 4, p. 587-599, 2011.

LIRA, J. R. O. *et al.* Migração, mobilidade e refúgio de venezuelanos no Brasil: o caso do município de Pacaraima (RR). *Papers do NAEA*, v. 28, n. 2, p. 111-131, 2019.

LOBATO, M. M. *et al.* A modelização gráfica da Amazônia e uma proposta de interpretação da fronteira: as dinâmicas territoriais de Marabá e do sudeste do estado do Pará. *Planeta Amazônia: Revista Internacional de Direito Ambiental e Políticas Públicas*, v. 14, p. 19-42, 2022.

LOBATO, M. M.; SOARES, D. A. S. Fronteira na geografia: proposições para uma reflexão. *Boletim Amazônico de Geografia*, v. 2, n. 3, p. 175-193, 2015.

LOBATO, M. M.; SOARES, D. A. S. Fronteira na ciência geográfica: um conceito e dois contextos. In: SILVA, C. N. *et al.* (Org.). *Territórios, ordenamentos e representações na Amazônia*. Belém: GAPTA/UFPA, 2017, p. 35-58.

LOPES, C. H. S. *et al.* Territorialização da atividade pecuária no Sudeste Paraense (Amazônia Brasileira). *Revista Universidade e Meio Ambiente*, v. 8, n. 1, p. 33-52, 2023.

LOPES, C. L.; SEGOVIA, M. E.; CHIAVARI, J. *Onde estamos na implementação do código florestal? Radiografia do CAR e do PRA nos Estados Brasileiros – Edição 2023*. Rio de Janeiro: Climate Policy Initiative, 2023. Disponível em: https://www.climatepolicyinitiative.org/pt-br/publication/onde-estamos-na-implementacao-do-codigo-florestal-radiografia-do-car-e-do-pra-nos-estados-brasileiros-edicao-2023/. Acesso em: 10 set. 2024.

MANESCHY, R. Q. *et al.* Áreas prioritárias para inclusão de componente arbóreo e redesenho de sistemas pecuários no assentamento Belo Horizonte II, São Domingos do Araguaia, Pará, Brasil. *Research, Society and Development*, v. 11, n. 3, p. 1-11, 2022.

MAPBIOMAS. *Relatório de Uso e Cobertura da Terra na Amazônia Legal 1985-2021*. Disponível em: https://brasil.mapbiomas.org/. Acesso em: 10 set. 2024.

MARINHO, J. R.; SIEBEN, A. O agronegócio da pecuária de corte em Araguaína (Tocantins). *Revista Tocantinense de Geografia*, Tocantins, v. 13, n. 29, p. 406-435, 2024.

MARTINS, J. S. *Fronteira*: a degradação do outro nos confins do humano. São Paulo: Contexto, 2009.

MASULLO, Y. A. G. *et al.* Dinâmica socioeconômica das unidades de conservação do Maranhão. *Confins: Revista Franco-Brasileira de Geografia*, v. 38, p. 1-20, 2018.

MENEGATTO, M. S. Modelização gráfica do estado de Rondônia. *Confins: Revista Franco-Brasileira de Geografia*, v. 15, p. 1-8, 2012.

MIRANDA, I. S.; ABSY, M. L. Fisionomia das savanas de Roraima, Brasil. *Acta Amazonica*, Manaus, v. 30, n. 3, 2000.

MONTEIRO, M. A.; COELHO, M. C. N. As políticas federais e reconfigurações espaciais na Amazônia. *Novos Cadernos NAEA*, v. 7, n. 1, p. 91-122, 2004.

MOREIRA, R. *A formação espacial brasileira*: contribuição crítica aos fundamentos espaciais da Geografia do Brasil. Rio de Janeiro: Consequência, 2012.

NEPSTAD, D. *et al.* Frontier Governance in Amazonia. *Science*, v. 295, n. 5553, p. 629-631, 2002. Disponível em: https://www.science.org/doi/10.1126/science.1067053. Acesso em: 26 set. 2024.

OLIVEIRA, S. J. M. *et al.* Pecuária e desmatamento: mudanças no uso do solo no noroeste brasileiro. In: CONGRESSO DA SOCIEDADE BRASILEIRA DE ECONOMIA, ADMINISTRAÇÃO E SOCIOLOGIA RURAL, 47º., 2009, Porto Alegre. Anais [...]. Porto Alegre: SOBER, 2009. p. 1-13. Disponível em: https://www.alice.cnptia.embrapa.br/alice/handle/doc/1165657. Acesso em: 24 set. 2024.

OLIVEIRA NETO, T. Preâmbulos históricos da Rodovia BR-319. *Boletim de Conjuntura (BOCA)*, Boa Vista, v. 4, n. 12, p. 06-22, 2020.

PAJOLLA, M. Reconstrução da BR-319 é "prioridade" do governo federal, diz relatório do Ministério dos Transportes: Documento, ainda não divulgado oficialmente, aponta viabilidade na obra que vai aumentar desmatamento na Amazônia. *Brasil de fato*, Lábrea, 22 mar. 2024. Disponível em: https://www.brasildefato.com.br/2024/03/22/reconstrucao-da-br-319-e-prioridade-do-governo-federal-diz-relatorio-do-ministerio-dos-transportes. Acesso em: 27 set. 2024.

PALHETA, J. M. *et al.* Dinâmica territorial dos grandes projetos de mineração em Barcarena no estado do Pará, região Norte do Brasil. *Contribuciones a las Ciencias Sociales*, v. 16, n. 9, p. 17964-17989, 2023.

PALHETA, J. M. *et al.* Dinámica territorial Venezuela-Brasil: una perspectiva para compreender la frontera en movimiento. *Espacio Abierto: Cuaderno Venezolano de Sociología*, v. 32, n. 4, p. 25-44, 2023.

PEREIRA, C. N.; PORCIONATO, G. L.; CASTRO, C. N. Aspectos socioeconômicos da região do MATOPIBA. *Boletim regional, urbano e ambiental*, n. 18, jan-jun, 2018. p. 47-59. Disponível em: https://repositorio.ipea.gov.br/server/api/core/bitstreams/0c82a7c9-be16-4baa-9054-2f30d093a782/content

PICOLI, F. *O capital e a devastação da Amazônia.* São Paulo: Expressão Popular, 2006.

PIRAUX, M. *et al.* A diversidade da agricultura familiar do Território Baixo Tocantins e impactos na agricultura familiar. In: SIMÕES, A.; BENASSULY, M. (Org.). *Na várzea e na terra firme*: transformações socioambientais e reinvenções camponesas. Belém: NUMA/UFPA, 2017, p. 77-114.

PIRAUX, M. *et al.* A relação entre diversidade espacial e diversidade na agricultura familiar no Território Baixo Tocantins. In: SIMÕES, A. *et al.* (Org.). *Reinvenções territoriais*: diversidade e aprendizagem sociais. Belém: NUMA/UFPA, 2019, p. 43-73.

POLACHINI, R. *et al.* Mapeamento da expansão agrícola no município de Alta Floresta, MT no período de 2008 a 2015. *Agrarian Academy*, v. 5, n. 9, p. 377-389, 2018.

PONTES. H. L; J.; CARMO, B. B. T.; PORTO, A. J. V. Problemas logísticos na exportação brasileira da soja em grão. *Sistemas & Gestão*, v. 4, n. 2, p. 155-181, mai./ago., 2009. Disponível em: https://www.researchgate.net/profile/Heraclito-Pontes/publication/43179805_Logistics_problems_in_soybeans_Brazilian_exportation/links/54ef1c870cf25238f93bb6d2/Logistics-problems-in-soybeans-Brazilian-exportation.pdf. Acesso em: 26 set. 2024.

PRETO, M. F. *Influência dos padrões de uso e ocupação do solo e do regime de manutenção nas Áreas de Preservação Permanente na bacia do Alto Xingu*, MT. Dissertação (Mestrado em Ciências), Universidade de São Paulo, Piracicaba, 2020.

QUARESMA, M. J. N. Lutas e resistências no Xingu: estratégias escalares no enfrentamento à UHE Belo Monte. *GeoAmazônia*, Belém, v. 6, n. 11, p. 239-255, 2018.

RAISG. *Amazônia sob pressão 2020*. São Paulo: ISA – Instituto Socioambiental, 2021. Disponível em: https://www.raisg.org/pt-br/publicacao/amazonia-sob-pressao-2020/. Acesso em: 10 set. 2024.

REBELLO, F. K. *et al.* Conjuntura e perspectiva da citricultura no estado do Pará. In: HOMMA, A. K. O. *Sinergias de mudança da agricultura amazônica: conflitos e oportunidades*. Brasília: Embrapa, 2022, p. 404-425.

RÊGO, J. C. L. *Impactos antrópicos no litoral da Ilha do Maranhão*. Tese (Doutorado em Dinâmica dos Oceanos e da Terra), Universidade Federal Fluminense, Niterói, 2019.

REY, K. M. M. *Zona Franca de Manaus:* análise dos 50 anos de atuação estatal no âmbito da SUFRAMA em busca da promoção do desenvolvimento na Amazônia. Dissertação (Mestrado em Governança e Desenvolvimento), Escola Nacional de Administração Pública, Brasília, 2019.

ROCHA, G. M. *et al.* Unidades de paisagem e morfologia na zona costeira. In: ROCHA, G. M.; MORAES, S. C. (Org.). *Uso do território e gestão da zona costeira no estado do Pará*. Belém: NUMA/UFPA, 2018, p. 35-47.

ROCHA, G. M.; SOARES, D. A. S.; MORAES, S. C. Dinâmicas territoriais na zona costeira do estado do Pará, Amazônia brasileira. *Confins: Revista Franco-Brasileira de Geografia*, v. 42, p. 1-12, 2019.

RODRIGUES, J. C.; NAHUM, J. S. Expansão e territorialização de infraestruturas portuárias no Brasil e na Amazônia Legal (1993 a 2022). *Novos Cadernos NAEA*, v. 26, n. 1, p. 195-224, 2023.

SANTANA, L. S. S. *et al.* Avaliação de florestas primárias e secundárias em APP do rio Teles Pires por meio de sistemas orbitais. *Agrarian Academy*, v. 5, n. 9, p. 72-82, 2018.

SANTOS, J. C.; SENA, A. L. S.; HOMMA, A. K. O. Viabilidade econômica do manejo de açaizais no estuário amazônico do Pará. In: GUIDUCCI, R. C. N.; LIMA FILHO, J. R.; MOTA, M. M. (eds.). *Viabilidade econômica de sistemas de produção agropecuários*. Brasília: Embrapa, 2012, p.351-409.

SCHOR, T. Redes, fluxos e abastecimento de comida no Alto Solimões/AM: Reflexões sobre o papel das cidades e da produção rural no desenvolvimento local. *Revista Terceira Margem Amazônia*, v. 1, n. 5, p. 89-109, 2015.

SILVA, C. N. *et al.* The way of life in Amazonian communities: an example of the application of participatory mapping in São Caetano de Odivelas (Pará, Amazônia, Brazil). *Observatorio de la economía latinoamericana*, v. 21, n. 6, p. 3808-3832, 2023.

SILVA, E. L. S.; SOARES, D. A. S. Diagnóstico participativo das áreas com risco ambiental na cidade de Ferreira Gomes (AP). In: Nascimento, D. M. (Org.). *Regularização fundiária urbana na Amazônia Legal: morar, conviver, preservar - Rede Amazônia*. Belém: NAEA/UFPA, 2022, p. 311-330.

SILVA, M. R. S. *A influência socioeconômica de Colíder (MT) para as cidades de seu entorno imediato*. Dissertação (Mestrado em Geografia), Universidade do Estado de Mato Grosso, Cáceres, 2022.

SILVIERO, A. *et al.* A produção agropecuária nas reservas extrativistas do Acre. In: SILVIERO, A. *et al.* (Org.). *Conservação e tecnologias para o desenvolvimento agrícola e florestal do Acre*. Rio Branco: IFAC, 2019, p. 337-378.

SIMÕES, H. C. G. Q. A História e os efeitos sociais da mineração no estado do Amapá. PRACS: *Revista Eletrônica de Humanidades do Curso de Ciências Sociais da UNIFAP*, v. 2, p. 1-14, 2009.

SOARES, D. A. S. *et al.* Usos do território em Paragominas (PA): espaço geográfico e classes sociais. *Revista Tocantinense de Geografia*, Tocantins, v. 5, n. 8, p. 1-29, 2016.

SOARES, D. A. S. *et al.* Dinâmicas territoriais e uso da terra no município de Terra Alta (Pará-Brasil) - 1950-2010. *GeoAmazônia*, v. 5, n. 10, p. 41-67, 2017.

SOARES, D. A. S. *et al.* Inversão de tendências e coexistência de vetores técnicos na zona costeira paraense: reterritorialização da pesca artesanal no primeiro quartel do século XXI. In: SILVA, C. N. *et al.* (Org.). *Produção espacial e dinâmicas socioambientais no Brasil setentrional.* Belém: GAPTA/UFPA, 2019, p. 71-99.

SOARES, D. A. S. Diversidade na unidade: uma proposta de interpretação das Amazônias. Resenha de *Amazônia, Amazônias,* de Carlos Walter Porto Gonçalves. GEOgraphia, v. 17, n. 34, p. 279-283, 2015.

SOMBRA, D. *et al.* A reterritorialização pesqueira no estado do Pará: reprodução contraditória das relações capitalistas. *Revista de Geografia,* Recife, v. 35, n. 8, p. 243-267, 2018.

SOUZA, E. *et al.* Múltiplos usos de manguezais e conflitos socioambientais no município de Marapanim, Zona Costeira do Pará - Amazônia - Brasil. In: CANTO, O. *et al.* (Org.). *Zonas costeira e estuarina amazônicas: várzea de maré, uso de recursos, ambientes, territórios, conflitos socioambientais e cartografias participativas.* Belém: NUMA/UFPA, 2024, p. 35-64.

SOUZA, N. S.; SILVA, T. P. Rio Juruena: constituição do território de um povo. *Terra Livre*, [*s.l.*], v. 2, n. 33, p. 97-114, 2009.

SOUZA, V. L.; ANDRADE, L. N. P. S.; ANDRADE, B. C. Dinâmica do uso/ocupação e cobertura da terra no entorno do Rio Teles Pires nos municípios de Colíder e Itaúba - Mato-Grosso. *Revista Equador*, v. 7, n. 1, p. 205-223, 2018.

TAVARES, G. S. *et al. Análise da produção e comercialização de açaí no estado do Pará, Brasil.* Sinergias de mudança da agricultura amazônica: conflitos e oportunidades. Brasília: Embrapa, 2022, p. 444-463.

VASCONCELLOS, M. C. *et al.* Emprego e acidentes de trabalho na indústria frigorífica em áreas de expansão do agronegócio, Mato Grosso, Brasil. *Saúde e Sociedade*, v. 18, n. 4, p. 662-672, 2009.

VIEIRA, J. L. M.; MEDEIROS, E. M. Avaliação ambiental e agropecuária de comunidade rural localizada no Distrito Agropecuário da SUFRAMA, Brasil, Amazonas, Manaus. *Revista Delos: Desarrollo Local Sostenible*, v. 11, n. 33, p. 1-9, 2018.

VIEIRA JR., J. E. S. *Análise das implicações da redução da atividade pecuária e do aumento da atividade graneleira no estado do Tocantins.* Dissertação (Mestrado em Engenharia de Produção e Sistemas), Universidade do Vale do Rio dos Sinos, São Leopoldo (RS), 2016.

WATRIN, O. S. *et al.* Dinâmica do uso e cobertura da terra em Projeto de Desenvolvimento Sustentável na região da rodovia Transamazônica, Pará. *Sociedade & Natureza*, v. 32, p. 92-107, 2020.

ZARO, M. (org). *Desperdício de alimentos: velhos hábitos, novos desafios.* Caxias do Sul: Educs, 2018. E-Book. Disponível em: https://www.ucs.br/site/midia/arquivos/e-bookdesperdicio-de-alimentos-velhos-habitos.pdf. Acesso em: 24 out. 2022.

Paulo Barreto

Engenheiro florestal pela Universidade Federal Rural da Amazônia (UFRA), em Belém (PA), e mestre em Ciências Florestais pela Universidade de Yale (EUA). Pesquisador associado do Instituto do Homem e Meio Ambiente da Amazônia (Imazon). Dedica-se a estudar os fatores que influenciam o desmatamento e o uso da terra na Amazônia brasileira, bem como a eficácia das políticas para estimular a conservação florestal. Até abril de 2024, suas 131 publicações foram consultadas cerca de 64 mil vezes na plataforma ResearchGate e citadas 7.736 vezes segundo o Google Acadêmico. Além disso, ele apresenta suas pesquisas para um amplo público em eventos como audiências públicas no Congresso Nacional e seminários científicos, da sociedade civil e do setor privado.

Arthur Rocha

Engenheiro cartógrafo e agrimensor pela Universidade Federal Rural da Amazônia (UFRA). Detém conhecimento em sensoriamento remoto, geoprocessamento e administração de bancos de dados geográficos. Como analista no Imazon, conduziu o mapeamento de plantas frigoríficas na Amazônia Legal e a análise de mudanças no uso e na cobertura do solo em regiões sob influência dessas plantas.

CAPÍTULO 4

O DESMATAMENTO AMEAÇA A SEGURANÇA ALIMENTAR

O desafio de produzir comida sem derrubar a floresta

A terra que acolheu Mani precisa ser respeitada, pois só um solo protegido poderá continuar a gerar vida e sustento para os filhos da floresta.

O desmatamento representa um paradoxo ambiental significativo para a expansão agropecuária, pois contribui para o agravamento das mudanças climáticas, o que, por sua vez, prejudica a produtividade agrícola e florestal de longo prazo.

A agropecuária é responsável por mais de 80% do desmatamento global. Liderada por *commodities* como carne bovina, soja e óleo de palma, tamanha devastação leva à perda de ecossistemas florestais vitais e biodiversidade. No Brasil, a formação de pastos para pecuária bovina é a atividade que em 2023 ocupava a maior parte das áreas nas quais o desmatamento é acentuado: 88,5% da área em uso agropecuário na Amazônia e 54,5% no Cerrado, de acordo com dados do MapBiomas (MapBiomas Brasil, 2024). Em 2021, em decorrência das altas taxas de desflorestamento e de emissão de gases de efeito estufa (GEE) pela digestão do gado, a pecuária foi responsável por 51% das emissões do país, 3,2 e 14,5 vezes maiores do que as resultantes da geração de energia e de processos industriais, respectivamente[1]. Em 2021, 95% do desmatamento na Amazônia foi ilegal (Valdiones *et al.*, 2021).

Globalmente, a conversão de florestas em terras agrícolas é motivada principalmente pelo aumento da população e pela mudança nas preferências alimentares, que, somadas, requerem um aumento projetado de 50% na produção de alimentos

1 As estimativas de emissões de gases de efeito estufa da pecuária bovina e de outros setores estão disponíveis em https://seeg.eco.br/.

até 2050, em comparação com os níveis de 2013. Entretanto, no Brasil, políticas de ocupação da Amazônia incentivaram o desmatamento prematuro e especulativo — ou seja, muito além da demanda por produtos agropecuários e florestais. Algumas delas, como a legalização de ocupações ilegais de terras públicas e crédito subsidiado, ainda persistem e continuam a estimular mais desmatamento especulativo (Barreto; Brito, 2023). Essas políticas expansionistas induzem ciclos extrativistas de uso da terra: desmatamento, uso degradante do solo, queda de produtividade e ocupação de novas fronteiras (Barreto *et al.*, 2025). Como consequência desse modelo, em 2023, havia cerca de 105 milhões de hectares de pastos com algum nível de degradação — o equivalente a 64% dos pastos do país, segundo dados do MapBiomas (MapBiomas Brasil, 2024).

Essa dinâmica cria um ciclo de retroalimentação. O desmatamento exacerba as mudanças climáticas ao liberar dióxido de carbono armazenado nas árvores e no solo, intensificando, assim, o aquecimento global e alterando os padrões climáticos. À medida que a crise climática se aprofunda, ela representa riscos adicionais para os sistemas agrícolas e florestais, levando à redução da produtividade, degradação do solo e aumento da competição por terras entre as culturas de alimentos e os biocombustíveis.

Além disso, as consequências ambientais do desmatamento — como perda de biodiversidade e secas e enchentes mais frequentes — ameaçam ainda mais a segurança alimentar e a estabilidade ecológica, principalmente para comunidades fortemente dependentes da agricultura, da extração de produtos florestais, da pesca e dos serviços da floresta como transporte fluvial e água dos rios para abastecimento doméstico.

Em 2023, o governo federal brasileiro avaliou que as mudanças climáticas ameaçam a segurança alimentar em 62% dos municípios da Amazônia Legal, a região mais afetada do Brasil, devido à falta de condições e estruturas para enfrentar a crise (AdaptaBrasil). Especialistas indicam que as políticas de combate à fome devem focar nos estados da Amazônia, considerando gênero e raça. Mato Grosso tem o maior número de municípios vulneráveis (24), seguido por Tocantins (15) e

Maranhão (10). Jean Ometto, do Instituto Nacional de Pesquisas Espaciais (Inpe), destaca a baixa capacidade adaptativa da região, indicando a necessidade urgente de políticas públicas direcionadas para mitigar esses impactos (Pereira, 2023).

Governos, sociedade civil e empresas vêm adotando medidas contra o desmatamento, com graus diferentes de sucesso, tanto temporal quanto geograficamente. Por exemplo, o Plano de Ação para Prevenção e Controle do Desmatamento na Amazônia Legal (PPCDAm) conseguiu reduzir 80% do desflorestamento na região entre 2004 e 2012 (Gandour, 2021). Entre 2012 e 2022, diante do enfraquecimento do plano por pressão dos setores ruralistas, a devastação florestal aumentou. Desde 2023, um novo governo no Brasil reforçou a aplicação do programa e promete zerar o desmatamento ilegal até 2030, mas há obstáculos significativos para uma redução sustentável (Barreto *et al.*, 2025).

A complexidade das cadeias de suprimentos globais adiciona outra camada a essa questão, já que muitos produtos agropecuários são adquiridos sem transparência, dificultando a cobrança por práticas sustentáveis. Embora algumas empresas tenham se comprometido a reduzir o desmatamento em suas cadeias de suprimentos, o cumprimento dessa meta continua sendo um grande desafio devido à natureza opaca desses sistemas (O mundo que queremos e Imazon, 2025). Portanto, são urgentes respostas políticas integradas que promovam práticas agrícolas sustentáveis, aumentem a participação da comunidade e levem em conta os impactos ambientais da produção agropecuária.

Em resumo, o paradoxo do desmatamento para a produção agropecuária envolve questões críticas sobre a viabilidade da produção agropecuária de longo prazo e exige uma reavaliação de práticas que colocam ganhos econômicos imediatos acima da sustentabilidade ecológica. Abordar essa questão requer compromissos críveis e de longo prazo, especialmente de governos e empresas, de modo a equilibrar as demandas de produção de alimentos com o imperativo da conservação ambiental e da mitigação de extremos climáticos e da adaptação às mudanças já em curso.

Desmatamento para produção agropecuária e para ocupação territorial

O desmatamento está intrinsecamente ligado à produção agropecuária, com determinadas culturas e atividades se destacando por seu impacto direto e indireto sobre os ecossistemas florestais. A pecuária bovina é a principal responsável pela perda florestal, especialmente na Amazônia, onde 90% das áreas desmatadas para uso agropecuário são convertidas em pastagens, segundo dados do MapBiomas (MapBiomas Brasil, 2024). Além disso, a produção de soja, majoritariamente destinada à alimentação animal, está diretamente relacionada ao desmatamento no Cerrado e indiretamente ligada ao avanço da pecuária sobre áreas florestais na Amazônia (Arima *et al.*, 2011; Gibbs *et al.*, 2015; Richards, Walker e Arima, 2014).

A ocupação de agricultura em pastagens antigas e subsequente deslocamento da pecuária para novas fronteiras é evidente nas Figuras 1 e 2. Entre 2000 e 2023, a agricultura ocupou 31 milhões de hectares de pastos antigos, especialmente no centro-sul do país, enquanto os fazendeiros formaram quase 60 milhões de hectares de pastos novos, principalmente na Amazônia.

No caso dos biocombustíveis, culturas como cana-de-açúcar, milho e dendê têm papel significativo. Apesar de serem vistos como alternativa sustentável, os biocombustíveis muitas vezes agravam o desmatamento. No Brasil, o financiamento desse setor, como os R$ 3,9 bilhões em créditos aprovados pelo Banco Nacional de Desenvolvimento Econômico e Social (BNDES) em 2024 (Vieceli, 2024), contrasta com seus efeitos ambientais. A expansão da cana-de-açúcar no centro-sul do Brasil ocupa pastagens degradadas, deslocando a pecuária para regiões como o Cerrado e a Amazônia (Moreira, 2023; Marin; Fujii, 2021; Moreira, 2023). Nos Estados Unidos, por exemplo, o uso de milho para biocombustíveis acirra a competição por terras, pressionando ainda mais as fronteiras agrícolas (Searchinger *et al.*, 2008).

Figura 1. Mudanças nas áreas de pastagens no Brasil entre 2000 e 2023.

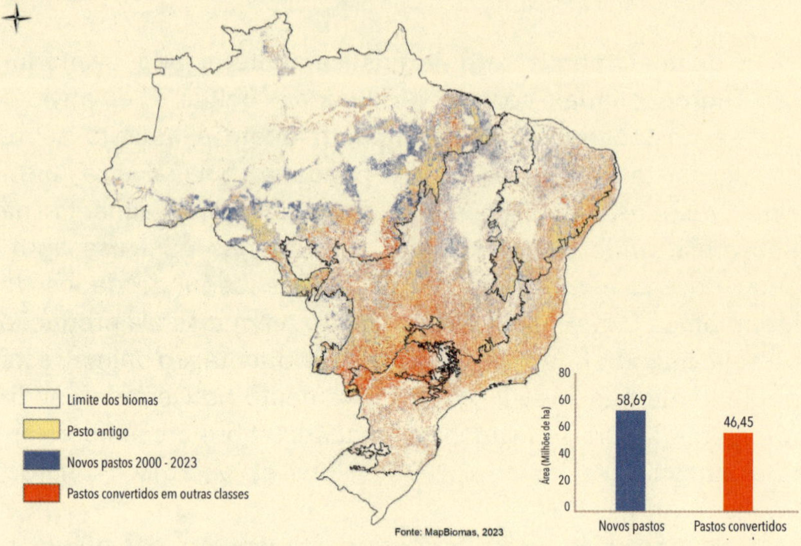

Fonte dos dados analisados pelos autores: (Mapbiomas Brasil, 2023). Publicado originalmente em Barreto *et al.* (2025).

Os responsáveis pelo desmatamento podem ser categorizados de acordo com seu modelo de produção. A agropecuária industrial, em larga escala, é a principal força por trás da conversão de florestas em pastagens e monoculturas. Enquanto isso, a agricultura familiar também contribui, representando 31% do rebanho bovino brasileiro e 27% das vendas de gado (IBGE, 2017a; b).

Além da produção agropecuária, o desmatamento especulativo no Brasil tem sido incentivado por políticas de ocupação da Amazônia. Algumas delas, como a legalização de ocupações ilegais de terras públicas e crédito subsidiado, ainda persistem e continuam a estimular mais desmatamento especulativo (Barreto; Brito, 2023). Essas políticas expansionistas induzem ciclos extrativistas de uso da terra — desmatamento, uso degradante do solo, queda de produtividade e ocupação de novas fronteiras (Barreto *et al.*, 2025). Em consequência desse modelo, em 2023, havia cerca de 105 milhões de hectares de pastos com algum nível de degradação — o equivalente a 64% dos pastos do país, segundo dados do MapBiomas (MapBiomas Brasil, 2024). A extensa área de pastos degradados indica que é possível aumentar a produção sem novos desmatamentos. Mas será necessário combinar políticas de incentivo e de restrição que permitam o aproveitamento desse potencial como discutiremos no final do capítulo.

Figura 2. Área de pastos convertidos para outras classes de cobertura do solo entre 2000 e 2023, por bioma brasileiro

A. Milhões de hectares

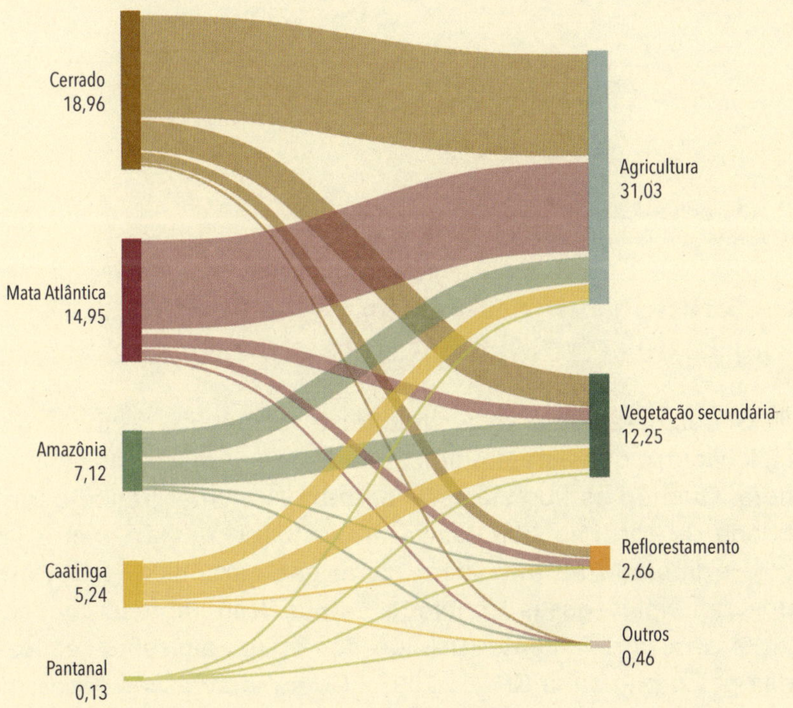

B. Percentual

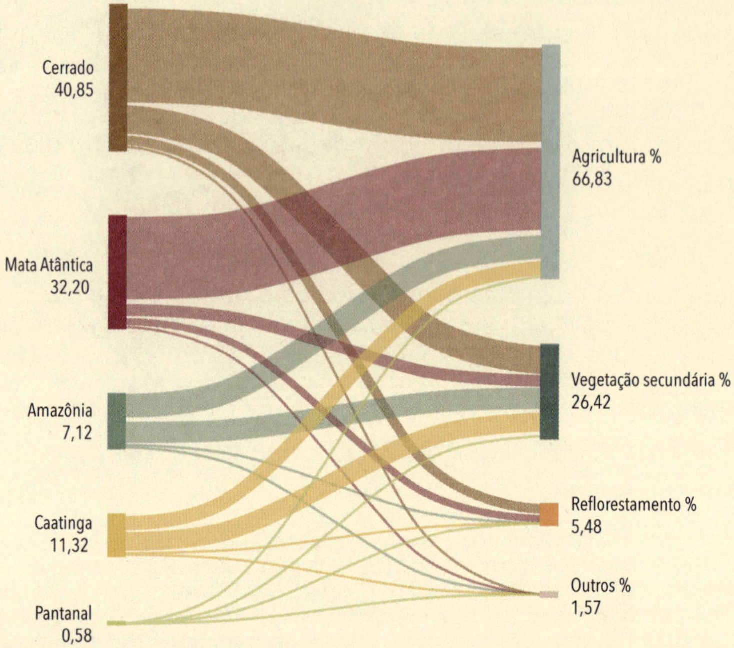

Fonte dos dados analisados pelos autores: (Mapbiomas Brasil, 2023).
Publicado originalmente em Barreto *et al.* (2025).

Desmatamento e mudanças climáticas: ciclos de retroalimentação e impactos

O desmatamento e as mudanças climáticas formam um ciclo vicioso que está prejudicando cada vez mais o nosso planeta. Quando as florestas são derrubadas, uma grande quantidade de carbono que estava armazenado nas árvores e no solo é liberado na atmosfera como gás carbônico (CO_2), um dos principais gases do efeito estufa. Isso representou em 2019 aproximadamente 11% de todas as emissões causadas pelos humanos (IPCC, 2023). Com mais desses gases na atmosfera, o planeta esquenta mais, provocando eventos extremos como furacões, incêndios florestais e secas intensas, que por sua vez destroem ainda mais áreas de floresta (Barrie; Braathen, 2024; Nepstad, 2007).

As árvores funcionam como um gigantesco "ar-condicionado" natural. Por meio da evapotranspiração (um processo parecido com o suor humano), elas ajudam a regular a temperatura (Ellison *et al.*, 2017). Quando são derrubadas, essa função é perdida, e as áreas desmatadas podem ficar até 4°C mais quentes do que as regiões preservadas, como acontece na Amazônia (Ellison *et al.*, 2017; Nasi, 2025). Esse aquecimento local piora as ondas de calor e desregula todo o sistema climático, afetando não só os animais e plantas, mas também a qualidade de vida das pessoas.

Outro problema grave é que as florestas são essenciais para a formação de chuvas. A umidade que elas liberam se transforma em nuvens e precipitação, mantendo os rios e reservatórios cheios. Na Amazônia, cerca de 70% das chuvas dependem desse processo. Com menos árvores, chove muito menos — em algumas regiões, a redução pode chegar a 30%. O resultado são secas mais longas, prejuízos para a agricultura e falta de água em várias partes do Brasil.

Nos últimos anos, temos visto os efeitos disso na prática. Entre 2019 e 2023, choveu significativamente menos no Brasil do que nos 36 anos anteriores. Estudos mostram que pastagens na Amazônia estão se degradando mais rápido justamente nas áreas com menos disponibilidade de água (Barreto *et al.*, 2025). Os agricultores estão tendo que lidar com custos mais altos para manter sua produção, seja instalando sistemas de irrigação ou comprando ração extra para o gado. Porém, muitos produtores, especialmente em Rondônia, ainda não estão preparados para essas mudanças (Skidmore, 2023).

Sem as florestas, o solo também perde sua capacidade de absorver água. As árvores funcionam como esponjas, segurando a água da chuva e liberando-a aos poucos. Quando são removidas, aumenta o risco de enchentes nas épocas de chuva e de falta d'água nas secas. Áreas desmatadas têm 50% mais chances de sofrer com alagamentos. Além disso, a erosão do solo pode ser até 15 vezes pior em regiões sem cobertura florestal (Morgan, 2005), o que reduz drasticamente a produtividade agrícola, especialmente nas áreas tropicais (Panagos *et al.*, 2017).

O pior é que os efeitos não ficam restritos às áreas desmatadas. A destruição da Amazônia está reduzindo as chuvas em regiões distantes como Centro-Oeste e Sudeste, prejudicando a agricultura e o abastecimento de água em grandes cidades. Com menos florestas, o clima fica cada vez mais imprevisível, com secas mais longas e tempestades mais violentas. Em áreas que dependem exclusivamente das chuvas para plantar, a segurança alimentar está em risco (Trabucco *et al.*, 2019).

Figura 3. Anomalia de precipitação no Brasil comparando a média de 2019 e 2023 com a média de 1982 e 2018 e o vigor de pastagens em 2023.

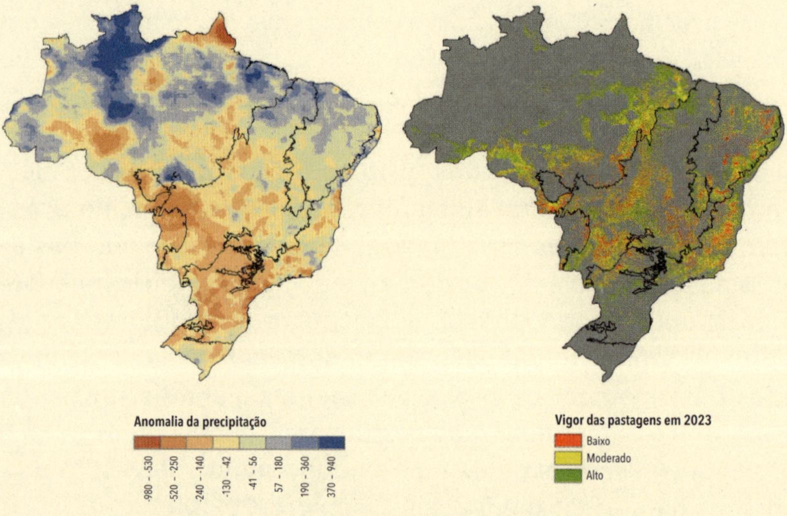

Fonte de dados: Cálculos de anomalias de precipitação com dados a Universidade da Califórnia (University of California, [s.d.]). Vigor de pastagens (MapBiomas Brasil, 2023). Publicado originalmente em Barreto *et al.* (2025).

Impactos das mudanças climáticas na segurança alimentar no Brasil

As mudanças climáticas estão transformando radicalmente os padrões climáticos no Brasil, com consequências diretas na produção de alimentos e no acesso da população a uma alimentação adequada. Fenômenos como secas prolongadas, inundações catastróficas e alterações nos regimes de chuva têm afetado severamente todas as regiões do país, comprometendo a produção agrícola, os sistemas de distribuição e a subsistência de comunidades vulneráveis.

Um dos impactos mais graves ocorre na produção agrícola. O Brasil, sendo um dos maiores produtores mundiais de *commodities* como soja e milho, depende fundamentalmente do regime de chuvas regulado pelos biomas Amazônia e Cerrado. No entanto, o aumento das temperaturas e a redução das precipitações já prejudicam cultivos mesmo em áreas com irrigação. Estudos mostram que cerca de 30% das terras agrícolas nessas regiões enfrentam condições mais secas e quentes, com projeções alarmantes: esse percentual pode atingir 51% até 2030 e 74% até 2060 (Rattis *et al.*, 2021).

Um exemplo recente ocorreu no Rio Grande do Sul, responsável por 70% da produção nacional de arroz e 40% do trigo, onde secas intensas em 2023 e 2024 seguidas de inundações devastadoras reduziram a produtividade em até 37% em algumas áreas. Nacionalmente, a produção agrícola encolheu 18%, agravando a insegurança alimentar e elevando os preços dos alimentos (BCB, Relatório de Inflação, 2024).

Na Amazônia, os efeitos das mudanças climáticas têm sido particularmente severos. Em 2023, uma seca histórica, impulsionada pelo fenômeno El Niño e pelo aquecimento dos oceanos, causou uma redução drástica nos níveis dos rios e lagos da região. Imagens de satélite revelaram a perda de 3,3 milhões de hectares de superfície de água em comparação com 2022, com impactos mais graves nos estados do Amazonas (59,4%) e Pará (25,5%). Rios como Solimões e Negro atingiram níveis críticos, afetando a biodiversidade aquática e mais de 1,14 milhão de hectares de áreas protegidas (Souza *et al.*, 2024).

Essa crise ambiental teve repercussões diretas na vida das populações locais (Tabela 1): o transporte fluvial, essencial para o escoamento de produtos como castanha-do-pará e açaí, foi severamente comprometido. Em Oriximiná (PA), por exemplo, comunidades registraram queda acentuada no volume comercializado devido à baixa navegabilidade dos rios. A produção de castanhas em 2024 foi significativamente menor que no ano anterior, impactando a economia local e aumentando a vulnerabilidade alimentar dessas populações (Imaflora, 2024). Além disso, muitos pequenos agricultores relataram perdas entre 60% e 80% em culturas básicas como mandioca e milho, aumentando sua dependência de cestas básicas distribuídas por organizações não governamentais (Imaflora, 2024; Defesa Civil do AM, 2023).

Os impactos indiretos das mudanças climáticas também atingem outros setores cruciais para a segurança alimentar. A redução na disponibilidade de água afetou significativamente a geração de energia hidrelétrica. Em 2021, as secas forçaram o uso intensivo de usinas termelétricas, elevando as tarifas de energia em 49,6%. Esse aumento foi repassado para toda a cadeia produtiva agrícola, encarecendo os alimentos e reduzindo o acesso para consumidores de baixa renda (BCB, Relatório de Inflação, 2022). Uma análise recente do Climate Policy Initiative (CPI/PUC-Rio) mostrou que o desmatamento já causa perdas de 2,5% a 10% na geração de energia hidrelétrica em bacias como a do rio Teles Pires, com impactos significativos nas receitas das usinas (Pinto *et al.*, 2024)

As consequências sociais são profundas, especialmente para populações vulneráveis. Comunidades ribeirinhas e indígenas, que dependem diretamente dos recursos naturais, enfrentam a desestabilização de suas economias tradicionais e o aumento da desnutrição. Em Rondônia, por exemplo, a queda de 37% na produtividade agrícola reduziu a diversidade alimentar e afetou diretamente 770 mil pessoas no Amazonas (Cemaden, 2024). As mulheres, frequentemente responsáveis pela gestão dos alimentos nas famílias, enfrentam desafios ainda maiores durante crises climáticas, assumindo a liderança na busca por soluções emergenciais, mas permanecendo sub-representadas nos processos de tomada de decisão (Imaflora, 2024).

Tabela 1. Exemplos de eventos climáticos extremos em 2023 e 2024 e seus impactos na Amazônia

Data	Local do impacto	Extremo climático	Prejuízos para a população	Fonte
2023	Lago Tefé (AM)	Aquecimento das águas	Morte de 209 botos e tucuxis devido à alta temperatura (40,9 °C); redução de peixes na alimentação	Instituto Mamirauá, 2024
Setembro 2023	Manacapuru, AM	Seca severa	Níveis baixos recordes do Rio Amazonas prejudicaram a navegação, isolando comunidades e dificultando o transporte de bens essenciais como alimentos e água.	Reuters, 2024
Setembro de 2023	Acre	Enchente e seca severa	Destruição de plantações (banana, macaxeira, milho); dificuldade de acesso a água potável; isolamento de comunidades ribeirinhas	Ferreira, 2024; Rodrigues, 2023
2023-2024	Lago Tefé (AM)	Seca severa	Redução da pesca e morte de peixes devido ao aumento da temperatura da água; impacto na segurança alimentar de 770 mil pessoas	Cemaden, Defesa Civil do AM
2024	Altamira (PA)	Seca severa	Perda de produção de cacau; dificuldade de transporte pelo Rio Xingu, afetando a economia local	STTR, Projeto Rural Sustentável (PRS)
Novembro de 2024	Abaetetuba (PA)	Seca severa	Queda na produção de açaí; aumento de custos de transporte e vulnerabilidade a queimadas	(IABS, 2024)
Julho-outubro 2024	Cacoal (RO)	Seca e incêndios florestais	Redução drástica na produção de café indígena; perda de 70% das lavouras em comunidades indígenas do Povo Paiter Suruí	PRS - Amazônia, 2024

Em síntese, as mudanças climáticas já representam uma ameaça concreta à segurança alimentar no Brasil, com efeitos que vão desde a redução da produção agrícola até o aumento dos preços dos alimentos e a vulnerabilidade de populações inteiras. Sem políticas eficazes de adaptação e mitigação, incluindo a proteção de biomas críticos como a Amazônia e o Cerrado, esses impactos tendem a se intensificar, comprometendo não apenas a economia, mas o direito básico à alimentação de milhões de brasileiros.

As políticas para frear o desmatamento

Os avanços das políticas entre 2005 e 2012

Entre 2005 e 2012, a taxa de desmatamento no bioma Amazônia caiu cerca de 83% (de 27,8 mil km2 para 4,6 mil km2) de acordo com dados do Prodes (INPE 2024). Vários estudos atribuíram essa queda a políticas públicas e privadas (Arima *et al.*, 2014; Assunção *et al.*, 2023; Gandour, 2021; Garrett *et al.*, 2018; Soares-Filho *et al.*, 2023).

O governo federal implementou o Plano de Ação para a Prevenção e Controle do Desmatamento na Amazônia Legal — PPCDAm, incluindo medidas-chave como:

- Monitoramento mais preciso e frequente do desmatamento e foco da fiscalização em municípios críticos (com maiores taxas de desmatamento) (Arima *et al.*, 2014; Gandour, 2021).
- Aplicação de penas contra os infratores como multas, publicação de lista de infratores e potencial penalização de quem comprasse dessas áreas, confisco de bens (como gado) e destruição de equipamentos como tratores (Gandour, 2021; Ipea *et al.*, 2011).
- Criação de Unidades de Conservação e reconhecimento de Terras Indígenas, especialmente aquelas em zonas que estavam sendo alvo de ocupação ilegal. A criação de áreas protegidas da Amazônia contribuiu para reduzir o desmatamento em 21% entre 2008 e 2020 (Soares-Filho *et al.*, 2023). O desmatamento foi de 9% a 39% menor nas unidades de

conservação com apoio do Programa Áreas Protegidas da Amazônia (Arpa) (Soares-Filho *et al.*, 2023), indicando a relevância de financiamento e meios para a implementação efetiva das Unidades de Conservação. Criado em 2002, o Programa Arpa nasceu para apoiar a consolidação de um total de 60 milhões de hectares de unidades de conservação na Amazônia.

- Condicionamento do crédito rural ao cumprimento de regras ambientais como o registro das fazendas no Cadastro Ambiental Rural (CAR). A partir de 2008, o Conselho Monetário Nacional (CMN) ordenou que todos os bancos concedessem crédito rural apenas aos proprietários de terras em conformidade com as regras ambientais. A redução do crédito rural — especialmente para os médios e grandes proprietários de terras — foi associada a uma queda de 60% do desmatamento de 2009 a 2011 em comparação com o que teria sido na ausência de restrições de crédito (Assunção; Gandour *et al.*, 2020).
- O programa Bolsa Verde pagou famílias muito pobres para realizarem atividades sustentáveis e manterem a cobertura florestal em suas comunidades. Os pesquisadores descobriram que o programa reduz o desmatamento em 22% nas áreas alvo, comparado ao de áreas semelhantes que não participaram do programa. Os benefícios do programa em termos de redução de emissões de carbono foram cerca de quatro vezes maiores do que os custos do programa. Os efeitos variados do programa em diferentes tipos de propriedades sugerem que ele oferece proteção contra a pressão do desmatamento de grupos que dele não participam. Dados sobre multas e alarmes de satélite indicam que a fiscalização e os relatórios feitos pelos beneficiários ajudam a reduzir o desmatamento ilegal. O Programa Bolsa Verde, criado em 2011, pagava R$ 300,00 trimestrais a cerca de 100 mil famílias em extrema pobreza, principalmente na Amazônia, para apoiar a conservação ambiental. Porém, foi desativado em 2016 devido à falta de orçamento (Brasil [s.d.]-b).

Inovações do PPCDAm permitiram outras iniciativas. Em 2008, o Ministério Público Federal e o Ibama usaram a lista de embargo de áreas desmatadas ilegalmente para fiscalizar frigoríficos. Para paralisar os processos judiciais, vários frigoríficos que compraram de áreas irregulares assinaram termos de ajustamento de conduta (TAC) compromentendo-se a não comprar gado de áreas com desmatamento após aquela data. O TAC da pecuária ajudou a reduzir parcialmente o desmatamento, mas não atingiu todo seu efeito potencial por várias falhas, como a falta de divulgação de dados das fazendas que vendem bezerros e novilhos para as fazendas de engorda que vendem gado para os frigoríficos (Alix-Garcia; Gibbs, 2017; P. Barreto *et al.*, 2023; Gibbs *et al.*, 2015; Levy *et al.*, 2023; Moffette *et al.*, 2021; Pereira *et al.*, 2020; Skidmore *et al.*, 2021).

A partir de 2006, campanhas ambientais levaram empresas a boicotar soja oriunda de novos desmatamentos na Amazônia, o que ficou conhecido como moratória da soja. Essa medida reduziu o desmatamento para o plantio de soja, o qual cresceu em pastos degradados (Gibbs *et al.*, 2015). Entretanto, houve um deslocamento de parte da pecuária das regiões ocupadas por soja para novas fronteiras de floresta (Arima *et al.*, 2011).

Os retrocessos e as lacunas

Entre 2012 e 2022 políticos enfraqueceram a proteção florestal e o desmatamento aumentou. Em 2012, o Congresso e o Poder Executivo anistiaram fazendeiros que haviam desmatado ilegalmente dezenas de milhões de hectares. Esse perdão resultou em um desmatamento adicional de cerca de 1 milhão de hectares entre 2012 e 2017 (Sant'Anna; Costa, 2021). Entre 2018 e 2022 o governo federal afrouxou a fiscalização, criou barreiras para o julgamento administrativo dos casos e prometeu abrir terras indígenas para a agropecuária comercial e regularização de novas ocupações. Nesse período, a taxa média de desmatamento aumentou 60% em comparação aos quatro anos anteriores (Barreto; Brito, 2023; Observatório do Clima, 2021, 2022).

Além disso, as terras públicas na Amazônia continuam vulneráveis à ocupação ilegal e ao desmatamento. Em 2021, havia aproximadamente 143 milhões de hectares de terras públicas não destinadas (Brito *et al.*, 2021) com milhões de hectares passíveis de regularização por ocupantes ilegais (Brito *et al.*, 2019). Algumas leis estaduais, ao não estabelecerem data limite para ocupação, incentivam novas ocupações (Brito; Gomes 2022). Projetos de regularização fundiária de ocupações ilegais em 19,6 milhões de hectares resultariam em subsídios não contabilizados estimados entre R$ 62 bilhões e R$ 8,5 bilhões em valores de 2018 (Brito *et al.* 2019)[2]. A expectativa de lucro com a grilagem de terras públicas é facilitada pela escassez de ações para retomada dessas propriedades ocupadas ilegalmente[3] e pela demora e inconsistência de decisões judiciais sobre o assunto (Barreto; Brito, 2023). Assim, a continuidade da regularização de terras invadidas e a lentidão ou inércia para retomada dessas terras perpetuam incentivos perversos ao desmatamento especulativo, desestimulando o uso produtivo das áreas desmatadas (Barreto *et al.*, 2025; Barreto; Brito, 2023).

O mercado e o financiamento de produtores rurais e da indústria da carne, ainda associados ao desmatamento, permanecem amplos (Barreto *et al.*, 2025; Greenpeace, 2024; Souza, P. *et al.*, 2024). Embora as regras estabeleçam que tomadores de crédito rural cumpram regras ambientais, o crédito pode estimular o desmatamento, direta ou indiretamente. Um exemplo de efeito indireto ocorre quando uma fazenda de engorda sem desmatamento que usa crédito rural compra bezerros de fazendas de cria com desmatamento ilegal. A falta de transparência dos dados sobre as fazendas e o transporte de gado entre elas

2 O subsídio foi estimado como a diferença entre o preço de venda estipulado pelo governo e o valor de mercado das terras. Essa estimativa foi conservadora; pois desconsidera os lucros que os ocupantes ilegais ganham com a exploração ilegal de madeira e o aproveitamento agropecuário das áreas desmatadas. Portanto, os incentivos à grilagem são ainda maiores.

3 Dois exemplos raros de desintrusão de terras públicas ocorreram por causa de decisões judiciais: as terras indígenas Apiterewa no Pará e Yanomami em Rondônia (Barroso, 2023; Supremo Tribunal Federal, 2024a; b).

dificulta a fiscalização pública e privada de fazendas ilegais (O mundo que queremos; Imazon, 2025). Além disso, existem instrumentos de crédito privado, com um estoque de cerca de R$ 1 trilhão em 2024, que são subsidiados sem estarem condicionados a quesitos de desempenho ambiental e de produtividade (Barreto *et al.*, 2025). Por exemplo, uma análise recente revelou que o crédito privado esteve associado ao desmatamento em Rondônia. Esse vínculo se deu pela falta de critérios ambientais robustos para a concessão de financiamento, o que permitiu que recursos fossem direcionados para atividades que promovem a expansão de áreas desmatadas (Bronoski, 2025).

A fragilidade das políticas públicas pode continuar se depender exclusivamente dos políticos eleitos, pois os ciclos eleitorais têm prejudicado a continuidade de regras e sua aplicação — por exemplo, em anos eleitorais a fiscalização é reduzida (Morpurgo *et al.*, 2021; Observatório do Clima, 2022; Pailler, 2018; Rodrigues-Filho *et al.*, 2015; Sant'Anna; Costa, 2021). Isso indica a necessidade de ações sustentadas ao longo do tempo por agentes menos sujeitos a esses ciclos — sejam do setor privado ou de órgãos supervisores independentes como o judiciário, os tribunais de conta e os ministérios públicos.

Políticas públicas e privadas de larga escala para combater o desmatamento

Desde 2023, o novo governo federal retomou parte das ações do PPCDAm, especialmente o aumento da fiscalização. Essas mudanças entre 2023 e 2024 foram seguidas de uma queda da taxa média de desmatamento (7.676 quilômetros quadrados) de 33% em comparação ao governo anterior (11.403 quilômetros quadrados entre 2019-22), segundo dados do INPE (INPE, 2025). Apesar dos avanços, em 2024 a taxa foi de 6,1 mil quilômetros quadrados (INPE, 2024). Esse patamar está muito acima da meta de zerar o desmatamento ilegal até 2030, condição que reflete o fato de que resta tratar de lacunas críticas das políticas públicas. A seguir discutimos potenciais políticas públicas e privadas para reduzir o desmatamento.

POLÍTICAS PÚBLICAS

1. **Destinar terras públicas de acordo com a Constituição e para fins compatíveis com usos mais sustentáveis.** Para evitar o desmatamento especulativo e ilegal de terras públicas o poder executivo deveria:

- destinar terras públicas para usos compatíveis com a conservação florestal e direitos constitucionais prioritários, como os de povos indígenas;
- extinguir a doação e a venda de terras públicas abaixo do preço de mercado;
- retomar a posse de terras ocupadas ilegalmente e proibir a titulação de imóveis com desmatamento recente (Brito *et al.*, 2020);
- conceder terras públicas já desmatadas para a restauração florestal, a fim de gerar renda e reduzir risco climático. Iniciativas recentes do governo federal (Brasil, 2024) e do governo do Pará (Governo do Pará, 2025; Nascimento, 2024) são relevantes e podem oferecer lições para a expansão dessa abordagem.

Além das ações executivas, a intervenção judicial é crucial, dado que alguns formuladores de políticas executivas e legislativas têm atrasado ou violado a aplicação da Constituição. Por exemplo, o Supremo Tribunal Federal (STF) poderia:

- assegurar a aplicação da lei, aceitando o caso iniciado pelo Ministério Público em 2017 (ADI 5771 — Ação Direta de Inconstitucionalidade) contra um novo plano de regularização de terras ilegais (Barreto; Brito 2023);
- obrigar as autoridades estaduais a estabelecer datas limite para ocupações de terras elegíveis para regularização (Barreto; Brito 2023).

2. **Reforçar e expandir o controle ambiental do crédito privado para o setor rural.** Apesar dos avanços na restrição do crédito rural para produtores irregulares, falta regulação ou clareza da regulação quanto à obrigatoriedade de controle

ambiental de outras modalidades de crédito subsidiado para o setor rural (Greenpeace, 2024), que somavam R$ 1,1 trilhão em 2024 (Barreto *et al.*, 2025). É necessário expandir os controles ambientais para esses instrumentos e aumentar a transparência sobre sua aplicação para facilitar o monitoramento de seus impactos em produtividade e ambientais.

3. **Tornar acessíveis os dados de origem de gado.** Tornar acessíveis os dados sobre a origem do gado (Guia de Trânsito Animal) e das fazendas (Cadastro Ambiental Rural) é crucial para mitigar o risco de desmatamento e fomentar investimentos sustentáveis no setor agropecuário. Isso facilitaria o rastreamento da origem do gado por frigoríficos e outras partes interessadas, o que estimularia a conformidade com práticas sustentáveis (Barreto *et al.*, 2023). Essa medida representaria um avanço significativo até a implementação de sistemas de rastreamento individual do gado, prometidos pelo governo federal até 2032. A maior transparência não só atenderia às demandas das empresas do setor, que enfrentam desafios devido à falta de dados públicos (Coalizão Brasil Clima Florestas e Agricultura, 2024; Mesa Brasileira da Pecuária Sustentável e Coalizão Brasil Clima Florestas e Agropecuária, 2024; Prizibisczki, 2023) como também promoveria um ambiente de negócios mais responsável e atraente para investidores.

A recente decisão do Supremo Tribunal Federal (STF) representou um avanço importante na transparência e controle da origem do gado no Brasil (Mendonça, 2025). O STF determinou que os dados das Guias de Trânsito Animal (GTA) devem ser disponibilizados para os órgãos de fiscalização ambiental. Além disso, o governo federal deve apresentar, em 60 dias, um plano para tornar esses dados acessíveis.

Enquanto esta medida fortalece o rastreamento e a fiscalização, há uma necessidade crítica de expandir o acesso aos dados das GTAs para incluir o setor privado. O programa de rastreamento individual de gado, anunciado pelo governo em dezembro de 2024, é considerado inadequado, pois não está vinculado à legalidade ambiental e prevê a conclusão do rastreamento apenas em 2032 (Prizibisczki, 2024). A inclusão do setor privado no acesso aos dados é essencial para garantir uma fiscalização eficaz e combater práticas ilegais de desmatamento, promovendo a sustentabilidade e a conservação ambiental na região.

MEDIDAS PRIVADAS E MULTILATERAIS

1. **Regulamento europeu contra importação de produtos associados ao desmatamento.** O Regulamento de Desmatamento da União Europeia, que entrou em vigor em 29 de junho de 2023, visa minimizar a contribuição da UE para o desmatamento global e a degradação florestal, garantindo que *commodities* como carne bovina, soja, óleo de palma, cacau, café, borracha e madeira sejam livres de desmatamento. O regulamento exige que operadores e comerciantes realizem a devida diligência para rastrear essas *commodities* até sua origem, garantindo que não tenham sido produzidas em terras desmatadas após 31 de dezembro de 2020. Os prazos de implementação estão fixados para 30 de dezembro de 2025, para grandes e médias e pequenas empresas, e 30 de junho de 2026 para micro e pequenas empresas. Espera-se que esse regulamento reduza significativamente as emissões de gases com efeito de estufa e a perda de biodiversidade associadas ao consumo da UE. As autoridades dos Estados-Membros europeus e os operadores de mercado adotarão deveres simplificados de diligência devida (a verificação prévia de requisitos de governança e riscos) para os países de baixo risco e um controle reforçado para os países de alto risco.
   Segundo a Chain Reaction Research, a Regulação de Desmatamento da UE impactará significativamente os frigoríficos brasileiros JBS, Marfrig e Minerva, com possíveis multas e reduções nos lucros operacionais devido à ligação das suas cadeias de suprimentos com o desmatamento. Estimativas de 2022 apontaram a queda no EBITDA (Lucros antes de Juros, Impostos, Depreciação e Amortização) de

1,8% para a JBS, 2,7% para a Marfrig e 5,3% para a Minerva, e as multas podem atingir até 4% das vendas para a UE (Chain Reaction Research 2022).

Entretanto, a Chain Reaction Research estimou que os riscos financeiros do desmatamento podem ser mitigados com investimentos na devida verificação. Pequenos aumentos de preço cobririam esses custos sem afetar os lucros dos acionistas. A análise da Chain Reaction Research indica que a grande escala das indústrias automotiva e de calçados, em comparação com o valor do couro brasileiro, apoia essa visão (Chain Reaction Research 2022).

2. **Compromisso voluntário da Federação Brasileira de Bancos (FEBRABAN).** Em 2023 a Febraban anunciou que os "bancos participantes da Autorregulação irão solicitar aos seus clientes frigoríficos, na Amazônia Legal e no Maranhão, a implementação de um sistema de rastreabilidade e monitoramento que permita demonstrar, até dezembro de 2025, a não aquisição de gado associado ao desmatamento ilegal de fornecedores diretos e indiretos" (FEBRABAN, 2023). Segundo a FEBRABAN (FEBRABAN, 2023), a data "está alinhada com compromissos assumidos por alguns dos grandes frigoríficos para o monitoramento de seus fornecedores e com compromissos públicos dos bancos".

3. **Declaração Chinesa de Carne Sustentável.** Em 2017, a Associação de Carne da China (CMA) e o World Wildlife Fund (WWF) publicaram uma declaração para conter o desmatamento ligado à demanda por carne bovina. Em 2021, a CMA especificou as regras da declaração que pede aos importadores de carne bovina que evitem o fornecimento de áreas de alto risco de desmatamento, como Amazônia e Cerrado, e enfatiza a necessidade de transparência e rastreabilidade nas cadeias de suprimentos, incluindo fornecedores diretos e indiretos. Embora a CMA não tenha sido fixada uma data limite para a aplicação das regras, espera-se que seja necessária a rastreabilidade total do gado dentro de poucos anos (Vilarino, 2024).

Referências bibliográficas

ALIX-GARCIA, J.; GIBBS, H. K. Forest conservation effects of Brazil's zero deforestation cattle agreements undermined by leakage. *Global Environmental Change*, [s.l.], v. 47, p. 201-217, 1 nov. 2017.

ARIMA, E. Y. *et al.* Public policies can reduce tropical deforestation: lessons and challenges from Brazil. *Land Use Policy*, [*s.l.*], v. 41, p. 465-473, nov. 2014.

ARIMA, E. Y. *et al.* Statistical confirmation of indirect land use change in the Brazilian Amazon. *Environmental Research Letters*, [*s.l.*], v. 6, n. 2, 11 mai. 2011.

ASSUNÇÃO, J.; GANDOUR, C.; ROCHA, R. DETER-ing Deforestation in the Amazon: Environmental Monitoring and Law Enforcement. *American Economic Journal: Applied Economics*, [*s.l.*], v. 15, n. 2, p. 125-56, 2023.

BARRETO, P. *et al. A cadeia de produção de carne continua contribuindo para o desmatamento na Amazônia.* Belém: Instituto do Homem e Meio Ambiente da Amazônia (Imazon), 2023.

____. *Lições da expansão da pecuária bovina no Brasil (2000-2023) para uma produção sustentável e eficiente.* [*s.l.*]: Amazônia 2030, 2025. Disponível em: https://amazonia2030.org.br/licoes-da-expansao-da-pecuaria-bovina-no-brasil-2000-2023-para-uma-producao-sustentavel-e-eficiente/. Acesso em: 26 mar. 2025.

BARRETO, P. G.; BRITO, B. Land governance: getting the incentives right. In: SØNDERGAARD, N.; SÁ, C. D. de; BARROS-PLATIAU, A. F. (eds.). Sustainability challenges of brazilian agriculture: governance, inclusion, and innovation. Cham: Springer International Publishing, 2023, p. 339-365.

BARRIE, L.; BRAATHEN, G. WMO Air Quality and Climate Bulletin. WMO Air Quality and Climate Bulletin, [s.l.], v. 4, set. 2024.

BARROSO, L. R. Arguição de descumprimento de preceito fundamental 709. Distrito Federal, 9 nov. 2023. Disponível em: https://www.stf.jus.br/arquivo/cms/noticiaNoticiaStf/anexo/ADPF709novembro2023.pdf. Acesso em: 26 mar. 2025

BRASIL. Serviço Florestal Brasileiro. SFB e BNDES firmam contrato para estruturar novos projetos de concessão florestal: a meta é promover o manejo florestal sustentável em 1,4 milhão de ha e restaurar 334 mil ha de florestas públicas degradadas, com investimentos superiores a R$ 6 bi. [S.l.]: Serviço Florestal Brasileiro, 1 nov. 2024. Disponível em: https://www.gov.br/florestal/pt-br/assuntos/noticias/2024/novembro/sfb-e-bndes-firmam-contrato-para-estruturar-novos-projetos-de-concessao-florestal. Acesso em: 30 jan. 2025.

BRASIL. Ministério do Meio Ambiente e Mudança do Clima. Plano de prevenção e controle do desmatamento na Amazônia Legal (PPCDAm): 3ª Fase (2012-2015). Pelo uso sustentável e conservação da floresta. Brasília: 2013. Disponível em: https://www.gov.br/mma/pt-br/assuntos/controle-ao-desmatamento-queimadas-e-ordenamento-ambiental-territorial/controle-do-desmatamento-1/amazonia-ppcdam-1/ppcdam_3afase.pdf. Acesso em: 25 ago. 2025.

____. Ministério do Meio Ambiente e Mudança do Clima. PPCDAm. Brasília: Ministério do Meio Ambiente e Mudança do Clima, 23 set. 2016. Disponível em: https://www.gov.br/mma/pt-br/composicao/secd/redd/assuntos/acompanhamento-e-a-analise-de-impacto-das-politicas-publicas/ppcdam . Acesso em: 25 ago. 2025.

____. Ministério do Meio Ambiente e Mudança do Clima. Programa de Apoio à Conservação Ambiental - Programa Bolsa Verde. Brasília: Ministério do Meio

Ambiente e Mudança do Clima, [2023?]. Disponível em: https://www.gov.br/mma/pt-br/composicao/snpct/dpct/bolsa-verde. Acesso em: 11 jan. 2025.

BRITO, B. *et al.* Dez fatos essenciais sobre regularização fundiária na Amazônia. Belém: Instituto do Homem e Meio Ambiente da Amazônia, 2021. Disponível em: https://imazon.org.br/wp-content/uploads/2021/04/10FatosRegularizacaoFundiaria.pdf. Acesso em: 2 nov. 2022.

___. Stimulus for land grabbing and deforestation in the Brazilian Amazon. Environmental Research Letters, [s.l.], v. 14, n. 6, p. 064018, 1 jun. 2019.

BRITO, B.; GOMES, P. Propostas para um ordenamento territorial na Amazônia que reduza o desmatamento. Belém: Instituto do Homem e Meio Ambiente da Amazônia, 2022. Disponível em: https://amazonia2030.org.br/wp-content/uploads/2022/06/AMZ-2030-46-1.pdf. Acesso em: 2 nov. 2022.

BRONOSKI, B. Segundo maior frigorífico brasileiro lucra na Bolsa com lavagem de gado, desmatamento ilegal e pressão sobre terra indígena. O joio e o trigo. [S.l.], 12 jan. 2025. Disponível em: https://ojoioeotrigo.com.br/2025/01/segundo-maior-frigorifico-brasileiro-lucra-na-bolsa-com-lavagem-de-gado-desmatamento-ilegal-e-pressao-sobre-terra-indigena/. Acesso em: 27 jan. 2025.

CHAIN REACTION RESEARCH. JBS, Marfrig, and Minerva Unlikely Compliant with Upcoming EU Deforestation Law. 2022. Disponível em: https://chainreactionresearch.com/report/jbs-marfrig-and-minerva-unlikely-compliant-with-upcoming-eu-deforestation-law/. Acesso em: 12 jan. 2025.

COALIZÃO BRASIL CLIMA FLORESTAS E AGRICULTURA. Advocacy atua em agendas de rastreabilidade e silvicultura. Coalizão Brasil Clima, Florestas e Agricultura, fev. 2024. Disponível em: https://coalizaobr.com.br/advocacy-atua-em-agendas-de-rastreabilidade-e-silvicultura/. Acesso em: 29 jul. 2024.

ELLISON, D. *et al.* Trees, forests and water: cool insights for a hot world. Global Environmental Change, [s.l.], v. 43, p. 51–61, 1 mar. 2017.

FERREIRA, E. Sete mil produtores sofrem com enchente; banana e macaxeira são os mais afetados. Juruá comunicação. Cruzeiro do Sul, 27 fev. 2024. Disponível em: https://juruacomunicacao.com.br/sete-mil-produtores-sofrem-com-enchente-banana-e-macaxeira-sao-os-mais-afetados/. Acesso em: 31 mar. 2025.

GANDOUR, C. Políticas públicas para proteção da floresta amazônica: o que funciona e como melhorar. Belém: Amazônia 2030, 2021. Disponível em: https://amazonia2030.org.br/politicas-publicas-para-protecao-da-floresta-amazonica-o-que-funciona-e-como-melhorar/. Acesso em: 21 ago. 2025.

GARRETT, R. D. *et al.* Intensification in agriculture-forest frontiers: land use responses to development and conservation policies in Brazil. Global Environmental Change, [s.l.], v. 53, p. 233-243, 1 nov. 2018.

GIBBS, HOLLY K *et al.* Did Ranchers and Slaughterhouses Respond to Zero-Deforestation Agreements in the Brazilian Amazon? Conservation Letters, v. 9, p. 32-42, abr. 2015.

GIBBS, H K *et al.* Environment and development. Brazil's Soy Moratorium. Science, New York, v. 347, n. 6220, p. 377-378, 23 jan. 2015.

GOVERNO DO PARÁ. Secretaria de Meio Ambiente, Clima e Sustentabilidade. Estado avança em projeto de concessão para restauração florestal e avalia parceria com o BID. Pará: SEMAS, 29 jan. 2025. Disponível em: https://www.semas.pa.gov.br/2025/01/29/42185/. Acesso em: 30 jan. 2025.

GREENPEACE. Bancando a Extinção Bancos e investidores como sócios no desmatamento. São Paulo: Greenpeace, 2024. Disponível em: https://www.greenpeace.org/static/planet4-brasil-stateless/2024/07/c69cc5b8-bancando-a-extincao-greenpeace-digital-v22_singlepage.pdf. Acesso em: 28 jul. 2024.

IABS. Seca na Amazônia: produtores(as) do Pará temem que produção seja insuficiente para garantir a renda. Brasília: IABS, 5 nov. 2024. Disponível em: https://iabs.org.br/seca-na-amazonia-produtoresas-do-para-temem-que-producao-seja-insuficiente-para-garantir-a-renda/. Acesso em: 31 mar. 2025.

IBGE. Tabela 6911: número de estabelecimentos agropecuários com bovinos, efetivos e venda, por tipologia, grupos de área de pastagem e grupos de área total. Disponível em: https://sidra.ibge.gov.br/tabela/6911. Acesso em: 23 mar. 2025a.

___. Tabela 6910: número de estabelecimentos agropecuários com bovinos, efetivos e venda, por tipologia, condição do produtor em relação às terras, grupos de cabeças de bovinos e grupos de atividade econômica, 2017b. Disponível em: https://sidra.ibge.gov.br/tabela/6910#resultado. Acesso em: 23 mar. 2025.

IMAFLORA. Crise hídrica na Amazônia afeta cadeia de produtos agroextrativistas no Pará. [s.l.], 23 abr. 2024. Disponível em: https://imaflora.org/noticias/crise-hidrica-na-amazonia-afeta-cadeia-de-produtos-agroextrativistas-no-para. Acesso em: 31 mar. 2025.

INPE. TerraBrasilis. Disponível em: https://terrabrasilis.dpi.inpe.br/app/dashboard/deforestation/biomes/legal_amazon/rates. Acesso em: 5 dez. 2024.

INPE. TerraBrasilisProdes (Desmatamento), 2025. Disponível em: https://terrabrasilis.dpi.inpe.br/app/dashboard/deforestation/biomes/legal_amazon/rates. Acesso em: 26 mar. 2025.

INSTITUTO MAMIRAUÁ. Alerta de estiagem severa e aquecimento da água no médio Solimões - ano 2024 - Instituto Mamirauá. Instituto Mamirauá, 3 set. 2024. Disponível em: https://mamiraua.org.br/noticias/alerta-estiagem. Acesso em: 31 mar. 2025.

IPCC. Mudança do clima 2023: relatório síntese. Geneva: Painel Intergovernamental sobre Mudança do Clima, 2023. Disponível em: https://www.ipcc.ch/report/ar6/syr/downloads/report/IPCC_AR6_SYR_LongerReport_PO.pdf. Acesso em: 30 mar. 2025.

IPEA; GIZ; CEPAL. Avaliação do Plano de Ação para Prevenção e Controle do Desmatamento na Amazônia Legal: PPCDAm 2007 - 2010. Brasília: IPEA; GIZ; CEPAL, 2011. Disponível em: https://repositorio.ipea.gov.br/bitstreams/f7af1cb4-615e-4d6b-a3f8-307f51f1803e/download Acesso em: 25 ago. 2025.

LEVY, S. A. *et al.* Deforestation in the Brazilian Amazon could be halved by scaling up the implementation of zero-deforestation cattle commitments. Global Environmental Change, v. 80, p. 102671, 1 maio 2023.

MAPBIOMAS BRASIL. Projeto MapBiomas: Coleção 8 da Série Anual de Mapas de Cobertura e Uso da Terra do Brasil. Disponível em: https://plataforma.brasil.mapbiomas.org/. Acesso em: 14 jan. 2024.

___. Projeto Mapbiomas: Coleção 9 da Série Anual de Mapas de Uso e Cobertura da Terra do Brasil, 2024. Disponível em: https://doi.org/10.58053/MapBiomas/XXUKA8. Acesso em: 23 mar. 2025.

MARIN, G. de L.; FUJII, R. J. Potencial produção sustentável biocombustíveis no Brasil: 2030. Disponível em: https://wwfbr.awsassets.panda.org/downloads/potencial_de_producao_sustentavel_de_biocombustiveis.pdf. Acesso em: 17 dez. 2024.

MENDONÇA, A. Arguição de descumprimento de preceito fundamental 760, 27 jan. 2025. Disponível em: https://portal.stf.jus.br/processos/downloadPeca.asp?id=15373378822&ext=.pdf. Acesso em: 28 jan. 2025.

MESA BRASILEIRA DA PECUÁRIA SUSTENTÁVEL; COALIZÃO BRASIL CLIMA FLORESTAS E AGROPECUÁRIA. Proposta de política nacional de rastreabilidade individual obrigatória. Disponível em: https://coalizaobr.com.br/wp-content/uploads/2024/04/240319_Proposta-de-Politica-Publica-de-Rastreabilidade.pdf. Acesso em: 29 jul. 2024.

MOFFETTE, F.; SKIDMORE, M.; GIBBS, H. K. Environmental policies that shape productivity: Evidence from cattle ranching in the Amazon. Journal of Environmental Economics and Management, [s.l.], v. 109, p. 102490, 1 set. 2021.

MOREIRA, A. Boom do etanol de milho no Brasil pode representar menos áreas de produção de alimentos e mais desmatamento no Cerrado. O joio e o trigo. [S.l.], 24 jul. 2023. Disponível em: https://ojoioeotrigo.com.br/2023/07/etanol-milho-boom/. Acesso em: 17 dez. 2024.

MORPURGO, J. *et al.* The role of elections as drivers of tropical deforestation. bioRxiv, [s.l.], p. 2021.05.04.442551, 4 mai. 2021.

NASCIMENTO, I. Pará lança modelo inédito de concessão para restauração florestal remunerada com créditos de carbono. Agência Pará. Belém, 15 nov. 2024. Disponível em: https://agenciapara.com.br/noticia/61410/para-lanca-modelo-inedito-de-concessao-para-restauracao-florestal-remunerada-com-creditos-de-carbono. Acesso em: 30 jan. 2025.

NASI, R. Cool forests: nature's air conditioning system. Forests news. [S.l.], 17 mar. 2025. Disponível em: https://forestsnews.cifor.org/91559/cool-forests-natures-air-conditioning-system?fnl=. Acesso em: 31 mar. 2025.

NEPSTAD, D. The Amazon's vicious cycles: drought and fire in the Greenhouse. Suíça: WWW F International, 2007. Disponível em: https://wwfeu.awsassets.panda.org/downloads/amazonas_eng_04_12b_web.pdf. Acesso em: 31 mar. 2025.

OBSERVATÓRIO DO CLIMA. Em 2 anos, só 1,7% das multas passa por "conciliação" imposta por Salles. Observatório do Clima. [S.l.], 4 mai. 2021. Disponível em: https://www.oc.eco.br/em-2-anos-so-17-das-multas-passam-por-conciliacao-imposta-por-salles/. Acesso em: 31 jul. 2023.

___. Bolsonaro encerra governo com alta de 60% no desmate na Amazônia. Observatório do Clima. [S.l.], 30 nov. 2022. Disponível em: https://www.oc.eco.br/bolsonaro-encerra-governo-com-alta-de-60-no-desmate-na-amazonia/. Acesso em: 27 jan. 2025.

O MUNDO QUE QUEREMOS; IMAZON. Resultados frigoríficos 2024. Radar verde: Belém/São Paulo: 2025. Disponível em: https://imazon.org.br/wp-content/uploads/2025/02/Relatorio-Radar-Verde-Final-22.01-1_compressed-1.pdf. Acesso em: 29 jan. 2025.

PAILLER, S. Re-election incentives and deforestation cycles in the Brazilian Amazon. Journal of Environmental Economics and Management, [s.l.], v. 88, p. 345–365, 1 mar. 2018.

PEREIRA, J. Mudanças climáticas põem em risco segurança alimentar da população em 62% dos municípios da Amazônia Legal e região é a mais afetada do país. [Brasília]: AdaptaBrasil MCTI, 15 mar. 2023. Disponível em: https://adaptabrasil.mcti.gov.br/noticia/mudancas-climaticas-poem-em-risco-seguranca-alimentar-da-populacao-em-62-dos-municipios-da. Acesso em: 23 mar. 2025.

PEREIRA, R. *et al.* Extensive production practices and incomplete implementation hinder Brazil's zero-deforestation cattle agreements in Pará. Tropical Conservation Science, [s.l.], v. 13, p. 1-13, 2020.

PINTO, G. R. S. *et al.* (Des)matando as hidrelétricas: a ameaça do desmatamento na Amazônia para a energia do Brasil. Rio de Janeiro: Climate Policy Initiative, 2024. Disponível em: https://www.climatepolicyinitiative.org/wp-content/uploads/2024/10/PB-Desmatando-as-Hidreletricas.pdf. Acesso em: 9 nov. 2024.

PRIZIBISCZKI, C. Com pressão ambiental, Brasil começa a tirar do papel rastreabilidade individual de bovinos. ((o))eco. [S.l.], 5 mai. 2023. Disponível em: https://oeco.org.br/reportagens/com-pressao-ambiental-brasil-comeca-a-tirar-do-papel-rastreabilidade-individual-de-bovinos/. Acesso em: 2 ago. 2023.

___. Governo lança plano de rastreio individual na pecuária, com foco apenas sanitário. ((o))eco. [S.l.], 17 dez. 2023. Disponível em: https://oeco.org.br/reportagens/governo-lanca-plano-de-rastreio-individual-na-pecuaria-com-foco-apenas-sanitario/. Acesso em: 26 jan. 2025.

PRS - AMAZÔNIA. Seca na Amazônia: produtores(as) de Rondônia enfrentam crise hídrica e focos de incêndios intensificados pelas mudanças climáticas. PRS - Amzônia. Amazônia, 5 nov. 2024. Disponível em: https://prsamazonia.org.br/seca-na-amazonia-produtoresas-de-rondonia-enfrentam-crise-hidrica-e-focos-de-incendios-intensificados-pelas-mudancas-climaticas/. Acesso em: 31 mar. 2025.

RATTIS, L. *et al.* Climatic limit for agriculture in Brazil. Nature Climate Change, [s.l.], v. 11, n. 12, p. 1098-1104, 11 nov. 2021.

REUTERS. Brazil's Amazon drought disrupts residents' lives. Reuters. [S.l.], 15 set. 2024. Disponível em: https://www.reuters.com/world/americas/brazils-amazon-drought-disrupts-residents-lives-2024-09-15/. Acesso em: 31 mar. 2025.

RICHARDS, P. D.; WALKER, R. T.; ARIMA, E. Y. Spatially complex land change: The Indirect effect of Brazil's agricultural sector on land use in Amazonia. Glob Environ Change, [s.l.], n. 29, p. 1-9, 1 nov. 2014.

RODRIGUES, A. Sobe para 56 mil o número de moradores atingidos pela enchente do Rio Acre, aponta Defesa Civil. O Globo. Rio Branco, 1 abr. 2023. Disponível em: https://g1.globo.com/ac/acre/noticia/2023/04/01/sobe-para-56-mil-o-numero-de-moradores-atingidos-pela-enchente-do-rio-acre-aponta-defesa-civil.ghtml. Acesso em: 31 mar. 2025.

RODRIGUES-FILHO, S. *et al.* Election-driven weakening of deforestation control in the Brazilian Amazon. Land Use Policy, [s.l.], v. 43, p. 111-118, 1 fev. 2015.

SANT'ANNA, A. A.; COSTA, L. Environmental regulation and bail outs under weak state capacity: Deforestation in the Brazilian Amazon. Ecological Economics, [s.l.], v. 186, p. 107071, 1 ago. 2021.

SEARCHINGER, T. *et al.* Use of U.S. croplands for biofuels increases greenhouse gases through emissions from land-use change. Science, Washingto, v. 319, n. 5867, p. 1238-1240, 29 fev. 2008.

SKIDMORE, M. E. *et al.* Cattle ranchers and deforestation in the Brazilian Amazon: Production, location, and policies. Global Environmental Change, [s.l.], v. 68, 1 mai. 2021.

___. Outsourcing the dry season: Cattle ranchers' responses to weather shocks in the Brazilian Amazon. American Journal of Agricultural Economics, [s.l.], v. 105, n. 2, p. 409-433, 1 mar. 2023.

SOARES-FILHO, B. S. *et al.* Contribution of the Amazon protected areas program to forest conservation. Biological Conservation, [s.l.], v. 279, p. 109928, 1 mar. 2023.

SOUZA, C. M. *et al.* Amazon severe drought in 2023 triggered surface water loss. Environmental Research: Climate, [s.l.], v. 3, n. 4, p. 041002, 3 out. 2024.

SOUZA, P. *et al.* CAR a CAR: as instituições financeiras e o crédito para propriedades com desmatamento. Rio de Janeiro: Climate Policy Initiative, 2024. Disponível em: https://www.climatepolicyinitiative.org/wp-content/uploads/2024/12/CAR-a-CAR-As-Instituicoes-Financeiras-e-o-Credito-para-Propriedades-com-Desmatamento.pdf. Acesso em: 27 mar. 2025.

SUPREMO TRIBUNAL FEDERAL. Terra Indígena Apyterewa: em ação conjunta, STF, CNJ e Presidência da República confirmam desintrusão de reserva no Pará. Supremo Tribunal Federal. Brasília, 9 fev. 2024. Disponível em: https://portal.stf.jus.br/noticias/verNoticiaDetalhe.asp?idConteudo=526657&ori=1. Acesso em: 28 jul. 2024a.

___. STF inspeciona desintrusão da Terra Indígena Trincheira-Bacajá (PA). Supremo Tribunal Federal. Brasília, 14 fev. 2024. Disponível em: https://noticias.stf.jus.br/postsnoticias/stf-inspeciona-desintrusao-da-terra-indigena-trincheira-bacaja-pa/. Acesso em: 29 jan. 2025b.

UNIVERSITY OF CALIFORNIA. CHIRPS: Rainfall Estimates from Rain Gauge and Satellite Observations. Disponível em: https://www.chc.ucsb.edu/data/chirps. Acesso em: 9 jan. 2025.

VALDIONES, A. P. *et al.* Desmatamento ilegal na Amazônia e no Matopiba: falta transparência e acesso à informação. Mato Grosso: ICV, 2021. Disponível em: https://www.icv.org.br/wp-content/uploads/2021/05/icv-relatorio-f.pdf. Acesso em: 26 mar. 2025.

Andrêa J. F. Ferreira

Pesquisadora da Associação de Pesquisa Iyaleta - Pesquisa, Ciências e Humanidades, onde lidera a linha pesquisa "Segregação, Moradia e Sistemas Alimentares". Doutora em Saúde Pública pelo Instituto de Saúde Coletiva com ênfase em Epidemiologia, mestra em Nutrição, Alimentos e Saúde e nutricionista pela Escola de Nutrição pela Universidade Federal da Bahia (UFBA). Pesquisadora associada no Cidacs/Fiocruz-Bahia. Pós-doc na The Ubuntu Center on Racism, Global Movements & Population Health Equity na Drexel University Dornsife School of Public Health (EUA, 2022-2024).

CAPÍTULO 5

SISTEMAS ALIMENTARES DA ESCASSEZ

A persistência da fome no contexto das mudanças climáticas

Mani brotou como dádiva da terra, para alimentar com generosidade. Reaproximar saberes e territórios é passo essencial para um futuro mais justo e nutritivo.

Um dos desafios históricos da humanidade, que permanece no século 21, é a garantia do Direito Humano à Alimentação Adequada (DHAA) e da efetivação da Soberania Alimentar dos povos e comunidades, pela organização de novas formas e estruturas que garantam o direito à terra e aos corpos de água como princípio humanitário. Nesse contexto, as mudanças climáticas reposicionam a urgência de superar esse desafio, pela ampliação das desigualdades preexistentes e aprofundamento das vulnerabilidades sociais e climáticas. Longe de afetarem as populações de forma equitativa, eventos climáticos extremos adensam desigualdades e aprofundam vulnerabilidades entre grupos socialmente marginalizados — notadamente aqueles historicamente excluídos do acesso a direitos fundamentais, como a população negra, povos indígenas, quilombolas, povos e comunidades tradicionais, pessoas empobrecidas e residentes nas franjas das cidades e nas áreas rurais, e demais grupos marcados pelas avenidas de opressões interseccionais.

Entre os injustiças sociais advindas desses processos, destaca-se a fome, compreendida neste capítulo, à luz de Josué de Castro em *Geografia da fome* (1946), não como um fenômeno natural ou geograficamente determinado, mas como uma expressão biológica de causas eminentemente sociais. Para o autor, a fome é um "flagelo fabricado pelos homens contra outros homens" e, portanto, deve ser interpretada como resultado de decisões políticas, de processos históricos e da estrutura desigual dos sistemas econômicos e sociais, tanto em escala local quanto global. No contexto brasileiro, marcado por desigualdades estruturais interseccionais de raça-gênero-território-geração-classe, os efeitos das mudanças climáticas sobre os sistemas alimentares tornam ainda mais evidente o caráter socialmente construído da fome, reafirmando sua centralidade como problema político e não apenas humanitário. Assim, ampliamos a definição da fome de Josué de Castro (1946), entendendo-a como uma injustiça social, tramada sob a égide de opressões estruturais interseccionais para controle de diferentes grupos sociais, em particular de meninas, mulheres, crianças, pessoas idosas, corpos periféricos, dissidentes e demais grupos colocados às margens da sociedade, que nega suas humanidades.

No Brasil, embora as últimas décadas sejam marcadas por avanços econômicos, sociais, políticos e tecnológicos, que resultaram no aumento da produção de alimentos, inclusive para exportação agrícola, a meta de erradicação da fome no país, central nos Objetivos de Desenvolvimento Sustentável (ODS), permanece distante. Em 2022, cerca de 33 milhões de pessoas enfrentaram a fome e 125 milhões conviviam com algum grau de insegurança alimentar, ou seja, não tinham acesso regular a alimentos adequados e em quantidade e qualidade suficientes para manter sua saúde e dignidade (Rede PENSSAN, 2022). Porém, esse cenário não se encontra igualmente distribuído no país; pelo contrário, a fome é marcada por desigualdades interseccionais, com os piores indicadores concentrando-se, na atualidade, nas áreas geográficas alimentares da Amazônia, e na região Norte e Nordeste do país, mesmo cenário evidenciado pelos estudos de Castro publicados em 1946, e impactando, em particular, os lares chefiados por pessoas negras, mulheres e famílias com os menores níveis de renda (REDE PENSSAN, 2022). Assim, não se trata, em primeira instância, de escassez, mas de exclusão; não de fatalidade geográfica por ausência de condições, mas de escolhas políticas para a manutenção da fome como estratégia de controle e opressão.

A fome, no contexto brasileiro, é consequência direta de um modelo agroalimentar centrado na produção de alimentos como mercadorias, ou *commodities*, para o mercado externo, em detrimento da produção de alimentos e comida para garantir o Direito Humano à Alimentação Adequada (DHAA) e a efetivação da soberania alimentar das pessoas e de suas comunidades. Além disso, esse modelo intensivista-exploratório-expropriatório e de monocultura é responsável por uma parcela significativa das emissões de gases de efeito estufa (GEE) advindas das mudanças no uso e na ocupação da terra e das florestas, o que contribui diretamente para o agravamento das mudanças climáticas e a intensificação dos eventos climáticos extremos no país, a exemplo das longas secas e estiagens e das enchentes, que afetam, de forma desproporcional, as populações em contexto de vulnerabilidade social.

Este capítulo propõe uma reflexão crítica, inspirada nos escritos de Josué de Castro, sobre as intersecções entre fome, sistemas alimentares e mudanças climáticas no Brasil e na região Amazônica. Toma-se como eixo analítico o modo como sistemas (agro)alimentares hegemônicos, orientados pela lógica de conglomerados alimentares, contribuem para a produção e a reprodução da fome no país, e em particular na região da Amazônia, território de diversidades naturais e socioculturais, mas também de persistente ausência institucional do Estado, revelador das contradições de um modelo econômico desenvolvimentista na região que, historicamente, aprofundou desigualdades em vez de superá-las. Ao mesmo tempo, propõe-se recomendações que nos movimentem para a organização de um sistema alimentar transformativo e adaptado às mudanças climáticas e às potencialidades da biodiversidade regional da Amazônia.

Ao retomar as categorias analíticas formuladas por Josué de Castro, como as tipologias da fome endêmica e epidêmica, e a definição das áreas geográficas alimentares, este ensaio busca contribuir para a atualização do debate sobre sistemas alimentares frente às mudanças climáticas, e seus impactos na garantia da soberania alimentar dos povos e das comunidades no Brasil, evidenciado como a fome, segue sendo, sobretudo, uma injustiça social.

A hegemonia dos sistemas (agro) alimentares e a negação do Direito Humano à Alimentação Adequada e da Soberania Alimentar no Brasil

O atual sistema alimentar[1] global, fruto de transformações históricas e tecnológicas, impõe desafios cada vez mais complexos aos ecossistemas naturais, em particular no contexto das mudanças climáticas. A transição de sistemas agrícolas tradicionais para modelos produtivistas e intensivistas, iniciada no século 20, acelerou a exploração de recursos naturais, como as águas e a terra, e tem contribuído para desequilíbrios ecossistêmicos. Aliado a isso, nas últimas décadas, a expansão dos conglomerados alimentares em nível nacional e global consolidou, de forma hegemônica, os sistemas alimentares globais, pautados em cadeias longas de abastecimento e na substituição de alimentos in natura por produtos alimentares cada vez mais processados, com profundas implicações na vida da sociedade, das pessoas e das comunidades na contemporaneidade.

Aliado a isso, as empresas do setor alimentar (conglomerados alimentares) exploram o considerável potencial de crescimento de mercado dos chamados produtos ultraprocessados[2] no Brasil (IDEC, 2021). Aproveitando-se dos contextos de desigualdades sociais existentes, do acelerado processo de urbanização desigual e segregatório das cidades brasileiras, das disparidades de renda e da fragilidade das regulações referentes à publicidade de alimentos, elas impõem estratégias

1 Sistemas Alimentares são definidos como como arcabouços estruturais que abarcam todos os processos diretos e indiretos envolvidos na produção, processamento, distribuição e consumo de alimentos, sendo centrais para a efetivação da garantia do DHAA e do alcance da Soberania Alimentar das comunidades (UNICEF, 2011).

2 Produtos ultraprocessados são uma categoria de alimentos frequentemente derivados de componentes alimentares obtidos de uma variedade de *commodities* agroindustriais, como milho, soja, leite, açúcar, trigo e óleo de palma. O resultado é uma formulação alimentar de baixa qualidade nutricional (Santos e Fontão, 2022).

de marketing agressivas com o objetivo de promover o crescimento do consumo de ultraprocessados, o que resulta em sérios prejuízos à saúde, nomeadamente a elevação da prevalência de doenças cardiovasculares, sobrepeso e obesidade, esta última um importante problema de saúde pública no país (Moubarac, 2015; Santos e Fontão, 2022).

Essas transformações, baseadas na lógica de funcionamento do agronegócio, condicionou mudanças nos hábitos e na cultura alimentar da população brasileira, o que modificou sua relação com a comida e influenciou seus padrões de consumo alimentar. Hoje, esses padrões são delineados para atender os contextos da vida "moderna" e das "necessidades nutricionais" estabelecidas pela lógica do mercado no Brasil e no mundo, com a substituição das formas de produção pautadas na diversidade alimentar, na relação de cuidado com a terra e na sociobiodiversidade, base de uma cultura alimentar fundada na regionalização do alimento.

Desta forma, gradualmente, os alimentos frescos — nos quais se incluem os alimentos in natura e minimamente processados, passaram a ser gradualmente substituídos por produtos ultraprocessados (IDEC, 2021). Essas mudanças têm impactado negativamente os modos de vida e de consumo da população em diferentes sociedades, colocando desafios à garantia do Direito Humano à Alimentação adequada (DHAA)[3] e à efetivação da soberania alimentar[4] no Brasil e no mundo.

Mesmo diante da expansão tecnológica e da produção de alimentos suficiente para alimentar e nutrir toda a população mundial, o DHAA ainda é negado a 735 milhões de pessoas, ou seja 1 em cada 11 pessoas ainda passam fome no mundo

3 O DHAA assegura o acesso a alimentos em qualidade e quantidade adequadas, nutritivos, seguros e produzidos de forma justa e com respeito à terra, às águas e à natureza, sem uso de substâncias que adoecem os ecossistemas e a sociobiodiversidade, e acessível para todas as pessoas, com respeito à sua cultura alimentar (Leão, 2013).

4 A Soberania Alimentar enfatiza o direito das comunidades de definir seus próprios sistemas alimentares, em alinhamento com a sua cultura, incluindo a alimentar, e com a valorização da produção local, interconectadas com as características territoriais da região e suas adjacências na qual fazem morada (Leão, 2013).

(UNICEF, 2024). Estas vivem a fome[5] como realidade, seja por sua visibilidade, marcada pela escassez de alimentos, que tem como consequência direta a desnutrição, seja por sua invisibilidade, efetivada no não acesso à diversidade alimentar de qualidade, determinante para a prevalência do excesso de peso, que inclui tanto o sobrepeso como a obesidade. Esse cenário é revelador das dinâmicas de poder que estruturam de forma desigual os sistemas alimentares — chamados, hoje, de sistemas agroalimentares, em particular nos países do Sul Global.

No Brasil, apesar das recentes melhorias nos indicadores de Insegurança Alimentar e Nutricional (ISAN) entre os anos de 2004 e 2023, as desigualdades interseccionais seguem profundas. Dados da Pesquisa Nacional por Amostra de Domicílios (PNAD Contínua), realizada pelo IBGE, em 2023, apontam que dos 78,3 milhões de domicílios particulares permanentes no Brasil, 72,4% estavam em segurança alimentar e nutricional (SAN), avanço em relação a 2018 (63,3%), mas ainda abaixo do pico observado em 2013 (77,4%). No entanto, 27,6% (21,6 milhões) dos domicílios participantes da pesquisa viviam algum grau de ISAN, entende-se fome, sendo 18,2% (14,3 milhões) com ISAN leve, 5,3% (4,2 milhões) moderada e 4,1% (ou 3,2 milhões) grave. (Figura 1).

A Pesquisa de Orçamento Familiar (POF) de 2017-2018 registrou que 36,7% dos domicílios do país conviviam com ISAN, sendo 24% classificada como leve, 8,1% como moderada e 4,6% como ISAN grave. A proporção de domicílios com ISAN moderada ou grave foi de 9,4% em 2023, recuando 3,3% frente à POF de 2017-2018 (12,7%), mas ainda 1,6% acima da PNAD 2013 (7,8%) (Figura 1). As regiões Norte e Nordeste concentraram as maiores prevalências de ISAN grave (7,7% e 6,2%, respectivamente), com destaque para estados como Pará (20,3%)

5 Neste capítulo considera-se a fome um fenômeno político e sócio-histórico, que pode ser evidenciado nos indicadores visíveis de desnutrição e insegurança alimentar e nutricional em todos os graus, bem como pela invisibilidade, marcada pelo excesso de peso, que inclui sobrepeso e obesidade, ocasionados pelo não acesso a comida e alimentos em diversidade e qualidade nutricional.

e Sergipe (18,7%). Áreas rurais também registraram maior vulnerabilidade a ISAN (12,7%), em contraste com as urbanas (8,9%), embora os dados de 2023 indiquem o menor patamar histórico rural desde 2004.

Figura 1. Prevalência de insegurança alimentar e nutricional nos domicílios particulares permanentes, Brasil (2004 a 2023).

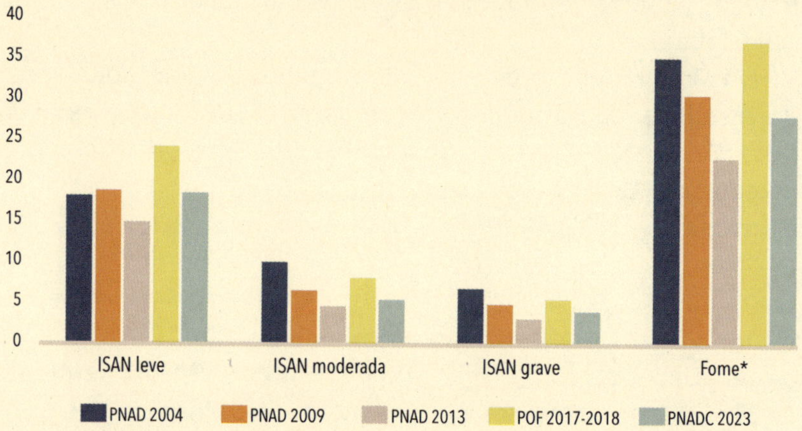

As desigualdades raciais são evidentes e se aprofundam quando combinadas com os demais marcadores sociais. Enquanto as pessoas brancas são responsáveis por 42% dos domicílios no país, elas representam apenas 29% dos lares com algum grau de ISAN (IBGE, 2023). Em contrapartida, lares chefiados por pessoas negras (56,7% dos responsáveis no total) representam 69,7% dos domicílios em ISAN, proporção que sobe para 58,1% nos casos de ISAN grave (IBGE, 2023). As intersecções entre raça-gênero-escolaridade-território acentuam essas desigualdades: mulheres negras com baixa escolaridade e residentes nas regiões Norte e Nordeste ou em áreas rurais estão desproporcionalmente mais expostas à insegurança alimentar e nutricional. Domicílios com responsáveis sem ensino superior representaram 67,4% dos casos de ISAN grave, e mais da metade destes domicílios viviam com renda per capita inferior a meio salário-mínimo.

Essa convergência dos marcadores sociais de opressão de raça-gênero-escolaridade-ocupação-território, resultado da estruturação sócio-histórica-política da sociedade brasileira, pautada no racismo-patriarcal e no colonialismo, evidencia a constância histórica da fome como um dos maiores projetos políticos de exclusão e controle pela escassez. Esse cenário epidemiológico da ISAN constitui uma expressão contemporânea da persistência da fome, em que diferentes níveis de ISAN, embora operacionalizados como indicadores de acesso alimentar, evidenciam, em essência, a sistemática violação do DHAA e a ausência da garantia da soberania alimentar para mais de um terço da população brasileira. Tal configuração compromete seriamente o cumprimento da Agenda 2030, particularmente a meta de erradicação da fome (ODS 2), e repercute negativamente no avanço de metas interdependentes, como a erradicação da pobreza (ODS 1), a promoção da saúde e bem-estar (ODS 3), a igualdade de gênero (ODS 5) e a redução das desigualdades (ODS 10).

A diversidade da escassez na área geográfica alimentar da região da Amazônia: vulnerabilidades[6] e mudanças climáticas

A Amazônia Legal brasileira, que compreende nove estados da federação, é uma região marcada por profundas desigualdades sociais, e mais recentemente pelo incremento da frequência e da intensidade de eventos climáticos extremos, o que adensa as vulnerabilidades na região. Historicamente negligenciada na efetivação de políticas públicas em seu território, a Amazônia enfrenta desafios estruturais que comprometem a soberania de sua população, em particular dos Povos Indígenas, da população Negra, das pessoas quilombolas, das comunidades ribeirinhas e pescadoras, e dos demais povos e comunidades

6 Neste capítulo, adotou-se o conceito de vulnerabilidade desenvolvida por Ricardo Ayres, considerando as três dimensões: individual, social e programática, e que está ancorada na perspectiva de Direitos Humanos (Ayres, Ricardo, 2023).

tradicionais que vivem uma realidade marcada pelo não direito à terra, às águas, à saúde e ao DHAA, reduzindo suas possibilidades de viver em diversidade e equilíbrio com a natureza.

A história da ocupação da Amazônia é marcada pela exploração de seus recursos naturais, incluindo a terra, as águas e suas florestas, bem como de seus povos e comunidades. O modelo desenvolvimentista predominante considera a região um relevante polo econômico, desconsiderando sua sociobiodiversidade, o que promove a ampliação das desigualdades raciais, étnicas, de gênero, geracionais, territoriais e sociais existentes, conforme estudo[7] publicado pela Associação de Pesquisa Iyaleta sobre as capitais da Amazônia Legal Urbana (Santana Filho, Ferreira, Goes, 2022).

Na região da Amazônia, a expansão da monocultura, em particular de soja, algodão, girassol e cana-de-açúcar, e a conversão de áreas naturais em pastagens para a criação massiva de gado, ambas impulsionadas pela demanda global por *commodities*, tem sido uma das principais causas do desmatamento. Esse modelo, portanto, produz efeitos negativos significativos sobre as sociobiodiversidades dos diferentes biomas nacionais, com impactos climáticos e sociais importantes na vida das pessoas residentes da região. No entanto, é esse sistema agroalimentar vigente no país que vem sendo sustentado por políticas governamentais de subsídios substanciais aos produtores de *commodities* na região em vez da ampliação de financiamento e capacitação para o incremento da produção advinda da agricultura familiar e dos pequenos e médios produtores locais, e da ampliação de políticas públicas de regulação fundiária que garantam direito à terra para povos e comunidades da região em vez da acumulação de terras pelos latifundiários do agronegócio (Monteiro, 2010), uma contradição que segue na contramão da efetivação da soberania alimentar, da regionalização dos alimentos e na garantia do DHAA.

Somando-se a esse cenário, as alterações dos sistemas alimentares vêm reconfigurando o consumo, a produção e a dis-

7 Pesquisa Amazônia Legal Urbana. Disponível em: http://amazonialegalurbana.com.br/.

tribuição de alimentos e comida nas cidades da Amazônia e, portanto, redimensionando os territórios alimentares, que são definidos como espaços construídos historicamente a partir das relações entre os sistemas alimentares locais, os modos de vida das populações e o uso e cuidado dos recursos naturais (terra, água, biodiversidade), que estruturam as práticas de produção, circulação, consumo e significação dos alimentos (Santos e Faustão, 2022).

Isso se traduz na realidade pela substituição, nos territórios, de pequenos estabelecimentos especializados pelo modelo uniformizado de supermercados de grandes cadeias varejistas locais, globais e de capital misto, o que modifica a área geográfica alimentar local ao criar ambientes alimentares propícios para o consumo de ultraprocessados em detrimento da disponibilidade de alimentos *in natura* e minimamente processados. Estes, por sua vez, tornam-se mais escassos e inacessíveis, particularmente nas franjas dos grandes centros urbanos, moldando os territórios alimentares. A situação se agudiza nos municípios da Amazônia, dependentes, em sua maioria, de transporte fluvial precarizado, para a distribuição de alimentos e insumos, o que coloca desafios no acesso contínuo, na acessibilidade, na quantidade e na qualidade dos alimentos disponíveis, comprometendo a segurança alimentar e nutricional e a soberania dos residentes da região. Essa configuração do sistema alimentar no país e na região, mantida por longas cadeias de abastecimento, se torna altamente dependente dos setores de transporte e infraestrutura, e consequentemente dos insumos fósseis, o que, em última análise, gera maiores emissões de GEE e comprometimento do DHAA e da soberania alimentar. Aliado a isso, este sistema contribui para o encarecimento dos preços dos alimentos in natura e minimamente processados, que exigem uma logística de acondicionamento mais rígida, enquanto os ultraprocessados têm maior "vida útil" — são transportados em grandes quantidades e sem necessidade de cadeias de frio, o que possibilita preços mais acessíveis, apesar de nenhum comprometimento com o valor nutritivo e simbólico do alimento.

Como resultado, estudos nacionais têm apontado modificações na cultura alimentar da região, marcada por uma alimentação cada vez menos diversa e com menor inclusão de alimentos regionais, o que contribui para monotonia alimentar na região. Escassos também têm sido os investimentos para ampliação do acesso a alimentos e comida de qualidade e com respeito à diversidade regional, conforme diretrizes estabelecidas nos marcos legais que regem a soberania alimentar e nutricional vigente no país[8], bem como incentivos a pequenos e médios produtores agrícolas, silvicultores, pescadores e afins.

Dados do Sistema Nacional de Segurança Alimentar e Nutricional (SISAN, 2025) evidenciam a distribuição desigual de feiras populares/livres e equipamentos públicos de abastecimento de alimentos *in natura* nos estados da Amazônia Legal. Observa-se maior prevalência de feiras livres em alguns estados, com destaque positivo para Amazonas e Acre, onde mais de 80% dos municípios contam com ao menos uma feira ativa (Tabela 1). Em contrapartida, o Amapá apresenta um quadro crítico: menos de 50% de seus municípios dispõem desse tipo de estrutura para a comercialização direta de alimentos, o que traz desafios na garantia da segurança alimentar (Tabela 1).

A situação se agrava quando se analisam os equipamentos públicos de abastecimento alimentar de maior porte, como as Centrais de Abastecimento (Ceasas). A cobertura desses equipamentos é extremamente limitada em toda a região, não alcançando um terço dos municípios em nenhum dos estados. Essa carência estrutural reflete a fragilidade do sistema alimentar regional e evidencia sua vulnerabilidade frente aos eventos climáticos extremos. Em contextos de estiagens prolongadas ou enchentes, cada vez mais frequentes e intensas, a insuficiência de uma infraestrutura robusta de abastecimento de alimentos pode agravar a fome epidêmica

8 BRASIL. Lei nº 11.346, de 15 de setembro de 2006 (Lei Orgânica de Segurança Alimentar e Nutricional - LOSAN). Cria o Sistema Nacional de Segurança Alimentar e Nutricional – SISAN com vistas em assegurar o direito humano à alimentação adequada e dá outras providências. Diário Oficial da União, Brasília, DF, 18 set. 2006.

ao interromper fluxos de distribuição e acesso aos alimentos, sobretudo em áreas mais isoladas e dependentes de sistemas precarizados de transporte e comercialização, o que impacta de forma mais aguda as pessoas já em vulnerabilidade nutricional e social , em particular crianças, mulheres, gestantes, e pessoas idosas, negras, indígenas, empobrecidas e residentes nas áreas mais remotas nos estados da região.

Tabela 1. Distribuição de feiras populares e/ou livres e equipamentos de abastecimento público de alimentos na região da Amazônia, 2025.

Municípios da Amazônia	Porcentagem (%) de feiras livres e/ou populares	Porcentagem (%) de equipamentos de abastecimento público de alimentos
Rondônia	69,2	5,8
Mato Grosso	68,8	2,1
Tocantins	64,7	25,9
Roraima	60	0,0
Pará	72,9	9,0
Maranhão	72,8	18,9
Acre	80,4	13,6
Amapá	43,8	6,3
Amazonas	82,3	9,7

Fonte: Pesquisa MUNIC, 2023 - Censo SISAN[9]

Looping sistêmico na região da Amazônia em tempos de mudanças climáticas: cenários e possibilidades

Embora em 2023 o Brasil tenha reduzido os índices de desmatamento na região amazônica em 22,3% em relação ao ano anterior, ainda estamos longe de alcançar a meta de desma-

9 Dados Munic, 2023, publicados no Censo SISAN (2025). Disponível em: https://www.gov.br/mds/pt-br/caisan/monitoramento-da-san/censo-sisan.

tamento zero até 2030 (INPE, 2024). A demarcação de terras indígenas e a titulação de terras quilombolas, bem como a criação de unidades de conservação, têm sido apontadas como caminhos para seu cumprimento. Afinal, são essas as áreas que tendem a apresentar menores índices de devastação ao criarem barreiras à expansão de campos de pastagens e de produção agroalimentar e, assim, frearem o avanço predatório do agronegócio (INPE, 2024).

As previsões climáticas indicam que eventos extremos como secas, estiagens, inundações e ondas de calor se tornarão mais frequentes e intensos, em particular se o mundo não limitar o aquecimento global a 1,5°C acima da média do início da Era Industrial, colocando em estado de vulnerabilidade social e climática parcela importante da população mundial, especialmente no Sul Global (IPCC, 2023).

Na região da Amazônia, as projeções do Painel Intergovernamental sobre Mudanças Climáticas (IPCC) e estudos recentes (Dantas *et al.*, 2025) apontam para um cenário de transformações ambientais profundas nas próximas décadas, com implicações severas para os ecossistemas, os modos de vida tradicionais e os sistemas alimentares locais com impactos negativos nos territórios alimentares. De acordo com o Sexto Relatório de Avaliação do IPCC (Assessment Report, AR6), a Amazônia deverá experimentar aumentos significativos na temperatura média anual, acompanhados de uma redução nas precipitações em várias sub-regiões, especialmente sul e leste (IPCC, 2021a). Essas mudanças tendem a prolongar a estação seca, com efeitos diretos sobre a disponibilidade hídrica, a fertilidade do solo e a produtividade agrícola, bem como sobre a mobilidade das pessoas na região, dependente do nível do rio para navegarem e acessarem serviços básicos e insumos diversos, incluindo alimentos (Dantas *et al.*, 2025).

Em termos ecológicos, um dos principais riscos apontados pelo IPCC é a possibilidade de "savanização" da floresta amazônica. Estimativas recentes sugerem que, até 2050, entre 10% e 47% da cobertura florestal amazônica poderá estar sujeita a distúrbios críticos que podem desencadear transições abruptas no ecossistema, como a perda da capacidade de regeneração e a conversão para sistemas mais secos e menos biodiversos (Staal *et al.*, 2024). Essas transições ecológicas têm potencial para acelerar o aquecimento regional e afetar negativamente os ciclos hidrológicos continentais. Além disso, espera-se uma intensificação dos eventos climáticos extremos, como secas prolongadas e enchentes. Esses eventos têm sido observados com maior frequência nas últimas décadas e estão associadas a impactos socioambientais relevantes, incluindo desestruturação da produção agrícola, dificuldades no abastecimento de água potável e agravamento da fome, mensurada via indicadores de insegurança alimentar, e da insegurança hídrica nas comunidades amazônicas (IPCC, 2022; Filho, Ferreira, Goes, 2023).

A agricultura de subsistência, assim como a familiar e a praticada por pequenos e médios produtores, responsáveis pelo fornecimento de mais de 80% dos alimentos presentes na mesa das pessoas no Brasil, dependem da estabilidade e da sazonalidade dos padrões climáticos, e, portanto, são especialmente vulneráveis aos impactos dos eventos climáticos extremos (IDEC, 2021).

Estes afetam diretamente a produtividade agrícola, pecuária, da silvicultura e da pesca, entre outras, elevando os preços dos alimentos e ampliando as desigualdades sociais, uma vez que as populações empobrecidas e menos resilientes aos impactos climáticos e sociais são as mais afetadas por esses choques, que são, também, inerentemente sociais, pois acontecem em um contexto de relações sócio-históricas e políticas vulnerabilizadoras e intensificadoras dessas desigualdades (Ayres, 2023).

Reconhecer a necessidade de transformação dos sistemas alimentares, não apenas para reduzir os impactos negativos da agropecuária na produção de GEE e na degradação ambiental, mas, acima de tudo, para pensar a efetivação do DHAA e da soberania alimentar enquanto etapas do processo de eliminação das desigualdades interseccionais associadas à fome, é caminhar rumo a uma adaptação climática que fortaleça a resiliência.

Os impactos das mudanças climáticas sobre os sistemas alimentares podem levar ao crescimento da fome e suas manifestações, incluindo a desnutrição, a obesidade e a insegurança alimentar, particularmente nas regiões mais vulnerabilizadas e marcadas pela fome endêmica[10], como é o caso da Amazônia. Segundo Josué de Castro, no livro Geografia da fome (1946), a fome endêmica na Amazônia não é resultado da escassez de alimentos, mas da escassez de justiça. Trata-se de uma fome historicamente produzida, resultado de um modelo de desenvolvimento que, ao mesmo tempo em que extrai e mercantiliza os recursos naturais, como ocorreu, por exemplo, com a indústria do látex, marginaliza as populações locais, negando-lhes o acesso à terra, às águas e a alimentação e comida adequada e diversificada. Esse processo tem gerado impactos significativos na saúde das populações amazônicas, historicamente marcadas por altas prevalências de deficiências nutricionais, e que serão adensadas neste cenário de mudanças climáticas.

Dados do pareamento entre o Sistema de Vigilância Alimentar e Nutricional (SISVAN) e o Cadastro Único (2017) em municípios brasileiros com prevalência de déficit de altura para idade (A/I), indicador nutricional revelador de privação alimentar crônica, maior que 10%, apontam que 21,57% (n=698) do total destes municípios estão localizados na região da Amazônia Legal. Isso equivale dizer que a maioria (96,7%, n=722) dos municípios da região apresenta um quadro importante de desnutrição infantil entre as crianças menores de 5 anos beneficiárias de um programa de transferência condicionada de renda, o Programa Bolsa Família. Acre (22,9%), Amapá (23,1%) e Amazonas (24,3%) são os estados com os piores indicadores de déficit nutricional na região, enquanto Rondônia (13,1%) e Mato Grosso (16,8%) apresentam as menores prevalências médias (Figura 2). Embora essas prevalên-

10 Fome endêmica é uma categoria analítica desenvolvida por Josué de Castro em seu livro Geografia da fome (1946), que visa caracterizar áreas de fome permanentes, marcadas pela manifestação de carências nutricionais, em particular as relacionadas a má nutrição pelo déficit.

cias médias sejam preocupantes entre as crianças menores de 5 anos beneficiárias do maior programa de transferência de renda do país, é plausível supor que a situação nutricional seja ainda mais crítica entre as crianças que permanecem à margem das políticas de proteção social, demarcando a importância da contínua universalização e do fortalecimento dos programas de proteção social na melhoria dos indicadores de saúde, em particular os nutricionais.

Figura 2. Prevalência média de desnutrição em crianças menores de cinco anos beneficiárias do programa Bolsa Família na região amazônica, 2017.

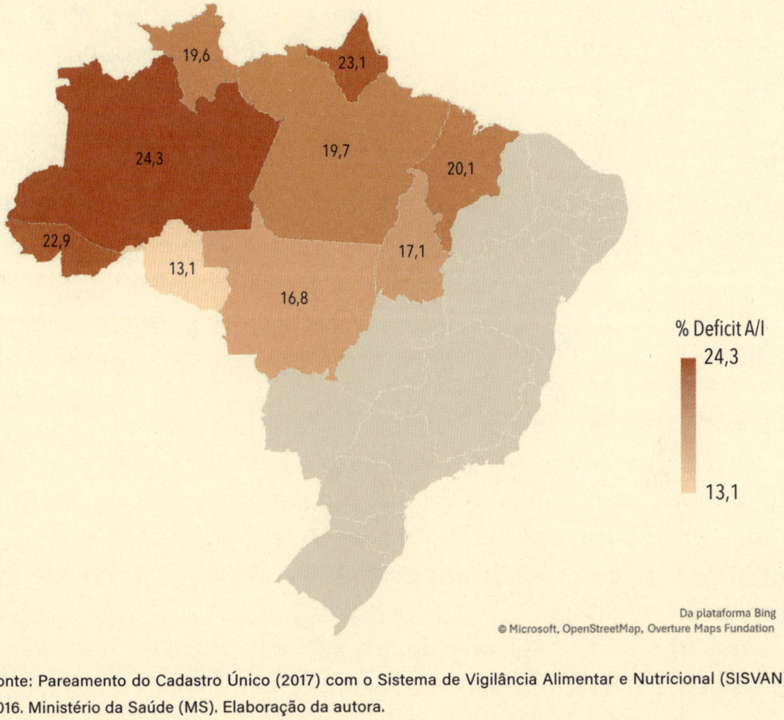

Fonte: Pareamento do Cadastro Único (2017) com o Sistema de Vigilância Alimentar e Nutricional (SISVAN) 2016. Ministério da Saúde (MS). Elaboração da autora.

Como já denunciava Castro (1946), a invisibilidade da fome é, antes de tudo, uma construção conveniente para os que governam. Hoje, essa invisibilidade assume novas formas: cadastros desatualizados nos sistemas de proteção social, programas instáveis e serviços públicos inacessíveis, o que pode indicar subnotificação da real magnitude do problema na região, que já é alarmante. Dados da Rede PENSSAN (2022) apontam que, na região Norte, 25,7% dos domicílios são afetados por algum grau de ISAN, e quando considerados os níveis moderado e grave combinados, a prevalência atinge 43,4%, evidenciando que quase metade das famílias da região enfrentam dificuldades para garantir o acesso a alimentos em quantidade e qualidade adequadas (REDE PENSSAN, 2022).

A fome se esconde nas estatísticas, mas se revela nos corpos subnutridos das crianças e nas prateleiras vazias das casas. O cenário atual reitera as observações de Josué de Castro em 1946 sobre a presença persistente da fome na Amazônia, uma região que, apesar de sua notável biodiversidade e abundância de recursos naturais, apresenta um quadro de fome endêmica há mais de meio século. Tal situação é agravada pelo avanço do agronegócio latifundiário e da mineração ilegal, atividades que contaminam solos e corpos de água, intensificam o desmatamento e promovem a invasão de terras indígenas e de territórios quilombolas. Esses processos comprometem diretamente a soberania e segurança alimentar e nutricional da população da região, que enfrenta crescentes dificuldades para acessar alimentos provenientes da agricultura e da pesca, devido tanto à escassez quanto à contaminação de recursos naturais que historicamente sustentaram seus modos de vida. Como resultado, agrava-se o quadro de desnutrição crônica, especialmente entre crianças menores de cinco anos.

Assim como já alertava Josué de Castro (1946), a fome no Brasil está enraizada não apenas nas condições materiais do solo, mas nas estruturas sociais e econômicas que regulam a posse da terra, o acesso ao alimento e a marginalização sistemática das populações empobrecidas. Essas raízes são nutridas pela lógica do racismo e pelo colonialismo que moldam as instituições brasileiras e condicionam o acesso à cidadania dos povos amazônidas, pela negação do Direito Humano à Alimentação e Nutrição Adequada e da soberania alimentar. Além disso, a invisibilização da fome como problema estrutural, muitas vezes diluída na suavização dos indicadores de (in) segurança alimentar e nutricional, representa uma forma contemporânea de controle dos corpos e narrativas dessas populações e comunidades, dificultando o reconhecimento pleno da gravidade da fome enquanto problema de saúde pública, em particular diante do contexto de mudanças climáticas.

Soma-se a isso, os padrões de segregação urbana na região amazônica, que comprometem o acesso da maior parte de seus habitantes a serviços essenciais como educação, saúde, moradia adequada, saneamento básico adequado e água potável, adensando o cenário da fome. Conforme demonstrado no Sumário Amazônia Legal Urbana (Santana Filho, Ferreira, Goes, 2022), tais desigualdades estruturais se interseccionam com os efeitos das mudanças climáticas, ampliando os impactos da exposição a eventos climáticos extremos, como secas e enchentes, cada vez mais intensos e recorrentes, ampliando as vulnerabilidades das populações e comunidades locais.

Nos últimos anos, a frequência e intensidade de eventos climáticos extremos tem aumentado na região da Amazônia, com impactos importantes a curto, médio e longo prazo, nos diversos domínios da vida da população local, em particular no que tange a garantia do DHAA e a efetivação da soberania alimentar e hídrica. No Box 1, copilamos notícias dos impactos de eventos climáticos extremos nos marcadores de insegurança alimentar e hídrica na região. Cabe registrar também a ausência de dados públicos e estudos que analisem e mensurem os efeitos destes eventos climáticos extremos na saúde da população atingida a médio e longo prazo. Esses estudos são de extrema importância para geração de evidências e tomada de decisões oportunas por parte de gestores.

Impactos dos eventos climáticos extremos na garantia do Direito Humano a Alimentação Adequada e da soberania alimentar e hídrica da população residente na Amazônia nos últimos anos

1. **Secas severas e isolamento de comunidades (2023-2024)**
   A estiagem de 2023 foi uma das mais intensas já registradas na região Amazônica. Em municípios como Lábrea (estado do Amazonas), cerca de 90% das aldeias indígenas enfrentaram insegurança alimentar e nutricional, impactos negativos na saúde e isolamento em seus territórios devido à seca. Na Terra Indígena Jarawara/Jamamadi/Kanamati, a seca atingiu dez aldeias, afetando o transporte de alimentos, a entrada de equipes de saúde e, principalmente, a pesca. Em São Gabriel da Cachoeira, também no estado do Amazonas, onde 93% da população é de origem indígena, a seca resultou na morte massiva de peixes, piora na qualidade das águas, e perdas agrícolas, colocando a população em insegurança hídrica e nutricional. Cestas básicas foram distribuídas por via aérea nas comunidades isoladas pela seca (Jornal Amazonas Atual, 2024).

2. **Inundações e deslocamentos forçados (2021-2022)**
   As enchentes históricas na região Amazônica entre 2021 e 2022 deixaram milhares de famílias desabrigadas em cidades como Marabá (estado do Pará), onde mais de 3 mil famílias foram afetadas. Essas inundações comprometeram a produção agrícola local, ocasionaram rompimento dos estoques de alimentos, e consequentemente o incremento dos preços, além de dificultar o acesso a mercados, em particular nas comunidades mais remotas

da região, comprometendo a segurança alimentar das comunidades (Jornal PSTU-PA, 2022).

3. **Incêndios florestais e perda de biodiversidade (2024)**
   Em 2024, os focos de incêndio na Amazônia aumentaram 77% em comparação com 2023, atingindo o maior número desde 2005. Esses incêndios, exacerbados por secas prolongadas, resultaram na destruição de áreas de cultivo, morte de animais e poluição do ar, afetando a saúde e a alimentação das populações e comunidades locais que dependem em grande medida da agricultura de subsistência e do consumo de animais (Jornal CNN, 2024).

Algumas considerações

O território da Amazônia apresenta grandes desafios à garantia do Direito Humano a Alimentação Adequada e à efetivação da soberania alimentar dos povos e das comunidades frente ao contexto das mudanças climáticas e das profundas desigualdades interseccionais geradoras de vulnerabilidades na região. O cenário aqui descrito não pretende esgotar a discussão sobre a temática, mas levantar pontos e perspectivas analíticas para pensarmos as intersecções entre mudanças climáticas, desigualdades e seu papel na transformação de sistemas alimentares capazes de contribuir para a erradicação da fome, uma das injustiças sociais mais invisibilizadas e nefastas da história.

O cenário aponta a urgência de pensarmos ações e estratégias para a região, de forma a melhorar a sua capacidade de adaptação frente à intensificação dos eventos climáticos extremos, e por conseguinte construir uma sociedade e comunidades locais resilientes. No momento, o que se observa na região, e em certa medida no país em geral, é uma gestão de desastres, sem um plano efetivo de adaptação que considere as desigualdades interseccionais prévias conforme discutido neste capítulo.

O modelo de sistema alimentar vigente no Brasil, e no mundo, é insustentável e contribui para a intensificação dos eventos climáticos extremos e o aprofundamento das desigualdades. Além disso, contribui para o aumento da emissão de GEE e das vulnerabilidades sociais e climáticas dos povos e comunidades, negando-lhes o Direito Humano a Alimentação Adequada e a efetivação da soberania alimentar e hídrica. Faz-se urgente a proposição de uma nova estruturação dos sistemas alimentares, de forma que respondam às necessidades dos povos e das comunidades em seus territórios, com fomento à expansão continuada de políticas e programas de fortalecimento da produção de alimentos e reforço das capacidades de médios e pequenos produtores locais e pautada na integração da sociobiodiversidade do ecossistema mundo. Para tal, é crucial considerar a intersecção entre mudanças climáticas e sistemas alimentares no desenvolvimento de políticas públicas que busquem a eliminação das desigualdades interseccionais através da erradicação da fome e suas manifestações, contribuindo para sociedades mais resilientes . Assim, é fundamental:

- a (re)estruturação de sistemas alimentares sustentáveis, de maneira que sejam pautados em uma governança multinível e adaptados às mudanças climáticas, para que possibilitem a efetivação da garantia do DHAA e da soberania alimentar dos povos e comunidades. A formulação e a expansão de políticas públicas e programas que apoiem a agricultura familiar e os produtores locais são caminhos que têm sido colocados como fundamentais para a construção de sistemas alimentares mais diversos, inclusivos e equânimes.
- a adaptação de programas governamentais como o Programa Nacional de Alimentação Escolar (PNAE) e o Programa de Aquisição de Alimentos (PAA), tornando-os mais condizentes com as realidades locais. Para isso, é preciso incentivar a aquisição majoritária de alimentos de produtores locais, com flexibilização de legislações sanitárias e de

comercialização feitas para atender as grandes indústrias e corporações nacionais e internacionais de alimentos em detrimento do pequeno produtor.

- o investimento nas capacitações (capacity building) através de melhorias na assistência técnica agrícola e pecuária, fortalecendo o conhecimento e as habilidades dos pequenos produtores em escalas locais, regionais e nacionais.
- o avanço na garantia do direito à terra, pela titulação de terras quilombolas, da demarcação de terras indígenas e da reforma agrária no Brasil, de forma a viabilizar a implementação de políticas públicas e programas voltados para a agricultura familiar e para os pequenos e médios produtores, contribuindo, assim, para a adaptação às mudanças climáticas e a redução das emissões de gases de efeito estufa.
- o investimento em pequenos e médios produtores, fortalecendo a agricultura familiar, incentivando a criação de cooperativas e redes de cooperativas, e oferecendo assistência técnica e linhas de crédito adequadas às suas realidades.

Referências bibliográficas

AYRES, J. R. Vulnerabilidade, cuidado e integralidade: reconstruções conceituais e desafios atuais para as políticas e práticas de cuidado em HIV/Aids. *Saúde em Debate*, Rio de janeiro, n. 46, p. 196-206, 2023.

BARROS, D. de M. *et al.* Alimentos ultraprocessados e sua influência sobre as doenças crônicas não transmissíveis. Revista Contemporânea, [s.l.], v. 4, n. 3, p. e3545-e3545, 2024. Disponível em: https://ojs.revistacontemporanea.com/ojs/index.php/home/article/view/3545. Acesso em: 26 ago. 2025.

BELANDI, C.; GOMES, I. Censo 22: pela primeira vez, desde 1991, a maior parte da população do Brasil se declara parda. [S.l.]: Agência IBGE notícia, 22 dez. 2023. Disponível em: https://agenciadenoticias.ibge.gov.br/agencia-noticias/2012-agencia-de-noticias/noticias/38719-censo-2022-pela-primeira-vez-desde-1991-a-maior-parte-da-populacao-do-brasil-se-declara-parda. Acesso em: 28 ago. 2024.

BRASIL. Agência Gov. Monitor de secas: situação se intensifica no centro-oeste, nordeste e sudeste. [S.l.]: *Agência Gov*, 24 fev. 2024. Disponível em: https://agenciagov.ebc.com.br/noticias/202401/seca-fica-mais-intensa-no-centro-oeste-nordeste-e-sudeste-sul-fica-livre-do-fenomeno-segundo-ultima-atualizacao-do-monitor-de-secas. Acesso em: 30 ago. 2024.

Dantas, L.G.; Ferreira, A.J.; Pinto Junior, J.A.; Cortes, T.R.; Neves, D.J.; de Oliveira, B.F.; da Silveira, I.H. Projections of extreme weather events according to climate change scenarios and populations at-risk in Brazil. Climatic Change. 2025 Aug;178(8):1-8.

FERREIRA, V. A.; MAGALHÃES, R. Obesidade e pobreza: o aparente paradoxo. Um estudo com mulheres da Favela da Rocinha, Rio de Janeiro, Brasil. *Cadernos de Saúde Pública*, Rio de Janeiro, v. 21, n. 6, p. 1792-1800, 2005.

INSTITUTO BRASILEIRO DE DEFESA DO CONSUMIDOR (IDEC). *As cinco dimensões dos sistemas alimentares no Brasil*: uma revisão de literatura São Paulo: IDEC, 2021. Disponível em: https://alimentandopoliticas.org.br/wp-content/uploads/2021/11/af-IDEC-Revisao-de-Literatura-ptbr-digital.pdf. Acesso em: 13 ago. 2024.

INSTITUTO BRASILEIRO DE DEFESA DO CONSUMIDOR (IDEC). *Entre desertos e pântanos*: quando a geografia urbana é um obstáculo para a alimentação saudável. São Paulo: IDEC, 2020. Disponível em: https://alimentandopoliticas.org.br/wp-content/uploads/2019/05/idec-urban-food-sources-fact-sheet_a4-site.pdf. Acesso em: 28 de ago. 2024.

INSTITUTO NACIONAL DE PESQUISAS ESPACIAIS. Estimativa de desmatamento por corte raso na Amazônia Legal para 2023. São José dos Campos: INPE, 2023. Disponível em: https://mtc-m21d.sid.inpe.br/col/sid.inpe.br/mtc-m21d/2023/12.29.14.31/doc/divulgacao-de-dados-prodes.pdf. Acesso em: 22 abr. 2025.

IPCC. *AR6 Climate Change 2021*: The physical science basis. Summary for policymakers. 2021a. Disponível em: https://www.ipcc.ch/report/ar6/wg1/downloads/factsheets/IPCC_AR6_WGI_Regional_Fact_Sheet_Central_and_South_America.pdf. Acesso em: 26 ago. 2025.

IPCC. *AR6 Climate Change 2022*: impacts, adaptation and vulnerability. 2022. Disponível em: https://www.ipcc.ch/report/ar6/wg2. Acesso em: 26 ago. 2025.

IPCC. Summary for policymakers. In: LEE, H.; ROMERO J. (eds.). *Climate change 2023*: synthesis report. Contribution of working groups I, II and III to the sixth assessment report of the intergovernmental panel on climate change. IPCC, Geneva: IPCC, 2023, p. 1-34. Disponível em: https://www.ipcc.ch/report/ar6/syr/downloads/report/IPCC_AR6_SYR_SPM.pdf. Acesso em: 26 ago. 2025.

LANDAZURI, D. AM declara situação de emergência ambiental e de saúde pública em todas as 62 cidades devido à seca e queimadas. *G1*. Amazonas, 28 ago. 2024. Disponível em: https://g1.globo.com/am/amazonas/noticia/2024/08/28/am-declara-situacao-de-emergencia-ambiental-e-de-saude-publica-em-todas-as-62-cidades-devido-a-seca-e-queimadas.ghtml. Acesso em: 31 ago. 2024.

LEÃO. M. (org.) *O direito humano à alimentação adequada e o sistema nacional de segurança alimentar e nutricional.* Brasília: ABRANDH, 2013. Disponível em: https://www.mds.gov.br/webarquivos/publicacao/seguranca_alimentar/DHAA_SAN.pdf. Acesso em: 26 ago. 2025.

MONTEIRO, C. A. *et al.* Increasing consumption of ultra-processed foods and likely impact on human health: evidence from Brazil. *Public Health Nutrition*, Cambridge, v. 14, n. 1, p. 5-13, 2010. Disponível em: https://www.cambridge.org/core/journals/public-health-nutrition/article/increasing-consumption-of-ultra-processed-foods-and-likely-impact-on-human-health-evidence-from-brazil/C36BB4F83B90629DA15CB0A3CBEBF6FA. Acesso em: 26 ago. 2025.

MOUBARAC, JC. *et al. Ultra-processed food and drink products in Latin America:* trends, impact on obesity, policy implications. Washington: Pan American Health Organization World Health Organization, 2015, p. 1-58. Disponível em: https://iris.paho.org/bitstream/handle/10665.2/7699/9789275118641_eng.pdf. Acesos em: 26 ago. 2025.

QUASE 70% dos municípios da Amazônia Legal são atingidos pela seca em 2024. *Sagres.* [S.l.], 30 ago. 2024. Disponível em: https://sagresonline.com.br/quase-70-dos-municipios-da-amazonia-legal-sao-atingidos-pela-seca-em-2024/. Acesso em: 30 ago. 2024.

REDE PENSSAN. *VIGISAN*: Inquérito Nacional sobre Insegurança Alimentar no Contexto da Pandemia da Covid-19 no Brasil. [Recurso eletrônico]. 2021. Disponível em: http://olheparaafome.com.br/VIGISAN_Inseguranca_alimentar.pdf. Acesso em: 26 ago. 2025.

RIBEIRO-SILVA, R. de C. *et al.* Implicações da pandemia COVID-19 para a segurança alimentar e nutricional no Brasil. *Ciência & Saúde Coletiva*, Rio de Janeiro, n. 25. p. 3421-3430, 2020.

SANTANA FILHO, D. M.; FERREIRA, A. J. F.; GOES, E. F. *Sumário Amazônia Legal Urbana:* análises socioespaciais de mudanças climáticas. Cadernos Iyaleta. vol. 03. Salvador: Iyaleta – Pesquisa, Ciência e Humanidade 2022.

SANTOS, M. L. dos; FONTÃO, P. A. B. Território alimentar em disputa: a constituição de desertos e pântanos alimentares a partir da lógica de distribuição de ultraprocessados. *Hygeia: Revista Brasileira de Geografia Médica e da Saúde*, Uberlândia, p. 34-45, 2022. Disponível: https://seer.ufu.br/index.php/hygeia/article/view/64154. Acesso em: 26 ago. 2025.

STAAL, A. *et al.* Critical transitions in the Amazon forest system under combined disturbances. *Nature,* [s.l.], n. 627, p. 499-506, 2024. Disponível em: https://www.nature.com/articles/s41586-023-06970-0. Acesso em: 26 ago. 2025.

SWINBURN, B. A. *et al.* The global syndemic of obesity, undernutrition, and climate change: the Lancet Commission report. *The Lancet,* [s.l.], v. 393, n. 10173, p. 791-846, 2019.

UNICEF. The state of food security and nutrition in the world 2024: Financing to end hunger, food insecurity and malnutrition in all its forms. [*S.l.*]: *UNICEF*, 24 jul. 2024. Disponível em: https://data.unicef.org/resources/sofi-2024/. Acesso em: 26 ago. 2025.

Mayline Menezes da Mata
Pesquisadora do Instituto Nacional de Pesquisas da Amazônia (INPA/MCTI). Doutora e mestra em Ciências pela Universidade Federal de São Paulo (Unifesp). Nutricionista pela Universidade Federal do Amazonas (Ufam). Integra a coordenação executiva da Rede Brasileira de Pesquisa em Soberania e Segurança Alimentar (Rede PENSSAN). Suas atividades voltam-se ao estudo da fome, da insegurança alimentar e nutricional, da insegurança hídrica domiciliar; epidemiologia nutricional, políticas públicas de saúde, alimentação e nutrição na Amazônia.

Maria Angélica Tavares de Medeiros
Professora associada ao Instituto de Saúde e Sociedade, Universidade Federal de São Paulo Campus Baixada Santista (Unifesp-BS). Doutora em Saúde Coletiva e Mestre em Sociologia pela Universidade Estadual de Campinas (Unicamp). Sanitarista com especialização em Saúde Pública sob a forma de Residência Multiprofissional em Medicina Preventiva e Social, pela Universidade Federal da Paraíba (UFPB). Nutricionista pela UFPB. Editora associada da Revista de Nutrição. Coordena o Laboratório de Segurança Alimentar e Nutricional e Políticas Públicas (LabSAN-CNPq). Pesquisadora da Rede PENSSAN (Rede Brasileira de Pesquisa em Soberania e Segurança Alimentar e Nutricional). Professora do Programa de Pós-Graduação em Nutrição da Unifesp.

CAPÍTULO 6

SEM ÁGUA NA TORNEIRA, SEM COMIDA NO PRATO

Conexões entre as inseguranças hídrica e alimentar

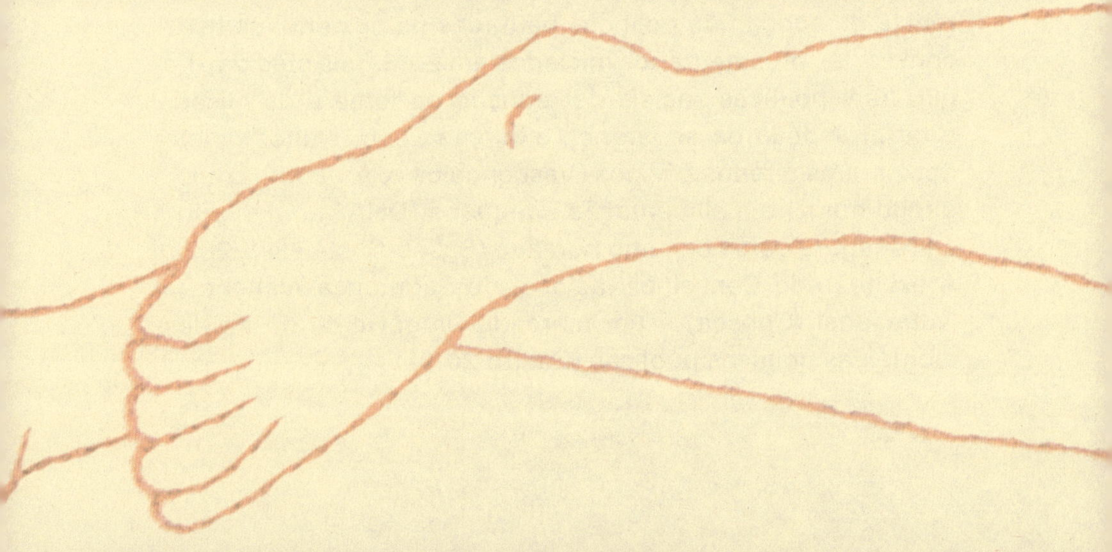

A Mani nasceu para alimentar seu povo. A floresta, se cuidada, guarda em seu ventre a promessa de saciar a fome, com rios generosos e frutos inesgotáveis.

A fome e a insegurança alimentar são um problema de saúde pública global. Em 2023, a insegurança alimentar moderada ou grave atingiu 28,9% da população mundial; nos países da América Latina e do Caribe, o percentual foi de 28,2% (FAO *et al.*, 2024).

No Brasil, em 2022, 58,7% das pessoas conviviam com a insegurança alimentar (IA), 15,5% das quais com IA grave, que tem a fome como expressão (Rede PENSSAN, 2022). Já em 2023, com o resgate da pauta da segurança alimentar e nutricional (SAN) na agenda governamental, foi constatado um expressivo recuo da IA grave, para 4,1% (IBGE, 2023).

Ressalta-se que o declínio da segurança alimentar no país aconteceu anteriormente à pandemia de Covid-19, em decorrência da adoção de políticas pautadas na austeridade fiscal, com cortes orçamentários iniciados em 2013. Tais medidas fragilizaram políticas sociais de redução da fome e da miséria, e de promoção da segurança alimentar, com efeitos deletérios para os direitos básicos (Vasconcelos *et al.*, 2019), como o direito humano à alimentação adequada (DHAA) e o direito à água segura para consumo humano (Salles-Costa *et al.*, 2023). A extinção do Conselho Nacional de Segurança Alimentar e Nutricional (Consea) é um marcador importante desse desmonte das políticas públicas (Castro 2019).

Durante a pandemia, a situação se agravou. Em 2020, 116,8 milhões de brasileiros conviviam com algum nível de insegurança alimentar, conforme dados do Inquérito nacional sobre insegurança alimentar no contexto da pandemia da Covid-19 no Brasil (Rede PENSSAN, 2021). Já em 2022, cerca de 33 milhões de brasileiros enfrentavam a fome, e distintas formas de vulnerabilidade e desigualdade se acentuaram, sobretudo, as desigualdades regionais (Salles-Costa *et al.*, 2023). As regiões Norte e Nordeste foram as mais afetadas, com 25,7% e 21% dos lares acometidos, respectivamente (Rede PENSSAN, 2022).

Simultaneamente à epidemia da fome no Brasil, a insegurança hídrica atingiu 12% da população brasileira em 2022 (Rede PENSSAN, 2022). De forma inter-relacionada, a combinação das inseguranças alimentar e hídrica (Brewis *et al.*, 2019) alcançou maior magnitude na Região Norte. Trata-se de um paradoxo, pois a região dispõe de uma das maiores bacias hidrográficas do planeta. A despeito disso, dados indicam que, naqueles domicílios com restrição de acesso à água, haveria maior predisposição para ocorrência da IA grave (Rede PENSSAN, 2022). Evidências científicas disponíveis apontam para a necessidade de aprofundamento das investigações sobre a relação entre insegurança alimentar e insegurança hídrica e seus fatores associados na Amazônia brasileira (Da Mata, Sañudo, Tavares, 2024).

Um panorama do Amazonas

A Amazônia brasileira possui uma área de 5.015.067,86 km2, correspondendo a 58,93% do território nacional (IBGE, 2021). A Amazônia Ocidental representa 42,97% da extensão territorial da Amazônia Legal e comporta, aproximadamente, 57% de suas florestas, o que a torna sua parte mais preservada. A região Norte, localizada nesse bioma, concentra cerca de 70% da água doce disponível no Brasil. O restante da água está distribuído entre as regiões Centro-Oeste (15%), Sudeste (6%), Sul (6%) e Nordeste (3%) (Tucci, Hespanhol, Netto, 2000). O clima é tropical, quente e úmido, com temperatura média anual entre 23,3 e 31,4°C (Confalonieri, 2005).

Nesse contexto geográfico, situa-se o Amazonas, maior estado em extensão territorial do país, com uma área de 1.559.255,881 km². Apesar do tamanho, sua estrutura político-administrativa é dividida em apenas 62 municípios, a maioria de pequeno porte, mas com extensas dimensões territoriais e baixa densidade demográfica, à exceção da capital Manaus, a cidade mais populosa.

O Amazonas faz fronteira com Venezuela, Colômbia e Peru e com os estados de Roraima, Pará, Mato Grosso, Rondônia e Acre. O acesso é feito, principalmente, por via fluvial e/ou aérea — em 43 municípios, é exclusivamente fluvial, dado que todo o território é interligado por inúmeros afluentes espalhados pela extensa bacia hidrográfica amazônica (IBGE, 2023). Em 2022, sua população foi estimada em 3.941.175 habitantes, a maior da região Norte — a capital, Manaus, concentra 50% desse total. Em mais de dez anos, observou-se um crescimento populacional de 13,12%. A densidade demográfica é de 2,53 habitantes por km², e há, em média, 3,64 moradores por residência.

Além disso, é o estado brasileiro com maior número de pessoas indígenas (490,9 mil): a maioria vive na capital (71,7 mil), seguida dos municípios de São Gabriel da Cachoeira (48,3 mil) e Tabatinga (34,5 mil) (IBGE, 2023). Compõem também o território amazonense populações quilombolas e ribeirinhas — estas últimas, formadas por povos indígenas, nordestinos e migrantes de outros lugares, vivem às margens dos rios, lagos e igarapés, em áreas rurais e urbanas (Fraxe, Pereira, Witkoski, 2007).

Em relação ao regime pluvial, registram-se dois períodos: o chuvoso (entre os meses de novembro a abril) e o de estiagem (entre os meses de maio a outubro). Os regimes fluvial e pluvial determinam o calendário agrícola, que, por sua vez, é dividido em quatro períodos: enchente (subida das águas, que ocorre entre os meses de maio a agosto), cheia (nível máximo das águas), vazante (descida das águas, entre setembro e outubro) e seca (nível mais baixo das águas) (Fraxe, Pereira, Witkoski, 2007). Tais variações influenciam diretamente os modos de vida dos povos tradicionais (Wolfarth-Couto, Silva, Filizola, 2020).

A sobrevivência da população amazônica baseia-se em atividades de subsistência, como pesca, caça, extrativismo, quintais florestais e agricultura familiar. Além disso, parte considerável desta é contemplada com subsídios provenientes de programas sociais do Governo Federal. Nas comunidades ribeirinhas, recursos básicos, como saneamento e eletricidade, são escassos, e seus moradores dependem das áreas urbanas para ter acesso a serviços públicos, abastecimento e aquisição de bens de consumo.

O deslocamento até as cidades é feito, predominantemente, por via fluvial e com o uso de pequenas embarcações; o tempo de percurso pode variar de alguns minutos a dias (Gama *et al.*, 2018). Assim como a maioria das populações do interior do Amazonas, os ribeirinhos estão expostos a doenças infecciosas, cuja transmissão é pela água, como cólera e gastroenterites microbianas, e parasitárias, como malária, doença de Chagas, hanseníase e tuberculose. Igualmente, padecem de doenças crônicas não transmissíveis (DCNT), comuns aos grandes centros urbanos (Confalonieri, 2005; Oliveira *et al.*, 2013).

No bojo das iniquidades sociais na Amazônia, as populações mais afastadas das capitais, em razão das especificidades loco-regionais, tendem a sofrer mais fortemente os efeitos dessas disparidades, manifestas em condições inadequadas de saneamento básico e no baixo acesso a políticas de saúde, educação e de alimentação e nutrição (A&N) - vide Quadro 1 (Mata, Neves, Medeiros, 2022; Guimarães *et al.*, 2020; Gonçalves, Domingos 2019; Garnelo, Sousa, Silva, 2017).

Quadro 1. Indicadores sociais e sanitários, Brasil e Região Norte, 2023.

Indicadores	Brasil	Região Norte	Amazonas
Índice de Desenvolvimento Humano (IDH)	0,754	0,683	0,7
% de analfabetismo (15 anos ou mais)	5,6	6,4	4,9
Taxa de mortalidade infantil (por 1.000 nascidos vivos)	13,3	16,6	13,9
% de domicílios com acesso a rede geral de água	85,5	60,0	98,1
% de domicílios com esgotamento sanitário	69,5	31,1	47,0

Fonte: IBGE, 2023.

É notória a centralização dos sistemas públicos de abastecimento, transporte, serviços e da própria condução da vida política nos centros urbanos (Garnelo, Sousa, Silva, 2017; Sathler *et al.*, 2009), o que potencializa e amplia desigualdades históricas entre as capitais e os demais municípios.

Nesse sentido, as peculiaridades amazonenses precisam ser entendidas para além das características exóticas, como o acesso remoto. É fundamental considerar que "longe" não se constitui em uma característica geográfica intransponível, mas em um lugar onde as políticas públicas são irresolutas, por razões que transcendem os meros aspectos geográficos (Schweickardt *et al.*, 2017).

Situação de (in)segurança alimentar no Brasil e região Norte

No Brasil, embora a segurança alimentar tenha crescido de 65,1% para 77,4% de 2004 a 2013 (IBGE, 2019; Santos *et al.*, 2018), entre 2017 e 2018 essa proporção caiu para 63,3% dos domicílios — ou seja, abaixo do observado em 2004. Em outros termos, 36,7% dos domicílios encontravam-se em insegurança alimentar, o equivalente a 25,3 milhões; destes, 24% apresentavam IA leve, 8,1% moderada e 4,6% grave (IBGE, 2019).

Em 2023, esse problema acentuou-se nas regiões Norte (39,7%) e Nordeste (38,8%). A IA leve foi observada em quase um quarto dos domicílios do Norte (23,7%) e Nordeste (23,9%), indicando uma grande quantidade de pessoas vivendo com preocupação ou incerteza em relação ao acesso a alimentos, situação que pode comprometer a qualidade da dieta e a sustentabilidade alimentar da família.

As proporções de IA moderada e grave também foram maiores nas duas regiões. No Norte, quase quatro vezes mais residências conviveram com restrição severa de acesso aos alimentos (7,7%) relativamente à região Sul (2%). Em seguida, vieram o Nordeste e o Centro-Oeste, com 6,2% e 3,6%, respectivamente (IBGE, 2023).

O Pará foi o estado da região Norte que apresentou a maior proporção de domicílios com insegurança alimentar moderada ou grave (20,3%), seguido por Amapá (18,6%) e Amazonas (17,3%). Em sentido oposto, Rondônia (5,1%) e Tocantins (7,6%) alcançaram taxas inferiores à média nacional, de 9,4%.

A insegurança alimentar no Brasil é latente e, como visto, concentra-se nas regiões Norte e Nordeste, realidade que se explica pelas intensas desigualdades regionais de acesso aos alimentos, verificadas nas Pesquisas Nacionais por Amostra de Domicílios (PNADs) de 2004, 2009 e 2013, na Pesquisa de Orçamentos Familiares (POF) 2017-2018 e na PNAD Contínua 2023.

Tabela 1. Distribuição da segurança alimentar e dos níveis de insegurança alimentar no Brasil, Região Norte e estados da Federação. Brasil, 2023.

SA: segurança alimentar
IAL: insegurança alimentar leve
IAM: insegurança alimentar moderada
IAG: insegurança alimentar grave

Referência	SA	IAL	IAM	IAG
Brasil	72,4	18,2	5,3	4,1
Região Norte	60,3	23,7	8,3	7,7
Acre	69,5	19,3	5,5	5,7
Amapá	68,9	12,5	10,2	8,4
Amazonas	57,4	25,4	8,2	9,1
Pará	52,3	27,4	10,8	9,5
Rondônia	80,0	15,0	2,2	2,9
Roraima	63,8	21,7	7,8	6,6
Tocantins	71,1	21,3	5,0	2,6

Fonte: IBGE, 2023.

Estudos realizados no interior da Amazônia, antes da pandemia de Covid-19, detectaram taxas de IA grave correspondentes a 25,49%. Na Região Norte, tal adversidade se associa a: baixos índices de escolaridade do chefe da família (sete anos ou menos de estudo), renda per capita menor ou igual a um salário-mínimo e participação em programa governamental de transferência de renda, além do número de moradores, regime de ocupação do domicílio, classe social e práticas alimentares (Mata, Neves, Medeiros, 2022). Salienta-se que, embora inquéritos locais, de base populacional, sejam fundamentais para a gestão das políticas públicas locais, na Amazônia esses estudos ainda são escassos, o que limita sobremaneira as ações do poder público no território.

Conforme exposto anteriormente, a situação, já preocupante, agravou-se em 2020, com a pandemia, quando se verificou que 116,8 milhões de brasileiros conviviam com a insegurança alimentar. Destes, 43,4 milhões padeciam das versões moderada (24,3 milhões) ou grave (19,1 milhões), ou seja, não dispunham de alimentos em quantidade suficiente para atender às suas necessidades (Rede PENSSAN, 2021).

Em 2022, no II Inquérito nacional sobre insegurança alimentar no contexto da pandemia da Covid-19 no Brasil (Rede PENSSAN), revelou-se que mais de 33 milhões de brasileiros viviam em situação de fome (IA grave), cerca de 14 milhões a mais do que no final de 2020 (Salles-Costa *et al.*, 2023). Tal cifra refletiu o expressivo crescimento das distintas formas de vulnerabilidade e desigualdade brasileiras, com destaque para as disparidades regionais. Novamente, as regiões mais afetadas por todos os níveis de insegurança alimentar foram a Norte (71,6%) e a Nordeste (68%), sendo os domicílios da primeira os mais acometidos pela fome (25,7%) (Rede PENSSAN, 2022).

No meio rural brasileiro, a prevalência de insegurança alimentar disparou de 32,2% para 88,8% entre 2008 e 2017, enquanto a fome cresceu de 3% para 39,5%, no mesmo período (Trivellato *et al.*, 2019). Desde 2013, a IA grave no país aumentou 269%, e a proporção de domicílios em situação de segurança alimentar caiu 46,4%, como resultado de políticas de austeridade fiscal, das crises econômica e política e do descaso governamental frente à pandemia de Covid-19 (Salles-Costa *et al.*, 2023).

Os impactos dessa crise sanitária foram heterogêneos e contribuíram significativamente para o aprofundamento da insegurança alimentar, que já era extremamente grave, principalmente entre as populações mais vulneráveis (Neves *et al.*, 2021). Embora o poder público brasileiro dispusesse de sólidas evidências científicas para enfrentar a epidemia da fome, a necessária implementação de medidas de proteção social para mitigar tal quadro não ocorreu na mesma urgência que o momento exigia (Jaime, 2020; Neves *et al.*, 2022). A segurança alimentar mostrou-se, mais uma vez, imprescindível para a garantia do direito à saúde e à alimentação adequada e saudável. Seu alcance constitui um desafio para as políticas públicas em geral (Young *et al.*, 2019).

(In)segurança hídrica domiciliar: nexos com a (in)segurança alimentar

A insegurança hídrica afeta tanto nações desenvolvidas quanto aquelas em desenvolvimento (Jepson, 2014; Schur, 2017), e é mais frequente no Sul Global, onde, além da escassez de água, os países estão expostos às mais diversas vulnerabilidades sociais (Workman, Ureksoy, 2017; Jepson *et al.*, 2021; Zapana-Churata, March, Saurí 2023).

O Brasil não foge à regra. A despeito de deter uma das maiores reservas de água doce do planeta, equivalente a 12% das existentes em todo o mundo, sua distribuição é insuficiente e desigual, seja em termos geográficos e sociais. A crescente demanda, a disponibilidade hídrica e os múltiplos usos da água nos centros urbanos, industriais e agrícolas, por exemplo, obstaculizam o acesso a esse recurso em outros locais. Do mesmo modo, o aumento populacional, o crescimento econômico, as mudanças climáticas e os eventos climáticos extremos contribuem para o desequilíbrio do balanço hídrico. Adicionalmente, a ausência de planejamento e de investimentos em infraestrutura hídrica de saneamento, somada à expansão desordenada das fronteiras agrícolas, desembocam em um quadro de crise hídrica (Brasil, 2019) que tem afetado o país nas últimas décadas e causado o aumento de conflitos entre os diversos setores da sociedade (Castro, 2022).

Como forma de atenuar as vicissitudes relativas à gestão dos recursos hídricos, o governo brasileiro criou comitês de bacia hidrográfica, instâncias com competência legal para aprovar planos, definir critérios para a cobrança da água bruta, alocar recursos gerados e arbitrar conflitos, entre outras atribuições (Abers, Keck, 2004).

Tais comitês atuam à luz da Política Nacional de Recursos Hídricos (PNRH), criada pela Lei 9.433, de 8 de janeiro de 1997, baseada nos seguintes fundamentos: a água é um bem de domínio público; é um recurso natural limitado, dotado de valor econômico; em situações de escassez, os usos prioritários dos recursos hídricos são destinados ao consumo humano e à dessedentação de animais; a gestão dos recursos hídricos deve sempre proporcionar o uso múltiplo das águas; a bacia hidrográfica é a unidade territorial para implementação da PNRH e atuação do Sistema Nacional de Gerenciamento de Recursos Hídricos; e a gestão dos recursos hídricos deve ser descentralizada e contar com a participação do poder público, dos usuários e das comunidades. Concomitantemente, prevê-se o fortalecimento da participação social em instâncias deliberativas que tratem da gestão dos recursos hídricos nacionais.

O conceito de segurança hídrica (SH) surgiu nos anos 1990, ainda que não exista um consenso universal estabelecido a respeito. Em suas múltiplas definições, consideram-se aspectos como quantidade, qualidade, acessibilidade e confiabilidade da água, incluindo o atendimento à demanda de atividades econômicas que garantam o bem-estar humano, que, por sua vez, compreende as dimensões social e ambiental (vide Figura 1) (Witter, Whiteford, 1999; Global Water Partnership, 2000; Grey, Sadoff, 2007; ONU, 2013; OECD, 2013; Beek, Arriens, 2014).

O debate sobre esse conceito é recente no campo dos estudos sobre recursos hídricos e sobre alimentação e nutrição e, a despeito das muitas interconexões entre água e nutrição (Young *et al.*, 2021), as definições atuais de segurança hídrica tendem a variar de acordo com o contexto e as diferentes visões em relação ao uso da água e ao acesso ao saneamento básico — este último, incluído quando se adota uma perspectiva mais ampla.

Figura 1. Síntese das múltiplas dimensões da segurança hídrica

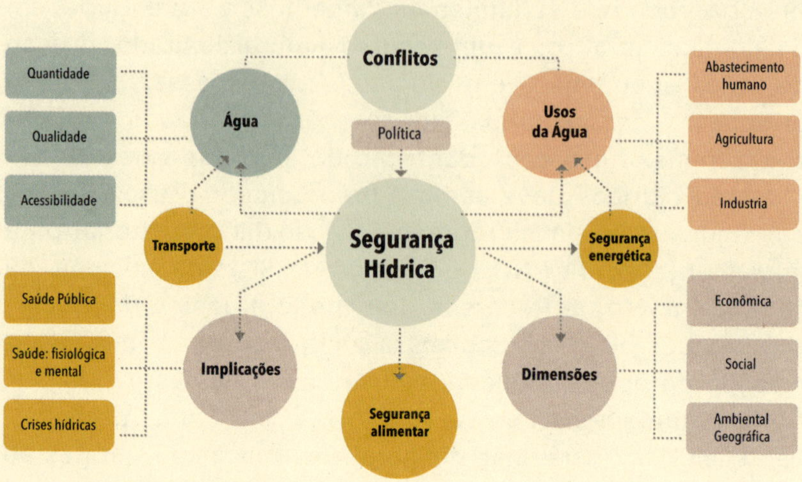

Fonte: Elaborada pelas autoras.

Na dimensão domiciliar, sob o ponto de vista do desenvolvimento humano, o conceito compreende dimensões como o acesso, a qualidade, a disponibilidade e a quantidade de água e o papel do Estado na gestão desse recurso (Jepson, 2014; Gerlak, Mukhtarov, 2015). Desse modo, o Sistema de Informação de Vigilância da Qualidade da Água para Consumo Humano (Sisagua) consiste em uma ferramenta primorosa para o gerenciamento das informações sobre a qualidade e a potabilidade da água, com registros provenientes dos distintos sistemas de distribuição do recurso no país, e de suporte às ações do Programa Nacional de Vigilância da Qualidade da Água para Consumo Humano (Vigiagua) (Brasil, 2023).

À revelia das iniciativas mencionadas e dos avanços observados nas últimas décadas, a falta de segurança hídrica no Brasil segue como um fator fortemente associado a agravos à saúde. Os efeitos são sentidos mais intensamente pelas populações vulnerabilizadas (Rede PENSSAN, 2022), que experienciam a violação do direito ao acesso seguro aos alimentos, elevando os riscos de doenças transmitidas por alimentos (DTAs), sem contar os prejuízos à saúde física, mental, ao estado nutricional (Miller *et al.*, 2021) e à prevenção e ao controle de doenças infectoparasitárias e transmissíveis, como a Covid-19 (Stoler *et al.*, 2021; Hannah *et al.*, 2020).

Como já mencionado, em 2022, concomitantemente à epidemia de fome, identificou-se que cerca de 12% da população brasileira não dispunha de acesso à água. Ademais, verificou-se que a insegurança alimentar grave e a insegurança hídrica estão interligadas. Em aproximadamente 65% dos domicílios com acesso à água insuficiente havia restrição quantitativa de alimentos. Combinados, os dois flagelos atingiram mais severamente a região Norte (48,3%), seguida pelo Sudeste (43%), Centro-Oeste (41,8%), Nordeste (41,2%) e Sul 22,1% (Rede PENSSAN, 2022).

Detentora de uma das maiores bacias hidrográficas de água doce mundiais, a região Norte possui, paradoxalmente, as menores taxas de acesso a serviços de esgoto e de água adequada ao consumo humano (Tucci, Hespanhol, Netto, 2000; Ribeiro, 2017). Mata *et al.*, 2023, ao analisarem os indicadores de vigilância da qualidade da água para consumo humano no Amazonas, entre 2016 e 2020, apontaram problemas relativos à qualidade, ao abastecimento, ao armazenamento e à vigilância desse recurso, fatores que aprofundam a insegurança hídrica domiciliar e contribuem para o agravamento da insegurança alimentar já existente no estado.

Além disso, as mudanças climáticas decorrentes do desmatamento impulsionado pela produção de *commodities* e pelo garimpo ilegal na Amazônia impactam fortemente a biodiversidade e os modos de vida das populações (Lawrence, Vandecar, 2015). A elevação da temperatura e a redução do regime das chuvas e das águas fluviais são apontadas como importantes efeitos dessas mudanças (Lawrence *et al.*, 2022).

No período em que este capítulo era escrito, a região Norte enfrentava uma das maiores secas de sua história, com efeitos como o isolamento de cidades e a escassez de água potável e de alimentos. Projeções internacionais situam a capital amazonense, Manaus, no epicentro do aquecimento global, como uma das cidades mais quentes do mundo em 2050, e alertam para a necessidade de construção de agenda pública para enfrentar tais impactos, incluindo a proteção das populações mais vulneráveis (Carbonplan, 2023).

Considerações finais

A vida na Amazônia é fortemente influenciada pela dinâmica das águas. Antagonicamente, a abundância dos recursos hídricos oculta o grave problema da falta de água para consumo humano nos territórios, o que, por sua vez, contribui para intensificar o fenômeno multifacetado da fome. A isso se somam as vulnerabilidades preexistentes, recentemente acentuadas pela pandemia de Covid-19, como o acesso deficitário aos serviços e bens sociais, e a ineficiência das políticas públicas.

A falta de acesso à água na região Norte brasileira constitui um grave problema de saúde pública. Em geral, sua qualidade está comprometida, com padrões de potabilidade e disponibilidade inadequados. Além disso, o sistema de vigilância sobre esse recurso é deficiente. Os latentes cenários de fome na Amazônia, efeito da ocupação territorial determinada pelo modelo excludente de desenvolvimento econômico brasileiro, produzem e reproduzem disparidades históricas, repercutindo negativamente sobre os modos de vida dessas populações. As altas taxas de insegurança alimentar, sobretudo em sua forma grave, associam-se à situação de vulnerabilidade social e econômica, à falta de serviços públicos e à insegurança hídrica domiciliar. A conexão entre os dois flagelos, além disso, requer a construção de instrumentos capazes de medir sua prevalência, seus condicionantes e suas potencialidades, de forma a balizar as ações políticas.

Outro ponto que merece destaque é a necessidade de fazer frente ao determinismo geográfico, mediante a superação de barreiras como as comunicações, seja via internet e/ou telefônica. Considerando-se a extensão territorial continental amazônica, o acesso limitado a esse recurso concorre para o isolamento, aumentando os percalços para o pleno funcionamento dos sistemas de informação, ferramentas essenciais para o monitoramento dos indicadores norteadores das tomadas de decisão pela gestão pública.

Quanto à agenda 2030, esse duro cenário desafia o cumprimento dos Objetivos do Desenvolvimento Sustentável (ODS), sobretudo os ODS 1 - Erradicação da Pobreza, 2 - Fome Zero e Agricultura Sustentável, 6 - Água Potável e Saneamento, e 10 - Redução das Desigualdades.

A realidade é imperativa para o agir em direção ao fortalecimento das políticas de proteção social, da Política Nacional de Alimentação e Nutrição (PNAN), da Política Nacional de Segurança Alimentar e Nutricional (PNSAN), da Política Nacional de Recursos Hídricos (PNRH), do Sistema de Informação de Vigilância da Qualidade da Água para Consumo Humano (Sisagua) e de saneamento básico.

Referências bibliográficas

FAO. *et al.* 2024. *The State of Food Security and Nutrition in the World 2024:* financing to end hunger, food insecurity and malnutrition in all its forms. Roma: FAO, 2024. Disponível em: https://doi.org/10.4060/cd1254en. Acesso em: 27 ago. 2025.

ABERS, R.; KECK, M. Comitês de bacia no Brasil: uma abordagem política no estudo da participação social. *Revista Brasileira de Estudos Urbanos e Regionais,* [s.l.], v. 6, n. 1, p. 55-68, 2004.

BEEK, E. V.; ARRIENS W. L. *Water security:* putting the concept into practice. Estocolmo: Global Water Partnership, 2014, p. 20.

BRASIL. Agência Nacional de Águas (ANA). *Plano nacional de segurança hídrica.* Brasília: ANA, 2019. Disponível em: http://arquivos.ana.gov.br/pnsh/pnsh.pdf. Acesso em: 27 ago. 2025.

BRASIL. Decreto nº 7.272, de 25 de agosto de 2010. Regulamenta a Lei nº 11.346, de 15 de setembro de 2006, que cria o Sistema Nacional de Segurança Alimentar e Nutricional - SISAN com vistas a assegurar o direito humano à alimentação adequada, institui a Política Nacional de Segurança Alimentar e Nutricional – PNSAN, estabelece os parâmetros para a elaboração do Plano Nacional de Segurança Alimentar e Nutricional, e dá outras providências. *Diário Oficial da União,* Brasília, DF, 26 out. 2010.

BRASIL. Emenda Constitucional nº 64, de 4 de fevereiro de 2010. Altera o art. 6º da Constituição Federal para introduzir a alimentação como direito social. *Diário Oficial da União,* Poder Executivo, Brasília, DF, 5 fev. 2010. Seção 1.

BRASIL. Lei nº 11.346 de 15 de setembro de 2006. Cria o Sistema Nacional de Segurança Alimentar e Nutricional - SISAN com vistas a assegurar o direito humano à alimentação adequada e dá outras providências. *Diário Oficial da União*. Brasília, DF, Diário Oficial da União, 18 set. 2006.

BRASIL. MAPASAN 2014: Mapeamento de Segurança Alimentar e Nutricional. Brasília: Ministério do Desenvolvimento Social e Combate à Fome. Secretaria de Avaliação e Gestão da Informação; Secretaria Nacional de Segurança Alimentar e Nutricional, 2015.

BRASIL. Ministério da Saúde. *Programa nacional de vigilância da qualidade da água para consumo humano.* Brasília: SISAGUA, 2023. Disponível em: http://sisagua.saude.gov.br/sisagua/paginaExterna.jsf. Acesso em: 27 ago. 2025.

CARBONPLAN. *Research.* 2023. Disponível em: https://carbonplan.org/research. Acesso em: 27 ago. 2025.

CASTILHO D. R.; LEMOS, E. L. S. Necropolítica e governo Jair Bolsonaro: repercussões na seguridade social brasileira. *Revista Katálysis,* Florianópolis, v. 24, n. 2, p. 269-279, 2021. Disponível em: https://www.scielo.br/j/rk/a/TyMKscqwjWfwpbScmWpwCvc/?lang=pt. Acesso em: 27 ago. 2025.

CASTRO, I. R. R. de. A extinção do Conselho Nacional de Segurança Alimentar e Nutricional e a agenda de alimentação e nutrição. *Cadernos de Saúde Pública,* Rio de Janeiro, v. 35, n. 2, 2019. Disponível em: https://www.scielo.br/j/csp/a/CH3GmJVXnMRTRH89bL6LZVz/?format=pdf&lang=pt. Acesso em: 27 ago. 2025.

CONFALONIERI, U. E. C. Saúde na Amazônia: um modelo conceitual para a análise de paisagens e doenças. *Estudos Avançados,* São Paulo, v. 19, n. 53, p. 221-236, 2005. Disponível em: https://www.revistas.usp.br/eav/article/view/10056. Acesso em: 27 ago. 2025.

CONSEA. *A segurança alimentar e nutricional e o direito humano à alimentação adequada no Brasil:* Indicadores e monitoramento. Da Constituição de 1988 aos dias atuais. Brasília: Conselho Nacional de Segurança Alimentar e Nutricional, 2010. Disponível em: https://pesquisassan.net.br/wp-content/uploads/2020/04/relatorio-consea.pdf. Acesso em: 27 ago. 2025.

FRAXE, T. J. P.; PEREIRA, H. S.; WITKOSKI, A. C. (orgs.). Comunidades ribeirinhas amazônicas: modos de vida e uso dos recursos naturais. Manaus: EDUA, 2007.

GAMA, A. S. M. *et al.* Inquérito de saúde em comunidades ribeirinhas do Amazonas, Brasil. Cadernos de Saúde Pública, Rio de Janeiro, v. 34, n. 2. p. 1-16, 2018. Disponível em: https://www.scielo.br/j/csp/a/nWyTKM4WRV5Gxr4pSVT4Mnp/?format=pdf&lang=pt. Acesso em: 27 ago. 2025.

GARNELO, L.; SOUSA, A. B. L.; SILVA, C. O. Regionalização em saúde no Amazonas: avanços e desafios. Ciência & Saúde Coletiva, Rio de Janeiro, v. 22, n. 4, p. 1225-1234, 2017. Disponível em: https://www.scielo.br/j/csc/a/j77vcsPR76Hxb6zjPzD9bHS/?format=pdf&lang=pt. Acesso em: 27 ago. 2025.

GERLAK, A. K.; MUKHTAROV, F. 'Ways of knowing water': integrated water resources management and water security as complementary discourses. International Environmental Agreements: Politics, Law and Economics, v. 15, n. 3, p. 257-272, 2015. Disponível em: http://dx.doi.org/10.1007/s10784-015-9278-5. Acesso em: 27 ago. 2025.

GONÇALVES, R. M.; DOMINGOS, I. M. População ribeirinha no Amazonas e a desigualdade no acesso à saúde. Revista de Estudos Constitucionais, Hermenêutica e Teoria do Direito (RECHTD), [s.l.], v. 11, n. 1, p. 99-108, 2019. Disponível em: https://

revistas.unisinos.br/index.php/RECHTD/article/view/rechtd.2019.111.06/60747117. Acesso em: 27 ago. 2025.

GREY, D. R.; SADOFF, C. D. Sink or swim? Water security for growth and devel- ment. Water Policy, [s.l.], n. 9, p. 545-571, 2007. Disponível em: https://www.researchgate.net/publication/255592639_Sink_or_Swim_Water_Security_for_Growth_and_Development. Acesso em: 27 ago. 2025.

GLOBAL WATER PARTNERSHIP. Towards water security: a framework for action. Estocolmo: GWP, 2000.

HANNAH, D. *et al.* Water and sanitation for all in a pandemic. Nature Sustainability, [s.l.], n. 3, p. 773-775, 2020. Disponível em: https://www.nature.com/articles/s41893-020-0593-7. Acesso em: 27 ago. 2025.

IBGE. Educação 2022: PNAB Contínua. Rio de Janeiro: IBGE, 2023. Disponível em: https://biblioteca.ibge.gov.br/index.php/biblioteca-catalogo?view=detalhes&id=2102002. Acesso em: 27 ago. 2025.

IBGE. Mapa da Amazônia legal 2021. Rio de Janeiro: IBGE, 2021. Disponível em: https://geoftp.ibge.gov.br/organizacao_do_territorio/estrutura_territorial/amazonia_legal/2021/Mapa_da_Amazonia_Legal_2021.pdf. Acesso em: 27 ago. 2025.

IBGE. Brasil tem 1,7 milhão de indígenas e mais da metade deles vive na Amazônia Legal. Agência de Notícias IBGE, Rio de Janeiro, 7 ago. 2023. Disponível em: https://agenciadenoticias.ibge.gov.br/agencia-noticias/2012-agencia-de-noticias/noticias/37565-brasil-tem-1-7-milhao-de-indigenas-e-mais-da-metade-deles-vive-na-amazonia-legal. Acesso em: 27 ago. 2025.

IBGE. Pesquisa de Orçamentos Familiares 2017-2018: análise do consumo alimentar pessoal no Brasil. Rio de Janeiro: IBGE, 2020.

IBGE. Pesquisa de Orçamentos Familiares: 2008-2009. Rio de Janeiro: IBGE, 2011.

IBGE. Pesquisa Nacional por Amostra de Domicílios (PNAD): segurança alimentar 2013. Vol. 39. Rio de Janeiro: IBGE, 2014.

JAIME, P. C. Pandemia de COVID19: implicações para (in)segurança alimentar e nutricional. Ciência & Saúde Coletiva, Rio de Janeiro, v. 25, n. 7, p. 2504, jul. 2020. Disponível em: https://doi.org/10.1590/1413-81232020257.12852020. Acesso em: 27 ago. 2025.

JEPSON, W. Measuring 'no-win' waterscapes: Experience-based scales and classification approaches to assess household water security in colonias on the US-Mexico border. Geoforum, n. 51, p. 107-120, 2014. Disponível em: http://dx.doi.org/10.1016/j.geoforum.2013.10.002. Acesso em: 27 ago. 2025.

LAWRENCE D. *et al.* The unseen effects of deforestation: biophysical effects on climate. Frontiers in Forest and Global Change, [s.l.], v. 5, n. 756115, 2022. Disponível em: https://doi.org/10.3389/ ffgc.2022.756115. Acesso em: 27 ago. 2025.

LAWRENCE, D.; VANDECAR, K. The impact of tropical deforestation on climate and links to agricultural productivity. Nature Climate Change, [s.l.], n. 5, p. 27-36, 2015. Disponível em: https://doi.org/10.1038/nclimate2430. Acesso em: 27 ago. 2025.

MATA, M. M. *et al.* Qualidade e acesso à água para consumo humano: um olhar sobre o Estado do Amazonas, Brasil. Ciência & Saúde Coletiva, Rio de Janeiro, v. 29, n. 8, p. 1-12, 2023. Disponível em: https://doi.org/10.1590/1413-81232024298.05442023. Acesso em: 27 ago. 2025.

MATA, M. M.; NEVES, J.A.; MEDEIROS, M. A. T. Hunger and its associated factors in the Western Brazilian Amazon: a population-based study. Journal Health Population and Nutrition, [s.l.], v. 41, n. 36, p. 1-9, 2022. Disponível em: https://doi.org/10.1186/s41043-022-00319-5. Acesso em: 27 ago. 2025.

MILLER, J. D. *et al.* Household water and food insecurity are positively associated with poor mental and physical health among adults living with HIV in Western Kenya. The Journal of Nutrition, [s.l.], v. 151, n. 6, p. 1656-1664, 2021. Disponível em: https://doi.org/10.1093/jn/nxab030. Acesso em: 27 ago. 2025.

MILLER, J. D. *et al.* Water security and nutrition: current knowledge and research opportunities. Advances in Nutrition, [s.l.], v. 12, n. 6, p. 2525-2539, 2021. Disponível em: https://doi.org/10.1093/advances/nmab075. Acesso em: 27 ago. 2025.

NEVES, J. A. *et al.* Unemployment, poverty, and hunger in Brazil in Covid-19 pandemic times. Rev. Nutr, [s.l.], n. 34, p. e200170, 2021. Disponível em: https://doi.org/10.1590/1678-9865202134e200170. Acesso em: 27 ago. 2025.

NEVES, J. A. *et al.* The Brazilian cash transfer program (Bolsa Família): A tool for reducing inequalities and achieving social rights in Brazil. Global Public Health, [s.l.], v. 17, n. 1, p. 26-42, 2022. Disponível em: https://doi.org/10.1080/17441692.2020.1850828. Acesso em: 27 ago. 2025.

OLIVEIRA, B. F. A. *et al.* Prevalência de hipertensão arterial em comunidades ribeirinhas do Rio Madeira, Amazônia Ocidental Brasileira. Cadernos de Saúde Pública, Rio de Janeiro, v. 29, n. 8, p. 1617-1630, 2013. Disponível em: https://doi.org/10.1590/0102-311X00146212. Acesso em: 27 ago. 2025.

ONU. Transforming our world: the 2030 Agenda for Sustainable Development. General Assembly. Nova Iorque: ONU, 2015. Disponível em: https://docs-un-org.translate.goog/en/A/RES/70/1?_x_tr_sl=en&_x_tr_tl=pt&_x_tr_hl=pt&_x_tr_pto=tc. Acesso em: 27 ago. 2025.

ONU. What is water security?. [Infográfico]. Nova Iorque: ONU, 2013. Disponível em: https://www.unwater.org/sites/default/files/app/uploads/2017/05/unwater_poster_Oct2013.pdf. Acesso em: 27 ago. 2025.

REDE PENSSAN. Inquérito Nacional sobre Insegurança Alimentar no contexto da pandemia da Covid-19 no Brasil. Rede PENSSAN, 2021. Disponível em: http://olheparaafome.com.br/VIGISAN_Inseguranca_alimentar.pdf. Acesso em: 26 ago. 2025.

REDE PENSSAN. II Inquérito Nacional sobre Insegurança Alimentar no contexto da pandemia da Covid-19 no Brasil. II VIGISAN: relatório final. São Paulo: Fundação Friedrich Ebert: Rede PENSSAN, 2022. Disponível em: https://olheparaafome.com.br/wp-content/uploads/2022/06/Relatorio-II-VIGISAN-2022.pdf. Acesso em: 26 ago. 2025.

RIBEIRO, S. L. Considerações iniciais sobre a segurança hídrica do Brasil. Revista Brasileira de Estudos de Defesa, [s. l.], v. 4, n. 1, p. 155-180, 2017. Disponível em: https://doi.org/10.26792/rbed.v4n1.2017.70306. Acesso em: 27 ago. 2025.

SANTOS, T. G. dos. *et al.* Tendência e fatores associados à insegurança alimentar no Brasil: Pesquisa Nacional por Amostra de Domicílios 2004, 2009 e 2013. Cadernos de Saúde Pública, Rio de Janeiro, v. 34, n. 4, p. 1-17, 2018. Disponível em: https://www.scielo.br/j/csp/a/Tk9dZSWfDsZg5SKPHtwKZrb/?format=pdf&lang=pt. Acesso em: 27 ago. 2025.

SCHWEICKARDT, J. C. *et al.* História e política pública de saúde na Amazônia. Rede UNIDA. Porto Alegre; 2017.

TRIVELLATO, P. T. *et al.* Food and nutritional insecurity in families in the Brazilian rural environment: a systematic review. Ciência & Saúde Coletiva, Rio de Janeiro, v. 24, n. 3, p. 865-874, 2019. Disponível em: https://doi.org/10.1590/1413-81232018243.05352017. Acesso em: 27 ago. 2025.

TUCCI, C. E. M.; HESPANHOL, I.; NETTO, O. M. C. Cenários da gestão da água no Brasil: uma contribuição para a "visão mundial da água". Revista Brasileira de Recursos Hídricos, Porto Alegre, v. 5, n. 5, p. 31-43, 2000. Disponível em: https://abrh.s3.sa-east 1.amazonaws.com/

Mani, 2024
Andréia da Silva

Marcelo Salazar
Ativista e empreendedor socioambiental; fundador e coCEO da Mazô Maná - Nutrição da Floresta; associado do Instituto Socioambiental (ISA) e do Instituto Fome Zero (IFZ); conselheiro do Projeto Aldeias, NAPRA, Sanctu e Amazon Investor Coalition; engenheiro de Produção pela Universidade Federal de São Carlos (UFSCar); trabalha há 25 anos com povos tradicionais da Amazônia, 15 deles à frente do escritório do ISA em Altamira (PA), onde vive até hoje.

CAPÍTULO 7

QUANDO A FLORESTA ENSINA

Reflexões sobre uma sociobioeconomia da prosperidade

CAPÍTULO 7

A mandioca, simples e preciosa, ensina que a riqueza está nas cadeias que respeitam a terra, unem saberes e fortalecem as raízes comunitárias.

A primeira vez que me dei conta da economia da abundância foi andando na mata com seu Pedrinho, na comunidade São Carlos, no rio Madeira, em Rondônia. Eu era voluntário no Núcleo de Apoio à População Ribeirinha da Amazônia (Napra), e fazia um diagnóstico sobre a produção das populações ribeirinhas dessa região. Ao questionar as pessoas sobre quais eram os produtos coletados ou produzidos, a resposta era sempre uma lista curta: castanha, farinha de mandioca e pesca. Sabia que eram muitos mais, mas, em minhas indagações, dificilmente conseguia mais itens. Já estava na comunidade há alguns dias quando seu Pedrinho me convidou para acompanhá-lo ao seu castanhal.

O objetivo da viagem era coletar castanhas. Mas, no caminho, a todo momento, ele parava, baixava o paneiro, saía da trilha e, adentrando mais fundo na mata, pegava uma semente para fazer um colar para sua neta, uma casca de árvore com propriedades medicinais que alguém havia encomendado ou um cipó para tecer cestas, e assim por diante. Ao fim dos dois dias de viagem, meu anfitrião carregava um cesto cheio de castanhas e uma bolsa de borracha (que ele mesmo havia feito com leite de seringa) com diversos outros produtos. Foi quando tive a dimensão da complexidade e da diversidade desse modo de vida que produz e conserva a floresta em pé. Uma compreensão que abrangia não só a minha mente, mas todos meus sentidos, envolvidos pela floresta. A castanha era o produto cuja venda garantia dinheiro e que também servia para alimentar a família durante todo o ano. Mas a mata igualmente fornecia matéria-prima para fazer remédios, utensílios para a casa, alimentos, artesanato, brinquedos, entre outras coisas.

Dessa andança, tenho na lembrança a tranquilidade e o tom de brincadeira de seu Pedrinho e do resto do grupo. O desconforto de horas de barco sob o sol quente, longas caminhadas com o pesado paneiro de castanha nas costas, os pernoites na rede com todos apertados sob a lona disposta entre as árvores, as inúmeras picadas de mosquito... tudo isso era entrecortado pelas histórias de seu Pedrinho e amigos. Se para mim a floresta era uma aventura, para eles era um ambiente de lembranças e histórias vividas, de causos de onça e de assombração, tudo permeado por muita risada.

Para a alimentação, havíamos levado um "frito" — mistura de carne com farinha de mandioca —, água e farinha pura, de reserva. Eu também levava barrinhas de cereais e frutas desidratadas, que voltaram quase intocadas. A floresta oferecia uma ampla variedade de frutas, além de castanha-do-pará e outros frutos. Voltamos cansados, mas com a alma alimentada, alegres, com o corpo forte e cheios de ideias novas!

Esses dias me marcaram profundamente. Nos anos seguintes, vivi muitas experiências semelhantes ao acompanhar indígenas e ribeirinhos na floresta em diferentes regiões da Amazônia ao longo de mais de duas décadas — com maior intensidade nas reservas extrativistas e em algumas terras indígenas da Terra do Meio, no Pará. É a partir dessas vivências e dos processos de apoio a essas comunidades na busca por valorização dos seus produtos e serviços que compartilho algumas das reflexões deste texto.

Fui ali fisgado pela floresta e por seus povos, e passei a colocar toda a minha energia para fortalecer o que seu Pedrinho me mostrou naqueles dias. Um futuro em que a economia da abundância — o que inclui tudo o que a floresta tem para oferecer, mas, também, produtos das roças tradicionais e dos rios — seja central, e o que é produzido ali seja valorizado também como um serviço socioambiental para o resto do mundo. E em que, com esse movimento de reconhecimento, a floresta fique de pé, o Brasil alcance o desmatamento zero e, assim, dê uma grande contribuição para a redução das emissões globais de gás carbônico.

É nisso em que acredito como ideal. A realidade, no entanto, ainda está bem distante disso.

Mais de 20 anos se passaram desde essa experiência na mata com seu Pedrinho. Da janela da minha casa em Altamira, no sudoeste do Pará, vejo o céu encoberto pela fumaça de queimadas. Os pedrais no leito do rio Xingu voltaram a aparecer depois de anos, por causa da seca. Um dos afluentes do rio Iriri, o Riozinho do Anfrísio, secou completamente em alguns trechos — "cortou", como se diz por aqui.

Maior município do Brasil em área territorial, Altamira abriga grandes porções de floresta, mas vive um avanço dramático do desmatamento. Entre 2019 e 2022, a derrubada de florestas alcançou taxas recordes. Em 2022, a cobertura vegetal perdeu 10,5 mil km^2, segundo o Instituto do Homem e Meio Ambiente da Amazônia (Imazon), o maior índice dos 15 anos anteriores (Imazon, 2023). Em 2023 e 2024, o retorno da fiscalização reverteu essa tendência —em 2023, o desmatamento caiu 21,8%, segundo o Projeto de Monitoramento do Desmatamento na Amazônia Legal por Satélite (INPE, 2023). Mesmo com essa melhora, a destruição dos últimos anos, somada ao aquecimento do planeta, tornou a floresta mais seca e mais suscetível ao fogo. Um fogo que não é natural, mas fruto da ação humana. O problema é que se antes ele era detido pela úmida floresta, agora se alastra mais rápido. E a chuva, que serve para apagar os incêndios, muitas vezes não tem vindo ou chega com atraso.

Os cientistas Carlos Nobre e Thomas Lovejoy (2018) apontam que, se o desmatamento na Amazônia atingir entre 20% e 25% da floresta, chega-se a um ponto de inflexão. Isso significa que partes de suas regiões leste, sul e central se tornarão sistemas não florestais, ou seja, se transformarão em matas de dossel aberto e altamente degradado, perdendo suas características de floresta tropical úmida (Nobre, Lovejoy, 2018). Com o atual ritmo de desmatamento e o aquecimento do clima, estamos nos aproximando desse patamar — 2024 foi o segundo ano consecutivo de secas extremas, e a perspectiva era que o mesmo cenário se repetisse em 2025.

Além disso, a posse de Donald Trump como presidente dos Estados Unidos, em janeiro de 2025, trouxe más notícias para o clima global e amazônico. Entre suas políticas de governo, estão a interrupção das ações ambientais implementadas por Joe Biden nos últimos anos, a intensificação da exploração de combustíveis fósseis e a saída do país do Acordo de Paris — o principal tratado de redução das emissões globais de carbono e limitação do aquecimento do planeta em 1,5º C em relação ao período pré-industrial.

O mundo caminha em uma rota acelerada de destruição e colapso socioambiental, que parece inevitável dado o contexto global de guerras e avanços insuficientes nas Conferências do Clima e no combate ao desmatamento. Porém, temos uma pequena chance de reverter o jogo e é nessa pequena fresta que eu trabalho em busca de soluções para uma transformação, para a criação de um novo futuro, a partir do sistema que a gente tem hoje.

Esse futuro deve ser baseado na floresta, na lógica de uma economia da abundância, da diversidade e do cuidado, em oposição à economia da escassez, da monocultura, da destruição. Ele passa pelo conhecimento ancestral, mas, também, pela inovação e conectividade. Transita pelas discussões globais e soluções financeiras para a crise climática, mas, igualmente, por um contato íntimo e duradouro com as populações indígenas e ribeirinhas que vivem na Amazônia e que são responsáveis por produzir e manter a floresta em pé, com seus modos de vida, valores e formas de organização social.

Os objetivos deste artigo são aprofundar esse diagnóstico e apresentar iniciativas que já caminham nesse sentido; ou seja, que colaboram para que a produção de alimentos da floresta se integre à economia formal e informal em sistemas produtivos capazes de produzir maior valor, inclusive financeiro e, com isso, gerar bem-viver e florestas conservadas para povos indígenas, quilombolas e comunidades tradicionais.

Do manejo diverso milenar à lógica destruidora das monoculturas e das grandes obras

Demoramos para aprender, como Ricardo Abramovay tem demonstrado com maestria em seus textos, que as monoculturas empobrecem os solos, fazem uso intensivo de água e agroquímicos, concentram renda, geram especulação de terras, trabalho análogo à escravidão e desmatamento, e que, especialmente na Amazônia, são as responsáveis pelo fato de o Brasil figurar entre os primeiros emissores globais de gases de efeito estufa (Abramovay, 2022a; Abramovay, 2022b; Abramovay, 2021; Abramovay *et al.*, 2024).

Basta olhar o mapa da região para perceber que, onde tem população tradicional, tem floresta em pé. A presença dessas populações foi e é essencial para impedir o desmatamento (Figura 1). Dos 4,8 milhões de hectares desmatados no bioma entre 2019 e 2024, por exemplo, apenas 3,5% (153,9 mil hectares) ocorreram dentro de TIs (MapBiomas, 2025) — e, ainda assim, são fruto de invasões de garimpeiros e grileiros de terras. Quase metade (48,8%) da Amazônia é composta por esses territórios. Além disso, existem áreas de floresta que são habitadas por populações tradicionais não reconhecidas pelo Estado, como os ribeirinhos que vivem no reservatório do lago de Belo Monte.

Na verdade, os povos indígenas não somente conservam a floresta como também a cultivam. Observei e aprendi essa realidade na prática em viagens de campo, reuniões e eventos com Eduardo Goés Neves, William Balée, Mike Heckenberger, Carolina Levis e outros cientistas. Esses pesquisadores mostram em suas robustas pesquisas que a floresta amazônica como a conhecemos é, em grande parte, antropogênica, fruto do manejo, por mais de 12 mil anos, pelos indígenas e, mais recentemente, por quilombolas e beiradeiros. Ao menos 83 espécies foram domesticadas em algum grau, incluindo mandioca, batata-doce, cacau, tabaco, abacaxi e pimentas (Clement *et al.*, 2015). Esses povos foram selecionando e domesticando espécies vegetais e, assim, contribuindo para a popularização de vários alimentos que consumimos hoje no Brasil e no mundo, como o açaí, guaraná, cupuaçu, castanha-do-pará.

Figura 1. Classificação fundiária e áreas desmatadas na Amazônia, 2016

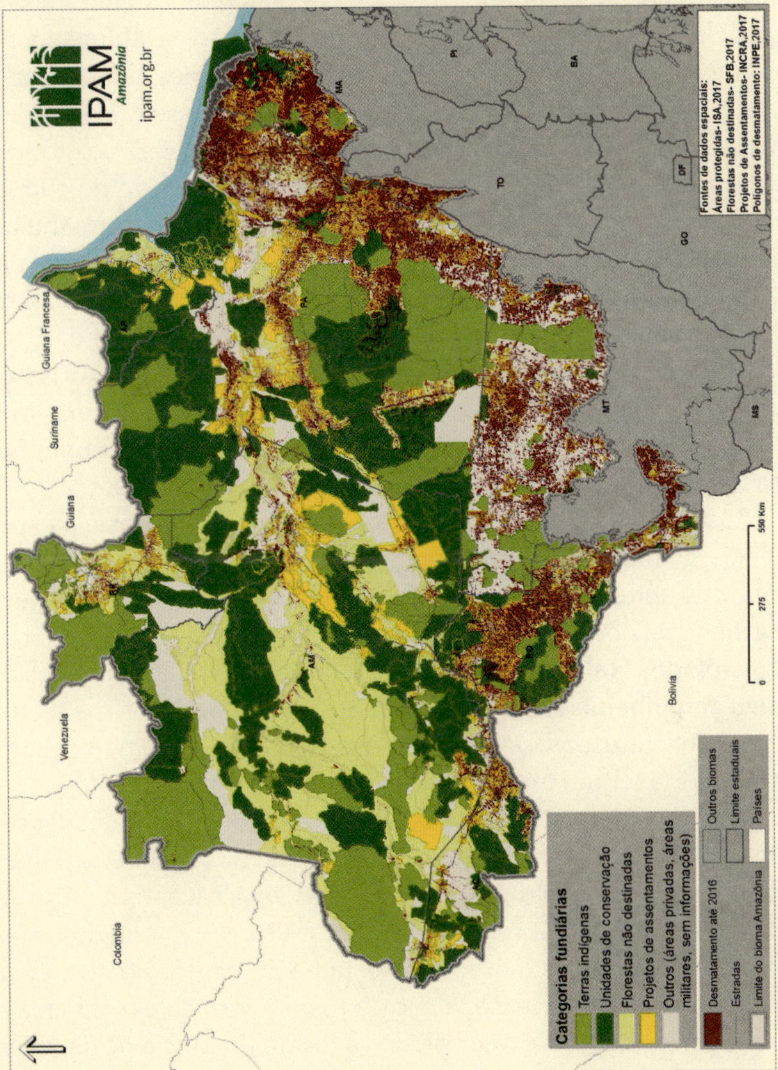

Fonte: IPAM, 2018.

Ao longo dos últimos milênios, as populações tradicionais carregaram sementes e manivas de um local para outro e contribuíram para gerar uma hiperdominância de algumas espécies vegetais. Das cerca de 16 mil espécies conhecidas de árvores e palmeiras na bacia amazônica, apenas 227 delas dominam a floresta, isto é, aproximadamente 50% de todas as árvores e palmeiras da Amazônia pertencem a essas poucas centenas de espécies[1]. Isso é corroborado pela identificação de alguns locais importantes de domesticação de diversas espécies, além de centros e regiões com alta diversidade de cultivos, assim como pela vasta distribuição das castanheiras (*Lecythidaceae*) por todo o território amazônico (Figura 2). Havia zonas de cultivo de cupuaçu, bacuri, guaraná, mandioca, batata-doce, abacaxi, entre muitas outras espécies. "Os primeiros cronistas do rio Amazonas relataram uma abundância de populações bem alimentadas ao longo das encostas, cercadas por pomares nas terras altas e campos sazonais nas planícies aluviais" (Clement *et al.*, 2015). Áreas de cultivo se alternavam com regiões destinadas às coletas, mas que também foram manejadas a partir das constantes perambulações e acampamentos ao longo de milhares de anos.

Assim, o número crescente de evidências científicas e a experiência de mais de 20 anos de observação convergem nas reflexões que apresento aqui e que não seriam possíveis sem viagens e expedições pelos rios e florestas amazônicos na companhia de arqueólogos, antropólogos e biólogos, além de muita andança na mata com ribeirinhos e indígenas. Essas muitas trocas me ajudaram a pensar essas ideias em conjunto, mas, também, a calibrar leituras. E a ter um entendimento do que é a Amazônia hoje.

Aqui, quero destacar que a floresta é essencial para a alimentação. Como a experiência de seu Pedrinho nos mostra, a mata é abundante. Tem castanha, babaçu, açaí. Tem caça, tem peixe no rio. Além disso, tem a roça de coivara, realizada em porções mínimas do território (no máximo, 5 hectares por família) (Fraxe *et al.*, 2011). De acordo com essa técnica, a mata é cortada e queimada e, em seguida, cultivada. Após alguns anos de produção de espécies

1 Para maiores detalhes, cf. o Capítulo 1 dessa publicação.

como mandioca, batata-doce, cará, puba e milho, abandona-se a área. Ao longo dos anos seguintes, a floresta volta a nascer ali, formando capoeiras até se tornar mata densa de novo. Utilizada por milhares de anos pelos antepassados dos povos que vivem hoje na região, a roça de coivara é uma das técnicas formadoras da floresta antropogênica descrita por arqueólogos, antropólogos e etnobiólogos.

Figura 2. Manejo de espécies da biodiversidade amazônica

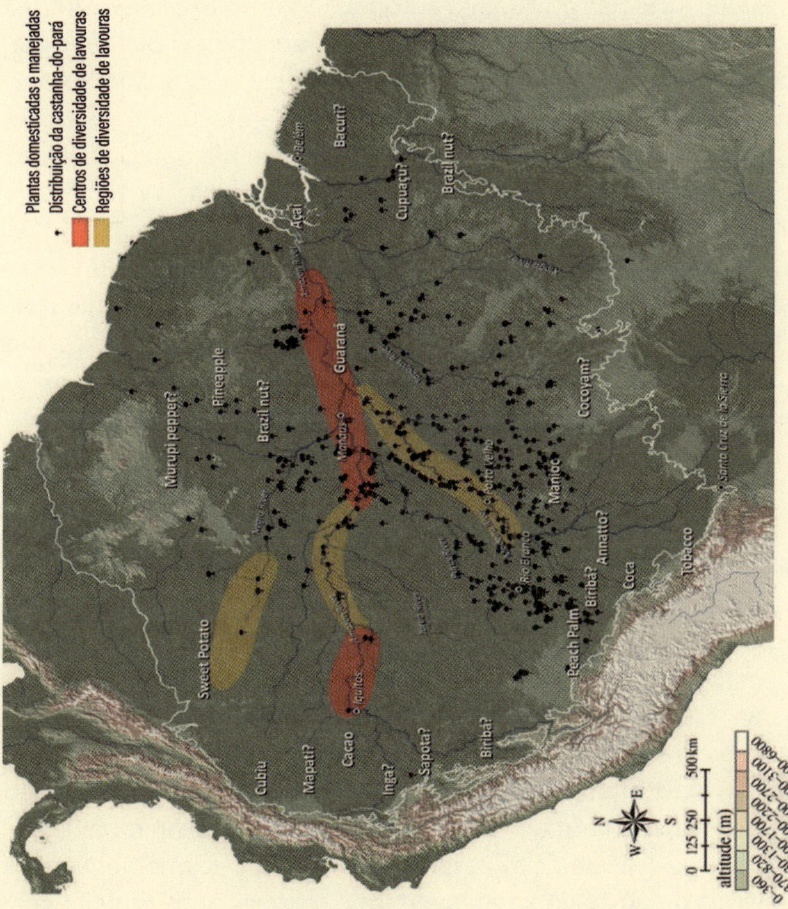

Fonte: Clement *et al.*, 2015.

A floresta também produz alimento por meio de seus rios voadores. Todos os dias, a mata tropical úmida joga mais de 200 mil litros de água por segundo na atmosfera por meio da evapotranspiração. Esses rios voadores viajam pelo ar por milhares de quilômetros e são responsáveis pelo regime de chuvas do Centro-Oeste, Sul e Sudeste do país. O alimento produzido nessas regiões — incluindo os grandes monocultivos de soja, milho etc. — depende das árvores da Amazônia. Um estudo recente do Instituto Serrapilheira (Mapbiomas, 2025) mostra que as terras indígenas da região amazônica influenciam o regime de chuvas que abastece 80% das atividades agropecuárias do Brasil. Em 2021, a renda econômica do setor agrícola nas áreas mais beneficiadas por essa dinâmica chegou a R$ 338 bilhões — 57% do total nacional. O agronegócio da monocultura depende intrinsecamente da abundância da floresta. Infelizmente, a maioria dos produtores ainda não compreendeu essa relação, e o setor ainda se organiza, local e nacionalmente, em torno de pautas de destruição.

Nos anos 1960 e 1970, Beto Ricardo e outros colegas do Instituto Socioambiental (ISA), como Mauro Almeida e Mary Allegretti, foram fundamentais para combater a ideia de que "a Amazônia era um vazio demográfico", espécie de senso comum difundido pela ditadura militar e que impulsionou campanhas de estímulo à imigração e à colonização da região. Havia uma perspectiva de que os indígenas estavam desaparecendo, que sua existência era provisória e que, em breve, seriam assimilados à sociedade nacional. Foi nessa época que o Centro Ecumênico de Documentação Indígena (Cedi), que contava com Beto Ricardo, Fany Ricardo, Mauro Almeida e André Villas-Bôas, entre outros, criou uma ampla rede com antropólogos e outros profissionais que estudavam e trabalhavam com povos indígenas e populações tradicionais de todo o país. Cada antropólogo, indigenista e outros profissionais que iam a campo levava uma ficha de catalogação para incluir as informações sobre o povo com o qual trabalhava.

Começou, assim, um amplo trabalho de documentação das centenas de povos indígenas em todo o Brasil. A partir dele, percebeu-se que, na verdade, essas populações estavam crescendo, ao contrário do que a ditadura dizia. Não era uma existência provisória: elas haviam resistido desde a chegada dos portugueses e continuariam resistindo. Dessa época, é fundamental também a liderança e luta de Cacique Raoni, Davi Kopenawa Yanomami, Benki Ashaninka e Chico Mendes. A eles associaram-se a personalidades como os religiosos Dom Pedro Casaldáliga, Dom Erwin e Dom Moacir, os músicos Sting e Lars, e os pesquisadores Eduardo Viveiros de Castro e Manuela Carneiro da Cunha, que auxiliaram a amplificar e a dar visibilidade a suas reivindicações.

Uma vez que as existências indígenas não são provisórias, seus direitos tampouco devem ser — pelo contrário, devem estar consagrados na Constituição, como aconteceu em 1988. A consolidação de direitos também ocorreu com o reconhecimento e a demarcação dos territórios indígenas iniciados a partir dos anos 1960 e das reservas extrativistas a partir da década de 1990, intensificando-se nos anos 2000.

É claro que essa ainda é uma luta central para muitos povos que ainda não têm seu direito à terra protegido por lei ou garantida a destinação de seu território — inclusive, a batalha jurídica pelo fim da tese do marco temporal[2] é uma das principais reivindicações contemporâneas do movimento indígena. Mas a consolidação territorial da maior parte dos povos e das populações nas décadas passadas foi um passo importantíssimo para a consolidação de direitos e para preparar o terreno para a garantia de mais políticas públicas que possibilitem a consolidação do modo de vida que garante a floresta em pé.

Da geração um pouco mais nova, entre muitas outras pessoas essenciais para essa luta, lembro-me de Tasso Azevedo (MapBiomas), Valmir Ortega (Belterra), Paulo Adario (Greenpeace), Deborah Duprat (MPF), Guilherme Leal (Natura) e Eduardo Neves

2 A tese do marco temporal propõe que os povos indígenas só teriam direito à demarcação de terras que estivessem ocupando ou reivindicando em 5 de outubro de 1988, data da promulgação da Constituição Federal. Em 27 de setembro de 2023, o Supremo Tribunal Federal (STF) a considerou inconstitucional. Por 9 votos a 2, os ministros entenderam que os direitos territoriais indígenas são originários e anteriores à Constituição, não dependendo de uma data específica para sua validade. No entanto, a tese foi reinstituída pela Lei 14.701/2023, aprovada no Congresso. Diante disso, o STF criou, em agosto de 2024, uma câmara de conciliação com lideranças indígenas, representantes de ruralistas e autoridades públicas. O debate sobre o marco temporal ainda acontecia no momento da conclusão deste capítulo.

(USP). Esses nomes compõem todo um ecossistema socioambiental formado por povos indígenas, ribeirinhos e quilombolas, pesquisadores das universidades, terceiro setor, governo e, agora, cada vez mais presentes, empresários de uma nova geração de "negócios de impactos" (positivos).

No início dos anos 2000, momento em que iniciei minha trajetória, grande parte dos territórios havia sido demarcada. Foi o período em que as populações ribeirinhas e indígenas, que nunca haviam acessado direitos garantidos pelo Estado, passaram a reivindicá-los, sobretudo serviços de saúde e de educação. Uma das estratégias do Instituto Socioambiental foi conseguir a infraestrutura de escolas e postos de saúde por meio de projetos e, depois, exigir do Estado que trouxesse os recursos humanos — médicos, professores, enfermeiros etc. Funcionou.

O aumento do acesso a recursos financeiros por meio de políticas públicas, comercialização de produtos tradicionais e compensações por grandes projetos de infraestrutura possibilitou aos povos tradicionais da Amazônia melhorias significativas, mas ainda insuficientes, em áreas como saúde, educação e acesso a tecnologias. Essas mudanças atenderam parte das demandas históricas dessas comunidades. No entanto, esse processo também trouxe desafios, como a maior frequência de circulação nas cidades e o aumento do tempo de conexão com redes sociais, especialmente entre os jovens.

Essa maior exposição ao "povo da mercadoria" teve um efeito sobre o sistema agroalimentar, com a introdução de alimentos ultraprocessados. Uma dieta que antes era altamente proteica, alternada com carboidratos complexos como mandioca, milho e batata-doce, por exemplo, foi substituída por uma alimentação empobrecida, calórica e pouco nutritiva — pão, bolacha, farinha branca, macarrão. Os impactos dessa transformação são muitos: desestruturação social, acesso a drogas e álcool e, claro, impactos na saúde. Muitas mulheres indígenas passaram a apresentar alterações hormonais em razão do aumento do consumo de carboidratos simples. Doenças como diabetes e pressão alta tornaram-se comuns (Corrêa, 2021; Rodrigues *et al.*, 2020; Garnelo *et al.*, 2009).

Adicionalmente, uma especificidade da região do Xingu, na Terra do Meio — apesar de se repetir em vários locais da Amazônia — foi o impacto da Usina Hidrelétrica de Belo Monte. A barragem começou a ser construída em 2010 e entrou em operação em 2015. Os impactos no meio ambiente e na vida dos povos indígenas e ribeirinhos foram diversos. Para aqueles que viviam a jusante da barragem, chamado pela empresa concessionária Norte Energia de "Trecho de Vazão Reduzida", o rio secou e alterou a dinâmica milenar de períodos de cheia e vazante. Isso afetou toda a fauna e a flora da região. Espécies de árvores estão desaparecendo, peixes deixando de se alimentar e reproduzir. Nos trechos a montante da barragem, o fluxo de água não foi afetado, mas o impacto social foi imenso. Programas de compensação ambiental (como o Plano Básico Ambiental, PBA) jogaram dinheiro na mão dos indígenas, alguns de recente contato, sem o cuidado necessário. Como resultado, o alimento tradicional foi substituído por cestas básicas de alimentos industrializados (DPU, 2023; IHU, 2018; Folha de São Paulo, 2013).

Outro impacto, que se intensificou ainda mais com Belo Monte, foi o aumento das invasões a territórios tradicionais. A construção da barragem gerou mais um grande fluxo migratório desordenado para a região. Com o fim das obras, no entanto, muitos desses trabalhadores acabaram ficando na região, buscando terras e oportunidades. No entanto, a maior parte das terras onde se instalaram se sobrepõe a terras indígenas e unidades de conservação. Um estudo do Instituto Socioambiental mostra como quatro terras indígenas da região (Apyterewa, Cachoeira Seca, Ituna/Itatá e Trincheira Bacajá) assistiram ao aumento exponencial das invasões e desmatamento em seu território a partir de 2015, ano da desmobilização da construção da barragem. Em 2019, o desmatamento nessas quatro TIs correspondeu a 61% da devastação florestal em terras indígenas de toda a Amazônia brasileira (Rede Xingu+, 2022).

Os invasores chegaram com a mentalidade da simplificação ecológica: derrubar a mata verde, densa e diversa, atear fogo e colocar pasto e boi no lugar. Não à toa, Altamira é hoje uma cidade dominada pela cultura do gado e, mais recentemente, também pela da soja. A destruição da floresta reduz as chuvas e a vazão dos rios — o que é contraditório, considerando que a hidrelétrica depende de água para gerar energia.

Nos últimos 15 anos, o dinheiro adentrou a vida dos povos da floresta. Nas comunidades ribeirinhas, veio por meio do Bolsa Família e dos empregos criados pelo próprio Estado — de professor, técnico de enfermagem, agente de saúde e saneamento, piloto de embarcações, vigia etc. Nas terras indígenas, além de tudo isso, entrou por meio das compensações ambientais de Belo Monte, o chamado Plano Básico Ambiental (PBA). Nesse último caso, é possível afirmar que esses recursos chegaram de formas muito equivocadas. O aporte da Norte Energia foi feito a partir de uma escuta enviesada e com pouco planejamento de longo prazo. Na maioria dos casos, o PBA virou uma grande lista de compras, demandada pelos indígenas.

É claro que o problema, em si mesmo, não é a monetização da economia local, ou a integração da população à economia de mercado, mediante a geração empregos e a comercialização dos produtos e serviços. A questão é a maneira como esse aporte monetário foi mediado por uma cultura de consumo, do dinheiro pelo dinheiro e por uma temporalidade do trabalho a ele associadas, que enfraquecem os modos de vida das comunidades.

O impacto na alimentação é um dos mais visíveis. Muitas famílias deixaram de plantar suas roças ou entrar na floresta para coletar alimentos. Escuto dos mais velhos, às vezes, o relato da saudade de comer certos alimentos, como cará, batata-doce da roça e mingau de babaçu. Eles ainda são produzidos por muitas famílias. No entanto, quem vive de trabalhos no sistema público ou em outros empregos acaba parando de fazer roça e passa a comprar produtos da cidade ou de outros ribeirinhos e indígenas (principalmente, farinha de mandioca). Por vários motivos, acaba valendo mais a pena comprar os produtos industrializados da cidade do que alimentos locais produzidos na roça de seus conterrâneos.

O Quadro 1 tem a pretensão de exemplificar, de maneira não exaustiva, algumas comparações a respeito das percepções e das características dos produtos da floresta e dos alimentos ultraprocessados. Ele foi elaborado com base em minhas vivências, conversas e observações, especialmente com famílias mais jovens na Terra do Meio, em que trabalho e habito, nos últimos 20 anos.

Quadro 1. Comparação entre percepções e características de produtos ultraprocessados e in natura na Terra do Meio.

Percepções e Características	Produtos ultraprocessados oriundos da monocultura	Produtos da floresta in natura
Percepção de valor pelos povos da floresta	▪ Barato ▪ Gostoso ▪ Mais prático para consumo ▪ Mesma saciedade ▪ Mais bonito ▪ Moderno ▪ Limpo	▪ Caro ▪ Gostoso ▪ Menos prático para consumo ▪ Mesma saciedade ▪ "Atrasado": do tempo dos antigos
Valores quase nunca percebidos	▪ Menor valor nutricional ▪ Paga menos impostos ▪ Gera muitas externalidades negativas (ambientais e sociais, especialmente com desfechos negativos na saúde) e a indústria não paga por isso	▪ Mais valor nutricional ▪ Paga mais impostos ▪ Gera muitas externalidades positivas ambientais, sem nenhum retorno por isso (ou muito pouco retorno)
Preço	▪ Menor custo logístico, mais subsídios (Plano Safra etc.)	▪ Maior custo logístico, menos subsídios

Fonte: Elaboração do autor, 2025.

Um macarrão instantâneo, um pacote de bolacha ou farinha de trigo são mais baratos que uma farinha de babaçu produzida na comunidade. Os ganhos de escala de uma produção de monocultura, aliados aos subsídios ao agronegócio (como o Plano Safra, por exemplo, que libera anualmente em torno de R$ 200 bilhões de reais em crédito subsidiado para grandes produtores de monoculturas), possibilitam um produto barato, mas pouco nutritivo, com altos níveis de sódio, açúcar e gordura (Agência Gov, 2024). Os produtos da floresta, por sua vez, têm um custo de produção bem maior (escala familiar de produção, em sistemas agroflorestais ou na floresta, em locais distantes e dispersos, encarecendo muito a logística). Mesmo ao ser vendido na comunidade, o produto da floresta sai mais caro do que o industrializado. Quando vai competir na cidade, a desvantagem é ainda maior, já que seu transporte por água envolve grandes custos logísticos. Esse produto, porém, tem em sua composição proteínas, fibras, vitaminas e vários outros nutrientes.

Outro dilema é que as oportunidades de geração de renda ofertadas nas comunidades, principalmente pelo Estado, pagam valores bem superiores ao que é auferido pelo extrativismo e pelas roças, como, por exemplo, o salário de professores e barqueiros das comunidades. Dessa maneira, cria-se um desincentivo às atividades tradicionais que objetivam gerar renda. Isso não significa que a chegada do Estado não seja bem-vinda; pelo contrário, trata-se do preenchimento parcial positivo de uma ausência histórica, que foi uma das grandes responsáveis pela reprodução das desigualdades regionais da Amazônia em relação ao território nacional. Na verdade, é preciso criar mecanismos que possibilitem que as atividades tradicionais gerem uma renda no mínimo equivalente a essas novas oportunidades, principalmente entre os jovens. Trata-se de ampliar suas escolhas, incluindo as atividades tradicionais bem remuneradas como uma dessas alternativas.

Essa questão da competição entre as atividades da economia formal monetizada e as atividades tradicionais é bem visível no caso de um amigo meu, ribeirinho da Resex Riozinho do

Anfrísio e professor em sua comunidade. Ele recebe um salário que considera bom, mas já não tem tempo para andar na mata nem fazer roça, devido à inadequação entre calendário escolar e o ciclo de vida local. Assim, depende dos alimentos produzidos pelas outras pessoas da comunidade ou que chegam da cidade. Ele faz parte de uma geração de indígenas, ribeirinhos e quilombolas que nasceu nos territórios já demarcados e que não sabe o tamanho da vitória que foi isso ("ok, temos nosso território, e daí?", muitos me questionam), que teve acesso à educação formal (sabem ler, escrever e fazer conta; muitos deles estão fazendo faculdade), formou suas associações e está em sua gestão, e que tem relações comerciais mais saudáveis do que a que os pais tiveram. Em geral, podemos afirmar que os mais velhos alcançaram o mínimo pelo qual lutaram por anos, porém, as novas gerações não querem mais só o mínimo, querem uma vida melhor com mais facilidades e recursos do que seus pais almejavam.

Meu amigo me diz que o emprego de professor, apesar do salário bom, não o satisfaz plenamente enquanto profissional. O dia a dia enclausurado na sala de aula não é o seu ideal. Ele sente falta do contato com a mata, a roça e o modo de vida, e preferiria trabalhar com os produtos da floresta, como seu pai fazia. Mas isso, explica, ainda não alcança a mesma renda e não é suficiente para manter o nível de vida atual de sua família.

Em contrapartida, há um crescente número de mecanismos de financiamento de conservação da floresta. A intensificação da agenda climática tem estimulado governos e empresas a colocarem dinheiro em agendas de sustentabilidade. A manutenção das florestas em pé é uma delas. Mercado de créditos de carbono, pagamento por serviços ambientais, créditos de biodiversidade e obrigações de mitigação de impactos (hidrelétricas, mineradoras, estradas) são alguns dos exemplos. Existe uma disposição, por parte dos detentores do capital, de colocar dinheiro em ações de conservação, mas ainda há uma grande dificuldade de esse recurso aterrissar nos territórios de forma saudável, gerando bem viver e qualidade de vida. Se o dinheiro extra entra na lógica de "dinheiro para gerar mais dinheiro", como uma boa parte do capitalismo opera hoje, o resultado pode ser a desterritorialização, o afastamento da cultura e do orgulho de ser indígena, ribeirinho, quilombola, e, consequentemente, o distanciamento do território.

O dinheiro sozinho não é o problema, e tampouco é a solução. É preciso pensar em como possíveis recursos, além de investimentos coletivos realizados via políticas públicas e ONGs, devem aterrissar nos territórios. Entre os exemplos, destacam-se recursos de compensação ambiental, projetos de carbono, pagamento por serviços socioambientais, o Fundo Amazônia, gerido pelo Banco Nacional de Desenvolvimento Econômico e Social (BNDES) e o Tropical Forest Financing Facility (TFFF), uma proposta do governo brasileiro para a criação de um mecanismo permanente para remunerar a conservação das florestas tropicais Esses recursos cumprirão o seu papel de fato se conseguirem chegar nas mãos de quem realmente mantém a floresta em pé e num formato que gere bem viver e não simples acumulação.

Como criar mecanismos de mediação da monetização e da integração à economia de mercado que enfraqueçam a cultura do consumo e a temporalidade do trabalho que vêm a reboque, e que ao mesmo tempo fortaleçam a dinamização dos modos de vida tradicionais? Um caminho promissor encontra-se justamente nos sistemas agroalimentares.

A palmeira do coco babaçu é um bom exemplo da potencialidade dos alimentos da floresta. É uma das 227 espécies hiperdominantes do bioma amazônico, domesticada pelos ancestrais dos povos indígenas que hoje vivem ali. Existe ampla documentação do seu uso, principalmente do óleo e da palha para construção de telhados, por diferentes povos indígenas da Amazônia e do Cerrado. Também é popular entre os ribeirinhos da Terra do Meio que, além do óleo retirado da semente, usado para cozinhar e passar no corpo e cabelo, utilizam a farinha do mesocarpo, que fica entre a casca interna e a externa, para preparar mingau para crianças e idosos e outras receitas muito nutritivas. É uma farinha muito proteica, que contém, ainda, fibra alimentar, minerais e vitaminas, como a B1 e B2. Entre os minerais encontrados, destacam-se o cálcio, o fósforo, o magnésio, o potássio e o ferro (Couri, Giada, 2016). Além disso, a parte mais dura, o endocarpo, pode ser transformada em carvão, que costuma alimentar fogões à lenha das comunidades e está presente nas velas da grande maioria dos filtros de barro vendidos no Brasil. A palha, por sua vez, é tradicionalmente usada para cobertura e paredes de casas.

No fim do século XIX, o babaçu era também usado no Nordeste, de onde migraram grandes contingentes de pessoas para a produção de borracha na região amazônica. Acostumadas com o clima árido da caatinga, as primeiras gerações desses migrantes da seringa tiveram mais dificuldade de se adaptar à floresta. Jogados em colocações — uma pequena clareira, na beira do rio e próxima das estradas de seringa na mata, onde eram construídos a casa e o barracão —, esses seringueiros viviam afastados geograficamente um dos outros, ainda não sabiam como lidar com a floresta e eram proibidos de plantar suas roças. Dependiam quase exclusivamente dos produtos da cidade vendidos pelos patrões, o que se configurava em um sistema de escravidão por dívida, através do qual as mercadorias eram vendidas aos empregados da seringa a um preço exorbitante, de forma que os seringueiros estivessem sempre devendo (Costa, 2015).

Na segunda geração, os seringueiros começaram a fazer suas roças escondidas dos patrões. Também aprenderam a caçar. Foi então que veio a primeira crise da borracha, a partir de 1911. Décadas antes, os ingleses haviam traficado sementes de seringa para a Indonésia. Lá, conseguiram implantar monoculturas de seringa, o que fez o preço da borracha despencar, assim como a relevância do mercado brasileiro. Os seringueiros, há três gerações na floresta, já tinham perdido os vínculos com a terra natal de seus antepassados. Abandonados pelos patrões no meio da mata, eles foram aprendendo a lidar com ela, e com seus rios e roçados ao longo do tempo e, muitas vezes, com seus vizinhos indígenas. Isso aconteceu a partir de relações de amizade e compadrio, mas, também, de conflito com os povos que viviam naquele território. Seja como for, aos poucos, passaram a dominar a caça e a pesca, a plantar suas roças no sistema de coivara, a manejar mais espécies da floresta e a fazer canoas e casas cada vez melhores (Schmink, Wood, 1992).

Um segundo ciclo da borracha foi retomado durante o período da Segunda Guerra Mundial, por causa da invasão da Indonésia pelo Japão. O governo brasileiro, então, lançou uma campanha para alistar "soldados da borracha", política que estimulou uma nova leva de migração de população empobrecida, principalmente do Nordeste, para a Amazônia. A borracha era uma matéria-prima importante para a guerra, pois era utilizada como "recheio" de tanques de guerra, pneus de carros e outros equipamentos. Esse segundo boom, no entanto, durou apenas o tempo do conflito mundial. Logo depois, o preço da borracha voltou a cair e, mais uma vez, os "patrões da borracha" foram embora e mais um contingente de migrantes permaneceu nas comunidades da floresta, dependendo cada vez menos dos produtos da cidade (Pontes, 2015).

É curioso pensar que o maior ciclo capitalista que a Amazônia já teve gerou seu contrário, isto é: um modo de vida anticapitalista denominado "campesinato florestal", baseado no uso coletivo do território e em relações comunitárias e de intenso convívio com a floresta e os rios (Almeida, 2004). A alimentação ribeirinha se consolidou com muito babaçu, mandioca, milho, cupuaçu, açaí, bacaba, manga, graviola, ingá, castanha-do-pará, peixe e caça, entre outros. O livro Xingu: A história dos produtos da floresta conta não somente a história, mas os diferentes usos desses produtos na Terra do Meio (Postigo, 2017).

Essa história ilustra a potência que a economia da floresta possui para enfrentar a integração à economia de mercado, respeitando os seus modos de vida associados. Ilustra a possibilidade de integração sem submissão, sem capitulação aos aspectos mais regressivos e predatórios do capitalismo.

Falamos do babaçu, mas, para falar dele, temos de mencionar a mandioca, a castanha, a borracha, os paneiros de cipó titica, as canoas de itaúba, o pequi e muitas outras espécies que coabitam os mesmos lugares e que fazem a vida e economia dos povos da floresta acontecer. Mesmo quando falamos de uma só espécie, trazemos toda a diversidade da vida numa floresta e abordamos a economia complexa do cuidado que envolve múltiplas espécies e múltiplos saberes.

Em busca de uma economia do futuro

Acompanhando diálogos sobre esse assunto em comunidades da região da Terra do Meio e outros territórios da Amazônia, constatei que, quando há possibilidades de recursos extras, pelo menos dois grandes blocos distintos de demandas emergem:

(1) investimentos coletivos na melhoria dos sistemas de saúde, educação, energia, transporte e outros;

(2) expectativa de ganhos individuais por pessoa ou por família, o tal do "dinheiro na mão".

Esses dois blocos requerem um terceiro bloco de investimentos: na "governança", ou seja, no custeio de estruturas de gestão e espaços de decisão tais como reuniões comunitárias, assembleias, equipes de gestão, passagens e despesas para ações de incidência política e advocacy, comunicação etc. Esse terceiro bloco nem sempre surge em um primeiro momento nas conversas nas comunidades, mas fica evidente com o aprofundamento do diálogo.

Uma das alternativas é que parte desses recursos aterrisse no território como um prêmio vinculado a produtos e serviços tradicionais conectados com a cultura e o modo de vida dessas comunidades. Por exemplo: para a "diária" do morador da floresta que vai fazer a coleta valer a pena, o quilo de babaçu precisa custar R$ 10. Mas, para compensar para o ribeirinho comprar essa farinha em sua comunidade, e não usar uma mistura de bolo pronto da cidade, esse quilo precisa custar R$ 5. Nesse modelo, portanto, o produtor vende seu produto por R$ 5 e ganha mais R$ 5 de remuneração pelos serviços ambientais prestados ao gerar seu alimento na floresta. O produtor ganha R$ 10, mas o comprador paga R$ 5. A diferença é paga com os financiamentos para conservação.

É um reconhecimento financeiro dos serviços ambientais que os moradores da floresta geram para o mundo inteiro. É compreender que esse modo de vida da abundância e da floresta em pé é imprescindível para o clima e para a segurança alimentar de todo o planeta. Esse modelo gera renda para quem está na floresta, garantindo uma remuneração digna, e estimula a produção dos alimentos da floresta. Torna o trabalho de roça ou de coleta tão atraente quanto os empregos vinculados ao Estado, como o de professor, por exemplo. Ao mesmo tempo, não reproduz os mesmos erros do sistema de assistencialismo baseado em quantias destinadas às famílias, o que, como vimos antes, estimula as pessoas a parar com as roças e a consumir produtos industrializados.

O foco nos povos da floresta não exclui a necessidade de investimentos na agricultura familiar e nos médios e grandes produtores, especialmente os que estão migrando para modelos agroecológicos, de integração lavoura-pecuária-floresta, bem como não elimina a importância de se realizar esforços coordenados e investimentos para promover de fato a regularização fundiária. Porém, o que se observa é que a lógica está invertida. Há mais investimentos em monoculturas de grandes propriedades que geram commodities para a indústria de alimentos ultraprocessados e carne do que em sistemas que promovem a diversidade alimentar.

Outra proposta é facilitar a produção e tornar esses produtos mais práticos para o consumo. Na Terra do Meio, tivemos a experiência exitosa das miniusinas, pontos de processamento localizados nas próprias comunidades e espalhados por diferentes localidades dos beiradões e terras indígenas. A principal demanda para a sua implementação veio da necessidade de acelerar o processamento do óleo de babaçu, complexo e demorado quando feito manualmente. Na miniusina, as amêndoas são distribuídas na máquina de secagem. Depois de secas, vão para a máquina de extração — adaptada para funcionar com os mesmos motores usados nos barcos regionais. Por fim, esse óleo é coado, pesado e armazenado. As miniusinas também são usadas para a desidratação de castanhas, pimentas e frutas, secagem de sementes para processamento de óleos, torrefação de farinhas e doces de fruta, desumidificação e redução de temperaturas de ambientes para estocagem de sementes e outros produtos, entre outras coisas.

Mais um exemplo é a Rede de Cantinas da Terra do Meio, que criou a mistura para bolo Vem do Xingu, feita com farinha de babaçu, cacau proveniente das cooperativas da Transamazônica e açúcar mascavo. A mistura também serve para fazer mingau de babaçu e chocolate, além de ser um alimento altamente nutritivo, cuja produção ajuda a manter o modo de vida dos povos da floresta.

No mesmo sentido, na campanha "Da Floresta para a Merenda" chefs como Neide Rigo e Bela Gil pensaram receitas para incluir a farinha de babaçu e outros ingredientes da floresta na merenda escolar. Foram criadas receitas como o vatapá de frango com farinha de babaçu, amanteigados e biscoitos, tortas e bolos. Com isso, esse produto passou a fazer parte da dieta das crianças em escolas públicas de Altamira, Uruará, Vitória do Xingu e outros municípios da região.

Por último, cabe destacar que a Mazô Maná criou um shake proteico com 14 ingredientes coletados pelos povos da floresta. Para a conservação, esses ingredientes passam por um processo de liofilização, uma desidratação em condições especiais de pressão e temperatura, que não usa nenhum tipo de conservante, mas preserva os nutrientes dos alimentos. Na Mazô, 10% do seu quadro societário é reservado para as comunidades locais, estabelecendo-se uma relação que não se limita à de fornecedor-cliente.

Ah, e antes que alguém me pergunte: mas, aumentar a produção desses alimentos da floresta não pode gerar escassez? Lembra quando falei das espécies hiperdominantes da Amazônia? Tem muito açaí, muita castanheira, muito babaçuzal na floresta amazônica. O potencial de produção é imenso. É só deixar a floresta em pé.

Referências bibliográficas

ABRAMOVAY, R. Ampliar a diversidade biológica é o maior desafio para o sistema alimentar global. In: CAMPELLO, T.; BORTOLETTO, A. P. (org.). Da fome à fome: diálogos com Josué de Castro. São Paulo: Elefante, 2022a, , p. 8-213.

ABRAMOVAY, R. Economia da sociobiodiversidade, caminhos para a Amazônia. Nexo Políticas Públicas, São Paulo, 29 set. 2022b.

ABRAMOVAY, R. Desafios para o sistema alimentar global. Ciência e cultura, São Paulo, v. 73, n. 1 p. 53-57, 2021.

ABRAMOVAY, R. *et al.* Diversity in agriculture and consumption: the basis for healthy and sustainable eating. In: KANT. A.; SARAN, S. (eds.). Bridging the Ingenuity Gap: Ideas for a Vibrant G20. New Delhi: ORF; Global Policy Journal, 2024.

AGÊNCIA GOV. Governo Federal lança Plano Safra 24/25 com R$ 400 bi a agricultura empresarial. Agência Gov, 3 jul. 2024. Disponível em: https://agenciagov.ebc.com.br/noticias/202407/governo-federal-lanca-plano-safra-24-25-com-r--400-59-bilhoes-para-agricultura-empresarial. Acesso em: 28 abr. 2025.

ALMEIDA, A. W. B. de. Terras tradicionalmente ocupadas: processos de territorialização e movimentos sociais. Revista brasileira de estudos urbanos e regionais, [s.l.], v. 6, n. 1, p. 9-31, 2004.

CLEMENT, C. *et al.* The domestication of Amazonia before European conquest. Londres: The Royal Society Publishing, 2015, p. 1-9.

CORRÊA, P. K. V. *et al.* Prevalência da hipertensão arterial sistêmica e diabetes mellitus entre indígenas. Cogitare Enfermagem, Curitiba, v. 26, p. 1-12, 2021.

COSTA, F. P. Soldados da borracha: imigração, trabalho e justiças na Amazônia. São Paulo: Biblioteca24horas, 2015.

COURI, M. H. de S.; GIADA, M. de L. R. Pão sem glúten adicionado de farinha do mesocarpo de babaçu (Orbignya phalerata): avaliação física, química e sensorial. Revista Ceres, Viçosa, v. 63, n. 3, p. 345-352, maio/jun. 2016. Disponível em: https://www.scielo.br/j/rceres/a/ykGWf8QsW48yKSVPyF6NPHs/?lang=pt. Acesso em: 18 abr. 2025.

DPU - DEFENSORIA PÚBLICA DA UNIÃO. Relatório temático. Belo Monte: Violação de Direitos dos Povos Indígenas e Responsabilidades do Empreendedor. [S.l.]: DPU, 2023.

EQUIPE TÉCNICA OBSERVATÓRIO DE OLHO NO XINGU – REDE XINGU+. Desmatamento em Terras Indígenas impactadas pela operação da UHE Belo Monte entre 2016 e 2022. Altamira: Rede Xingu+, 2022.

FOLHA DE SÃO PAULO. A Batalha de Belo Monte - Altamira invadida - Mercado (Capítulo 4: Povos Indígenas). Folha de S.Paulo, São Paulo, 16 dez. 2013. Disponível em: Acesso em: 4 set. 2025.

FRAXE, T. J. P.; PEREIRA, H. S.; WITKOSKI, A. C. (eds.). Comunidades ribeirinhas amazônicas: modos de vida e uso dos recursos naturais. Manaus, Reggo, 2011.

GARNELO, L.; WELCH, j. R. Transição alimentar e diversidade cultural: desafios à política de saúde indígena no Brasil. Cadernos Saúde Pública, Rio de Janeiro, v. 25, n. 9, p. 1872-1873, 2009.

LOVEJOY, T. E.; NOBRE, C. Amazon tipping point. Science Advances, [s.l.], v. 4, n. 2, p.1, 2018. Disponível em: https://www.science.org/doi/epdf/10.1126/sciadv.aat2340. Acesso em: 3 set. 2025.

IMAZON. Amazônia perdeu quase 3 mil campos de futebol por dia de floresta em 2022, maior desmatamento em 15 anos. Imazon, Belém, 2023. Disponível em: https://imazon.org.br/imprensa/amazonia-perdeu-quase-3-mil-campos-de-futebol-por-dia-de-floresta-em-2022-maior-desmatamento-em-15-anos/#:~:text=A%20Amaz%C3%B4nia%20sofreu%20em%202022,monitorar%20a%20regi%C3%A3o%2C%20em%202008. Acesso em: 10 mai. 2025.

INPE - INSTITUTO NACIONAL DE PESQUISAS ESPACIAIS. Taxa consolidada de desmatamento na Amazônia em 2022/2023. 2023. Disponível em: https://www.gov.br/inpe/pt-br/assuntos/ultimas-noticias/taxa-consolidada-de-desmatamento-na-amazonia-em-2022-2023-e-de-9-064-km2/ApresentacaoINPEPRODES.pdf Acesso em: 20 mai. 2025.

IPAM - INSTITUTO DE PESQUISA AMBIENTAL DA AMAZÔNIA. Mapa de classificação fundiária e desmatamento na Amazônia, 2016. Disponível em: https://ipam.org.br/bibliotecas/classificacao-fundiaria-e-desmatamento/. Acesso em 5 jun. 2025.

IHU - INSTITUTO HUMANOS UNISINOS. Belo Monte coloca biodiversidade do Xingu em risco. IHU, São Leopoldo,2018. Disponível em: https://www.ihu.unisinos.br/sobre-o-ihu/78-noticias/580208-belo-monte-coloca-biodiversidade-do-xingu-em-risco. Acesso em 23 mai. 2025.

MAPBIOMAS. Relatório Anual do Desmatamento no Brasil 2024 - RAD2024. São Paulo: MapBiomas, 2025.

PONTES, C. J. F. A guerra no inferno verde: segundo ciclo da borracha, o front da Amazônia e os soldados da borracha. South American journal of basic education, technical and technological, [s.l.], v. 2, n. 1, 2015.

POSTIGO, A. *et al.* Xingu: história dos produtos da floresta. São Paulo: Instituto Socioambiental, 2017.

REDE XINGU+. Nota Técnica 02/2022: Desmatamento em Terras Indígenas impactadas pela operação da UHE Belo Monte entre 2016 e 2022. [S. l.]: Rede Xingu+, 2022.

RODRIGUES, R. A. da C.; OLIVEIRA, F. P. de; SANTOS, R. A. dos. Transição nutricional e epidemiológica em comunidades tradicionais da Amazônia brasileira. Brazilian Journal of Development, [s.l.], v. 6, n. 3, p. 11290-11305, 2020.

SCHMINK, M.; WOOD, C. H. Contested frontiers in Amazonia. New York: Columbia University Press, 1992.

TAVARES, J. *et al.* Manutenção das Terras Indígenas é fundamental para a segurança hídrica e alimentar em grande parte do Brasil. Rio de Janeiro: Instituto Serrapilheira, 2024.

Lorenza Longhi
Mestre em Psicologia Social pela London School of Economics (LSE). Nos últimos anos, tem concentrado sua atuação na agenda de sistemas alimentares saudáveis, sustentáveis e equitativos, sob a perspectiva da promoção da saúde e da defesa do direito humano à alimentação adequada e saudável. Integra o Programa de Alimentação Saudável e Sustentável do Instituto de Defesa do Consumidor (Idec), onde é responsável por iniciativas de *advocacy* e incidência política.

Fernanda Helena Marrocos-Leite
Graduada em Nutrição, com mestrado em Ciências da Saúde pela Universidade Federal de São Paulo (Unifesp). Doutora em Saúde Global e Sustentabilidade pela Faculdade de Saúde Pública da Universidade de São Paulo (FSP/USP). Pesquisadora na Cátedra Josué de Castro em Sistemas Alimentares Saudáveis e Sustentáveis e no Núcleo de Pesquisas Epidemiológicas em Nutrição e Saúde da FSP/USP.

Estela Catunda Sanseverino
Bacharel em Gestão Ambiental pela Escola de Artes, Ciências e Humanidades da Universidade de São Paulo (EACH/USP). Mestranda no Programa em Ciência Ambiental do Instituto de Energia e Ambiente (IEE) da USP. Pesquisadora na Cátedra Josué de Castro em Sistemas Alimentares Saudáveis e Sustentáveis da FSP/USP.

Nadine Marques Nunes-Galbes
Graduada em Nutrição, com mestrado em Nutrição em Saúde Pública e doutorado em Saúde Pública pela FSP/USP. Especialista em Psicobiologia e Exercício pela Unifesp. Pesquisadora Assistente na Cátedra Josué de Castro de Sistemas Alimentares Saudáveis e Sustentáveis da FSP/USP. Mentora no Sustentarea, núcleo de pesquisa e extensão da FSP/USP sobre alimentação sustentável.

Laís Amaral Mais
Nutricionista pela Pontifícia Universidade Católica de Campinas (Puccamp), mestre e doutora em ciências pelo Departamento de Pediatria da Unifesp, doutorado sanduíche na Johns Hopkins Institute of Medicine. Coordenadora do Programa de Alimentação Saudável e Sustentável do Idec. Conselheira nacional do Conselho Nacional de Segurança Alimentar e Nutricional (Consea), entre outras instituições.

MONOTONIA AGROALIMENTAR NA AMAZÔNIA

A falta de biodiversidade no prato como ameaça à saúde

CAPÍTULO 8

Se a mandioca, com sua diversidade de formas e sabores, é símbolo de riqueza, a monocultura, ao contrário, empobrece o chão e apaga os traços da tradição.

Abiu, biribá, jacatupé, piquiá, matrinxã e pirapitinga são alguns nomes presentes no bioma mais rico em biodiversidade no mundo. São frutas, sementes, tubérculos, leguminosas e espécies de peixes — desconhecidos por grande parte da população brasileira, mas que compõem, tradicionalmente, a alimentação de povos indígenas e caboclos da região amazônica. Ainda que alguns ingredientes, como o guaraná, o tucupi, o jambu e o açaí venham sendo alçados a opções exóticas em preparos e receitas gourmets no Brasil e ao redor do mundo, é longe dos restaurantes sofisticados, mas nos hábitos cotidianos, que a gigante variedade e riqueza desse território se faz presente.

Um dos estudos considerados referência sobre as tradições alimentares brasileiras e suas influências indígenas, africanas e europeias na formação da cultura alimentar do país é a História da alimentação no Brasil. Nele, o pesquisador Câmara Cascudo relata como, para os povos autóctones, a comida e o ato de comer sempre estiveram diretamente conectados com a espiritualidade, as crenças, os rituais de passagem e as celebrações. A alimentação é parte integrante do viver e do estar no mundo, refletindo uma confluência entre as práticas referenciadas na tradição, na natureza e no entorno.

Para muitas culturas indígenas, a produção e o consumo de alimentos estão profundamente enraizados no respeito pela terra e na cooperação comunitária. O processo de plantar, colher e caçar é muitas vezes coletivo, baseado no equilíbrio com o meio ambiente e com os ciclos da natureza. Assim, o alimento, nesse contexto, não é apenas um recurso material, mas também espiritual, desempenhando um papel central em cerimônias, na expressão de identidade cultural e na transmissão de saberes ancestrais. É, portanto, impossível dissociar o alimento e o alimentar-se das práticas e das atividades do dia a dia (Cascudo, 1983).

No entanto, a despeito de tanta exuberância e da imagem idílica da floresta amazônica, são muitas as análises que se debruçam, desde o início do século 20, sobre a aparente contradição de uma região marcada, por um lado, por uma natureza abundante e, por outro, por ciclos de desequilíbrios e carências alimentares em suas populações, manifestadas em formas discretas, como déficits proteicos e ausência de alguns macro e micronutrientes, e até, nas mais extremas, como a desnutrição e a fome (Castro, 1946). Em uma área de mais de 5 milhões de km^2, com terras situadas ao longo e próximas da linha equatorial, margeando montanhas, savanas, manguezais e florestas, é esperado encontrar uma complexa teia de fatores e elementos, tanto biológicos quanto socioculturais e econômicos, que incidem sobre os variados tipos, características e desfechos da alimentação e da saúde na região.

A imensidão do território, sua geografia, a dificuldade de circulação e acesso, somadas a um contexto socioeconômico desigual e políticas públicas — em particular, serviços de saúde e de acesso à água — historicamente precárias ou até inexistentes, são alguns fatores que explicam o descompasso entre a riqueza em recursos naturais e a persistência de um quadro de insegurança alimentar e nutricional na população (Alencar *et al.*, 2007; Brasil, 2015). Nesse contexto, é possível observar como foram sendo reforçadas as representações da floresta amazônica no pensamento ocidental, que oscilam entre dois polos: abundância e escassez.

A imagem de abundância remonta à ideia de um paraíso terrestre, repleto de florestas e rios caudalosos, sendo posterior e parcialmente incorporada pelo discurso ambientalista. Já a ideia de escassez está ligada às dificuldades que as diferentes ondas de colonizadores encontraram para se adaptar ao ambiente amazônico e à sequência de barreiras geográficas citadas anteriormente, que frequentemente justificam os problemas perenes que a região enfrenta, inclusive as lacunas de informações científicas a respeito das condições de saúde e nutrição das seus habitantes (Alencar, 2016).

Portanto, fica evidente a importância dos fatores sociais, políticos e econômicos na determinação dos perfis de saúde e nutrição de uma população, além de um conjunto de aspectos instituidores necessários para o aproveitamento das potencialidades naturais, tanto de ordem cultural e ambiental quanto científica e tecnológica. Da mesma maneira, é preciso reconhecer que as escolhas e práticas alimentares são moldadas por uma intrincada interação de múltiplos determinantes, que vão muito além de aspectos estritamente nutricionais ou biológicos. Não diferentemente de outros contextos, mas especialmente na Amazônia, afinal, diante das complexas transformações que os povos e comunidades tradicionais têm vivenciado ao longo de suas trajetórias históricas, torna-se essencial o cuidado de uma abordagem abrangente.

Embora não tão conhecidas como os povos indígenas e ribeirinhos, há também outras populações tradicionais nos meandros do bioma, como quilombolas, seringueiros, pescadores artesanais, agricultores familiares e piaçabeiros. Cada uma tem princípios culturais específicos que orientam suas práticas alimentares, fator que dificulta o entendimento sobre o que seria um padrão de dieta amazônica. Há consenso, no entanto, de que, a partir do contato com populações não locais, esses grupos frequentemente enfrentaram mudanças drásticas em seus modos de vida que perduram até os dias atuais, o que impacta diretamente sua subsistência, seus hábitos alimentares (como o aumento progressivo da oferta e do consumo de produtos alimentícios ultraprocessados e produtos de origem animal, com destaque para as carnes) e, por conseguinte, sua saúde.

Ainda que seja difícil constatar padrões alimentares específicos nessa imensa região, é possível identificar a mandioca, sua farinha ou massa (em uma infinita variedade de pastas, conhecidas pelo nome de beijus), como seu alimento básico, tanto como complemento obrigatório quanto como ingrediente central em preparações culinárias. Ela é tradicionalmente consumida misturada a uma ampla diversidade de peixes, sementes e frutas da floresta, a alguns escassos ingredientes da parca agricultura regional, ou aos poucos elementos da fauna terrestre que servem como recursos alimentares. A mandioca, aliás, tem uma longa história com a Amazônia. Vestígios arqueológicos revelaram que ela aparenta ter sido cultivada e eventualmente domesticada na região há cerca de 7 mil anos (Watling *et al.*, 2018).

De acordo com estudos da Empresa Brasileira de Pesquisa Agropecuária (Embrapa) no Amazonas, por exemplo, o tubérculo é produzido nas mais de 5,5 mil comunidades do estado. Sua importância é constatada também pela presença em várias histórias tradicionais, como na lenda tupi da "Manioca", ou "casa de Mani" (Brasil, 2023). Segundo a fábula, Mani, uma menina indígena de pele clara, faleceu e foi enterrada por seus pais dentro de uma oca. Por vários dias, a terra permaneceu úmida por causa das lágrimas daqueles que lamentavam sua perda. Para a surpresa de todos, algum tempo depois, uma pequena planta começou a brotar no local, gerando a tão consumida mandioca, ou aipim, ou macaxeira, entre outros nomes pelos quais é conhecida até hoje. Como vemos, seu cultivo perpassa tradições e culturas indígenas e segue, em maior ou menor medida, por toda a culinária brasileira.

A exemplo do cultivo da mandioca, a agricultura na região tinha historicamente um caráter de subsistência, com variações restritas de culturas que requeriam baixa tecnologia. Diversas limitações contribuíram para esse panorama, desde aspectos naturais, como a qualidade dos nutrientes do solo e a disponibilidade de água, luz e gás carbônico, além de ataques de pragas e doenças — que poderiam ser mitigados com o uso de insumos externos se a região não fosse tão isolada —, até aspectos institucionais e relacionados ao contexto socioeconômico (Fearnside, 2022a).

Não foi, portanto, a possibilidade de prosperar por meio da diversidade de culturas agrícolas que atraiu a atenção dos primeiros europeus. Foram especialmente o ciclo do cacau e, posteriormente, o grande ciclo econômico da borracha, que trouxeram riqueza aos barões de Belém e Manaus e promoveram o desenvolvimento arquitetônico e cultural dessas duas importantes cidades amazônicas. Após esse pujante período da primeira metade do século 20, a Amazônia permaneceu isolada e esquecida pelo restante do Brasil. Foi somente a partir da década de 1960, com a implementação de planos de integração nacional, a descoberta de recursos minerais e grandes projetos de desenvolvimento impulsionados após o golpe militar de 1964 que a região voltou aos holofotes e atraiu migrantes de várias partes do país, especialmente do Sul. Esse período marcou a intensificação de uma transformação drástica na sua paisagem: a devastação da floresta, encorajada principalmente pela construção das primeiras estradas, que, por sua vez, foram acompanhadas pela criação de pastagens e a exploração predatória da madeira (Figuras 1 e 2).

Figura 1. Desmatamento acumulado na Amazônia Legal até 1985.

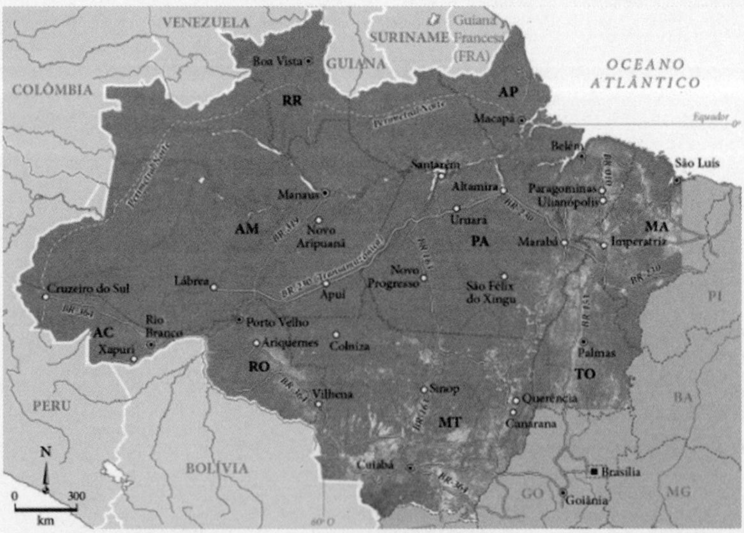

Fonte: Angelo e Azevedo, 2024.

Figura 2. Desmatamento acumulado na Amazônia Legal em 2022.

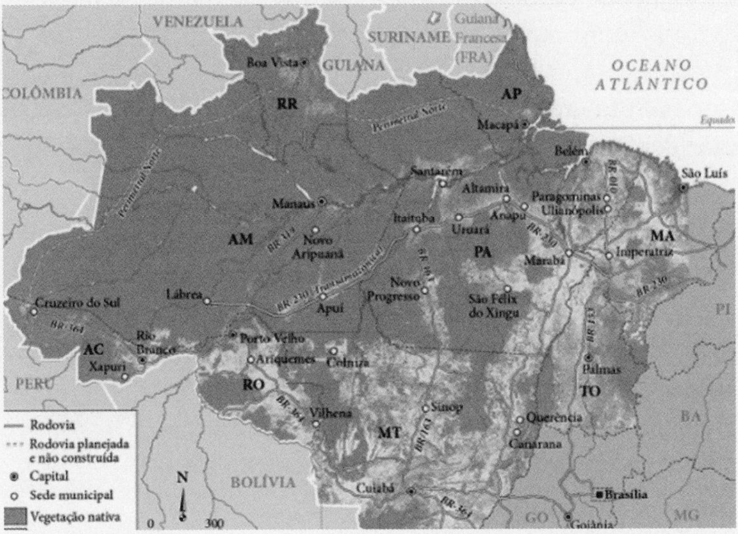

Fonte: Angelo e Azevedo, 2024.

Desde então, o desmatamento tem sido um dos indicadores mais utilizados para avaliar e quantificar a intensidade da intervenção humana na Amazônia, embora não seja suficiente para capturar a amplitude das atividades que degradam o bioma. Desde 1988, a destruição de vegetação nativa na região é monitorada, via satélite, pelo Ministério do Meio Ambiente (MMA) em parceria com o Instituto Nacional de Pesquisas Espaciais (Inpe), do Ministério da Ciência, Tecnologia e Inovação (MCTI). O objetivo é usar os dados obtidos para embasar as ações de fiscalização, controle e combate ao desmate ilegal. Além disso, o monitoramento permite mensurar a quantidade de gases de efeito estufa (GEE) lançada na atmosfera por causa dessa prática irregular, uma informação a mais para orientar as políticas que visam cumprir as metas voluntárias de redução gradativa de emissões assumidas pelo governo brasileiro.

A queimada é, infelizmente, uma das técnicas mais usadas para eliminar as florestas. Após a derrubada da vegetação, queimar os resíduos orgânicos é uma alternativa mais barata e eficiente para abrir espaço para a agricultura e as pastagens de gado bovino. O solo fertilizado pela queima torna-se ideal para disseminação de sementes de gramíneas forrageiras perenes, contribuindo com extensas áreas de pastagens na região. O avanço da pecuária bovina está historicamente relacionado e motivado pelo avanço da fronteira (Poccard *et al.* 2015). Essa atividade é anterior ao início do monitoramento e se intensificou ao longo das décadas, com períodos de maior controle como entre 2010 e 2015.

A partir da década de 1970, juntamente com os investimentos públicos em grandes projetos, como estradas, mineração e hidrelétricas, também foram estimulados subsídios e crédito facilitado para agropecuaristas, política que contribuiu para a ocorrência de mudanças rápidas e profundas na Amazônia. O rebanho bovino aumentou de cerca de 2 milhões de cabeças em 1970 para aproximadamente 80 milhões em 2010 e mais de 238 milhões em 2023. São Félix do Xingu, no Pará, é o município brasileiro que lidera o ranking de efetivo de gado, com 2,5 milhões de cabeças. Já o desmatamento, que antes de 1975 afetava menos de 1% da região, atingiu quase 19% em 2013 e 24,3% em 2018, o que equivale a três vezes o tamanho do estado de São Paulo (IBGE, 2023a).

Desse modo, desde a chegada dos primeiros exploradores europeus no século 16, a Amazônia teve um desenvolvimento econômico baseado na exploração intensiva de seus recursos naturais (como a mineração e o comércio de madeira) e sem preocupação com os impactos sociais e ambientais. Em vez de criar uma prosperidade ampla e inclusiva, esse modelo perpetua um ciclo de exploração, desigualdade e concentração de poder e riqueza.

Nesse sentido, é possível observar o mesmo padrão de ocupação da região com o avanço da agricultura e da pecuária. A título de ilustração, nas últimas décadas, a Amazônia Legal apresentou a maior mudança no uso da terra entre todos os biomas e regiões do Brasil. A área plantada ou destinada à colheita aumentou de 84.927 km^2 no ano 2000 para 224.781,8 km2 em 2019 (Figura 3). O valor da produção da agricultura subiu de R$ 6,44 bilhões em 2000 para R$ 84,35 bilhões em 2019 (Figura 4) (IBGE, 2020).

Figura 3. Área plantada ou destinada à colheita total (lavouras temporárias e permanentes) na Amazônia Legal, 2000-2019.

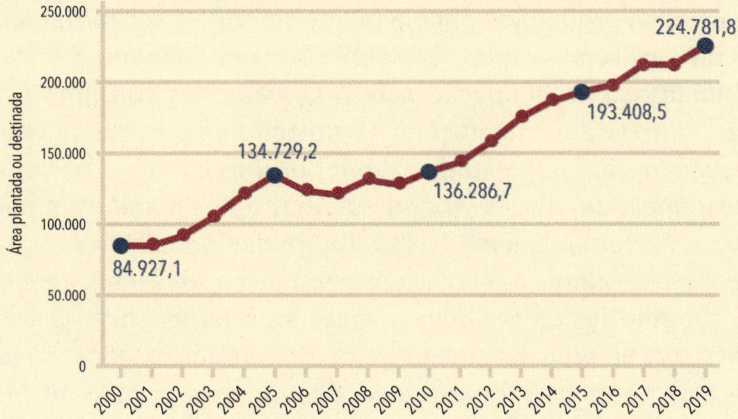

Fonte: Pesquisa Agrícola Municipal (PAM), IBGE.

Figura 4. Área plantada ou destinada à colheita (km²) e valor da produção agrícola (R$ bilhões) na Amazônia Legal, 2000-2019.

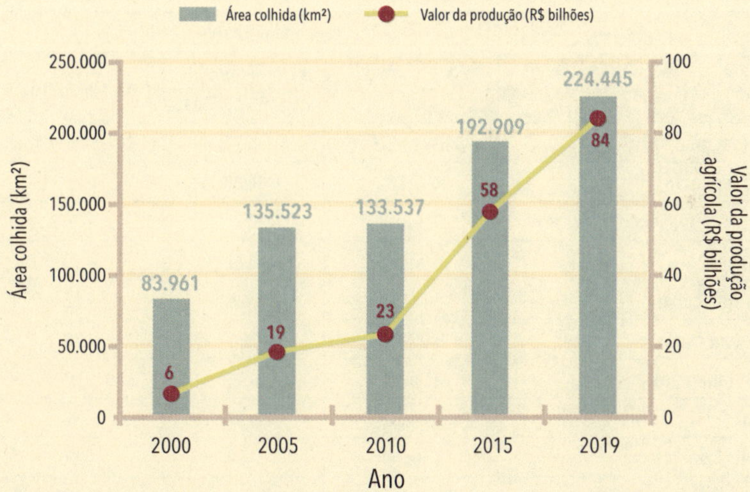

Fonte: Pesquisa Agrícola Municipal (PAM), IBGE.

Assim como no século passado, com a Revolução Verde, as inovações na agricultura foram apontadas como fundamentais para atender o crescimento populacional e a necessidade de dar escala à produção agrícola no interior do Brasil, tornando o país um dos principais exportadores de commodities agrícolas. Atualmente, a preocupação com o aumento do consumo persiste, somada às inquietações em relação ao clima e à desertificação de áreas em todo o mundo, reforçando a narrativa da exigência de uma nova onda de inovações e soluções para atender às demandas presente e futura das populações.

Entre as culturas agrícolas temporárias na Amazônia Legal, a soja em grão se destaca como a mais importante. Em 2019, essa *commodity* liderou tanto em valor de produção, alcançando R$ 42 bilhões, quanto em área plantada, com 124.948 km² (Tabela 1). Em seguida, outras lavouras temporárias relevantes foram o milho, com produção de R$ 14 bilhões, o algodão, com R$ 11 bilhões, e a mandioca, com R$ 4 bilhões (IBGE, 2020).

Tabela 1. Área plantada (km²) e valor da produção (R$ bilhões) das lavouras temporárias na Amazônia Legal em 2019.

Lavoura	Lavouras temporárias em 2019		
	Área plantada (km²)	Valor da produção (R$ bilhões)	% do valor total
Soja (em grão)	124.947,52	41,77	54,67
Milho (em grão)	62.124,89	14,38	18,82
Algodão herbáceo (em caroço)	11.381,08	10,75	14,07
Mandioca	5.007,50	3,74	4,90
Cana-de-açúcar	3.851,99	2,28	2,98
Arroz (em casca)	4.357,86	1,34	1,76
Feijão (em grão)	2.957,22	0,78	1,01
Abacaxi	268,20	0,67	0,88
Demais lavouras	1.957,44	0,69	0,91
Total	216.853,70	76,40	100,00

Fonte: Pesquisa Agrícola Municipal (PAM), IBGE.

Novamente, avanços tecnológicos para a agricultura e a pecuária, baseados em uma agricultura de precisão e outras tecnologias que poupam recursos, reduzem custos e ampliam produtividade, têm sido indicados como possíveis soluções para os atuais e futuros problemas do setor. Entretanto, essas inovações não são acessíveis a todos os agricultores, visto que grande parte deles depende de infraestrutura de internet, ainda precária em muitas áreas do Brasil, e o custo de acesso é muitas vezes inviável para o pequeno produtor.

Além disso, ao focar a produção em larga escala e voltada para a exportação, esse modelo beneficia principalmente grandes empresas e mercados estrangeiros, enquanto as regiões produtoras ficam com poucos ganhos socioeconômicos. Assim, em vez de promover o desenvolvimento local e atender à demanda interna por alimentos, esse avanço tecnológico tem mantido as desigualdades e reforçado a dependência do Brasil em atender um mercado externo focado em *commodities*, às custas do bem-estar das comunidades e da sustentabilidade ambiental.

A Zona Franca de Manaus (ZFM), estabelecida na década de 1970 como uma área de livre comércio de importação e exportação com incentivos fiscais para o território amazonense, enfrenta críticas semelhantes (Gonçalves; Ehrl, 2021). Esse modelo tende a beneficiar grandes indústrias, majoritariamente concentradas em centros urbanos, enquanto deixa de favorecer um conjunto mais amplo da população e de promover uma distribuição mais equitativa do progresso e dos benefícios gerados.

Nota-se a ausência de um conjunto de políticas que considerem o perfil populacional, o potencial e a vocação do território, como o estímulo à produção e ao beneficiamento de produtos da sociobiodiversidade, a agroindústria e o fortalecimento de pequenas e médias empresas, especialmente nas áreas periféricas.

Sistemas agroalimentares amazônicos: marcas globais no território local

Os sistemas agroalimentares, desenhados, *a priori*, com foco em garantir a segurança alimentar e nutricional das populações humanas, são altamente complexos, marcados por não linearidade, imprevisibilidade, externalidades e profundas interconexões, como ilustra a Figura 5 (HLPE, 2017; 2020). Em razão de sua magnitude e complexidade, tais interconexões ocorrem não somente internamente, mas transformando os próprios sistemas agroalimentares em pontos de contato entre os maiores triunfos e desafios de nossos tempos (Ruggeri Laderchi *et al.*, 2024). Também são elementos centrais da chamada sindemia global de obesidade, desnutrição e mudanças climáticas — cenário em que tais condições ocorrem simultaneamente e em retroalimentação (Swinburn *et al.*, 2019).

Globalmente, a transição para o modelo de produção dominante na atualidade teve início no final da década de 1970 e ficou conhecida como Revolução Verde. Embora tivesse o objetivo de melhorar a quantidade e a disponibilidade de alimentos para a população mundial (BORLAUG, 2000), esse movimento inaugurou, promoveu e consagrou padrões produtivos que não se ajustam mais aos limites planetários (Abramovay *et al.*, 2024a). O impacto negativo dos sistemas agroalimentares atuais sobre os ecossistemas e o clima se traduz no fato de que eles são responsáveis por um terço das emissões globais de GEE, incluindo as decorrentes do desmatamento, e pela perda líquida de mais de 6 milhões de hectares de florestas naturais a cada ano (Ruggeri Laderchi *et al.*, 2024).

A outra ponta da associação dos sistemas agroalimentares à sindemia global é a saúde humana, que vem sendo progressiva e consistentemente prejudicada por padrões alimentares não saudáveis que levam a diferentes formas de má-nutrição — incluindo a desnutrição e o excesso de peso — e a doenças crônicas não transmissíveis (DCNT) (Swinburn *et al.*, 2019; Branca *et al.*, 2020).

Figura 5. Quadro estrutural de sistemas agroalimentares sustentáveis.

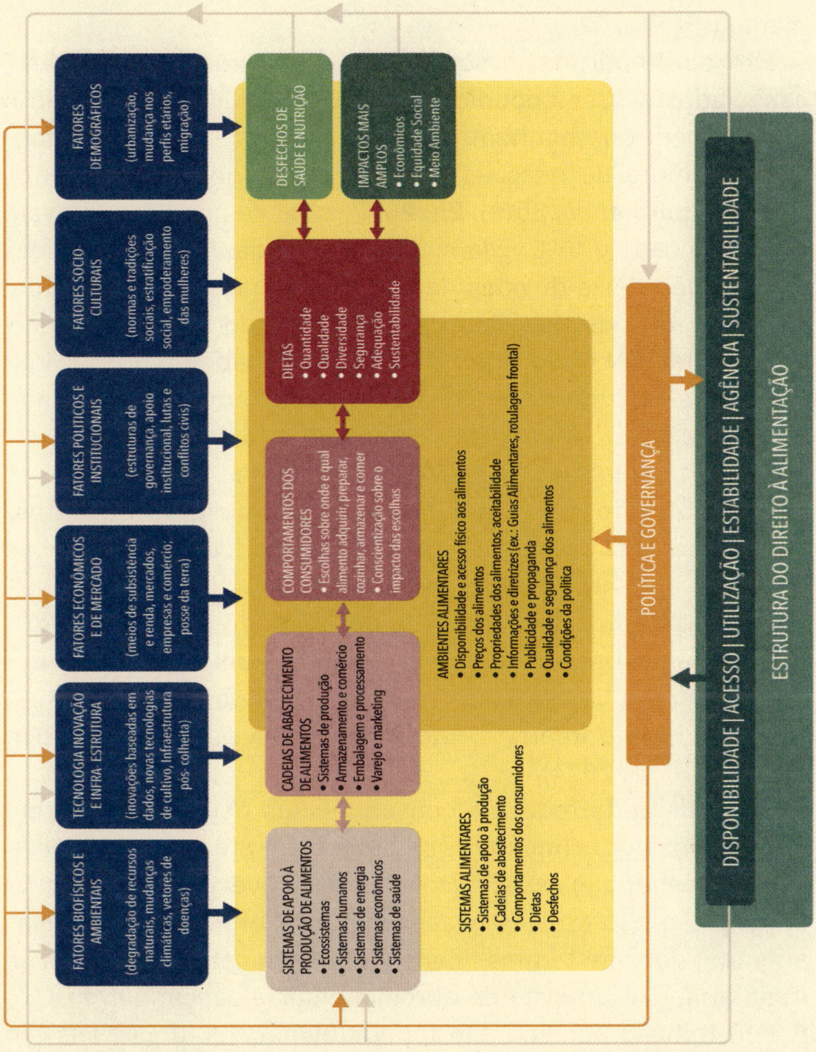

Fonte: adaptado de HLPE, 2020.

Entre 2014 e 2022, a parcela de pessoas que enfrentavam a fome em todo o mundo aumentou de 7,7% para mais de 9%, o que corresponde a uma faixa entre 691 e 783 milhões de pessoas. As deficiências de micronutrientes afetam a impressionante marca de mais da metade das crianças com menos de cinco anos de idade e dois terços das mulheres adultas globalmente (IFPRI, 2024).

Em contrapartida, o sobrepeso, a obesidade e as DCNT associadas a essas condições estão aumentando em todo o mundo, sem que nenhum país tenha tido sucesso em estagnar o número de pessoas afetadas, e, menos ainda, reduzi-lo (Swinburn *et al.*, 2019). Em 2022, 43% dos adultos estavam acima do peso e 16% viviam com obesidade. A literatura científica já não deixa dúvidas de que dietas não saudáveis são o principal fator de risco para as DCNT, como as doenças cardiovasculares, certos tipos de câncer e diabetes tipo 2, responsáveis por mais de 73% das mortes em todo o mundo (IFPRI, 2024).

Disso resulta que os custos dos sistemas agroalimentares atuais são muito maiores do que sua contribuição para a prosperidade global. Os custos não contabilizados ou ocultos dos encargos que eles impõem às pessoas e ao planeta são atualmente estimados em 15 trilhões de dólares por ano, sendo 11 trilhões relativos a custos com a saúde humana e 3 trilhões referentes aos custos ambientais, totalizando o equivalente a 12% do Produto Interno Bruto (PIB) global em 2020 (Ruggeri Laderchi *et al.*, 2024).

Considerando todas as consequências negativas de como os sistemas agroalimentares se organizam atualmente, é inevitável perceber que essa lógica é insustentável e que uma transformação é não apenas necessária, mas urgente. Estimativas apontam que, em termos financeiros, os benefícios líquidos da transformação do sistema agroalimentar alcançariam de US$ 5 a 10 trilhões por ano. Em termos climáticos, uma transição de modelo poderia garantir que o aquecimento global ficasse bem abaixo de 1,5°C no final deste século. No que diz respeito à saúde, seria capaz de eliminar a desnutrição até 2050, além de evitar a morte prematura de 174 milhões de pessoas em razão das DCNT (Ruggeri Laderchi *et al.*, 2024). Por si só, mudanças nos padrões alimentares — em especial, aquelas voltadas ao aumento do consumo e da variedade de frutas e vegetais — podem reduzir as mortes relacionadas a tais doenças em 20% (IFPRI, 2024) e seriam, direta ou indiretamente (a partir do uso da terra), responsáveis por 70% dos benefícios econômicos da transformação dos sistemas agroalimentares (Ruggeri Laderchi *et al.*, 2024).

Neste capítulo, argumentamos que existe uma característica central dos sistemas agroalimentares atuais que está intimamente relacionada aos seus desfechos negativos em diferentes esferas: a monotonia. Apesar de sua aparente simplicidade, ela é identificada em diferentes eixos e dimensões dos sistemas agroalimentares e se desdobra em uma surpreendente complexidade. A monotonia está presente nas paisagens agrícolas homogêneas e sua consequente dependência de produtos químicos, práticas que favorecem o esgotamento do solo e a contaminação de rios e ecossistemas e contribuem para a perda progressiva de habitats e da biodiversidade. É observada em criações intensivas e na padronização das raças de animais criados para consumo humano, o que resulta no uso rotineiro de antibióticos e, logo, no agravamento das tendências globais de resistência antimicrobiana e na perda do potencial de produção e consumo da agrobiodiversidade.

É essa mesma monotonia produtiva que fundamenta padrões alimentares cada vez menos diversos, mais dependentes de alimentos de origem animal e de algumas poucas *commodities* repaginadas no formato de produtos alimentícios ultraprocessados (Box 1), uma das ameaças mais críticas à saúde humana na atualidade (Abramovay *et al.*, 2024b; Leite *et al.*, 2022). Essas marcas do sistema agroalimentar hegemônico e globalizado, entre elas, a monotonia agroalimentar, fazem-se sentir ao longo das últimas décadas de forma cada vez mais profunda na Amazônia, a despeito do que se poderia esperar em razão de sua heterogeneidade e biodiversidade. Conforme destacado no Capítulo 4 desta obra, "ao longo da história da Amazônia, predominou um estilo de desenvolvimento orientado pelo que alguns teóricos institucionalistas chamam de instituições econômicas e políticas extrativas, ou seja, quando os incentivos e os gastos sociais produzem desigualdades e concentram as oportunidades". Disso resultam os sistemas agroalimentares baseados nos padrões produtivos sobre os quais se debruçou o Capítulo 3, e os desfechos sobre a segurança alimentar e nutricional e a saúde das populações locais, explorados no Capítulo 5.

Produtos alimentícios ultraprocessados

Produtos alimentícios ultraprocessados são formulações feitas a partir de diferentes ingredientes, principalmente de uso culinário raro, que resultam de uma série de processos industriais (Monteiro *et al.*, 2019). São projetados para serem prontos para o consumo ou aquecimento, e geralmente são consumidos sozinhos ou em combinação (como lanches salgados com refrigerantes, pão com hambúrguer etc.) (Monteiro, 2009). Alguns exemplos são refrigerantes, biscoitos, balas, sorvetes, margarinas, macarrão instantâneo, cereais para café da manhã, nuggets e palitos de aves e peixes, salsichas, hambúrgueres e outros produtos de carne reconstituída (Monteiro *et al.*, 2019).

Ameaças à diversidade alimentar

O atual padrão dominante de produção de alimentos no mundo é acompanhado por um pacote tecnológico que compreende o uso extensivo de motomecanização, irrigação, agrotóxicos, variedades vegetais geneticamente modificadas e fertilizantes químicos que permitem e favorecem a consolidação de sistemas monoculturais em larga escala (Monbiot, 2022). O emprego de tais tecnologias contribuiu com a artificialização e a simplificação do meio natural, resultando em significativos impactos socioambientais (Carson, 2021).

Entre estes, está a perda da biodiversidade, essencial para a regulação e o equilíbrio dos ecossistemas, dos quais a própria agricultura depende (Beans, 2022; Carson, 2021). Dessa forma, apesar de ter promovido o aumento de 106% da produtividade agrícola global entre 1961 e 1999 (Abramovay, 2021) e a melhora do rendimento da produção por hectare (Borlaug, 2000), a Revolução Verde também foi responsável pelo crescimento de 638% do uso de fertilizantes nitrogenados, 203% de fertilizantes de fosfato, 854% da aplicação de agrotóxicos e 97% da superfície irrigada (Green *et al.*, 2005).

Como bem explorado no Capítulo 3, as mudanças na cobertura e no uso da terra na Amazônia brasileira foram rápidas e marcantes a partir dos anos 1960, e levaram à construção dos "grandes projetos" pensados para acompanhar as transformações trazidas pelas Revolução Verde (Monteiro; Coelho, 2004; Fenzl *et al.*, 2020). Assim, o bioma nativo, detentor de uma biodiversidade que contribui de forma decisiva para que o Brasil esteja entre os países megadiversos do mundo (IPBES, 2019; LMMC, 2022), foi sendo convertido progressivamente em áreas de pastos, em sua grande maioria, e, em segundo lugar, de monoculturas (Fearnside, 2022b).

A agricultura em larga escala na Amazônia está predominantemente representada pelo cultivo de grãos, que, por sua vez, é impulsionado pela demanda externa e pelo uso intensivo de tecnologia e capital, configurando-se como um importante fator de pressão sobre a vegetação nativa do bioma. De maneira geral, as principais culturas agrícolas da região são a soja e o milho, que, juntas, foram responsáveis por 81,3% da área colhida em 2020. Apesar de a soja liderar a expansão da produção agrícola no bioma, representando 71,5% do aumento da área colhida, o milho, o açaí, o algodão, o cacau, a cana-de-açúcar, o abacaxi e o óleo de palma também foram culturas que apresentaram crescimento entre 2000 e 2020. Já as áreas destinadas à plantação de mandioca, banana, café, arroz e feijão foram reduzidas. Quando comparada ao cenário nacional, essa homogeneidade é ainda mais expressiva, já que as culturas de soja e milho correspondem a uma porcentagem menor (66,7%) da área cultivada do Brasil em comparação ao observado no bioma amazônico (Serigati; Possamai, 2021).

As mudanças na cobertura e no uso da terra e o crescimento das áreas de monocultura resultaram num cenário que serve de base a boa parte dos argumentos de resistência à transformação dos atuais sistemas agroalimentares amazônicos: o setor agropecuário desempenha papel expressivo na composição do PIB da Amazônia. Pormenorizando os dados por estado, observa-se que em Rondônia e Tocantins a produção de soja e milho tem se expandido consideravelmente, tornando-se um dos maiores vetores de crescimento econômico, a ponto de representar uma fatia significativa do PIB estadual (IBGE, 2020). Tocantins chama a atenção, inclusive, por sua consolidação como produtor de soja e milho na região de expansão agrícola do Matopiba, como é chamada a área composta pelo Tocantins e parte dos estados do Maranhão, Piauí e Bahia, e onde o crescimento da produção de grãos tem sido amplamente impulsionado (IPEA, 2021).

Hoje, o retrato mais marcante da Amazônia é o da produção de grãos em larga escala, representada pela enorme e crescente participação da soja e do milho na área colhida (Serigati; Possamai, 2021), fator que ilustra de forma exemplar a monotonia que caracteriza as paisagens agrícolas da região. Entretanto, não se deve ignorar o extrativismo e a produção em média escala associados à agricultura familiar comercial, cuja produção é frequentemente destinada tanto ao mercado interno quanto à exportação.

No estado do Pará, por exemplo, o setor agropecuário divide a produção de *commodities*, como a soja, com a coleta de açaí e de castanha-do-pará, cultivos essenciais para os circuitos curtos e as economias locais, especialmente em áreas de difícil acesso (Gomes *et al.*, 2012). Contudo, embora amplamente vinculado à agricultura familiar, o açaí vem deixando progressivamente de ser extrativo e se tornando uma cultura agrícola, com crescimento notório de suas taxas de exportação (Brondízio, 2008).

É também no Pará que se concentra a maior parte da produção de cacau que confere à Amazônia o status de maior produtora brasileira, embora Rondônia também apresente áreas significativas de plantação desse fruto, principalmente em regiões de assentamentos agrícolas. Nesses estados, o cacau é frequentemente produzido em média escala, com muitos pequenos e médios produtores integrados a cooperativas para escoar a produção (Lima *et al.*, 2011).

Por fim, há de se destacar novamente a mandioca, alimento de origem amazônica de grande importância cultural e econômica para populações ribeirinhas e indígenas (Homma, 2012; Watling *et al.*, 2018). Esse tubérculo é cultivado em praticamente toda a região como cultura de subsistência por excelência, embora haja importantes diferenças de produtividade e a área colhida esteja sofrendo redução ao longo da última década (IBGE, 2023b).

Amazonas, Acre e Amapá são estados onde a mandioca é predominante em pequenas propriedades, cultivada principalmente, portanto, pela agricultura familiar. O Pará, por sua vez, é o maior produtor da região tanto em área como em quantidade produzida. Mas é em Rondônia e no Acre que se encontram os maiores índices de produtividade do cultivo da mandioca na Amazônia, que se aproximam dos alcançados pelos estados de maior produtividade do país: Paraná e São Paulo (IBGE, 2023b). O que essas quatro unidades federativas têm em comum é o maior uso de tecnologia e de práticas agrícolas como técnicas de adubação e mecanização (Smeraldi, Santos, 2021).

É nesse ponto que um paradoxo se apresenta: a produção para subsistência a partir da agricultura familiar, alinhada ao valor sociocultural da mandioca, depara-se com a pressão exercida pelo potencial de negócio desse alimento tão simbólico para a região e o Brasil. Dessa forma, o tubérculo vem sendo visto como uma matéria-prima versátil, não somente para as tradicionais casas de farinha, mas também para a indústria, passando pelo tucupi e pela tapioca e chegando a outros produtos que visam atender a uma demanda local e global crescente. O olhar mercadológico brilha também — ou especialmente — ao se considerar o amido como ingrediente industrial e os usos não alimentares da mandioca, como a silagem para animais e a produção de biocombustível (Smeraldi, Santos, 2021; FAO, 2013).

A monotonia na criação de bovinos

O foco crescente na produção de proteína animal também está associado à monotonia do sistema agroalimentar, bem como ao agravamento da insegurança alimentar e nutricional e da fome. Borlaug (2000, p.9) comenta:

> (...) se o suprimento global de alimentos tivesse sido distribuído de forma equitativa, ele teria fornecido uma dieta adequada em 1998 (2.350 calorias, principalmente provenientes de grãos) para 6,8 bilhões de pessoas — cerca de 900 milhões a mais do que a população real. No entanto, se as pessoas em países do Terceiro Mundo tentassem obter 70% de suas calorias de produtos de origem animal — como nos EUA, Canadá ou países da UE [União Europeia] — apenas cerca de metade da população mundial seria alimentada.

Como agravante a esse cenário, sabe-se que, atualmente, 70% das calorias originadas pelos dez principais produtos agrícolas mundiais não são destinadas ao consumo humano, pois a maioria das plantações é direcionada para alimentação animal e biocombustíveis, entre outros usos (Ray *et al.*, 2022).

Sistemas de criação de bovinos baseados em pastagens têm a capacidade de capturar e estocar carbono (Cerri *et al.*, 2004; 2007; Damian *et al.*, 2023), reduzir as emissões de metano por animais (Congio, Bannink, Mogollón, 2021; Cezimbra *et al.*, 2021; Zubieta *et al.*, 2021; Caram *et al.*, 2023), regenerar a biodiversidade (Valentim; Carneiro; Sales, 2001; EMBRAPA ACRE, 2021), reduzir ou eliminar a competição da alimentação animal com a humana (já que nessa modalidade os bovinos comem pasto, que não pode ser metabolizado pelo organismo humano) (Mottet *et al.*, 2017; Cheng *et al.*, 2022) e aumentar o bem-estar animal (Behling *et al.*, 2013), além de reduzir a área ocupada pela atividade (Barreto, 2021; Froehlich; Stabile; Souza, 2022) ao mesmo tempo em que aumenta sua produtividade e eficiência (Behling *et al.*, 2013; Wruck *et al.*, 2019; Delandmeter *et al.*, 2024). Mas isso só ocorre quando esses sistemas são bem manejados e baseados em práticas regenerativas, isto é, quando há solos e pastagens saudáveis, respeito ao bem-estar animal e boas condições de trabalho humano (Abramovay *et al.*, 2025). O problema é que esse cenário é raro, como detalhado a seguir.

Nos últimos 39 anos, a área destinada aos pastos na Amazônia aumentou de 12,7 milhões de hectares para 59 milhões de hectares (MAPBIOMAS, 2024a). A expansão da pecuária bovina no território amazônico é marcada pelo interesse muito mais patrimonial do que produtivo, já que se caracteriza pelo baixo rendimento médio e pelas taxas altas de informalidade dos trabalhadores (Alfenas; Cavalcanti; Gonzaga, 2021; Abramovay *et al.*, 2025). É historicamente reconhecida como uma atividade de baixa rentabilidade para médios e grandes produtores, e de subsistência para produtores familiares, representando uma reserva de valor de alta liquidez (Smeraldi; Santos, 2021; Darnet *et al.*, 2022).

Como resultado, tem-se uma atividade com baixa produtividade e altos impactos socioambientais. Mais da metade das pastagens do bioma estão degradadas (MAPBIOMAS, 2024b), o que contribui com a taxa reduzida de lotação média dos pastos — atualmente, de 0,73 UA[1]/ha, enquanto seu potencial é de 2,5 UA/ha (Carvalho *et al.*, 2020). Além disso, na composição das pastagens brasileiras predomina o gênero *Brachiaria* que, além de não ser uma espécie nativa, traz desafios para a recuperação de áreas degradadas devido ao seu difícil controle (Santos *et al.*, 2020). A baixa produtividade e os níveis de degradação das terras levam à abertura de novas áreas (Barreto, 2021) e a

1 1 unidade animal (UA) é equivalente a 450 kg de peso vivo.

impactos negativos sobre a soberania alimentar e nutricional do país, incluindo o contexto amazônico (Fortes *et al.*, 2020). Muitas vezes, o gado bovino ocupa áreas recém-desmatadas no território. O desmatamento dos últimos 35 anos corresponde a 70% do total de pastagens na Amazônia (Feltran-Barbieri; Féres, 2021).

A insegurança em relação aos direitos de propriedade no território amazônico estimula a ocupação dessas terras por meio da pecuária bovina. Muitos desses casos ocorrem para consolidar o domínio privado sobre terras públicas (Lima Filho; Bragança; Assunção, 2021a, 2021b; Souza *et al.*, 2022). Esse cenário é reforçado pela frequente prática de regularização das ocupações ilegais (Barreto, 2021).

A grilagem de terras e a expansão ilegal de práticas agropecuárias foram alguns dos motores das maiores queimadas do país em 2024. Isso porque a maior porcentagem de hectares incendiados concentrou-se nas terras indígenas (24%) e nas florestas públicas não destinadas (16%). A comparação entre janeiro e agosto de 2023 e o mesmo período de 2024 revela um aumento alarmante: a área queimada nas florestas públicas não destinadas cresceu 175%, enquanto nas terras indígenas o aumento foi de 139%. Na pecuária, entre outras atividades, o fogo é utilizado no desmatamento e no manejo de pastagens (Alencar *et al.*, 2024).

Grilagem de terras, regularização de ocupações ilegais, degradação de pastagens, baixa arrecadação de impostos, baixos indicadores sociais e especulação fundiária são as principais razões da baixa produtividade que marca a criação de bovinos e contribui para o baixo desenvolvimento da atividade (Barreto, 2021). Esse modelo de pecuária extensiva predomina em toda região amazônica (Lima Filho; Bragança; Assunção, 2021b) e é reforçado pelos investimentos públicos voltados muito mais à aquisição de novos animais do que à recuperação das áreas já existentes (Barreto; Pereira; Rocha, 2024).

Uma das graves consequências da lógica que permeia a criação de bovinos e o cultivo de *commodities* agrícolas explicitada acima é a contribuição para o aquecimento global. O Brasil ocupa a segunda posição entre os emissores globais de GEE decorrentes do sistema agroalimentar (Sutton; Lotsch; Prasann, 2024). O setor, além disso, é responsável por cerca de três quartos das emissões nacionais (Alencar *et al.*, 2023). A agropecuária e as demais atividades que promovem a mudança no uso de terras e florestas (especialmente, o desmatamento) dominam as emissões brutas nacionais, e é por causa da devastação dos biomas que o Brasil é o quinto maior emissor mundial de GEE.

Apesar de o desmatamento na Amazônia ter apresentado uma queda em 2023, o bioma é responsável por 65% das emissões brutas decorrentes dessa prática. No mesmo período, 20% dos gases lançados pela agropecuária correspondiam à agricultura e 80% à pecuária, sendo o gado de corte o principal contribuidor (Tsai *et al.*, 2024). Em 2022, a carne bovina era a causadora de 77,6% dos GEE provenientes do sistema agroalimentar e 57,2% do total nacional (Alencar *et al.*, 2023). Em 2023, o crescimento do rebanho foi um dos principais fatores para o aumento de 2,2% das emissões do setor agropecuário (Tsai *et al.*, 2024). Além disso, um dos principais gases emitidos pela criação de bovinos é o metano, que possui um potencial de aquecimento 90 a 115 vezes maior do que o dióxido de carbono, considerando um período de dez anos (Gilding; Salas; Cracknell, 2022). O Brasil é quinto maior emissor de metano do mundo, principalmente por causa da pecuária (Alencar *et al.*, 2022).

Processamento de alimentos: onde a monotonia na produção e na oferta se encontram

Atualmente, a indústria de alimentos ocupa o segundo lugar (logo após o setor agropecuário, justamente) na composição do PIB da Amazônia e, não por acaso, está intimamente ligada à produção agropecuária da região. A indústria de transformação se concentra no Pará e no Mato Grosso, com predominância da indústria de alimentos no primeiro e das agroindústrias associadas ao processamento de grãos e carne no segundo (IPEA, 2021).

Conforme detalhado no Capítulo 3, esse cenário está bastante alinhado à implementação dos chamados "grandes projetos", que consolidou a transformação de uma indústria predominantemente baseada no comércio local e nos produtos extrativistas a um perfil voltado ao semibeneficiamento de *commodities*. Para lembrarmos da dimensão dessa indústria na atualidade, recuperamos o dado referente ao Mato Grosso, onde cerca de 70% do PIB é ligado ao setor agropecuário, com destaque para as cadeias de frigoríficos (Vasconcellos *et al.*, 2009). Em 2021, a indústria de alimentos respondeu por nada menos que 27,4% do PIB industrial do estado (CNI, 2022).

Esse setor se fundamenta na homogeneidade produtiva para originar ingredientes que compõem os produtos alimentícios ultraprocessados (Abramovay *et al.*, 2024a). Apesar de serem apresentados como uma vasta gama de produtos, os ultraprocessados possuem uma base bastante homogênea, obtida a partir do fracionamento de alimentos inteiros — essencialmente *commodities*: milho, soja, trigo e cana; ou subprodutos de frigoríficos — por meio de diversas transformações químicas e físicas (ex: hidrólise, hidrogenação, extrusão, pré-fritura, moldagem). O resultado são ingredientes industriais como açúcares (ex: frutose, xarope de glicose), óleos e gorduras modificadas (ex: óleos hidrogenados), proteínas (ex: proteínas hidrolisadas, caseína, glúten), amidos (ex: amido de milho modificado) e fibras (ex: fibras solúveis ou insolúveis). Por fim, incorpora-se a essas substâncias os chamados aditivos alimentares cosméticos (ex: corantes, aromatizantes, espessantes, emulsificantes, edulcorantes), de modo a conferir diferenciação de cor, sabor, aroma (geralmente muito pronunciados) e textura aos produtos finais, tornando-os atraentes para o consumidor (Monteiro *et al.*, 2019).

Ao longo das últimas décadas, esses produtos alimentícios vêm se tornando cada vez mais abundantes nos mercados, e são muitas vezes mais baratos do que as alternativas mais saudáveis. São encontrados, inclusive, nas localidades mais remotas, onde há maior disponibilidade de estabelecimentos de comercialização desse tipo de produto do que os que vendem opções mais saudáveis. São os chamados pântanos alimentares (Grilo *et al.*, 2022; HOUSE OF LORDS, 2024). Dessa forma, seu consumo tem crescido consistentemente mundo afora, alcançando a impressionante marca de 50% a 60% do total de calorias ingeridas em países de alta renda (Scrinis, Monteiro, 2022).

Juntamente à oferta de ultraprocessados, vem crescendo o número de estudos desenvolvidos com diferentes populações espalhadas pelo mundo que demonstram de maneira cada vez mais consistente a associação entre o consumo de ultraprocessados e desfechos negativos em saúde, especialmente relacionados a DCNT. Entre eles, destaca-se o aumento do risco de excesso de peso e obesidade abdominal (Askari *et al.*, 2020; Moradi *et al.*, 2023); aumento do risco de diabetes tipo 2 (Moradi *et al.*, 2021), hipertensão e diferentes tipos de câncer (Chen *et al.*, 2020); piora do perfil de risco cardiometabólico; e risco aumentado para doenças cardiovasculares, doença cerebrovascular e mortalidade por todas as causas (Pagliai *et al.*, 2021).

Achados mais recentes apontam que os efeitos negativos dos ultraprocessados sobre a saúde cardiovascular podem estar relacionados não somente ao excesso dos chamados "nutrientes críticos" (sódio, açúcares e gorduras), mas também aos aditivos presentes em larga escala nesse tipo de alimento, especificamente os emulsificantes (Sellem *et al.*, 2023). Também tem sido demonstrada a relação entre o consumo de ultraprocessados e desfechos negativos especificamente relacionados à saúde mental, como o aumento do risco de depressão (Pagliai *et al.*; 2021; Mazloomi *et al.*, 2023; Tian *et al.*, 2023) e ansiedade (Lane *et al.*, 2022).

O setor comercial de alimentos é um sistema complexo que, embora diversificado, é dominado por um pequeno número de empresas transnacionais de grande porte — as chamadas "Big Food" (Monteiro, Cannon, 2012; HOUSE OF LORDS, 2024). O avanço das Big Food também tem sido verificado no Brasil, e o fortalecimento dessa indústria em regiões como a Amazônia é fundamental para sua consolidação e expansão (Monteiro, Cannon, 2012). O cenário se agrava ao compreendermos que esse segmento recebe fortes incentivos — e enfrenta pouco ou nenhum empecilho local — para produzir e vender produtos não saudáveis altamente lucrativos, moldando e explorando a preferência humana (HOUSE OF LORDS, 2024) e promovendo um consumo excessivo, até mesmo caracterizado como de adicção, o que, estima-se, afeta 14% dos adultos e 12% das crianças mundo afora (Gearhardt *et al.*, 2023). As consequências biopsicossociais do consumo habitual desses produtos alimentícios, bem como os custos ocultos relacionados a eles, devem ser assumidas pelas indústrias de ultraprocessados (Elwin, 2024).

A monotonia que deságua no consumo alimentar

Apesar de diferir dos padrões de países de mais alta renda, como os Estados Unidos ou o Reino Unido (Scrinis, Monteiro, 2022), cuja ingestão calórica apoia-se majoritariamente nos produtos alimentícios ultraprocessados, os dados brasileiros de consumo alimentar não são exatamente animadores. As Pesquisas de Orçamento Familiar (POFs), por exemplo, revelam o consumo crescente de ultraprocessados pela população do Brasil nas últimas décadas. Entre 2008/2009 e 2017/2018, a contribuição desses produtos no total de energia alimentar consumida em território nacional passou de 18,7% para 19,7%, aumentando expressivamente nas regiões Norte (de 14,6% para 17,5%) e Nordeste (de 14,2% para 17,4%) (Louzada *et al.*, 2023).

A contribuição percentual dos ultraprocessados na dieta, por estado — com destaque para a Amazônia —, pode ser visualizada na Figura 6. Nela, podemos perceber que estados como o Amapá já superam a média nacional (Louzada *et al.*, 2023). Outro estudo, realizado na região amazônica antes e durante a pandemia de Covid-19 com dados do Sistema de Vigilância de Fatores de Risco e Proteção para Doenças Crônicas por Inquérito Telefônico (Vigitel), observou um aumento da frequência de consumo de subgrupos de ultraprocessados nas capitais entre 2019 e 2021, com destaque para o crescimento significativo do consumo de salgadinhos de pacote ou biscoitos salgados, bolachas e produtos à base de carne em Boa Vista e Macapá. Essas cidades também se destacaram pelo elevado consumo de cinco ou mais subgrupos de ultraprocessados, superando a média das capitais brasileiras em 2020 (Da Silva Oliveira *et al.*, 2024).

Figura 6. Porcentagem da participação de alimentos ultraprocessados no total de calorias consumidas pela população brasileira com 10 anos ou mais, segundo estados da federação.

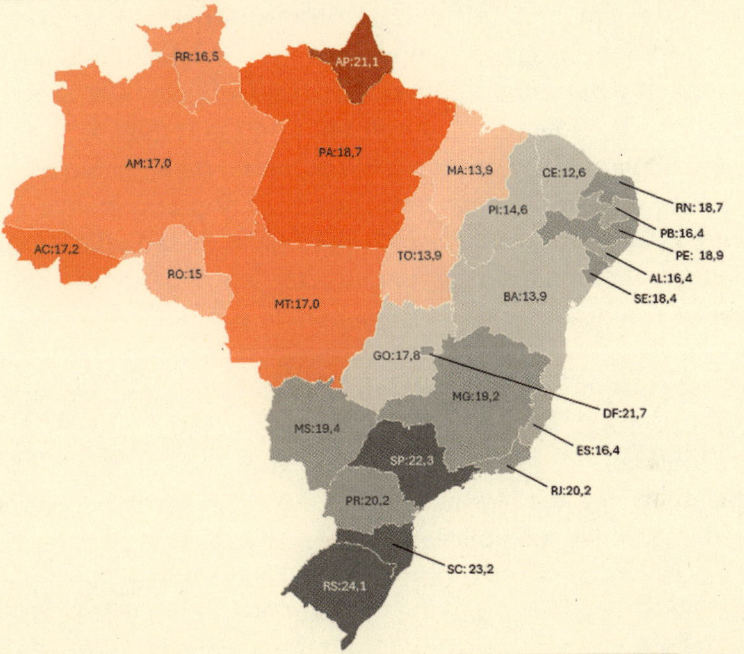

Estados da Federação: AM: Amazonas; AP: Amapá; BA: Bahia; CE: Ceará; DF: Distrito Federal; ES: Espírito Santo; GO: Goiás; MA: Maranhão; MG: Minas Gerais; MS: Mato Grosso do Sul; MT: Mato Grosso; PA: Pará; PB: Paraíba; PE: Pernambuco; PI: Piauí; PR: Paraná; RJ: Rio de Janeiro; RN: Rio Grande do Norte; RO: Rondônia; RR: Roraima; RS: Rio Grande do Sul; SC: Santa Catarina; SE: Sergipe; SP: São Paulo; TO: Tocantins.
Em tons de laranja: Estados que compõem a Amazônia Legal.

Fonte: Adaptado de LOUZADA *et al.*, 2023.

A preocupação em relação ao aumento do consumo desses produtos por populações que habitam áreas tão biodiversas, como a região amazônica, se deve não apenas ao fato de serem formulados com ingredientes oriundos de um número muito reduzido de espécies, geralmente *commodities*, mas também por substituírem padrões alimentares tradicionais constituídos por uma grande variedade de alimentos frescos e/ou minimamente processados, bem como suas preparações culinárias (Leite *et al.*, 2022). Por exemplo, um estudo conduzido no Brasil com crianças menores de 2 anos revelou que a predominância de ultraprocessados esteve inversamente associada à diversidade da dieta, avaliada por um indicador que considera oito grupos de alimentos (incluindo o leite materno) (Lacerda *et al.*, 2023). Tal fato escancara ainda mais a monotonia subjacente ao consumo desses produtos.

Outra característica que contribui para a redução da diversidade alimentar na Amazônia é o aumento da ingestão de carnes, em especial a bovina, ou outros produtos de origem animal (Leite, 2023; Abramovay *et al.*, 2023). Além da redução do consumo de alimentos de origem vegetal frequentemente disponíveis na natureza, outra consequência é a demanda de uma baixa diversidade de espécies utilizadas na alimentação animal em sistemas produtivos predominantes (em geral, pastagens pouco diversas e/ou rações cujos ingredientes são formulações obtidas de um número reduzido de *commodities* como soja, milho, sorgo e algodão) (Leite, 2023). A participação relativa da carne bovina no total de calorias adquiridas nas regiões da Amazônia Legal — Norte (4,2%) e Centro-Oeste (4,5%) — já ultrapassa os valores das demais regiões (Sul: 3,8%; Sudeste: 3,1%; Nordeste: 3%) (IBGE, 2020). A Figura 7, que apresenta os valores médios da pegada de carbono[2] do consumo alimentar da população brasileira, reforça tal aspecto, evidenciando valores bem acima da média nacional (4.765 gCO_2 e/2.000kcal) para esse indicador ambiental em ambas as regiões (Centro-Oeste = 5.641 gCO_2 e/2.000kcal; Norte = 5.173 gCO_2 e/2.000k-

2 Indicador ambiental que estima as emissões antrópicas dos gases de efeito estufa (CO_2, CH_4, N_2O) na atmosfera, associados às mudanças climáticas.

cal), bem como no Tocantins (6.205 gCO_2 e/2.000kcal), Acre (5.719 gCO_2 e/2.000kcal), Roraima (5.582 gCO_2 e/2.000kcal), Pará (5.328 gCO_2 e/2.000kcal), Amapá (5.383 gCO_2 e/2.000k-cal) e Rondônia (5.123 gCO_2e/2.000kcal).

Figura 7. Valores médios da pegada de carbono do consumo alimentar segundo unidades federativas. População brasileira com 10 ou mais anos de idade, 2008 a 2009 (n = 34.003).

Fonte: Garzillo *et al.*, 2020.

Outra característica marcante dos padrões alimentares do Norte é o consumo de farinhas (em especial a de mandioca) e pescados. No período de 2017/2018, a aquisição alimentar domiciliar per capita anual de farinhas, féculas e massas nessa região foi de 17,9 kg, enquanto no Nordeste, Sudeste, Sul e Centro-Oeste o índice foi de 15,3 kg, 8,2 kg, 15,2 kg e 7,7 kg, respectivamente. Já a aquisição domiciliar de pescado per capita anual foi de 9,6 kg na região Norte, enquanto correspondeu a apenas 4,1 kg no Nordeste e menos de 2 kg nas regiões Sudeste, Sul e Centro-Oeste. No entanto, mesmo a incidência de alimentos tradicionais como esses tem diminuído ao longo das últimas décadas. A participação relativa da farinha de mandioca e de pescados no total de calorias adquiridas no Norte, por exemplo, passou de 17,5% e 3,4%, respectivamente, em 2002/2003, para 9,1% e 2% em 2017/2018 (IBGE, 2020).

Estudos realizados com amostras representativas da população com base em dados de aquisição domiciliar de alimentos (Da Silva, 2023) e de consumo alimentar individual da POF mais recente — 2017/2018 (GOMES *et al.*, 2023) — revelam o descompasso entre a rica biodiversidade no país e a pobre biodiversidade alimentar da população. A primeira pesquisa observou um baixo consumo de alimentos biodiversos (0,7% do total adquirido em g/per capita/dia), enquanto a segunda verificou uma baixa frequência de consumo de alimentos não convencionais ou subutilizados (apenas 1,3% da amostra). Cabe destacar que são escassos os estudos que investigam o consumo em subamostras de difícil acesso, como povos indígenas e comunidades tradicionais, o que pode ofuscar a biodiversidade alimentar presente na dieta de populações específicas. Porém, o cenário observado a partir de pesquisas nacionais demonstram elementos bastante contraintuitivos, que devem ser levados em conta em políticas públicas que visam à promoção de dietas mais saudáveis e sustentáveis na região.

Recomendações para o enfrentamento à monotonia agroalimentar na Amazônia

Com base nos dados e nas informações apresentados anteriormente sobre o cenário de monotonia agroalimentar na Amazônia, refletimos sobre caminhos possíveis para a necessária e urgente transição agroalimentar do atual modelo a um que seja inclusivo e sustentável. Para fomentar a diversidade como chave de enfrentamento à monotonia agroalimentar no bioma amazônico, compreendemos que toda uma cosmologia de visões e caminhos é não apenas possível, como fundamental.

Dessa forma, apresentamos a seguir algumas recomendações. Sua premissa fundamental é de que as políticas devem abordar os fatores subjacentes ao problema, promovendo a diversificação da produção agrícola e incentivando escolhas individuais mais saudáveis e sustentáveis. Isso inclui a transformação dos mecanismos que concentram a produção em poucas culturas e a implementação de medidas regulatórias para reduzir o consumo de alimentos não saudáveis. São elas:

- Incentivar pesquisas científicas sobre agricultura e mudanças climáticas em colaboração com agricultores, integrando saberes científicos e empíricos para facilitar a criação de soluções.
- Fomentar a documentação, a pesquisa e a difusão de práticas da sociobiodiversidade e da conservação ambiental, bem como estimular a adoção de práticas agroecológicas de manejo e cultivo.
- Fortalecer os bancos de sementes e o livre uso da agrobiodiversidade, garantindo que sementes manejadas por agricultores não sejam sujeitas a patentes ou leis de cultivares, e retomar o Cadastro Nacional de Cultivares Crioulas para facilitar sua conservação e apoiar seus guardiões. Conservar recursos genéticos e o conhecimento tradicional associado é de fundamental importância para avanços nesse campo.
- Implementar incentivos para organizações e comunidades que promovam a biodiversidade e a produção sustentável, por meio de mecanismos como preços-prêmios, redução de impostos e facilitação do acesso a crédito, logística e concorrências públicas.
- Focar na redução das emissões de metano para a geração de resultados mais rápidos e eficazes no combate à crise climática, já que o metano se decompõe rapidamente na atmosfera e tem um potencial de aquecimento maior que o dióxido de carbono. Melhorar o manejo animal e nutricional é uma forma eficiente de reduzir essas emissões e contribuir para a mitigação da crise climática de forma mais imediata.
- Promover a pecuária regenerativa, o que impõe, como ponto de partida, o desmatamento legal e ilegal zero e a

redução das áreas atualmente ocupadas pela atividade (Barreto, 2021; Froehlich; Stabile; Souza, 2022; Abramovay *et al.*, 2025). Os métodos regenerativos estão baseados em quatro pilares: solo, plantas, animais e pessoas (Abramovay *et al.*, 2025). Como resultado, é possível promover maior biodiversidade local, melhores condições de bem-estar animal, armazenamento e estoque de carbono via pastagens, redução das emissões causadas pelos animais e melhores condições de trabalho humano.

- Impulsionar estratégias voltadas a sistemas alimentares urbanos a fim de valorizar a produção local de alimentos, bem como combater a perda e o desperdício de alimentos e garantir ambientes alimentares saudáveis. O fortalecimento e a ampliação da agricultura urbana em Belém, por exemplo, produziriam 19.405 toneladas de hortaliças e macaxeira em 344 hectares de espaços ociosos e abasteceria 1,7 milhão de pessoas por ano (INSTITUTO ESCOLHAS, CÁTEDRA JOSUÉ DE CASTRO, 2024).
- Priorizar o abastecimento do mercado interno por meio de medidas legislativas que combatam o monopólio e promovam a valorização e o incentivo à agricultura familiar.
- Desenvolver e implementar uma política local de abastecimento alimentar integrada a estados e municípios, conectando agricultores familiares e consumidores por meio de uma rede diversificada de distribuição, incluindo centrais de abastecimento, mercados, feiras e estabelecimentos locais, numa lógica de cadeias curtas de abastecimento.
- Instituir políticas de isenção de impostos e/ou subsídios para alimentos in natura e minimamente processados, aliada à maior tributação de ultraprocessados (cujos preços baixos geralmente ocultam custos sociais e ambientais substanciais). Subsídios reorientados poderiam ajudar a melhorar o acesso a dietas saudáveis e torná-las mais acessíveis, ampliando a diversidade e fortalecendo as culturas alimentares locais.
- Promover maior diversificação das dietas na Amazônia Legal, com foco em alimentos in natura e minimamente proces-

sados, de origem vegetal, de preferência produzidos localmente, respeitando a cultura e as tradições alimentares e evitando o consumo de ultraprocessados e a ingestão excessiva de carne.

Referências bibliográficas

ABRAMOVAY, R. Desafios para o sistema alimentar global. *Ciência e Cultura*, [s.l.], v. 73, n. 1, p. 53-57, 2021.

ABRAMOVAY, R. *et al.* Diversity in Agriculture and Consumption: The Basis for Healthy and Sustainable Eating. *In*: KANT, A.; SARAN, S. (eds). *Bridging the Ingenuity Gap:* Ideas for a Vibrant G20. New Delhi: ORF and Global Policy Journal; 2024a.

ABRAMOVAY, R. *et al. Animal Welfare for a Healthy and Sustainable Agrifood System.* T20 Policy Brief. [S.l.], 2024b.

ABRAMOVAY, R. *et al.* Pecuária Regenerativa na América Latina e no Caribe: muito além do oxímoro. *Revista de Ecologia e Sociologia Rural*, [s.l.], v. 63, p. 1-21, 2025.

ALENCAR, F. H. *et al.* Determinantes e consequências da insegurança alimentar no Amazonas: a influência dos ecossistemas. *Acta Amazônica*, Manaus, v. 37, n. 3, 2007.

ALENCAR, F. H. *Insegurança alimentar e nutricional no Amazonas.* Manaus: Instituto Nacional de Pesquisas da Amazônia, 2016.

ALENCAR, A. *et al. Desafios e oportunidades para redução das emissões de metano no Brasil.* [S.l.]: Observatório do Clima, 2022. Disponível em: https://seeg.eco.br/wp-content/uploads/2024/03/SEEG-METANO.pdf . Acesso em 29 ago. 2025.

ALENCAR, A., *et al. Estimativa de emissões de gases de efeito estufa dos sistemas alimentares no Brasil.* Piracicaba: Sistema de Estimativas de Emissões e Remoções de Gases de Efeito Estufa (SEEG), 2023.

ALENCAR, A. *et al.* Fogo no Brasil em 2024: o retrato fundiário da área queimada nos biomas. Nota técnica. [*S.l.*]: IPAM, 2024. Disponível em: https://ipam.org.br/bibliotecas/fogo-no-brasil-em-2024-o-retrato-fundiario-da-area-queimada-nos-biomas/. Acesso em 29 ago. 2025.

ALFENAS, F.; CAVALCANTI, F; GONZAGA, G. *Dinamismo de emprego e renda na Amazônia Legal:* Agropecuária. Rio de Janeiro: Amazônia 2030, 2021.

ANGELO, C.; AZEVEDO, T. *O silêncio da motosserra:* quando o Brasil decidiu salvar a Amazônia. Companhia das Letras, 2024.

ASKARI, M. *et al.* Ultra-processed food and the risk of overweight and obesity: a systematic review and meta-analysis of observational studies. *International journal of obesity*, Londres, v. 44, n. 10, p. 2080-2091, 2020.

BARRETO, P. *Políticas para desenvolver a pecuária na Amazônia sem desmatamento.* Rio de Janeiro: Climate Policy Initiative, 2021.

BARRETO, P.; PEREIRA, R.; ROCHA, A. J. S. *Da "escassez" à abundância: o caso da pecuária bovina na Amazônia.* Rio de Janeiro: Amazônia 2030, 2024.

BEANS, C. Can Countries Expand Agriculture without Losing Biodiversity? *Bioscience*, [s.l.], v. 72, n. 6, p. 501-507, 2022.

BEHLING *et al.* Integração Lavoura-Pecuária-Floresta (iLPF). *In:* GALHARDI JUNIOR, A. *et al.* (eds.). *Boletim de Pesquisa de Soja 2013/2014.* Rondonópolis: Fundação MT, 2013.

BORLAUG, N. E. The Green Revolution, Peace, and Humanity [Nobel Lecture, December 11, 1970]. *NobelPrize.org*, 11 dez. 1970. Disponível em: https://www.nobelprize.org/prizes/peace/1970/borlaug/lecture/. Acesso em: 29 ago. 2025.

BRANCA, F. *et al.* A new nutrition manifesto for a new nutrition reality. *The Lancet,* [s.l.], v. 395, n. 10217, p. 8-10, 2020.

BRASIL. Ministério da Saúde. Secretaria de Vigilância em Saúde. Departamento de Vigilância de Doenças e Agravos não Transmissíveis e Promoção da Saúde. *Saúde Brasil 2014:* uma análise da situação de saúde e das causas externas. Brasília: Ministério da Saúde, 2015. Disponível em: https://bvsms.saude.gov.br/bvs/publicacoes/saude_brasil_2014_analise_situacao.pdf. Acesso em: 29 ago. 2025.

BRASIL, W. Mandioca: uma herança dos povos originários. *Invivo,* 19 abr. 2024. Disponível em: https://www.invivo.fiocruz.br/historia/mandioca-povos-originarios/. Acesso em 29 ago. 2025.

BRONDIZIO, E. S. The Amazonian Caboclo and the Açaí Palm: Forest Farmers in the Global Market. *Advances in Economic Botany,* [s.l.], v. 16, p. 121-142, 2008.

CARAM, N. *et al.* Studying beef production evolution to plan for ecological intensification of grazing ecosystems. *Agricultural Systems*, [s.l.], v. 205, p. 103582, 2023.

CARSON, R. *Man's War Against Nature.* Londres: Penguin Classics, 2021.

CARVALHO, T. B. *et al. Documento técnico sobre o índice de produtividade da pecuária de corte na Amazônia.* Piracicaba: Cepea; Imaflora, 2020.

CASCUDO, C. *História da alimentação no Brasil.* São Paulo: Companhia Editora Nacional, 1983.

CASTRO, J. *Geografia da fome.* Rio de Janeiro: O Cruzeiro, 1946.

CERRI, C. E. P. *et al.* Modeling changes in soil organic matter in Amazon forest to pasture conversion with the Century model. *Global Change Biology,* [s.l.], v. 10, n. 5, p. 815-832, 2004.

CERRI, C. E. P. *et al.* Simulating SOC changes in 11 land use change chronosequences from the Brazilian Amazon with RothC and Century models. *Agriculture, Ecosystems & Environment*, [s.l.], v. 122, n. 1, p. 46-57, 2007.

CEZIMBRA, I. M. *et al.* Potential of grazing management to improve beef cattle production and mitigate methane emissions in native grasslands of the Pampa biome. *Science of the total environment,* [s.l.], v. 780, p. 146582, 2021.

CHENG, L. *et al.* A 12% switch from monogastric to ruminant livestock production can reduce emissions and boost crop production for 525 million people. *Nature food,* [s.l.], v. 3, n. 12, p. 1040-1051, 15 dez. 2022. Disponível em: https://www.nature.com/articles/s43016-022-00661-1. Acesso em: 29 ago. 2025.

CHEN, X. *et al.* Consumption of ultra-processed foods and health outcomes: a systematic review of epidemiological studies. *Nutrition Journal, [s.l.]*, v. 19, n. 1, p. 86, 2020.

CONFEDERAÇÃO NACIONAL DA INDÚSTRIA (CNI). Participação do estado no PIB industrial - % (2021). Brasília: CNI, 2022. Disponível em: https://perfildaindustria.portaldaindustria.com.br/ranking?cat=10&id=3806. Acesso em 29 ago. 2025.

CONGIO, G. F. S.; BANNINK, A.; MOGOLLÓN, O. L. M. Enteric methane mitigation strategies for ruminant livestock systems in the Latin America and Caribbean region: A meta-analysis. *Journal of Cleaner Production,* [s.l.], v. 312, 2021.

DA SILVA OLIVEIRA, E. K. *et al.* Consumption of Ultra-Processed Foods in the Brazilian Amazon during COVID-19. *Nutrients,* [s.l.], v. 16,2117, 2024.

DA SILVA M. A. L. *et al.* Household availability of foods from Brazilian biodiversity. *Cadernos de Saúde Pública,* Rio de Janeiro, v. 39, n. 6, p. 11, 2023.

DAMIAN, J. *et al.* Intensification and diversification of pasturelands in Brazil: patterns and driving factors in the soil carbon stocks. *Catena,* [s.l.], v. 220, p. 1-14, 2023.

DARNET L. A. F. *et al.* Pecuária bovina e agroecologia em perspectiva na Amazônia: reflexões sobre a pecuária leiteira familiar no estado do Pará. In: SOUSA, R. da P. *et al.* (org.). *Agroecologia:* diálogos entre ciência e práxis em agroecossistemas familiares na Amazônia. São Paulo: FFLCH/USP, 2022, p. 232-260.

DELANDMETER, M. *et al.* Integrated crop and livestock systems increase both climate change adaptation and mitigation capacities. *Science of the total environment,* [s.l.], v. 912, p. 1-13, 2024.

ELWIN, P. Materiality of nutrition: are financial markets missing the value of healthy food? [*s.l.*]: Planet Tracker, 2024. Disponível em: https://accesstonutrition.org/app/uploads/2024/06/Materiality-of-Nutrition.pdf. Acesso em 29 ago. 2025.

EMPRESA BRASILEIRA DE PESQUISA AGROPECUÁRIA (EMBRAPA ACRE). *Amendoim forrageiro para consorciação de pastagens e sistemas intensivos de produção.* Rio Branco: Embrapa Acre, 2021.

FEARNSIDE, P. M. Fatores limitantes para o desenvolvimento da agropecuária na Amazônia brasileira. *In:* FEARNSIDE, P. M. (ed.) *Destruição e conservação da floresta amazônica.* Manaus: INPA, 2022a, p. 135-156.

FEARNSIDE, P. M. Uso da terra na Amazônia e as mudanças climáticas globais. *In:* FEARNSIDE, P. M. (ed.) *Destruição e conservação da floresta amazônica.* Manaus: INPA, 2022b, p. 21-38.

FELTRAN-BARBIERI, R.; FÉRES, J. G. Degraded pastures in Brazil: improving livestock production and forest restoration. *Royal Society Open Science,* [s.l.], v. 8, n. 7, p. 1-15, 2021.

FENZL, N. *et al.* Os "Grandes Projetos" e o processo de urbanização da Amazônia Brasileira: consequências sociais e transformações territoriais. *InterEspaço:* Revista de Geografia e Interdisciplinaridade, Maranhão, v. 6, p. 1-25, 2020.

FORTES, M. F. *et al.* Analysis of the impact of the meat supply chain on the Brazilian agri-food system. *SRN electronic journal,* [s.l.], p. 1-20, 2020. Disponível em: https://ssrn.com/abstract=3848965. Acesso em: 29 ago. 2025.

FROEHLICH, G.; STABILE, M.; SOUZA, M. L. *Iniciativas de rastreabilidade nas cadeias de valor da carne bovina e do couro no Brasil.* [*S.l.*]: IPAM Amazônia, 2022.

GEARHARDT, A. N. *et al.* Social, clinical, and policy implications of ultra-processed food addiction. *British Medical Journal,* [s.l.], v. 383, p. 1-6, 2023.

GILDING, P.; SALAS, P.; CRACKNELL, E. *Methane, markets and food:* how the climate emergency will drive an urgent focus on methane and what this means for the food and agricultural industries. Cambridge: University of Cambridge Institute For Sustainability Leadership, 2022. Disponível em: https://www.cisl.cam.ac.uk/files/methane_markets_and_food_cisl_working_paper_v3.pdf. Acesso em: 29 ago. 2025.

GOMES, C. V. A. *et al.* Sustentabilidade na Amazônia: a importância da agricultura familiar e do extrativismo. *Revista Brasileira de Agroecologia,* Brasília, v. 7, n. 2, p. 35-45, 2012.

GOMES S. M., *et al.* Biodiversity is overlooked in the diets of different social groups in Brazil. *Scientific Reports,* Londres, v. 13, n. p. 1-10, 2023.

GONÇALVES, R. C.; EHRL, P. Efeitos econômicos da zona franca de Manaus. *Pesquisa e planejamento econômico,* [s.l.], v. 51, n. 3, p. 251-279, 2021.

GREEN, R. E. *et al.* Farming and the fate of wild nature. *Science,* [s.l.], v. 307, n. 5709, p. 550-555, 2005.

GRILO, M. F.; DE MENEZES, C.; DURAN, A. C. Mapeamento de pântanos alimentares em Campinas, Brasil. *Ciência & Saúde Coletiva,* [s.l.], v. 27, n. 7, p. 2717-2728, 2022.

GROUP OF LIKEMINDED MEGADIVERSE COUNTRIES (LMMC). *Declaration by the Group of Likeminded Megadiverse Countries (LMMC) at the fifteenth meeting of the Conference of Parties of the Convention for Biological Diversity (CBD COP15).* Montreal: LMM; 2022. Disponível em: https://www.cbd.int/doc/interventions/6390f53947bf6d0001ecc414/Final%20-%20%20LMMC%20Declaration%2007%20December%202022.pdf?utm_campaign=COP15+daily+briefing+-+9+Dec&utm_medium=email&utm_source=autopilot. Acesso em: 29 ago. 2025.

HIGH LEVEL PANEL OF EXPERTS (HLPE). *Nutrition and food systems:* a report by the High Level Panel of Experts on Food Security and Nutrition of the Committee on World Food Security. Rome: HLPE, 2017.

HIGH LEVEL PANEL OF EXPERTS (HLPE). *Food security and nutrition:* building a global narrative towards 2030. A report by the High Level Panel of Experts on Food Security and Nutrition of the Committee on World Food Security. Rome: HLPE, 2020.

HOMMA, A. K. O. *et al.* Environmental sustainability in agriculture and food security in the Brazilian Amazon. *The International Society for Ecological Economics,* [s.l.], 2012.

HOUSE OF LORDS. *Recipe for health:* a plan to fix our broken food system. Food, Diet and Obesity Committee Report of Session 2024-25. HL Paper 19. Londres: Authority of the House of Lords, 2024. Disponível em: https://publications.parliament.uk/pa/ld5901/ldselect/ldmfdo/19/19.pdf. Acesso em: 29 ago. 2025.

INSTITUTO BRASILEIRO DE GEOGRAFIA E ESTATÍSTICA (IBGE). *Coordenação de Trabalho e Rendimento. Pesquisa de Orçamentos Familiares 2017-2018:* avaliação nutricional da disponibilidade domiciliar de alimentos no Brasil. Rio de Janeiro: IBGE, 2020.

INSTITUTO BRASILEIRO DE GEOGRAFIA E ESTATÍSTICA (IBGE). *Monitoramento da Cobertura e Uso da Terra.* Brasília: IBGE, 2020. Disponível em: https://www.ibge.gov.br/geociencias/informacoes-ambientais/cobertura-e-uso-da-terra/15831-cobertura-e-uso-da-terra-do-brasil.html?=&t=acesso-ao-produto. Acesso em: 29 ago. 2025.

INSTITUTO BRASILEIRO DE GEOGRAFIA E ESTATÍSTICA (IBGE). *Produção da Pecuária Municipal 2023.* Brasília: IBGE, 2023a. Disponível em: https://www.ibge.gov.br/estatisticas/economicas/agricultura-e-pecuaria/9107-producao-da-pecuaria-municipal.html#:~:text=Valor%20da%20produ%C3%A7%C3%A3o%20da%20pecu%C3%A1ria,ao%20ano%20anterior..... Acesso em: 29 ago. 2025.

INSTITUTO BRASILEIRO DE GEOGRAFIA E ESTATÍSTICA (IBGE). *Produção Agrícola Municipal.* Brasília: IBGE; 2023b. Disponível em: https://www.ibge.gov.br/estatisticas/economicas/agricultura-e-pecuaria/9117-producao-agricola-municipal-culturas-temporarias-e-permanentes.html. Acesso em: 29 ago. 2025.

INSTITUTO ESCOLHAS; CÁTEDRA JOSUÉ DE CASTRO. *Promoção da saúde e a produção de alimentos nas cidades. Policy Brief nº 7.* São Paulo, 2024.

INSTITUTO DE PESQUISA ECONÔMICA APLICADA (IPEA). *Análise do PIB Agropecuário nos Estados Brasileiros.* Brasília: Instituto de Pesquisa Econômica Aplicada, 2021.

INTERNATIONAL FOOD POLICY RESEARCH INSTITUTE (IFPRI). *2024 Global Food Policy Report:* Food Systems for Healthy Diets and Nutrition. Washington: IFPRI; 2024.

INTERNATIONAL PLATFORM ON BIODIVERSITY AND ECOSYSTEM SERVICES (IPBES). *Summary for policymakers of the global assessment report on biodiversity and ecosystem services of the Intergovernmental Science-Policy Platform on Biodiversity and Ecosystem Services.* Bonn: IPBES secretariat, 2019.

Lacerda, E. M. A. *et al.* Minimum dietary diversity and consumption of ultra-processed foods among Brazilian children 6-23 months of age. *Cadernos de Saúde Pública,* Rio de Janeiro, v. 39, n. 2, p. 1-17, 2023.

LANE, M. M. *et al.* Ultra-Processed Food Consumption and Mental Health: A Systematic Review and Meta-Analysis of Observational Studies. *Nutrients,* [s.l.], v. 14, n. 13, p. 2568, 2022.

Leite F. H. M. *Impacto da aquisição de alimentos ultraprocessados e da carne bovina sobre a agrobiodiversidade no Brasil (2017-18).* 2023. Tese (Doutorado em Saúde Pública) – Faculdade de Saúde Pública, Universidade de São Paulo, São Paulo, 2023.

LEITE, F. H. M. *et al.* Ultra-processed foods should be central to global food systems dialogue and action on biodiversity. BMJ *Global Health,* [s.l.], v. 7, n. 3, p. 1-4, 2022.

LIMA FILHO, F. L.; BRAGANÇA A.; ASSUNÇÃO J. *A economia da pecuária na Amazônia:* grilagem ou expansão da fronteira agropecuária? Rio de Janeiro: Climate Policy Initiative, 2021a.

LIMA FILHO, F. L.; BRAGANÇA A.; ASSUNÇÃO J. *Um novo modelo de negócios é necessário para aumentar a produtividade da pecuária na Amazônia.* Rio de Janeiro: Climate Policy Initiative, 2021b.

LIMA, R. P. *et al.* Agroecossistemas na Amazônia: Desafios e perspectivas para a agricultura familiar. *Acta Amazônica,* [s.l.], v. 41, n. 4, p. 587-599, 2011.

LOUZADA, M. L. C. *et al.* Consumo de alimentos ultraprocessados no Brasil: distribuição e evolução temporal 2008–2018. *Revista de Saúde Pública,* São Paulo, v. 57, n. 1, p. 12, 2023.

MAPBIOMAS. Mais de 90% do desmatamento da Amazônia é para abertura de pastagens. *Mapbiomas,* 2024a. Disponível em: https://brasil.mapbiomas.org/2024/10/03/mais-de-90-do-desmatamento-da-amazonia-e-para-abertura-de-pastagem/. Acesso em: 13 mar. 2025.

MAPBIOMAS. Plataforma de Monitoramento da Cobertura e Uso da Terra no Brasil. *Mapbiomas,* 2024b. Disponível em: https://brasil.mapbiomas.org/. Acesso: 13 mar. 2025.

MAZLOOMI, S. N. *et al.* The association of ultra-processed food consumption with adult mental health disorders: a systematic review and dose-response meta-analysis of 260,385 participants. *Nutrition Neuroscience,* [s.l.], v. 26, n. 10, p. 913-931, 2023.

MONBIOT, G. *Regenesis:* feeding the world without devouring the planet. New York: Penguin Books, 2022.

MONTEIRO, C. A.; CANNON, G. The impact of transnational "big food" companies on the south: a view from Brazil. *PLoS Medicine,* [s.l.], v. 9, n. 7, p. 1-5, 2012.

MONTEIRO, M. A.; COELHO, M. C. N. As políticas federais e reconfigurações espaciais na Amazônia. *Novos Cadernos NAEA,* [s.l.], v. 7, n. 1, p. 91-122, 2004.

MONTEIRO, C. A. *et al.* Ultra-processed foods: what they are and how to identify them. *Public Health Nutrition,* [s.l.], v. 22, n. 5, p. 936-941, 2019.

MONTEIRO, C. A. Nutrition and health. The issue is not food, nor nutrients, so much as processing. *Public Health Nutrition,* [s.l.], v. 12, n. 5, p. 729-31, 2009.

MORADI, S. *et al.* Ultra-Processed food consumption and adult diabetes risk: a systematic review and dose-response meta-analysis. *Nutrients,* [s.l.], v. 13, n. 12, p. 1-13, 2021.

MORADI, S. *et al.* Ultra-processed food consumption and adult obesity risk: a systematic review and dose-response meta-analysis. *Critical Reviews in Food Science and Nutrition,* [s.l.], v. 63, n. 2, p. 249-260, 2023.

MOTTET, A. *et al.* Livestock: on our plates or eating at our table? a new analysis of the feed/food debate. Global Food Security, [s.l.], v. 14, p. 1-8. 2017. Disponível em: https://www.sciencedirect.com/science/article/abs/pii/S2211912416300013?via%3Dihub. Acesso em: 29 ago. 2025.

ORGANIZAÇÃO DAS NAÇÕES UNIDAS PARA A ALIMENTAÇÃO E A AGRICULTURA (FAO). *Save and Grow:* Cassava. A guide to sustainable production intensification. Rome: FAO; 2013.

PAGLIAI, G. *et al.* Consumption of ultra-processed foods and health status: a systematic review and meta-Analysis. *British Journal of Nutrition,* [s.l.], v. 125, n. 3, p. 308-318, 2021.

POCCARD, René. *et al.* Amazonie, la forêt qui cache la prairie. *Techniques & Culture,* [s.l.], n. 63, p. 146-161, 1 mai. 2015. Disponível em: https://journals.openedition.org/tc/7453. Acesso em: 29 ago. 2025.

RAY, D. *et al.* Crop harvests for direct food use insufficient to meet the UN's food security goal. *Nature Food,* [s.l.], v. 3, n. 5, p. 367-374, 2022.

RUGGERI LADERCHI, C. *et al. The Economics of the Food System Transformation:* Global Policy Report. [S.l.]: Food System Economics Commission (FSEC), 2024. Disponível em: https://foodsystemeconomics.org/wp-content/uploads/FSEC-Global_Policy_Report.pdf. Acesso em: 29 ago. 2025.

SANTOS, F. A. M. *et al.* Estratégias de controle de braquiárias Urochloa spp. na formação de povoamento para restauração florestal. *Ciência Florestal,* [s.l.], v. 30, n. 1, p. 29-42, 2020.

SCRINIS, G.; MONTEIRO, C. From ultra-processed foods to ultra-processed dietary patterns. *Nature Food,* [s.l.], v. 3, n. 9, p. 671-673, 2022.

SELLEM, L. *et al.* Food additive emulsifiers and risk of cardiovascular disease in the NutriNet-Santé cohort: prospective cohort study. *BMJ,* [s.l.], n. 382, p. 1-13, 2023.

SERIGATI, F. C.; POSSAMAI, R. C. *Overview of Agricultural Production in the Amazon Biome.* São Paulo: Observatory of knowledge and innovation in bioeconomy, 2021. Disponível em: https://eesp.fgv.br/centros/observatorios/bioeconomia. Acesso em: 29 ago. 2025.

SMERALDI, R.; SANTOS, M. L. dos. *Mandioca:* entre subsistência e negócio. Rio de Janeiro: Amazônia 2030, 2021. Disponível em: https://amazonia2030.org.br/wp-content/uploads/2021/11/Mandioca_Entre_Subsistencia_e_Negocio.pdf. Acesso em: 29 ago. 2025.

SMERALDI, R.; SANTOS, M. *Menos boi, mais carne.* Rio de Janeiro: Climate Policy Initiative, 2021.

SUTTON, W. R.; LOTSCH, A.; PRASANN, A. *Recipe for a Livable Planet:* achieving net zero emissions in the agrifood system. Washington: World Bank Group, 2024.

SOUZA, M. L. *et al. Assentamentos rurais da Amazônia:* diretrizes para a sustentabilidade. Rio de Janeiro: Climate Policy Initiative, 2022.

SWINBURN, B. A. *et al.* The global syndemic of obesity, undernutrition, and climate change: the Lancet Commission report. *Lancet,* [s.l.], v. 393, p. 791-846, 2019.

TIAN, Y. R. *et al.* Ultra-processed food intake and risk of depression: a systematic review. *Nutrición Hospitalaria,* [s.l.], v. 40, n. 1, p. 160-176, 2023.

TSAI, D. *et al. Análise das emissões de gases de efeito estufa e suas implicações para as metas climáticas do Brasil.* [S.l.]: Seeg, 2024.

VALENTIM, J. F.; CARNEIRO, J. C.; SALES, M. F. L. *Amendoim forrageiro cv. Belmonte:* leguminosa para a diversificação das pastagens e conservação do solo no Acre. Circular Técnica 43. Rio Branco: Embrapa Acre, 2001.

VASCONCELLOS, M. C. *et al.* Emprego e acidentes de trabalho na indústria frigorífica em áreas de expansão do agronegócio, Mato Grosso, Brasil. *Saúde e Sociedade,* [s.l.], v. 18, n. 4, p. 662-672, 2009.

WATLING, J. *et al.* Direct archaeological evidence for Southwestern Amazonia as an early plant domestication and food production centre. *PLoS ONE,* [s.l.], v. 13, n. 7, p. 1-18, 2018.

WRUCK, F. J. *et al. Sistemas ILPF e transferência de tecnologia nos estados de Mato Grosso, Goiás e Distrito Federal.* [S.l.]: Embrapa Agrosilvopastoral, 2019.

ZUBIETA, A. S. *et al.* Does grazing management provide opportunities to mitigate methane emissions by ruminants in pastoral ecosystems? *Science of the total environment,* [s.l.], v. 754, p. 142029, 2021.

Beatriz Duarte

É diretora e associada do Instituto Fronteiras do Desenvolvimento, onde trabalha em projetos voltados para a transição sustentável de setores prioritários da economia, se utilizando de uma abordagem sistêmica e conceitos da economia circular. Possui Master em Gestão da Sustentabilidade pela FGV, e especialização em Management pela University of Otago School of Business, Nova Zelândia. Em sua trajetória profissional, coordenou projetos de inovação e sustentabilidade para organizações do terceiro setor, e para empresas nacionais e multinacionais.

Ana Barezi

Atua como gestora de projetos e pesquisadora no Instituto Fronteiras do Desenvolvimento, engenharia ambiental (Unesp), com graduação sanduíche na University of Birmingham. Pós-graduada em Gestão Estratégica da Sustentabilidade (FIA) e mestre em Conservação da Biodiversidade e Desenvolvimento Sustentável (ESCAS-IPÊ). Experiência profissional na interface entre setor privado, consultoria e sociedade civil, com passagem por organizações multinacionais.

CONEXÕES CAMPO-CIDADE

Propostas para facilitar o acesso a alimentos nutritivos e sustentáveis

CAPÍTULO 9

Como a viagem da mandioca, do campo à mesa, o trajeto dos alimentos é feito de desafios, mas também de encontros que unem realidades e constroem pontes de nutrição.

As cidades não vivem isoladas, estão constantemente em interação com o campo e o meio ambiente natural. Essa conexão é evidente no dia a dia, pois as zonas urbanas dependem dos recursos que vêm das áreas rurais e naturais, e se manifesta de várias formas: no fluxo de materiais, pessoas, recursos naturais, capital, produtos, empregos, informações e tecnologias, entre outras coisas.

As conexões entre o urbano e o rural são bastante diversas: da produção de alimentos consumidos nas cidades ao tratamento de resíduos urbanos em seu entorno. Alguns desses vínculos são diretos e visíveis, como o fornecimento local de água e o processamento de alimentos. Outros são mais sutis e menos perceptíveis, como a extração de minerais que circulam globalmente ou a poluição do esgoto que afeta áreas distantes. Essa intrincada rede de interações entre o urbano, o rural e o ambiente natural exige abordagens integradas e orientadas pela sustentabilidade no planejamento e na gestão do território.

Como estabelece o Estatuto da Cidade, as seguintes diretrizes devem ser observadas:

> VII - a integração e complementaridade entre as atividades urbanas e rurais, tendo em vista o desenvolvimento socioeconômico do Município e do território sob sua

> área de influência; VIII - a adoção de padrões de produção e consumo de bens e serviços e de expansão urbana compatíveis com os limites da sustentabilidade ambiental, social e econômica do Município e do território sob sua área de influência; (...) XII - a proteção, preservação e recuperação do meio ambiente natural e construído, do patrimônio cultural, histórico, artístico, paisagístico e arqueológico. (Lei 10.257/2001, Art. 2º, VII, VIII e XII)

O ambiente natural fornece serviços ecossistêmicos essenciais, que são os benefícios que os ecossistemas proporcionam ao bem-estar humano, como a regulação do clima, a purificação da água, a polinização de cultivos, a fertilidade do solo e a provisão de alimentos. Esses serviços são essenciais para a sobrevivência humana e a continuidade das atividades econômicas. O meio rural, por exemplo, é responsável pela produção dos insumos que alimentam as populações urbanas e sustentam as cadeias produtivas. No caso da Amazônia, com a ampliação da população nos centros urbanos e o desafio constante de combate ao desmatamento, torna-se cada vez mais urgente a adoção de padrões de produção e consumo compatíveis com a sustentabilidade ambiental, social e econômica do território, como citado no Estatuto da Cidade (Brasil, 2023).

Quando os alimentos são produzidos por meio de técnicas sustentáveis, que preservam a saúde do solo e demais recursos naturais, a exemplo dos modelos orgânicos e agroecológicos, amplia-se a resiliência do campo e dos centros urbanos, tanto pela recorrência do abastecimento de alimentos quanto pela preservação dos recursos naturais e a contribuição para o enfrentamento às mudanças climáticas. Já a produção de alimentos em locais próximos aos centros urbanos — os chamados circuitos curtos — reduz as emissões de gases de efeito estufa (GEE), por percorrer uma distância menor no seu transporte. A prática de circuitos curtos também diminui a dependência de atravessadores para comercialização, possibilitando a venda com valores mais justos para os produtores e mais acessíveis ao consumidor. Além dos benefícios ambientais, o cultivo de alimentos sustentáveis em regiões próximas às cidades fortalece os pequenos agricultores e produtores familiares, principais responsáveis pela comida que chega à nossa mesa, preservando sua cultura e promovendo o desenvolvimento econômico no território (Abramovay, 2021).

Relevância e viabilidade da produção e da comercialização de alimentos saudáveis e sustentáveis na Amazônia

Em 2022, a produção agrícola dos 496 municípios que compõem o bioma Amazônia totalizou R$ 118,5 bilhões. Desse montante, R$ 24,4 bilhões (20,6%) vieram de alimentos típicos da região, como açaí, mandioca, café, cacau e banana, entre outros. Enquanto cultivos voltados para o consumo humano, característicos da agricultura familiar, ocupavam 1,8 milhão de hectares (13%) da área de produção, as commodities representavam 11,2 milhões de hectares (86%). Esses dados, publicados pelo Observatório de Conhecimento e Inovação em Bioeconomia da Fundação Getulio Vargas (FGV), demonstram que os primeiros geram maior valor financeiro por hectare em comparação às commodities (IBGE, 2017).

Ademais, é crucial considerar que, apesar dos avanços tecnológicos que têm impulsionado a produtividade e permitido um monitoramento mais eficaz, a produção de commodities ainda enfrenta desafios significativos. Entre eles, estão a expansão de áreas agrícolas, frequentemente associada ao desmatamento, o uso intensivo de agroquímicos, a perda de habitat e biodiversidade e outras práticas que geram impactos negativos ao meio ambiente e às comunidades locais (FAO, 2024).

No ano de 2019, na Amazônia, 6,9 milhões de pessoas viviam na área rural, enquanto 21,7 milhões habitavam a zona urbana (Veríssimo *et al.*, 2023). Por ser uma região mais isolada economicamente do que o restante do Brasil, privilegiar a produção local de alimentos possibilitaria maior acesso a eles e contribuiria com a geração de renda para a população. Como mencionado anteriormente, o cultivo de alimentos por comunidades tradicionais também permite a valorização da cultura e de sua ancestralidade.

A agricultura urbana e periurbana é definida por práticas de produção agrícola, extrativista, de manejo florestal e de criação de pequenos animais para diversos fins, como autoconsumo, comercialização, doação ou educação. Elas ocorrem não apenas nos bairros urbanizados, mas, também, nas áreas periféricas e de expansão urbana, caracterizadas pela transição do ambiente rural para o urbano, e estão intimamente ligadas às dinâmicas das florestas e dos rios da região.

Na Amazônia, território com maior biodiversidade do planeta, os principais desafios para a ampliação da produção de alimentos são similares aos das demais regiões do país, e também demandam a colaboração entre vários atores das esferas pública e privada. Entre os muitos obstáculos existentes na cadeia de valor da produção de alimentos no bioma, podemos citar a maior dificuldade logística, por conta da geografia local, caracterizada por um conjunto de rios que recortam o território, e as mudanças climáticas, cujos efeitos tornam mais intensas, frequentes e imprevisíveis as secas e cheias, fator que afeta diversas culturas, como, por exemplo, o açaí.

Para viabilizar esse crescimento produtivo, é necessário, primeiramente, que os tomadores de decisão tenham um entendimento aprofundado sobre os benefícios da agricultura urbana e periurbana. Apenas assim serão capazes de apoiar o avanço de iniciativas estruturantes, como políticas públicas que incentivem esse modelo e programas voltados à ampliação dos espaços de comercialização.

Um estudo do Instituto Escolhas, Os desafios e o potencial da agricultura urbana e periurbana em Belém, identificou que a capital paraense tem capacidade de produzir, em espaços inutilizados que poderiam ser transformados para o cultivo dos alimentos, cerca de 19 mil toneladas de legumes e verduras anualmente. Essa produção seria suficiente para alimentar aproximadamente 1,7 milhão de pessoas, uma população maior do que a atual, de 1,5 milhão.

Além disso, a implementação da agricultura urbana e periurbana poderia gerar cerca de 3.267 empregos no setor agrícola, ampliando a geração de renda local, e reduzir o desmatamento nas áreas de preservação. A pesquisa reforça o papel crucial de cada elo da cadeia de valor, da produção sustentável ao comércio justo e transparente. Se priorizasse esse modelo, Belém poderia ampliar sua segurança alimentar e promover um desenvolvimento econômico sustentável e inclusivo, alinhado às necessidades e potenciais da comunidade urbana e periurbana (Instituto Escolhas, 2022).

O estudo *Cultivating change: accelerating and scaling agroecology and regenerative approaches,* publicado em 2023 e elaborado por 25 importantes organizações filantrópicas, apontou que o financiamento a transições regenerativas e agroecológicas voltadas para o enfrentamento dos desafios agrícolas e ambientais globais urgentes deveria ser multiplicado por dez até 2040. O documento estima que a transição para um sistema de produção agroecológico global custaria entre US$ 250 bilhões e US$ 430 bilhões por ano. Atualmente, no entanto, a combinação de investimentos globais dos setores público, privado e filantrópico somam US$ 44 bilhões anuais. A Amazônia possui grande potencial para receber uma parte significativa desses recursos, de forma a ampliar sua produção de alimentos por meio da adoção dessas práticas (Future of Food, 2024).

Segundo o relatório Situação da segurança alimentar e nutricional no mundo, da Organização das Nações Unidas para a Alimentação e a Agricultura (FAO), estamos perdendo a batalha contra a fome, especialmente nas comunidades rurais, onde muitas das pessoas que produzem os alimentos que comemos não conseguem alimentar a si mesmas e a suas famílias (FAO, 2024). Garantir um sustento decente aos agricultores familiares e ajudá-los a se adaptar a um clima cada vez mais extremo e errático é crucial para lidarmos com a insegurança alimentar e a falta de acesso a alimentos saudáveis e sustentáveis.

No entanto, um estudo realizado pela Climate Policy Initiative (CPI), intitulado A lacuna de financiamento climático para sistemas agroalimentares de pequena escala (Chiriac;

Vishnumolakala; Rosane, 2023) indica que apenas 0,3% do financiamento climático internacional foi direcionado aos pequenos produtores em 2022.

No Brasil, o financiamento climático para uso da terra alcançou, em média, R$ 88,1 bilhões por ano entre 2021 e 2023, um crescimento de 145% em relação ao período 2015-2020. O crédito rural é o principal instrumento de financiamento: média de R$ 50,8 bilhões anuais entre 2021 e 2023, 58% do total (Chiriac; Vishnumolakala; Rosane, 2023). Porém, apenas 15% dos agricultores familiares no Brasil conseguem ter acesso a empréstimos. A linha de crédito do Programa Nacional de Fortalecimento da Agricultura Familiar (Pronaf) não prioriza os produtores mais vulneráveis e a maior parte dos recursos é liberada para o cultivo de grãos no centro-sul do país (Chiriac; Vishnumolakala; Rosane, 2023). É urgente redirecionar o crédito para onde eles são mais necessários, ou seja, para a promoção de uma produção de alimentos que seja capaz de alimentar a população no longo prazo, de forma sustentável e resiliente.

Para enfrentar os desafios alimentares de forma abrangente, é fundamental estabelecer um conjunto integrado de políticas públicas que conectem cidades e áreas rurais. Os esforços devem ser concentrados no fortalecimento do sistema agroalimentar local, de modo que se reduza a dependência de alimentos vindos de longe. Atualmente, cerca de 80% dos alimentos comercializados pela Central de Abastecimento do Pará (Ceasa/PA) são provenientes de outros estados. Esse dado evidencia a dificuldade de acesso dos produtores familiares a esse canal de venda, seja em razão das práticas comerciais estabelecidas, seja pelos gargalos logísticos e de planejamento da produção.

As políticas públicas devem, também, promover práticas agrícolas sustentáveis, melhorar a segurança alimentar e nutricional da população, e impulsionar a economia local através da agricultura urbana e periurbana. Tanto o governo federal quanto as gestões estaduais da Amazônia Legal já compreenderam os benefícios do estímulo a esse modelo de produção e possuem iniciativas nesse sentido. No entanto, a maior parte das iniciativas ainda é recente — foram sancionadas entre os anos de 2019 e 2023 — e está buscando caminhos de implementação nos diversos territórios.

Outra medida crucial é o direcionamento eficiente dos recursos públicos de modo a se investir na geração de empregos e, consequentemente, de renda, uma das principais necessidades da população local, já que muitos amazônidas deixam a região em razão da falta de oportunidades de trabalho. Estudos indicam que, ao contrário da realidade de áreas onde tradicionalmente a agricultura e a pecuária são fortes, os setores econômicos urbanos e periurbanos são os que mais oferecem empregos de qualidade e podem melhorar significativamente o padrão de vida da população. Nesse sentido, deve-se priorizar o desenvolvimento de infraestrutura e programas educacionais profissionalizantes.

Uma abordagem integrada e sustentável é a mais indicada para enfrentar os altos índices de insegurança alimentar na Amazônia, que se soma à necessidade de ampliação da produção local de alimentos e às oportunidades na bioeconomia. Na Região Norte, 71% dos domicílios apresentam algum nível de insegurança alimentar. A fome é um problema em 25,7% dos lares, bem acima da média nacional, de 15,5% (IBGE, 2023).

Nesse cenário, medidas como a Política Municipal de Apoio à Agricultura Urbana e Periurbana em Belém, lançada em junho de 2023, ilustram iniciativas locais que promovem, de maneira eficaz, o desenvolvimento econômico sustentável (Instituto Escolhas, 2022). Essas ações não apenas visam melhorar a segurança alimentar por meio da produção comunitária de alimentos, como também geram renda para a população e exploram a capacidade econômica da biodiversidade amazônica. Apesar de o potencial da Amazônia de gerar valor a partir da sua bioeconomia, sua participação na atividade agrícola formal ainda é mínima (Veríssimo, 2023). Embora o setor empregue 69% da força de trabalho nas áreas rurais da região, 71% desses trabalhadores estão na informalidade. Enquanto no restante do Brasil o sistema comida ou sistema agroalimentar — que engloba o conjunto das atividades de pré-produção, produção, processamento, distribuição, consumo e descarte de alimentos — responde por 29% do mercado de trabalho informal, na Amazônia essa proporção é de 41%, evidenciando a relevância econômica desse setor (Smeraldi, 2021). Esses dados reforçam a necessidade de políticas que incentivem a comercialização e a valorização dos recursos naturais da região, ao mesmo tempo em que promovam a formalização do trabalho e o desenvolvimento sustentável do setor alimentício.

As organizações da sociedade civil possuem um papel central na sensibilização do poder público, setor privado e sociedade para a adoção de práticas sustentáveis na produção, comercialização e consumo dos alimentos. A influência pode se dar por meio de programas de compartilhamento de melhores práticas, mapeamento dos fluxos produtivos e econômicos, estudos de viabilidade ou, até mesmo, programas que apoiem a transição sustentável de toda cadeia de valor. Um exemplo é a publicação Boas práticas para a comercialização de alimentos agroecológicos (Instituto Fronteiras do Desenvolvimento; Instituto Regenera, 2022). O documento traz seis dimensões para uma comercialização justa e transparente dos alimentos agroecológicos, e foram cocriadas com dez organizações que produzem e comercializam alimentos no estado do Pará.

Ampliação da oferta e da demanda

Como destacado anteriormente, mais de 80% dos alimentos comercializados na Ceasa de Belém vêm de outras regiões do país (Instituto Escolhas, 2022). Além disso, são produzidos com uso de agrotóxicos e fertilizantes químicos, processo de produção que degrada o solo e emite um grande volume de gases de efeito estufa, contribuindo, assim, para as mudanças climáticas e para a consequente redução da resiliência dos sistemas produtivos.

Na Amazônia, para que essa realidade mude, é preciso que os modelos sustentáveis ganhem escala, um desafio extremamente complexo diante do fato de que grande parte dos produtores orgânicos, agroecológicos ou extrativistas, produz em pequena escala e possui infraestrutura insuficiente para manter um alto volume de produção e garantir o acesso a mercados.

O bioma amazônico tem uma geografia marcada por diversas ilhas e áreas de floresta, o que dificulta a logística da produção de alimentos, mesmo daquelas próximas aos centros urbanos. Esses obstáculos reforçam, mais uma vez, a importância da agricultura urbana e periurbana na região. Mas não basta proporcionar melhores condições de produção aos pequenos agricultores para que esse modelo seja ampliado. É preciso, também, que o consumidor compreenda os benefícios do consumo desses alimentos e tenha meios de incluí-los em seus hábitos alimentares diários, com acesso, por exemplo, a espaços de comercialização em diversos pontos das cidades e com a garantia de preços acessíveis.

Para que iniciativas de suporte à ampliação da oferta e demanda sejam implementadas e, consequentemente, se caminhe para uma transição sustentável e resiliente dos sistemas alimentares, o setor privado, as organizações do terceiro setor e o poder público, que possuem papéis distintos e complementares, devem trabalhar juntos, ampliando os investimentos e contribuindo para o fortalecimento do conjunto das organizações. Como mencionamos anteriormente, o poder público desempenha um papel crucial na ampliação da produção de alimentos por meio da implementação de políticas públicas que incentivem o cultivo urbano e periurbano em locais subutilizados. Pode, também, oferecer assistência técnica e mecanismos de financiamento para viabilizar a produção de pequenos agricultores. O Programa Nacional de Alimentação Escolar (PNAE), por exemplo, promove a inserção de alimentos da agricultura familiar nas escolas públicas e estimula o ensino de conteúdos de educação alimentar nesses locais. Essa é uma estratégia estruturante, pois conecta os benefícios econômicos locais, a mitigação dos impactos das mudanças climáticas e a saúde da comunidade. Programas como o de Aquisição de Alimentos (PAA), Assistência Técnica e Extensão Rural (Ater), Assistência Técnica e Gerencial (Ateg), e políticas públicas como o Pronaf e o Plano ABC+ também são fundamentais para que os pequenos produtores melhorem sua produtividade e tenham maior estabilidade financeira.

No entanto, o PNAE e o PAA não alcançam toda a população. Em relação ao primeiro, a maior parte dos municípios enfrenta obstáculos para atingir a diretriz de execução do programa que determina que 30% dos recursos da alimentação escolar sejam destinados a alimentos da agricultura familiar. Com frequência, os produtores não conseguem atender às demandas das gestões municipais relacionadas à logística dos alimentos, ou é comum que as escolas não possuam estrutura para armazenar ou processar os alimentos frescos. A dificuldade para acessar os editais e para preparar as refeições nas próprias instituições de ensino são outros desafios (Instituto Regenera *et al.*, 2023).

O setor privado, por sua vez, tem um papel central na conexão entre produção e consumo dos alimentos. O estabelecimento comercial pode promover melhores práticas tanto para o produtor quanto para o consumidor final, comercializando alimentos de forma transparente, justa e acessível. Assim, o primeiro pode se beneficiar de formatos de contratos mais adequados, informar-se sobre as demandas do segundo, fornecer garantias de origem e, consequentemente, obter suporte para a logística e receber recursos e assistência técnica para ampliar a produção.

Em relação aos consumidores, o elo da comercialização pode contribuir na educação e na sensibilização sobre os benefícios da adoção de uma dieta saudável e sustentável e do consumo de produtos locais. Hoje, a maior parte dos consumidores de alimentos orgânicos e agroecológicos da cidade de Belém é formada por profissionais com alto grau de escolaridade e que trabalham com temas relacionados aos sistemas alimentares ou desenvolvimento sustentável (Instituto Fronteiras do Desenvolvimento; Instituto Regenera, 2022). Além disso, uma vez sensibilizado sobre as vantagens competitivas em oferecer esses produtos, o setor privado pode desenvolver estratégias para ampliar a visibilidade dos alimentos nos pontos de venda, incentivando o consumo e, consequentemente, estimulando a demanda.

Algumas organizações da sociedade civil realizam um papel similar ao do setor privado, comercializando alimentos e promovendo uma maior aproximação entre o produtor e o consumidor. Dois exemplos existentes na cidade de Belém são o Gruca e a Rede Bragantina. O Gruca, Grupo de Consumo Agroecológico, é uma CSA (Comunidade que Sustenta a Agricultura), modelo de parceria que promove uma conexão direta entre agricultores e consumidores — chamados de coagricultores —, proporcionando estabilidade financeira aos primeiros e garantindo alimentos frescos e agroecológicos aos segundos. Esse sistema incentiva práticas agrícolas sustentáveis, reduz o desperdício de comida e fortalece as economias locais. Além disso, fomenta a conscientização sobre a origem dos alimentos e o processo de produção, criando uma comunidade mais engajada e responsável em relação ao consumo alimentar.

A Rede Bragantina de Economia Solidária combina educação, produção de alimentos e comercialização. Ela é constituída por quinze associações, de quatro municípios do nordeste paraense, que produzem e beneficiam alimentos *in natura*, agregando valor e ampliando sua vida útil. Em seguida, tais produtos são comercializados em uma loja própria da rede em Belém. Com apoio e fomento da Escola de Formação para Jovens Agricultores de Comunidades Rurais Amazônicas (Ecrama) e do Centro de Estudos e Defesa do Negro do Pará (Cedenpa), a iniciativa forma jovens para a produção de alimentos, contribuindo para a disseminação dos saberes das comunidades tradicionais e sua fixação no campo.

É possível citar também a importante contribuição dos centros de pesquisa e inovação para o desenvolvimento de tecnologias de melhoramento da produtividade dos sistemas agrícolas sustentáveis. Um exemplo é a Empresa Brasileira de Pesquisa Agropecuária (Embrapa), instituição pública brasileira, vinculada ao Ministério da Agricultura, Pecuária e Abastecimento, responsável por liderar diversos projetos de conservação da biodiversidade e agricultura de baixo carbono no Brasil.

As organizações da sociedade civil, em seus diversos formatos, são essenciais para a articulação entre os setores público e privado. Por meio de pesquisas, elas identificam o caminho a ser trilhado e fornecem diretrizes para a implementação. Algumas entidades também articulam ações entre esses atores para o desenvolvimento de programas que promovam a evolução de todo o setor e atuem na defesa de políticas públicas que favoreçam a ampliação da oferta e da demanda de produtos locais.

Além dos mecanismos mencionados anteriormente, abordagens como o soft power e a gastrodiplomacia surgem como estratégias poderosas de impulsionamento do setor de alimentos locais e fortalecimento da imagem de Belém, tanto nacional quanto internacionalmente. O conceito de soft power refere-se à habilidade de um corpo político, especialmente um Estado, de influenciar o comportamento ou os interesses de outros por meio de cultura, valores e modas. Nesse contexto, a gastrodiplomacia — ou diplomacia gastronômica — se destaca como ferramenta eficaz por utilizar a culinária para promover a imagem e os interesses de um país no cenário internacional (Smeraldi; Jennings, 2023).

Essas estratégias não apenas abrem novos mercados, como também fomentam o empreendedorismo local e a inovação na agricultura urbana e periurbana. A comida amazônica, por exemplo, pode ser um veículo para que a diplomacia brasileira aprimore a imagem do país no exterior e atraia mais turistas e recursos.

Ampliação do acesso por meio do elo da comercialização

Paralelamente ao movimento de ampliação da oferta e da demanda de alimentos saudáveis e sustentáveis, deve-se considerar mecanismos estruturantes que permitam a ampliação do acesso da população a eles. Entre estes, estão políticas que garantam preços mais baixos, com apoio ao planejamento da produção e à logística até os pontos de comercialização, a garantia da origem e do processo produtivo dos alimentos e a implementação da educação alimentar e nutricional, de modo que a população possa fazer escolhas que beneficiem sua saúde. Ações como essas podem ser desenvolvidas por meio de parcerias com os diversos atores mencionados, entre eles, institutos de pesquisa e setor privado.

Como sabemos, as diversas formas de insegurança alimentar e nutricional estão interligadas, sendo comum a má nutrição materna, que resulta em recém-nascidos abaixo do peso e indivíduos obesos na vida adulta. Isso ocorre porque a desnutrição durante a gestação e os primeiros anos de vida pode causar alterações metabólicas no organismo, como resistência à insulina e maior propensão ao acúmulo de gordura, fenômeno conhecido como "programação metabólica". Essas mudanças aumentam o risco de obesidade e doenças crônicas na fase adulta, especialmente quando combinadas com uma alimentação inadequada. Em razão da escassez de recursos financeiros e da falta de conhecimento sobre nutrição, muitas pessoas têm grande dificuldade de manter uma alimentação adequada e são levadas a consumir produtos ultraprocessados. A saúde dos adultos obesos é prejudicada pelo desenvolvimento de doenças cardíacas, pressão alta e diabetes.

Os dados mais recentes sobre insegurança alimentar e nutricional indicam uma melhora significativa na situação no Brasil em 2025, com a saída do Brasil do Mapa da Fome. No entanto, é importante notar que ainda existem desafios, especialmente nas regiões Norte e Nordeste. Segundo a Pesquisa Nacional por Amostra de Domicílios (PNAD) Contínua de 2023, a região Norte continua sendo a mais afetada pela insegurança alimentar grave, que atinge 7,7% de sua população (IBGE, 2023). A insegurança alimentar e nutricional está presente tanto no campo quanto nos demais elos da cadeia, ou seja, entre comerciantes de pequeno porte e consumidores dos grandes centros urbanos. Portanto, uma mudança de hábitos alimentares tem o potencial de iniciar um ciclo virtuoso de aumento da demanda por alimentos mais saudáveis e de promoção de uma melhor qualidade de vida para a população.

Podemos constatar que a conexão campo-cidade não possui um fluxo de mão única. Na verdade, os diversos atores, presentes em todos os elos da cadeia, do meio rural e urbano, fazem parte de um grande ecossistema que interage, que impacta e que é impactado. O conjunto de atores — poder público, empresas e sociedade civil — precisa reconhecer e compreender as características e relações desse sistema complexo. Somente assim será possível desenvolver ações estruturantes, promovendo a transição de sistemas de baixa produtividade e alto impacto ambiental para modelos mais eficientes, sustentáveis e que valorizem as comunidades locais.

Referências bibliográficas

ABRAMOVAY, R. Desafios para o sistema alimentar global. Ciência Cult, São Paulo, vol. 73, n.1, 2021. Disponível em: http:// dx.doi.org/10.21800/2317-66602021000100011. Acesso em: 02 set. 2025.

ALENCAR, A. *et al.* Estimativa de Emissões de Gases de Efeito Estufa dos Sistemas Alimentares no Brasil. [S.l.]: SEEG, 2023. Disponível em: https://seeg.eco.br/wp-content/uploads/2024/07/SEEG-SISTEMAS-ALIMENTARES.pdf. Acesso em: 19 ago. 2025

BELÉM (PA). Prefeitura. Lei Ordinária nº 9.916, de 2023. Institui a Política Municipal de Apoio à Agricultura Urbana e Periurbana em Belém e dá outras providências. Belém, 2023. Disponível em https://leismunicipais.com.br/a/pa/b/belem/lei-ordinaria/2023/992/9916/lei-ordinaria-n-9916-2023-institui-a-politica-municipal-de-apoio-a-agricultura-urbana-e-periurbana-de-belem-e-da-outras-providencias. Acesso em: 19 ago. 2025.

BRASIL. Ministério das Cidades. Política Nacional de Desenvolvimento Urbano. Brasília, Ministério das Cidades, 2023: Disponível em: https://www.gov.br/cidades/pt-br/acesso-a-informacao/acoes-e-programas/desenvolvimento-urbano-e-metropolitano/politica-nacional-de-desenvolvimento-urbano. Acesso em: 19 ago. 2025.

CEE FIOCRUZ. A produção de alimentos, as mudanças climáticas e a saúde pública. CEE Fiocruz, Rio de Janeiro, 2022 Disponível em: https://cee.fiocruz.br/?q=A-produção-de-alimentos-as-mudanças-climáticas-e-a-saúde-pública. Acesso em: 30 jul. 2024.

CHIAVARi, J. *et al.* Panorama de financiamento climático para uso da terra no Brasil 2021-2023. Rio de Janeiro: Climate Policy Initiative, 2024. Disponível em: https://www.climatepolicyinitiative.org/wp-content/uploads/2025/01/Panorama-de-Financiamento-Climatico-para-Uso-da-Terra-no-Brasil-2021-2023.pdf. Acesso em: 2 set. 2025.

CHIRIAC, D.; VISHNUMOLAKALA, H.; ROSANE, P. A lacuna de financiamento climático para sistemas agroalimentares de pequena escala. [S.l.]: Climate Policy Initiative, 2023. Disponível em: https://www.climatepolicyinitiative.org/wp-content/uploads/2023/11/Lacuna-de-Financiamento-Climatico-para-Sistemas-Agroalimentares-de-Pequena-Escala.pdf. Acesso em: 2 set. 2025.

FAO; IFAD; UNICEF; WFP; WHO. The State of Food Security and Nutrition in the World 2024. Roma: FAO, 2024. Disponível em: https://www.fao.org/publications/sofi/2024. Acesso em: 30 jul. 2024.

FELIN, B.; FELTRAN-BARBIERI, R.; BARBOSA, V. Nova economia da Amazônia requer investimentos de R$ 1,4 trilhão para agricultura e pecuária. WRI Brasil, 2023. Disponível em: https://www.wribrasil.org.br/noticias/nova-economia-da-amazonia-requer-investimentos-de-r-14-trilhao-para-agricultura-e-pecuaria. Acesso em: 30 jul. 2024.

FILHO, F. L. L.; BRAGANÇA, A.; ASSUNÇÃO, J. Um novo modelo de negócios é necessário para aumentar a produtividade da pecuária na Amazônia. Amazônia 2030, 2021. Disponível em: https://amazonia2030.org.br/um-novo-modelo-de-negocios-e-necessario-para-aumentar-a-produtividade-da-pecuaria-na-amazonia/. Acesso em: 30 jul. 2024.

FUNDAÇÃO GETÚLIO VARGAS. Agendas municipais de agricultura urbana e periurbana: um guia para inserir a agricultura nos processos de planejamento urbano. São Paulo, [2022]. Disponível em: https://eaesp.fgv.br/centros/centro-estudos-sustentabilidade/projetos/guia-para-agendas-municipais-agricultura-urbana-e-periurbana. Acesso em: 30 jul. 2024.

FUTURE OF FOOD. Cultivating Change: A Global Action Framework for Food Systems Transformation. [S.l.]: Global Alliance for the Future of Food, 2024. Disponível em: https://futureoffood.org/wp-content/uploads/2024/05/GA_CultivatingChange_Report_052124.pdf. Acesso em: 2 set. 2025.

IBGE. Censo Agro 2017: resultados para produtores. Rio de Janeiro: IBGE, 2017. Disponível em: https://censoagro2017.ibge.gov.br/templates/censo_agro/resultadosagro/produtores.html. Acesso em: 20 dez. 2024.

IBGE. PNAD Contínua: Segurança Alimentar 2023. Rio de Janeiro, IBGE, 2023. Disponível em: https://www.ibge.gov.br/estatisticas/sociais/trabalho/17270-pnad-continua.html. Acesso em: 20 dez. 2024.

INSTITUTO ESCOLHAS. Os desafios e o potencial da agricultura urbana e periurbana em Belém. São Paulo: Instituto Escolhas, 2022. Disponível em: https://agriculturaembelem.escolhas.org/. Acesso em: 19 ago. 2024.

INSTITUTO ARAPYAÚ. Amazônia no centro do debate sobre o futuro dos alimentos. Instituto Arapyaú, 2024 Disponível em: https://arapyau.org.br/amazonia-no-centro-do-debate-sobre-o-futuro-dos-alimentos/. Acesso em: 30 jul. 2024.

INSTITUTO REGENERA; INSTITUTO H&H FAUSER; MOMBORA; INSTITUTO FRONTEIRAS DO DESENVOLVIMENTO. Frutas nativas da Mata Atlântica no PNAE: melhores práticas para introdução de frutas nativas no cardápio. São Paulo: [s.n.], 2023. Disponível em: https://frutasnativas.org.br/. Acesso em: 19 ago. 2025.

OLIVEIRA, Ivanilson Lima de. Agricultura urbana no município de Ananindeua (PA): análise das políticas públicas municipais e da percepção dos atores sociais. 2023. Dissertação (Mestrado em Gestão de Recursos Naturais e Desenvolvimento Local na Amazônia) – Universidade Federal do Pará, Belém, 2023. Disponível em:

http://repositorio.ufra.edu.br/jspui/bitstream/123456789/957/5/AGRICULTURA URBANA NO MUNICÍPIO DE ANANINDEUA (PA).....pdf. Acesso em: 30 jul. 2024.

SANTOS, G. R. dos; SILVA, R. P. da; SANTANA, A. S. de. Agricultura na Amazônia: desflorestamento, escala e desafios à produção sustentável. In: SANTOS, G. R. dos; SILVA, R. P. da (orgs.). Agricultura e diversidade: trajetórias, desafios regionais e políticas públicas no Brasil. Rio de Janeiro: Instituto de Pesquisa Econômica e Aplicada, 2022. Disponível em: https://repositorio.ipea.gov.br/bitstream/11058/11408/1/agricultura_amazonia_cap6.pdf. Acesso em: 30 jul. 2024.

SOUZA, P.; OLIVEIRA, W. D. de; STUSSI, M. Sustentabilidade no Plano Safra 2024/2025. Rio de Janeiro: Climate Policy Initiative, 2024. Disponível em: https://www.climatepolicyinitiative.org/pt-br/publication/sustentabilidade-no-plano-safra-2024-2025/. Acesso em: 2 set. 2025.

SMERALDI, R. Amazônia 2030: conhecendo o sistema comida na Amazônia. Belém: Instituto do Homem e Meio ambiente da Amazônia, 2021. Disponível em: https://amazonia2030.org.br/conhecendo-o-sistema-comida-na-amazonia/. Acesso em: 19 ago. 2025.

SMERALDI, R.; JENNINGS, S. Soft power, gastronomia e Amazônia. Amazônia 2030, 2023. Disponível em: https://amazonia2030.org.br/soft-power-gastronomia-e-amazonia/. Acesso em: 30 jul. 2024.

TUBIELLO, F. et.al. Greenhouse gas emissions from food systems: building the evidence base. Environmental Research Letters, [s.l.], n. 16, p. 1-14, 2021. Disponível em: https://iopscience.iop.org/article/10.1088/1748-9326/ac018e/pdf. Acesso em: 30 jul. 2024.

VERÍSSIMO, B. *et al.* Amazônia 2030: bases para o desenvolvimento sustentável. Belém: Instituto do Homem e Meio ambiente da Amazônia, 2023. Disponível em: https://amazonia2030.org.br/wp-content/uploads/2024/03/Amz2030-Livro.pdf. Acesso em: 19 ago. 2025.

INSTITUTO FRONTEIRAS DO DESENVOLVIMENTO; INSTITUTO REGENERA. Boas Práticas para a Comercialização de Alimentos Agroecológicos: Recomendações do Projeto da Amazônia para Belém – Fomento a Sistemas Locais de Alimentos Regenerativos. Belém: [s.n.], 2022. Disponível em: https://www.amazoniaparabelem.org.br/wp-content/uploads/2024/02/EBOOK-boas-praticas-para-a-comercializacao-de-alimentos-agroecologicos-1.pdf. Acesso em: 10 set. 2025.

CURAN, Roberta Moraes; MARQUES, Paulo Eduardo Moruzzi. Multifuncionalidade da agricultura urbana e periurbana: uma revisão sistemática. Informações Econômicas, v. 51, n. 1, 2021. DOI: https://doi.org/10.1590/s0103-4014.2021.35101.013

MENEGHETTI, Gilmar Antonio; SOUZA, Sîglia Regina. A agricultura familiar do Amazonas: conceitos, caracterização e desenvolvimento. Revista Terceira Margem Amazônia, v. 1, n. 5, p. 35-56, 2012 [s.d.].

Fernando Sampaio

Engenheiro agrônomo formado pela Escola Superior de Agricultura Luiz de Queiroz em 1997, com especialização no mercado de carne e leite pela École Supérieure d'Agriculture d'Angers na França. Atuou no mercado internacional de carnes na França, na Société des Viandes Bretagne Anjou – Soviba entre 2000 e 2001, e na Meat Import Zandbergen Brothers BV de 2001 a 2008. Em 2009 assumiu a coordenação de sustentabilidade da Associação Brasileira das Indústrias Exportadoras de Carne (ABIEC), e foi seu diretor executivo de 2011 a 2016. Em fevereiro de 2023, retorna à ABIEC como diretor de Sustentabilidade.

AGROPECUÁRIA COM FLORESTA EM PÉ

O papel do Estado como indutor da transição

Na resistência da mandioca diante das adversidades, vemos a lição para práticas agropecuárias mais diversas, resilientes e alinhadas com os ciclos da natureza.

"O agronegócio não precisa da Amazônia." Essa frase foi dita pela então ministra da Agricultura Tereza Cristina em uma entrevista de junho de 2020. Mas o agronegócio está na Amazônia. E não é obra do acaso: é o resultado de um processo de ocupação territorial e colonização pensado — sobretudo, pela ditadura militar — como forma de integrar a região ao restante do Brasil.

O infográfico produzido pelo MapBiomas (Figura 1) mostra que, entre 1985 e 2023, 53 milhões de hectares de floresta e 1,8 milhão de hectares de vegetação arbustiva e herbácea da região amazônica foram convertidos em agropecuária (dos quais 46,3 milhões de hectares, ou 84,5%, viraram pasto).

Vale observar o crescimento das cadeias produtivas de pecuária e soja na Amazônia em comparação com o desmatamento (Figura 2).

É evidente que em determinado momento a expansão da produção deixou de depender do desmatamento. Não é a intenção aqui analisar o histórico de ocupação da Amazônia e seu impacto social, econômico e ambiental. O que propomos é, a partir do cenário atual, pensarmos ações que possam apoiar a agropecuária na região e conciliar o desenvolvimento social e econômico com a conservação da biodiversidade e a mitigação da crise climática. Essa reflexão usa a fala de Tereza Cristina como argumento fundamental para desenhar o futuro.

Figura 1. Evolução anual da cobertura e uso de terra (1985-2024)

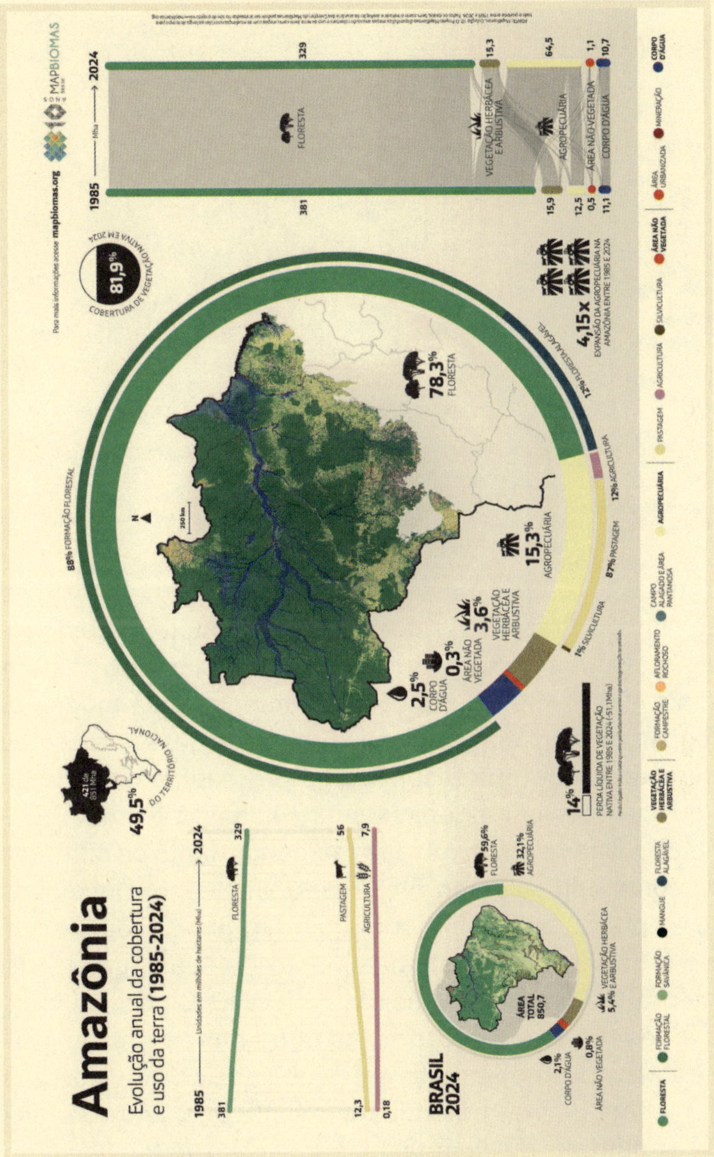

Fonte: MapBiomas (2024).

Figura 2. Comparação entre o crescimento das cadeias produtivas de pecuária e soja e o desmatamento

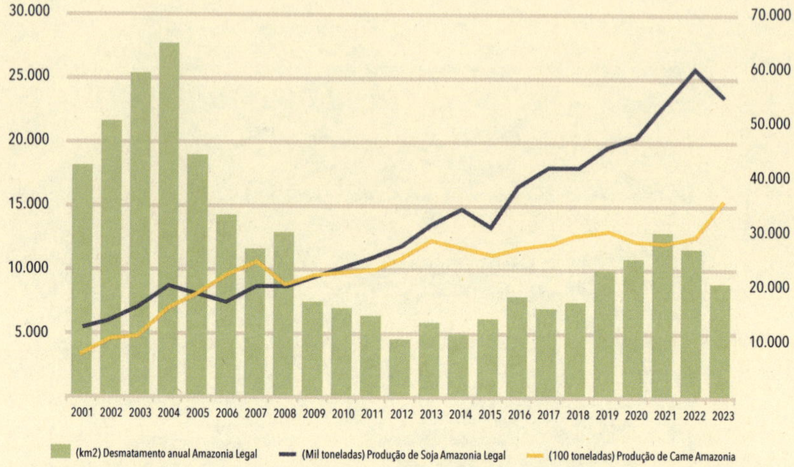

Fonte: Elaborado pelo autor com base em dados do Prodes e IBGE.

Durante certo tempo, o setor agropecuário agiu como se as terras aráveis do Brasil fossem um recurso infinito. É como se pensassem: "Ocupamos, usamos, degradamos, ocupamos um pouco mais ali adiante". Mas, recentemente, há uma mudança de percepção no setor sobre a sustentabilidade desse processo. Essa alteração vem como resultado da pressão da sociedade. Mas há que se destacar alguns fatores que a favorecem.

O primeiro está relacionado aos mercados, tanto os compradores de commodities como o mercado financeiro. Hoje, centenas de empresas mantêm o compromisso público de reduzir emissões e desvincular o desmatamento de suas cadeias de fornecimento. A Forest 500, iniciativa da ONG Global Canopy, identifica, nos maiores mercados, as 500 empresas mais propensas a terem desmatamento em suas cadeias de valor. Um relatório recente da mesma entidade mostra que, entre as ranqueadas, o número de companhias que vêm estabelecendo compromissos de eliminá-lo passou de 49% em 2016 para 70% em 2023.

O segundo fator é que os produtores estão a cada dia mais ameaçados pelos eventos extremos causados pelas mudanças do clima, como secas ou chuvas intensas, e incêndios, entre outros efeitos. A Embrapa Soja estima que a falta de chuvas causou perdas de US$ 80 bilhões nas lavouras de soja nos cinco estados que dominam a produção da oleaginosa no país na última década. Em outro exemplo, a Federação da Agricultura do Rio Grande do Sul estimou em R$ 4 bilhões as perdas na agropecuária do estado em 2024 apenas como consequência das chuvas.

Mas talvez o fator mais importante a apoiar uma mudança de percepção do setor agropecuário em relação ao uso da terra e ao clima seja o desenvolvimento tecnológico. Ao mesmo tempo em que a agropecuária avançava sobre o território, avançou-se mais ainda na aplicação de tecnologias e práticas que permitiram que a produção nacional crescesse mais verticalmente, em produtividade, do que horizontalmente, ocupando espaço. Foi esse processo que garantiu que o Brasil continuasse a atender seus mercados doméstico e internacional de commodities sem a necessidade de expansão em novas áreas. O benefício ambiental obtido pelo desmatamento evitado com a incorporação de tecnologia na produção é chamado de "efeito poupa-terra" pela Empresa Brasileira de Pesquisa Agropecuária (Embrapa).

Segundo um estudo do Insper Agro Global (Figura 3), feito com base na metodologia apresentada por Vieira-Filho (2018), para alcançar o volume de produção agropecuária observado em 2022 com o mesmo nível de produtividade de 1997, seriam necessários 224 milhões de hectares de terra adicionais (soma do efeito poupa-terra da agricultura e pecuária bovina brasileiras).

Há outro aspecto positivo do aumento de produtividade na agropecuária brasileira. Os novos modelos de produção desenvolvidos no ambiente tropical são de baixo carbono, que não somente permitem o uso de uma mesma área para diferentes safras no mesmo ano agrícola, como são capazes de incorporar carbono e regenerar o solo, e, assim, reduzir o impacto da atividade. A recuperação, restauração e manejo de pastagens, a Integração-Lavoura-Pecuária-Floresta (ILPF), o Sistema de Plantio Direto (SPD), a Fixação Biológica de Nitrogênio (FBN), o uso de bioinsumos, o uso de subprodutos agrícolas na nutrição animal e a agricultura de precisão são exemplos de tecnologias que contribuíram e ainda têm muito a contribuir com o crescimento da agropecuária sustentável no Brasil.

Figura 3. Efeito poupa-terra total (agricultura+pecuária)

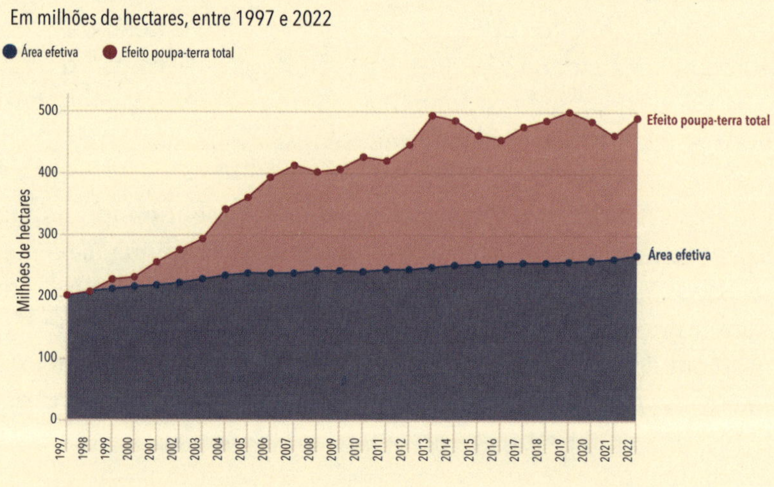

Fonte: Insper Agro Global.

Nosso país tem um estoque significativo de terras subaproveitadas, ocupadas majoritariamente por pastagens em algum grau de degradação. O Atlas das Pastagens, do Laboratório de Processamento de Imagens e Geoprocessamento da Universidade Federal de Goiás (Lapig/UFG), estima que 60% da área total dos pastos no Brasil, ou 107,6 milhões de hectares, sejam de baixo e médio vigor.

Em 2023, o Ministério da Agricultura e Pecuária (Mapa) lançou o Programa Nacional de Conversão de Pastagens

Degradadas (PNCPD), que tem como meta a recuperação e conversão de até 40 milhões de hectares de pastagens de baixa produtividade em áreas agricultáveis em dez anos. Se bem-sucedida, a iniciativa pode praticamente dobrar a área de produção de alimentos no Brasil sem desmatamento, evitando, assim, a expansão sobre zonas de vegetação nativa.

Vamos tomar a soja com exemplo. Segundo o Instituto Brasileiro de Geografia e Estatística (IBGE), a área plantada desse grão mais do que quadruplicou nos últimos 30 anos, passando de 10,6 milhões de hectares em 1993 para 44,6 milhões de hectares em 2023. Hoje, a soja ocupa 45% de toda a área cultivada do país. As projeções do Ministério da Agricultura indicam que até 2034 a área destinada ao cultivo de grãos (incluindo soja, milho, feijão, arroz e trigo) precisará crescer 16 milhões de hectares, dos quais a soja responderá por 13 milhões de hectares, ou 80%. Toda essa expansão projetada caberia dentro das pastagens degradadas em regiões de aptidão agrícola, e ainda sobraria muito pasto. A pecuária, como veremos adiante, tem uma imensa lacuna de eficiência de produção; há, portanto, um grande potencial para aumentá-la ao mesmo tempo em que se reduz a área ocupada.

É claro que o agronegócio precisa da Amazônia. Precisa dos serviços ambientais que o bioma é capaz de fornecer, sobretudo sua contribuição ao regime de chuvas das principais regiões produtoras do país, à redução de alterações de temperatura e à biodiversidade. Mas o setor não precisa tomar o espaço da floresta para crescer: pode expandir ganhando eficiência. Algo óbvio dada a dimensão das áreas já antropizadas e subaproveitadas e o impacto que o desmatamento pode ter no clima e nos negócios.

Sabemos que há dissensos e conflitos em relação a essa visão, que iremos abordar mais à frente neste capítulo. Mas, como mencionado, a noção de que a produção de *commodities* pode crescer sem desmatamento é a primeira chave para um equilíbrio possível.

Em artigo de 2019 na revista *Land Use Policy*, intitulado "Solving Brazil's land use puzzle: Increasing production and slowing Amazon deforestation", pesquisadores brasileiros e suecos apresentam quatro estratégias principais que podem contribuir para conciliar produção e conservação na Amazônia. A primeira passa por conter a grilagem de terras e o desmatamento ilegal. A segunda, por criar instrumentos econômicos que possam compensar produtores rurais por desmatamento evitado. A terceira trata da intensificação da produção agropecuária. A quarta indica políticas específicas para o pequeno produtor rural.

A abordagem que queremos propor para o setor privado na região amazônica aproveita-se dessas propostas, mas as reorganiza em duas bases principais:

1. fechar a fronteira;
2. transicionar a produção.

Antes de explorarmos esses dois pilares, no entanto, é preciso ressaltar a importância de duas condições habilitantes fundamentais para um processo de transição de sistemas alimentares na Amazônia.

Planejamento e governança

Um trabalho intitulado *Food, Nature and Health Transitions – Repeatable Country Models*, publicado pelo Fórum Econômico Mundial com apoio da Bain&Company, resume da seguinte forma as cinco dimensões de sucesso de sistemas alimentares e as condições habilitantes para que se chegue a esse resultado (Tabela 1).

A partir da análise da transformação ocorrida em diferentes países, o relatório traz elementos importantes em comum que podem ser replicados.

O primeiro deles é o papel fundamental dos governos de estabelecerem planos de longo prazo e um ambiente que permita parcerias e investimentos. É preciso também coordenar investimentos públicos e privados de forma a catalisar a transformação, assim como criar mecanismos de redução de risco para atrair capital.

Tabela 1. Cinco dimensões de sucesso de sistemas alimentares

Economia e produção	**Meios de subsistência, pobreza e equidade**	**Natureza e biodiversidade**	**Adaptação e mitigação climáticas**	**Nutrição, dieta e saúde**
Crescimento da produtividade Cadeias de valor eficientes Resiliência a choques alimentares Crescimento da exportação focado	Meios de subsistência dignos para todos os envolvidos Inclusão de gênero Oportunidade para os jovens Apoiar o envolvimento com povos indígenas	Saúde da terra, do solo e dos oceanos Uso e gestão sustentáveis da água Integridade da biosfera	Resiliência ao impacto das mudanças climáticas Redução das emissões de gases do efeito estufa	Segurança alimentar local Dietas saudáveis Comunidades saudáveis

Sistemas alimentares e principais facilitadores

Pesquisa e tecnologia | Produção agrícola | Insumos agrícolas | Processamento

Distribuição, transporte, comércio | Serviços e varejo de alimentos | Alimentação | Lixo e descarte de resíduos

Inovação tecnológica e de dados | Política e ambiente propício | Financiamento público e privado

Fonte: Fórum Econômico Mundial, Bain&Company.

As empresas das cadeias produtivas têm um papel importante, não somente na inovação, mas servindo como âncoras para apoiar e agregar produtores. Finalmente, faz-se necessário criar um ecossistema de inovação tecnológica e mobilizar coalizões de múltiplos atores focadas em ações para acelerar a transição.

Quando aplicamos esses conceitos ao contexto brasileiro e à produção agropecuária na Amazônia, fica evidente que não há planos de longo prazo para a região. Claudio Angelo, o jornalista autor de *O silêncio da motosserra*, fala que os únicos que fizeram um plano para a Amazônia foram os governos militares. Era um projeto baseado em ocupação e colonização a partir de obras de infraestrutura, cujos impactos conhecemos bem, mas, hoje, nem um plano ruim temos.

A Amazônia precisa de um projeto.

Ao longo dos últimos anos, alguns estados da região, assim como o Consórcio de Governadores e outras instâncias, desenvolveram seus planos. Muitos foram engavetados ou esquecidos nas mudanças de mandato.

No livro *Sustainability Challenges of Brazilian Agriculture*, organizado por Niels Sondergaard, Camila Dias Sá e Ana Flávia Barros Platiau, há um capítulo dedicado a abordagens jurisdicionais e de paisagens que trazem experiências como a Estratégia Produzir, Conservar e Incluir, do Mato Grosso, o extinto Programa Municípios Verdes, do Pará, e outros pactos regionais ou municipais. São iniciativas que criaram uma governança entre atores públicos, privados e da sociedade civil para pensar o desenvolvimento de determinado território em longo prazo. Seu sucesso depende de liderança política, planejamento, métricas bem definidas e da criação de um fluxo de investimentos e ações capazes de provocar a transformação desejada. São experiências que deveriam ser examinadas, mais bem exploradas e ativadas em regiões prioritárias.

O mesmo processo de planejamento pode ser feito levando-se em conta uma cadeia produtiva prioritária. O Programa de Integridade da Cadeia Pecuária, liderado pelo governo do Pará, é um exemplo de um processo de governança e planejamento. O Zoneamento Socioeconômico Ecológico é outra ferramenta de planejamento ainda mal-usada no contexto amazônico.

Em nível nacional, existe uma multiplicidade de planos que incidem sobre o território rural, como o Plano ABC+, Plano Nacional de Conversão de Pastagens Degradadas, Plano Nacional de Identificação de Bovinos, Planaveg, Plano de Transformação Ecológica e os planos de combate ao desmatamento, entre outros, todos sob responsabilidade de diferentes órgãos do governo federal.

É preciso dar coerência a todos esses processos de planejamento no âmbito de um projeto de Estado, e não de governos, que inclua as três esferas administrativas e explore os desafios e oportunidades da região amazônica. Pesquisadores do projeto Amazônia 2030 desenvolveram o estudo *As cinco Amazônias: bases para o desenvolvimento sustentável da Amazônia Legal*, que classifica diferentes realidades dentro do bioma e que pode servir de base para qualquer plano de desenvolvimento sustentável e conservação a ser implementado ali. O Mapa 1 resume as cinco Amazônias citadas no estudo.

Mapa 1. As cinco Amazônias do projeto Amazônia 2030

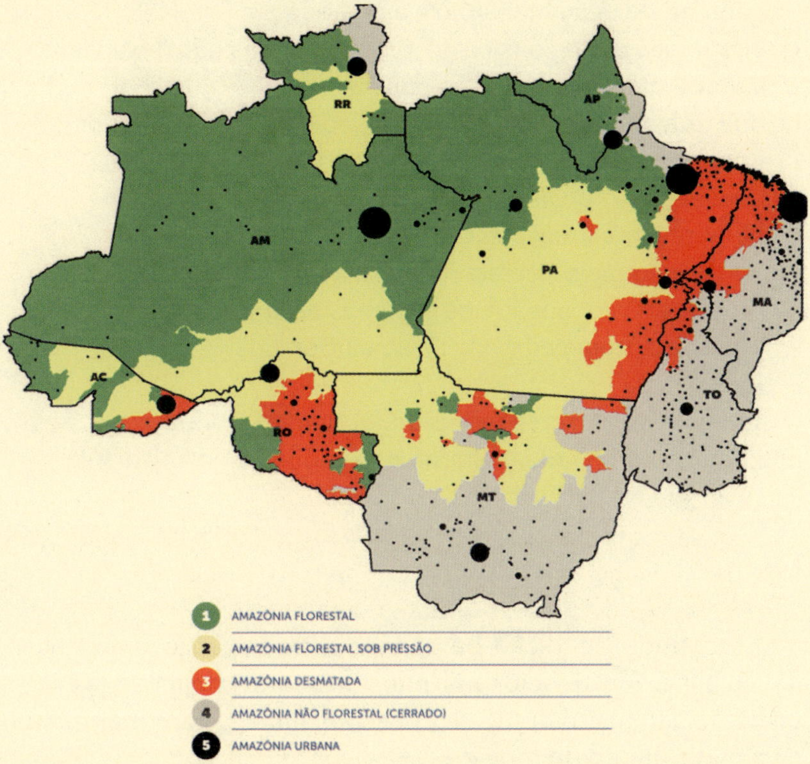

Fonte: Adaptado de Celentano e Veríssimo (2007), a partir de dados do IBGE.

Para a área identificada como "Amazônia desmatada", ou seja, onde é maior a presença da produção agropecuária, as recomendações são as seguintes:

- priorizar a regularização fundiária;
- melhorar a qualidade da rede de estradas;
- aumentar a produtividade da pecuária;
- promover a expansão dos sistemas agroflorestais;
- estimular a agricultura de baixo carbono;
- incentivar a restauração florestal;
- fomentar o reflorestamento;
- promover a oferta de créditos de REDD.

Para a área designada como "Amazônia sob pressão", as propostas são:

- combater o desmatamento e a degradação florestal;
- criar áreas protegidas nas florestas públicas não destinadas;
- evitar a grilagem de terras públicas;
- apoiar a implementação das unidades de conservação;
- apoiar a proteção das terras indígenas;
- coibir o garimpo ilegal de ouro;
- combater a extração ilegal de madeira;
- apoiar o manejo florestal madeireiro;
- promover a expansão dos sistemas agroflorestais;
- apoiar a agropecuária de baixo carbono.

Todas essas recomendações poderiam contar com amplo apoio do setor privado. Voltaremos a algumas delas adiante.

Governança fundiária

A segunda condição-base para a transição é uma governança fundiária direcionada para que tanto políticas públicas como investimentos privados possam, juntos, contribuir para o desenvolvimento da região.

Um estudo de 2023 do Instituto Escolhas e do Grupo de Estudos de Políticas Públicas da Escola Superior de Agricultura Luiz de Queiroz, da Universidade de São Paulo (Esalq/USP), aponta o tamanho do desafio fundiário na Amazônia e propõe caminhos possíveis para a destinação do grande estoque de terras públicas que são a razão de conflitos e perdas ambientais na região (Infográfico 4).

O novo arcabouço fundiário proposto pelo estudo inclui destinar todas as terras públicas ainda não destinadas e, para cada hectare transformado em área protegida, liberar um hectare para o uso social da terra, priorizando os povos e comunidades tradicionais, a agricultura familiar e os modos de vida sustentáveis. O documento ressalta ser preciso garantir condições para que os agentes públicos operem a destinação de terras e possam punir adequadamente as invasões. A proposta inclui, ainda, um amplo processo de arrecadação das terras que ainda não fazem parte do patrimônio público e a cobrança, com base nos valores de mercado, nos processos de regularização (respeitando o direito de pequenas propriedades) —, criando, assim, um fundo voltado para a viabilização de áreas protegidas.

Richard Torsiano, especialista no assunto, argumenta em outro trabalho que a governança fundiária é condição necessária para promover o desenvolvimento sustentável na Amazônia Legal. Em seu artigo, ele analisa as legislações passadas e vigentes e argumenta que o problema fundiário da região não finda com o fomento a programas de regularização de posses em terras públicas federais e estaduais. Defende, também, o estabelecimento de Sistemas de Administração de Terras (SATs) eficientes para uma gestão responsável da terra.

Infográfico 4. O desafio fundiário na Amazônia e caminhos possíveis para a destinação de terras públicas

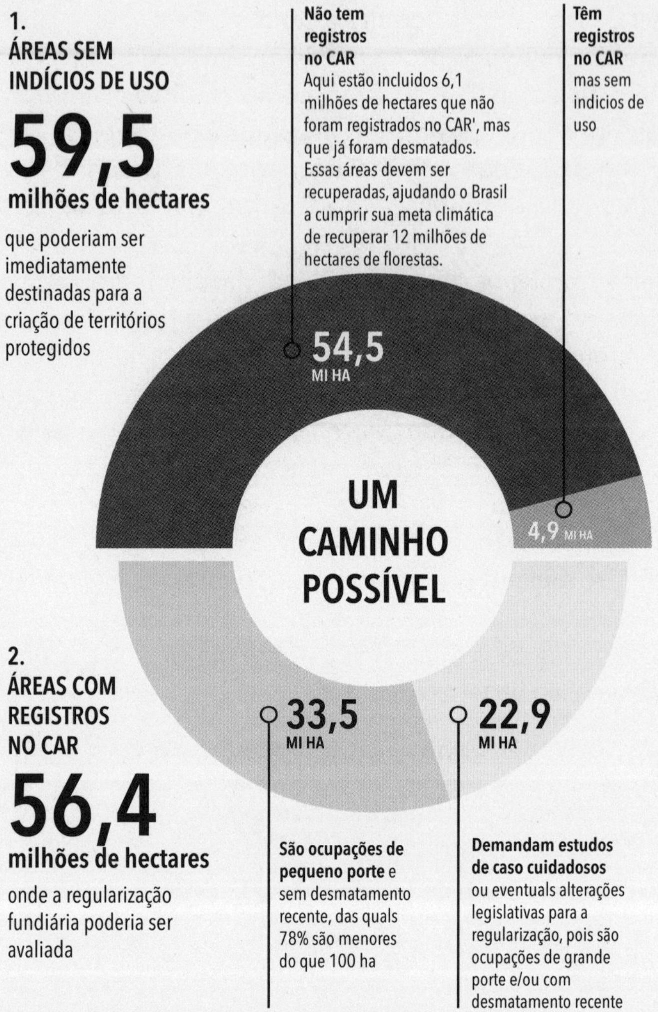

Fonte: Instituto Escolhas e Grupo de Estudos de Políticas Públicas Esalq/USP.

Fechar a fronteira

Do ponto de vista do setor privado, em razão dos riscos que o desmatamento traz aos negócios ao afetar os investimentos e a comercialização, além de causar impactos climáticos, faz sentido fechar a fronteira agrícola na Amazônia, ou seja, frear o desflorestamento e adotar uma estratégia de redução de riscos. Em estudo recente publicado na Conservation Letters, diferentes especialistas examinaram os casos de Brasil e Indonésia para concluir que, em ambas as situações, a vontade política foi o fator essencial na conservação de florestas. Ainda que exista a pressão do mercado, é essencial que a sociedade mobilize a política em prol da conservação.

Comando e controle, e a destinação de terras públicas

O documento da quinta fase do Plano de Ação para Prevenção e Controle do Desmatamento na Amazônia Legal (PPCDAm) analisa o desmatamento ocorrido em 2022 por categorias fundiárias, resumidas no Infográfico 5.

Infográfico 5. Desmatamento por categorias fundiárias em 2022

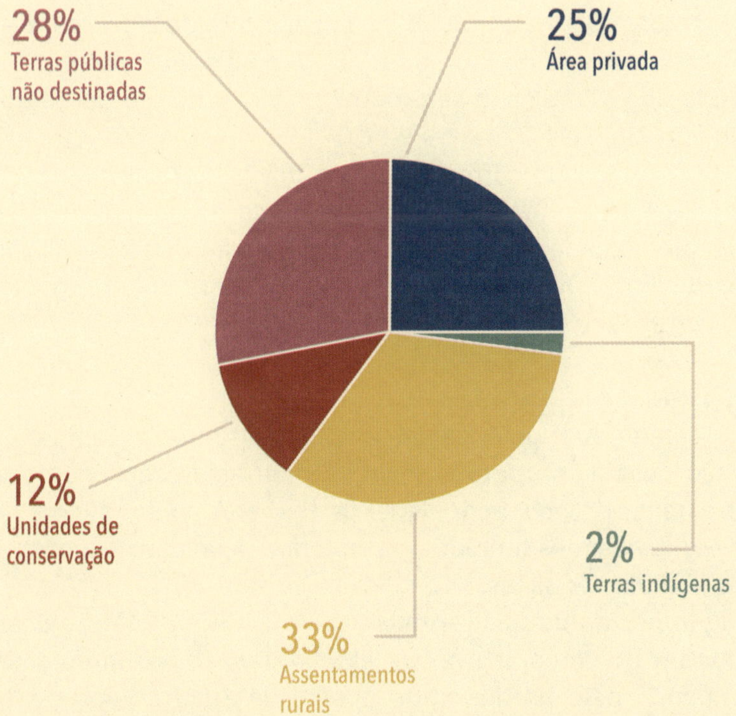

Fonte: Plano de Ação para Prevenção e Controle do Desmatamento na Amazônia Legal (PPCDAm).

Segundo a análise feita pelo Ministério do Meio Ambiente para o PPCDAm, metade do desmatamento observado pelo Projeto de Monitoramento do Desmatamento na Amazônia Legal por Satélite (Prodes) aconteceu dentro de imóveis rurais inscritos no Cadastro Ambiental Rural (CAR). Essas propriedades, por sua vez, estão sobrepostas a áreas privadas ou sem informação fundiária (18%), terras públicas não destinadas (15%), assentamentos (10%) e unidades de conservação (6%). Já o desmatamento em áreas fora do CAR ocorreu em assentamentos (22%), terras públicas não destinadas (14%), áreas privadas ou sem informação fundiária (7%) e unidades de conservação (6%).

O PPCDAm também aponta mudanças significativas no padrão de desmatamento na Amazônia em relação a décadas atrás. Entre elas, estão sua interiorização, especialmente em terras públicas, sua reconcentração em grandes áreas contíguas, a redução da capacidade de governança em áreas protegidas e assentamentos, a persistência do desmatamento ilegal nas cadeias produtivas e o aumento da degradação florestal.

Está claro que são necessárias diferentes estratégias para as ações de comando e controle frente aos diferentes desafios que os dados trazem. Mas a destinação de terras públicas, como citado anteriormente, é essencial para coibir a grilagem e a ilegalidade.

Regularização ambiental

Acelerar a regularização ambiental torna-se também um passo necessário para que o CAR não seja usado como uma ferramenta de ocupação ilegal de terras. A convergência entre as regularizações fundiária e ambiental deve estar no horizonte das políticas públicas.

É importante registrar que o grau de ilegalidade no desmatamento continua em níveis alarmantes. O desflorestamento verificado pelo Prodes entre agosto de 2023 e julho de 2024 totalizou 5.704 km^2. Segundo uma análise do Instituto Centro de Vida (ICV) a partir dos dados do Prodes e de informações de

Autorizações de Supressão de Vegetação Nativa obtidas junto aos estados, 90,8% da devastação florestal não teve autorização legal.

Os processos de regularização fundiária e ambiental (e a convergência entre ambos), as estratégias de comando e controle do desmatamento ilegal e a transparência e necessidade, apontada pelo estudo do ICV, de fortalecimento de um sistema único para a emissão de autorizações de desflorestamento são, portanto, pilares da estratégia de redução de riscos que nomeamos de fechamento da fronteira.

Valorização da floresta em pé

Para além disso, é preciso pensar em estratégias de valorização da floresta em pé. Fortalecimento da bioeconomia, oportunidades no mercado de carbono e concessões florestais são opções que podem atrair investimentos privados e que são abordadas em outros capítulos desta publicação. Mas, na realidade atual do país, a competição entre o valor da floresta em pé ou cortada ainda é desigual.

Um dos motivos pelos quais, do ponto de vista econômico, ainda vale a pena desmatar, é a especulação sobre o preço da terra. Um estudo da Scot Consultoria, que analisa o mercado de terras nos 17 estados brasileiros mais relevantes na produção de grãos e gado de corte, mostra que, em cinco anos, os valores das áreas para agricultura no Brasil subiram 113%, com o valor médio do hectare passando de R$ 14.818,10 em julho de 2019 para R$ 31.609,87 no mesmo mês de 2024.

O outro motivo é que os serviços ambientais que a floresta fornece não são valorizados no mercado. Para dar um exemplo, em 2017 o Mato Grosso fez sua primeira captação de recursos usando seu programa de REDD+[1] estadual. Entre 2006 e 2017, o estado havia gerado 3,2 bilhões de toneladas de créditos de

1 REDD+ é um mecanismo de incentivo desenvolvido no âmbito da Convenção-Quadro das Nações Unidas sobre Mudança do Clima (UNFCCC) para recompensar financeiramente países em desenvolvimento por seus resultados de redução de emissões de gases de efeito estufa provenientes do desmatamento e da degradação florestal. No Brasil, alguns estados da Amazônia criaram sistemas de REDD+, a exemplo de Mato Grosso, que tem legislação sobre o tema desde 2013.

carbono, um volume reconhecido pela Convenção-Quadro das Nações Unidas sobre a Mudança do Clima (UNFCCC, na sigla em inglês). Esse resultado foi obtido através da redução do desmatamento, especialmente, em terras privadas, e da manutenção de estoques florestais. A captação alcançou o valor de R$ 186 milhões. Em contrapartida, segundo dados do Instituto Mato-grossense de Economia Agropecuária (Imea), entre 2010 e 2017, o Valor Bruto da Produção Agropecuária no estado foi de R$ 337,4 bilhões. Ou seja, protegendo florestas o Mato Grosso arrecadou 0,06% do valor atingido por meio da venda de *commodities* no mesmo período.

Claro que a floresta gera mais valor do que hoje se consegue no mercado. Um estudo conduzido por Bernardo Strassburg, professor economista da Pontifícia Universidade Católica do Rio de Janeiro (PUC-RJ) e diretor do Instituto Internacional para a Sustentabilidade (IIS), mostrou que os serviços ecossistêmicos gerados por 1 hectare de terra na Amazônia valem R$ 3.500. Enquanto isso, em um ano, a pecuária produziria apenas entre R$ 60 e R$ 100 por hectare; a soja, de R$ 500 a R$ 1.000.

Tais serviços incluem a regulação do clima, a oferta de água e a conservação do solo e da fertilidade. Outros benefícios não contabilizados poderiam vir do turismo ou do impacto positivo na saúde pública e de possíveis ganhos com a biodiversidade. Mas o problema é que, enquanto o dinheiro da agricultura e da pecuária entra direto no bolso do proprietário da terra, os benefícios da floresta em pé são difusos — atingem toda a sociedade —, mas o proprietário não recebe nada por isso, a não ser a dureza da lei e os custos envolvidos na conservação dessas áreas.

Olhando para o recorte das propriedades rurais, é preciso pensar em estratégias que complementem o esforço público de redução do desmatamento. Nesse sentido, faz-se necessário trazer valor para as áreas protegidas, através da implementação de reservas legais e áreas de preservação permanente, e, também, para o excedente de reserva legal, isto é, parcelas que poderiam ser legalmente desmatadas dentro das propriedades. Parte dessa valorização poderia vir através de mercados de carbono e políticas de pagamentos por serviços ambientais. Outras opções são a concessão de Cotas de Reserva Ambiental (CRAs) verdes que sirvam de garantia em empréstimos bancários, o enriquecimento das áreas preservadas com espécies que tenham valor econômico e a restauração produtiva com espécies nativas de frutas e madeira. É necessário criar capacidades e mecanismos que facilitem a pequenas e médias propriedades a construção e a implementação de planos de manejo de produtos madeireiros e não madeireiros, para que as áreas de conservação gerem renda extra aos produtores.

Estratégias para o desmatamento legal

Para além das áreas de reserva legal e de preservação permanente, a Universidade Federal de Minas Gerais (UFMG) estima que entre 6 a 8 milhões de hectares na Amazônia poderiam ser legalmente desmatados. É a chamada vegetação excedente, porções de floresta em propriedades privadas além do exigido pelo Código Florestal. Sem estratégias para valorizar esse excedente, um proprietário de terras não tem nenhum motivo para não desmatar dentro da legalidade, a não ser que receba compensações financeiras ou seja alvo de sanções comerciais. Ao manter a floresta em pé, ele perde tanto a potencial valorização da terra quanto os ganhos com o que produziria nessas áreas.

Mercados de carbono ainda são vistos como uma miragem, inacessível ao produtor médio que sequer tem escala para arcar com custos de desenvolvimento de projetos. E políticas de Pagamento por Serviços Ambientais (PSA) são ainda inexistentes na maior parte do território amazônico. Criar agregadoras que desenvolvam projetos de carbono para grupos de produtores pode ajudar a diluir custos e trazer materialidade para a preservação de ativos ambientais.

Sanções comerciais que impõem o desmatamento zero são vistas como um confisco de propriedade absolutamente inaceitável aos olhos de produtores rurais e proprietários de terras, que consideram a legislação ambiental brasileira um grande peso, em que o setor recebe todo o custo, mas os benefícios são de todos. Acordos desse tipo, como a Moratória da Soja[2] e o Compromisso Público da Pecuária[3], mesmo construídos conjuntamente entre sociedade civil e exportadores de *commodities*, tendem a gerar conflitos dentro da cadeia, exemplificados pela recente investida judicial de associações de produtores contra a Moratória da Soja. Sem políticas públicas que possam compensar os privados detentores de ativos ambientais (como pagamentos por serviços ambientais), iniciativas baseadas apenas em sanções tendem a gerar esse tipo de conflito.

Resta ainda um trabalho a ser feito de conscientização dos impactos que o desmatamento pode ter em médio e longo prazo na produção agropecuária, e que traga principalmente produtores rurais para uma agenda propositiva de soluções, desafio nada trivial dada a polarização crescente dos últimos anos, que abordaremos mais à frente.

Transicionar a produção

Conceitos e propostas

Sob a ótica agronômica, há conceitos que se misturam dentro do que se convencionou chamar de transição de sistemas alimentares. Falamos de *"climate smart agriculture"* (agricultura climaticamente inteligente), ou seja, uma agropecuária capaz de continuar aumentando sua produção enquanto não somente reduz suas emissões de gases de efeito estufa (GEE), mitigando sua contribuição à crise climática, mas também se torna mais resiliente às mudanças do clima. Falamos também de agricultura regenerativa, capaz de trazer vida e biodiversidade a solos exauridos; agricultura de baixo carbono, que usa técnicas e práticas que reduzem suas emis-

2 Com o objetivo de eliminar o desmatamento da cadeia de produção da soja, a Moratória da Soja é um acordo estabelecido pelas empresas signatárias de não adquirir o grão de fazendas na Amazônia onde ocorreram desmatamento após 22 de julho de 2008.

3 O Compromisso Público da Pecuária (CPP) foi um acordo voluntário iniciado pelo Greenpeace em 2009 que tentou mobilizar frigoríficos para zerar o desmatamento na cadeia produtiva de carne bovina na Amazônia.

sões; e agricultura DCF, ou livre de desmatamento e/ou com conversão de vegetação nativa, em que a produção não é um indutor de perda de biodiversidade.

Anteriormente, mencionamos processos de planejamento de longo prazo e governança fundiária como condições habilitantes para a transição de sistemas alimentares na Amazônia e o "fechamento de fronteiras" como uma estratégia de redução de risco. São pilares em que ações governamentais e liderança política têm um peso muito grande, e que permitem ao setor privado potencializar seu impacto. Há, ainda, duas fontes poderosas de transformação nas mãos de governos: crédito e infraestrutura. Aliadas, essas duas forças podem e devem ser usadas para modelar a paisagem, direcionando a expansão e a intensificação agropecuária em geografias onde se gere impacto positivo e não negativo.

Já quando falamos de transicionar a produção para modelos através dos quais a agropecuária reduza seu impacto e, ao mesmo tempo, ocorram processos de restauração florestal de acordo com as exigências legais, as ações do setor privado têm um peso bem maior do que as de governo, uma vez que estamos falando de negócios. Ainda assim, as intervenções governamentais são necessárias.

Em janeiro de 2025, uma carta assinada por ganhadores do Prêmio Nobel e do Prêmio Mundial da Alimentação fez um alerta sobre a necessidade de aumentar a produção global de alimentos entre 50% e 70% nas próximas duas décadas para se reduzir os riscos de insegurança alimentar no futuro. Hoje, a produção está em declínio, enquanto a população cresce e as pressões ambientais causadas pelas mudanças no clima se intensificam, como a erosão, a perda de diversidade e a escassez de água, gerando conflitos que comprometem a produtividade agrícola. O documento faz um apelo urgente para que se invista na distribuição de alimentos, mas, sobretudo, no fomento à pesquisa, inovação e tecnologia.

Em 2024, a Força-Tarefa de Sistemas Alimentares Sustentáveis e Agricultura do B20, fórum que conecta o setor empresarial aos governos do G20, produziu um *policy paper* com recomendações aos membros do grupo, que reúne as 19 maiores economias do mundo, além da União Europeia e a União Africana. Essas recomendações incluem (i) promover o crescimento da produtividade por meio do desenvolvimento e dimensionamento de tecnologias avançadas, sustentáveis e resilientes e assistência técnica agronômica aos produtores; (ii) construir modelos inovadores para financiamento e colaboração para apoiar a transição dos agricultores para sistemas alimentares resilientes e sustentáveis; (iii) fortalecer o sistema de comércio agrícola multilateral para promover a adoção de práticas sustentáveis e melhorar a segurança alimentar.

Em um artigo intitulado *O futuro é regenerativo — e as empresas precisam liderar essa mudança,* Renata Piazzon, diretora-geral do Instituto Arapyaú e representante do Conselho de Desenvolvimento Econômico e Social Sustentável (CDESS), do governo federal, fala que, para que o setor privado se coloque à frente dessa transformação, é preciso que o conceito de responsabilidade corporativa evolua de estratégia de mitigação de danos para uma de contribuição ativa com a restauração ambiental e o desenvolvimento social.

Ela aponta três caminhos de fortalecimento do apoio das empresas a essa transição. O primeiro é a revisão dos subsídios governamentais para setores poluentes. O segundo é a adoção de práticas que aliem rentabilidade e impacto positivo, como, por exemplo, a agricultura regenerativa. Por fim, faz-se necessário basear o crescimento não mais em uma lógica de extração, produção e descarte, mas sim em um paradigma de economia circular. Exemplo disso na agricultura brasileira são os resíduos agrícolas utilizados como insumos para a produção animal e de bioenergia.

Há, como se vê, um conjunto de sugestões para acelerar a transição de sistemas alimentares que podem ser encampadas tanto pelo setor privado quanto pelo público, mas todas passam por inovação, assistência a produtores e investimentos.

Ações prioritárias

Um exercício possível seria pensarmos em uma matriz de ações prioritárias para a transição e agentes da cadeia de valor que influenciem diretamente o que acontece no campo. Ao cruzarmos os eixos dessa matriz, poderíamos chamá-los às ações possíveis dentro de cada prioridade. Entre esses atores, estão instituições de ensino, pesquisa e extensão rural, a indústria de insumos, produtores rurais, agroindústrias, compradores de *commodities* e agentes financiadores, além do governo.

Em 2024, em um exercício de escuta com elos da cadeia do setor pecuário, a consultoria Agroicone resumiu em cinco pilares as prioridades para uma transição sustentável no setor:

1. Ampliar a adoção de tecnologias e boas práticas produtivas.
2. Adequação ao Código Florestal (validação do CAR e seu uso ao longo da cadeia).
3. Rastreabilidade e controle de origem, sanitário e ambiental.
4. Financiamento diversificado.
5. Inclusão produtiva de pequenos produtores.

O engajamento do produtor rural aparece de maneira transversal, já que as mudanças centrais para o processo de transição exigem seu envolvimento. Embora pensadas para o universo da pecuária, esses pilares são inter-relacionados e podem perfeitamente servir ao setor agropecuário como um todo.

Está claro que um ecossistema público-privado de pesquisa e inovação é necessário para gerar a tecnologia e as boas práticas que podem ser levadas aos produtores. O Brasil foi bem-sucedido em criar um modelo de agricultura tropical, replicável em outros países. Técnicas como plantio direto, Integração Lavoura-Pecuária-Floresta (ILPF), restauração e manejo de pastagens, agricultura de precisão, manejo integrado de pragas, bioinsumos, entre outras, formam um leque de instrumentos capazes de aumentar eficiência e renda e reduzir impacto em uma equação ganha-ganha para produtores rurais. A grande questão é como disseminar a adoção dessas práticas. O problema agrava-se na pecuária, onde a lacuna de eficiência na produção é muito maior do que a observada na agricultura.

O Infográfico 6, elaborado pela consultoria Athenagro, estratifica a pecuária brasileira em níveis de produtividade.

No Brasil, 76% da área de pastagens tem uma produtividade inferior à média nacional. Considerando que os preços de mercado são estabelecidos pelos produtores cuja produtividade é acima da média, conclui-se que a maior parte dos pecuaristas não tem um negócio rentável. Como agravante, 54% dos pastos na Amazônia estão em um nível de degradação de moderado a severo, segundo estimativas da Embrapa.

Infográfico 6. Pecuária estratificada por níveis de produtividade

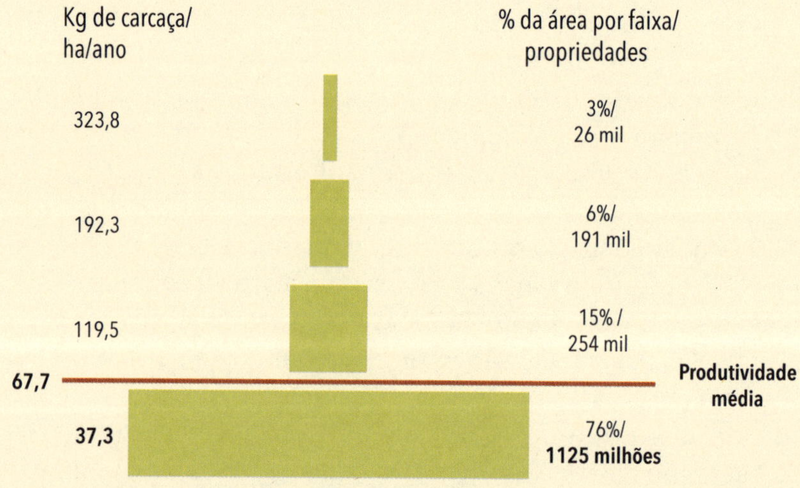

Fonte: Athenagro, com base em dados do IBGE e Rally da Pecuária.

Como o setor privado pode ajudar a transformar essa realidade?

Em primeiro lugar, é preciso criar um fluxo de investimento que possibilite essa transformação. Mas, para isso, deve-se estabelecer minimamente o volume de recursos necessários para a recuperação de áreas, restauração, adoção de novas tecnologias, rastreabilidade e assistência técnica, além de levantar quais as possíveis fontes de financiamento públicas, privadas, de cooperação internacional, REDD+ e outros mecanismos e pensar em como elas podem ser combinadas de acordo com a necessidade.

No setor privado, há duas fontes diretas capazes de injetar recursos na atividade agropecuária. A primeira são créditos e investimentos fornecidos por bancos e fundos. A segunda são os compradores dos produtos do setor: frigoríficos, traders, e, em última instância, compradores finais como varejistas e indústrias de transformação e bens de consumo.

Criando um fluxo de investimentos

Olhando para o primeiro exemplo, são necessárias algumas considerações.

Investimentos deveriam causar um impacto positivo na agropecuária. Aqueles voltados para a implementação de tecnologias verdes ou práticas de baixo carbono deveriam ter prioridade na carteira de bancos e oferecer condições diferenciadas para produtores que as estejam aplicando. Desde o ano passado, o Plano Safra passou a incorporar um desconto de 0,5% em sua taxa de juros para produtores que comprovadamente aplicarem boas práticas agrícolas. Mas é preciso mais. Tome-se como exemplo o Programa Nacional de Fortalecimento da Agricultura Familiar (Pronaf), que atende pequenos produtores. Embora grande parte de seus recursos seja injetada anualmente na atividade pecuária, o impacto é baixíssimo, uma vez que na maioria dos casos o recurso destina-se à compra de animais, e não à mudança de práticas produtivas.

Hoje, o direcionamento do crédito no território é aleatório. O dinheiro não vai para onde é necessário, mas para onde o banco consegue fazer suas operações. É preciso que haja inteligência territorial para se avaliar onde haveria o maior impacto, sobretudo quando tratamos de linhas de crédito oficiais.

Também se deve implementar mecanismos de redução de risco, como fundos de aval ou de primeiras perdas que tornem o investimento mais atrativo. Tomando como exemplo a base da pirâmide da pecuária, é de se supor que grande parte desses produtores não acessa crédito simplesmente porque não é rentável o suficiente para os bancos. Nesse sentido, a regularização ambiental e a assistência técnica funcionam também como ferramentas de redução de riscos para investimentos.

É preciso, ainda, criar linhas de financiamento que atrelem investimentos em restauração florestal, para adequação legal, a investimentos em produção. Torná-los concomitantes aumenta as chances de o produtor fazer a restauração.

Mecanismos de blended finance, que combinam recursos a fundo perdido para assistência técnica, fundos de de-risking, e crédito e finanças de carbono para restauração e implementação de agricultura de baixo carbono precisam ser pensados para a realidade amazônica.

A atuação dos compradores na transição

Anualmente, um volume expressivo de recursos é usado para comprar gado, soja e outras *commodities* agrícolas. Como garantir que essa compra possa também gerar uma transformação? Aqui, cabe uma reflexão sobre os compromissos do setor privado em cadeias de fornecimento sustentáveis.

Ao longo dos últimos anos, tem crescido o número de empresas que assumiram compromissos de desvincular o desmatamento de suas cadeias e reduzir emissões. Alguns mecanismos foram tentados para conseguir esse objetivo, uns baseados em incentivos, outros em sanções. Algumas cadeias, como as de papel e celulose e de algodão, optaram por adotar uma política de certificação, e, hoje, grande parte do que é comercializado internacionalmente é certificada. Mas as certificações têm alto custo e dificilmente ganham escala, uma vez que só os produtores mais preparados conseguem ter uma gestão eficiente a ponto de consegui-las. São cadeias curtas, em que processamento e produção estão próximos e nas mãos de poucos e grandes produtores.

Mesas redondas de cadeias de *commodities* foram criadas com o objetivo de reunir diversos de seus atores para definirem princípios e critérios sobre o que é um produto sustentável e se comprometerem a atuar segundo essas diretrizes. Assim, nasceram a Roundtable for Sustainable Palm Oil (RSPO), a Roundtable for Responsible Soy (RTRS) e o Grupo de Trabalho da Pecuária Sustentável — hoje, Mesa Brasileira de Pecuária Sustentável (MBPS).

Atualmente, a soja certificada pela RTRS representa entre 3% e 4% do total produzido no Brasil. Na pecuária, embora a MBPS tenha criado um guia de indicadores para melhoria contínua na produção, optou-se não pelo caminho da certificação, mas pela disseminação de boas práticas.

O outro caminho tentado para garantir cadeias sustentáveis de fornecimento foi o das sanções, das quais a Moratória da Soja e os Acordos da Carne são os melhores exemplos. Produtores que não se enquadrassem em determinados critérios deveriam, nesse tipo de arranjo, ser excluídos da cadeia de fornecimento dos compradores.

Há uma ligeira diferença entre um e outro. A Moratória da Soja, negociada entre a indústria da soja e a sociedade civil, prevê que os compradores bloqueiem a compra do grão de propriedades que tenham desmatado na Amazônia após 2008, legal ou ilegalmente. É amplamente reconhecido o papel que esse compromisso teve na queda do desmatamento associado à soja na região. Apenas 3% da área de soja plantada no bioma está localizada em áreas desmatadas após 2008.

No entanto, embora não tenha impedido o crescimento da produção de soja na Amazônia, seu caráter de exigência supralegal gera conflito entre produtores e agroindústrias. Sob a pressão de produtores, Estados como Mato Grosso Lei 12.709/24, Rondônia Lei 5.837/24, Tocantins e Maranhão (Lei 12.475/25) aprovaram leis que retiram incentivos fiscais das indústrias aderentes à moratória. Projetos de Lei (PLs) semelhantes avançam em outros estados, como o PL 1.041, em Goiás, e o PL 419, no Pará, e também no Congresso Nacional (PL 3927). Além disso, produtores enviaram uma representação ao Conselho Administrativo de Defesa Econômica (Cade).

No dia 18 de agosto de 2025 o Cade publicou a Nota Técnica 73 no Inquérito Administrativo 08700.005853/2024- 38, concluindo haver indícios relativos à tentativa de limitar, falsear ou prejudicar a livre concorrência ou a livre iniciativa, além de promover, obter ou influenciar a adoção de conduta comercial uniforme ou concertada entre concorrentes e outros fundamentos conexos. Ao final, foi sugerida a instauração de Processo Administrativo para imposição de sanções administrativas por infrações à ordem econômica às empresas signatárias da Moratória. O futuro da Moratória permanece incerto.

Já os Acordos da Carne foram negociados a partir de 2009 entre as empresas frigoríficas e o Ministério Público Federal através de Termos de Ajustamento de Conduta. Os critérios de compra foram posteriormente harmonizados em um protocolo denominado Boi na Linha, construído com o apoio da organização da sociedade civil Imaflora. Os acordos preveem o bloqueio de propriedades com desmatamento ilegal apenas após 2008, entre outros critérios. Mesmo assim, considerando-se apenas esse requisito, milhares de propriedades passaram a ser bloqueadas anualmente na Amazônia nas compras de frigoríficos aderentes ao Boi na Linha. Adicionalmente, alguns dos grandes grupos frigoríficos assumiram o Compromisso Público da Pecuária com a sociedade civil, que inclui o bloqueio em caso de desmatamento legal. Um estudo feito pela Universidade de Wisconsin avalia que o monitoramento desse compromisso apenas pelas quatro maiores indústrias de carne atuando na região ajudou a reduzir o desmatamento de uma área equivalente a entre 4 e 7 mil km^2 (uma redução de 8% a 15%) entre 2010 e 2018.

Como mencionado anteriormente, apesar de eficaz, o combate ao desflorestamento por meio de sanções tende a acirrar uma polarização já presente entre produtores rurais. São soluções que trabalham sob a lógica da exclusão, em que produtores que não atingem os critérios pré-determinados são excluídos de cadeias formais de fornecimento, embora continuem presentes na paisagem.

O setor privado lida há pelo menos 15 anos com a demanda de compradores por produtos sustentáveis. Em 2023, a União Europeia tornou-se o primeiro bloco comercial a adicionar critérios ambientais, como desmatamento zero após 2020[4], aos requisitos sanitários, gerando críticas de diversos países produtores, que enxergam a medida como uma imposição unilateral. Ainda assim, há uma pressão para que tal tipo de medida seja replicada em outros mercados, e parte do Green Deal europeu prevê que a Europa tente convencer a comunidade internacional a adotar seus padrões.

Riscos e mudanças para cadeias sustentáveis

Há riscos embutidos na forma como temos lidado com os esforços em obter cadeias de *commodities* sustentáveis. Há, por exemplo, o perigo de deslocalização de fornecimento, que acontece quando compradores passam a evitar regiões consideradas de risco elevado em relação ao desmatamento. Hoje, não é raro que compradores de carne, couro ou soja evitem a Amazônia e simplesmente exijam que o fornecimento desses produtos venha de outras regiões. Esse tipo de atitude serve para salvar suas reputações, mas, não promove nenhuma melhora na realidade local.

Existe, também, um possível impacto nos preços dos alimentos. Todo o sistema de produção e comercialização de *commodities* foi pensado para reduzir custos no comércio internacional, sobretudo pela fungibilidade embutida no conceito de commodity. Afinal, em termos de logística ou processamento, não importa de onde venha a soja ou o açúcar. Requisitos ambientais demandam que a produção seja segregada segundo determinados critérios. Ao mesmo tempo, as exigências não atacam as causas do desmatamento, que, na realidade da Amazônia, podem ser bem complexas, mas se devem, sobretudo, à incapacidade do Estado de gerir o território. Os legisladores europeus terão de explicar a seus consumidores por que estes estarão pagando mais pela comida enquanto continuam a ver

4 EUDR é o Regulamento da União Europeia para Produtos Livres de Desflorestação. Publicado em junho de 2023, ele tem por objetivo garantir que *commodities* importadas pelo mercado comum não tenham origem em áreas de desmatamento ou degradação florestal recente. É parte do Green Deal Europeu, estratégia aprovada em 2019 para tornar a Europa neutra em emissões até 2050.

notícias de desmatamento na TV. E a realidade tem demonstrado que as consequências políticas da inflação dos alimentos podem ser desastrosas.

Há igualmente o risco de criarmos uma espécie de apartheid rural, em que grandes indústrias comprometidas com cadeias limpas concentram cada vez mais seu fornecimento em produtores que tenham volume, escala e capacidade de investimento suficiente para atender sua demanda, enquanto o resto é relegado a um mercado paralelo. E, em âmbito internacional, existe o perigo de diferentes mercados criarem parâmetros distintos do que é uma commodity sustentável, dando margem a distorções no comércio e, possivelmente, ao surgimento de barreiras disfarçadas de proteção ambiental.

Portanto, faz-se necessária uma mudança de paradigma em relação ao controle sobre o fornecimento. Olhando as experiências de cadeias produtivas no Brasil, constata-se que nos tornamos eficientes em desincentivar a produção não sustentável, principalmente pela ótica de padrões de compliance, mas muito pouco foi feito para que a produção sustentável fosse incentivada. Em um mercado em que os preços são definidos internacionalmente e negociados no nível dos centavos, trazer valor para práticas diferenciadas é um desafio e tanto. A chave para mudar isso pode estar no carbono.

Por dois motivos. O primeiro são os compromissos net zero assumidos pelas empresas envolvidas em cadeias de *commodities*. Hoje, mais de 7 mil companhias de diferentes regiões e setores no mundo definiram metas de redução de emissões baseadas na ciência climática por meio da iniciativa Science Based Targets (SBTi). Grande parte das emissões relacionadas à produção de alimentos na realidade brasileira não está concentrada nos processos industriais, mas no chamado Escopo 3, ou seja, na produção primária. Para cumprir esses compromissos, as empresas do setor, principalmente as que estão mais próximas da produção, terão de encontrar maneiras de incentivar seus fornecedores a reduzir o lançamento de gases de efeito estufa (GEE) na atmosfera.

O segundo motivo é o próprio mercado regulado de carbono, do qual o setor primário pode participar de forma voluntária oferecendo créditos. A Tabela 2 resume o potencial de redução de emissões na agricultura apenas com base nas metas do ABC+.

Tabela 2. Metas ABC+ e mitigação (2021 a 2030)

Tecnologias		Meta milhões ha/ m^3/animais	Meta mitigação milhões Mg CO_2 eq
Práticas para recuperação de pastagens degradadas (PRPD)		30,0	113,7
Sistema Plantio Direto (SPD)	Sistema Plantio Direto de Grãos (SPDG)	12,5	12,1
	Sistema Plantio Direto de Hortaliças (SPDH)	0,08	0,88
Sistemas de Integração	Integração Lavoura-Pecuária-Floresta (ILPF)	10,0	34,1
	Sistemas Agroflorestais (SAF)	0,1	37,9
Florestas Plantadas(FP)		4,0	510,0
Bioinsumos (BI)		13,0	23,4
Sistemas Integrados (SI)		3,0	50,0
Manejo de Resíduos da Produção Animal (MRPA)		208,4	277,8
Terminação Intensiva (TI)		5,0	16,24
Total ABC+	72,68 milhões ha + 208,40 milhões m^3 + 5 milhões de animais		1.076,14 milhões de Mg CO_2eq

A Lei 15.042, de 11 de dezembro de 2024, que criou o Sistema Brasileiro de Comércio de Emissões de Gases de Efeito Estufa (SBCE), reconhece como redução de emissões a diminuição mensurável da quantidade de GEE lançados na atmosfera por atividades em determinado período de tempo, em relação a um nível de referência. São reduções comercializáveis no SBCE aquelas obtidas por meio de intervenções direcionadas à eficiência energética, a energias renováveis, a sistemas agrícolas e pecuários mais eficientes, à preservação florestal, ao manejo sustentável de florestas, à mobilidade sustentável, ao tratamento e à destinação final ambientalmente adequada de resíduos e à reciclagem, entre outras.

Trazer valor para esse carbono que o setor primário consegue remover é um incentivo claro para a transição. Esbarramos, no entanto, em como tornar projetos de carbono mais acessíveis aos produtores. Uma saída possível seria desenvolver agregadoras de projetos para que se diluam os custos entre grupos de produtores interessados. Igualmente, é importante considerar produtores rurais como legítimos beneficiários de programas de REDD+, tanto pela conservação de ativos florestais quanto pela restauração de áreas.

Outra mudança necessária de paradigma diz respeito aos compromissos e conceitos envolvendo o desmatamento zero. É importante lembrar que em 2023 o Brasil assumiu o compromisso de reduzir a perda da vegetação nativa na Amazônia e alcançar o desmatamento zero até 2030. O PPCDAm diz:

> No âmbito do PPCDAm, o desmatamento zero refere-se à eliminação do desmatamento ilegal e à compensação da supressão legal de vegetação nativa e das emissões de gases de efeito estufa delas provenientes, através do fortalecimento da implementação da legislação florestal e da recuperação e aumento de estoque da vegetação nativa por meio de incentivos econômicos para a conservação e manejo florestal sustentável.

De acordo com esse conceito, atingir o desmatamento zero na Amazônia resguarda os direitos individuais de produtores rurais. Acordos que trouxessem para o setor privado essa lógica poderiam angariar um apoio mais amplo em toda a cadeia, evitando a polarização atual causada pelas sanções derivadas dos compromissos de desmatamento zero.

Áreas menos aptas à produção poderiam ser usadas para a compensação de reserva legal prevista na regularização ambiental. Segundo o projeto TerraClass, existem na região 168 mil km^2 de vegetação secundária já em processo de regeneração. Organizar a compensação de reservas em condomínios faria cair seu custo para os produtores e permitiria a conservação de áreas contíguas maiores, com a possibilidade de conexão com territórios indígenas e unidades de conservação e o aproveitamento da vegetação secundária.

No âmbito do comércio internacional, o B20 recomenda que se volte a fortalecer os sistemas de comércio multilaterais e seus mecanismos no âmbito da Organização Mundial do

Comércio (OMC). Em seus acordos sanitários, a OMC reconhece o conceito de equivalência para fins de comércio. Ainda que países tenham regras sanitárias internas distintas, é possível demonstrar que o nível de controle entre eles é equivalente e garante o objetivo de segurança do alimento, o que é suficiente para garantir acesso ao mercado. A mesma discussão precisa acontecer em relação ao impacto ambiental da produção. Ainda que países tenham leis ambientais distintas, seria possível demonstrar que o objetivo de proteger o meio ambiente está assegurado, evitando, assim, regras discriminatórias.

Outra mudança necessária junto ao setor privado é inverter a lógica de fuga do risco para uma lógica de engajamento. Engajar empresas a ativamente atuarem em territórios prioritários com o objetivo de reduzir riscos e garantir impacto positivo é fundamental. Nesse sentido, iniciativas jurisdicionais e de paisagem podem ajudar a conectá-las com oportunidades de atuação local, criando, assim, um cardápio de possibilidades de como podem apoiar um território em uma jornada de transição. A Estratégia Produzir, Conservar, Incluir (PCI), do Mato Grosso, criou um Guia de Ação Corporativa e um portfólio de projetos para apoiar empresas nessas ações. Iniciativas como a Farms First Clusters, da World Business Council for Sustainable Development em parceria com o Soft Commodities Forum, e a Forest Positive Coalition, do Consumer Goods Forum, são exemplos da atuação de companhias em geografias específicas, embora numa escala ainda longe do necessário.

Assistência a produtores

Muitas das ações promovidas pelo setor privado envolvem apoio direto a produtores por meio de assistência técnica ou auxílio em processos de regularização. A Produzindo Certo é uma iniciativa financiada por empresas criada para adequar suas cadeias produtivas e que une regularização, finanças verdes e assistência ao produtor. A experiência dos Escritórios Verdes da JBS é outro exemplo interessante. Esse programa de auxílio técnico conseguiu regularizar mais de 15 mil fazendas em três anos.

Seria possível evoluir o conceito dos Escritórios Verdes para hubs de apoio a produtores, onde no mesmo local eles poderiam ter acesso a assistência para processos produtivos, regularização ambiental e fundiária, restauração e compensação florestal, gestão para projetos de investimento e facilitação de acesso a crédito. Situados em lugares estratégicos, e com uma parte dos serviços podendo acontecer de forma remota, esses locais tornariam possível a ampliação da escala de atendimento e a diluição de custos entre empresas, tanto de insumos, frigoríficos, traders e bancos quanto compradoras finais com interesse direto nesses territórios.

Os pactos regionais firmados no âmbito da iniciativa PCI de Mato Grosso contam com Centros de Apoio ao Produtor (CAPs) que funcionam sob essa lógica. Esses hubs têm também o potencial de facilitar a comunicação entre produtores e órgãos públicos como o Instituto Brasileiro do Meio Ambiente e dos Recursos Naturais Renováveis (Ibama), o Instituto Nacional de Colonização e Reforma Agrária (Incra) e secretarias de Meio Ambiente, entre outros, e contribuir para a resolução de pendências que causam atrasos nos processos de regularização.

Várias agroindústrias, bancos e indústrias de insumos têm programas de assistência ao produtor. É importante destacar o papel desempenhado por empresas produtoras e distribuidoras de insumos agropecuários (sal mineral, sementes, fertilizantes, medicamentos veterinários, máquinas e equipamentos, entre outros) na orientação de produtores sobre tecnologias e boas práticas. Muitas delas têm à disposição equipes técnicas de atendimento. Esse atendimento, no entanto, chega apenas até um estrato de produtores que possibilitam que o retorno garanta o investimento. Organizar essas empresas em consórcios que financiem uma estratégia de assistência a uma parcela de produtores menores poderia viabilizar esse retorno, considerando que a melhoria dos processos produtivos demanda mais investimentos em insumos.

Pequenos produtores

Um olhar específico para pequenos produtores faz-se necessário sobretudo na pecuária, dada a estrutura da cadeia produtiva e a situação fundiária na Amazônia. Segundo o Censo Agropecuário de 2017, existem 450.415 propriedades rurais dedicadas à atividade pecuária na Amazônia Legal. Dessas, 89.502 têm menos de 20 hectares. Outras 290.398 possuem entre 20 e 200 hectares. Cerca de 31% do rebanho total da região (65 milhões de animais) estão em propriedades com menos de 200 animais. Na região, a pecuária é a atividade principal em 73% da área ocupada pela agricultura familiar em assentamentos (IPAM, 2022), e 10,5 milhões de hectares, ou 50% das pastagens abertas em pequenas propriedades, possuem um nível de degradação média ou alta (MapBiomas, 2023). É preciso incentivar fóruns que busquem soluções específicas para esse grupo. Mas é possível adiantar algumas ideias que podem ser aprofundadas.

Uma delas é a expansão da cobertura da assistência técnica. Hoje, esse apoio pode ser fornecido por empresas públicas de Assistência Técnica e Extensão Rural (Ater), organizações da sociedade civil, entidades como o Serviço Nacional de Aprendizagem Rural (Senar), prefeituras ou setor privado. É preciso mapear os territórios onde os produtores estão concentrados, monitorar quem está sendo atendido e por quem, e, então, criar redes de assistência formadas pelas diversas entidades, que passariam a atuar em sinergia e complementaridade.

Modernizar a forma como a Ater é feita e pensada também é uma medida crucial. Isso inclui criar novos parâmetros de forma a se coletar indicadores claros que demonstrem o impacto do atendimento. Hoje, muitas vezes a única medida utilizada, principalmente pelas empresas públicas, é o número de visitas feitas, sem qualquer mensuração da melhora ou não de eficiência na produção.

Outras medidas fundamentais são a criação de mecanismos de capacitação de extensionistas, com atualização de conteúdos e formação continuada, e o uso experimental de ferramentas digitais e educação à distância. Além disso, unidades de demonstração, com clubes de troca de experiências entre produtores, é uma forma reconhecidamente eficiente de disseminação de conhecimento. A Ater precisa também incentivar a diversificação da produção, medida comprovada de garantia de renda e redução de riscos para pequenos produtores.

Uma experiência da ONG Solidaridad nos municípios paraenses de Anapu, Pacajá e Novo Repartimento criou dez unidades demonstrativas na região, cada uma com cerca de 6 hectares, onde se introduziu cacau agroflorestal e pastejo rotacionado. Desde 2013, a renda das famílias produtoras aumentou, em média, 30%, enquanto o desmatamento foi reduzido em 64%.

Já o projeto Juntos, do Fundo JBS, executado em parceria com Empresas B, mira no modelo de negócios do pequeno produtor. Usando uma propriedade maior como hub, a Rio Capim Agrossilvipastoril inverte a lógica da cadeia, transformando pequenos produtores de bezerros da cria (fase do nascimento até a desmama) para um sistema de recria de gado (fase do desenvolvimento), em que a produtividade é maior e o risco é menor. A proposta é desonerá-los da complexidade e do risco embutido na cria.

O *hub* realiza a cria em um modelo intensificado dentro de uma área recuperada com sistemas silvipastoris. Isso permite o investimento em genética para o desenvolvimento de animais melhores e a inclusão do componente da rastreabilidade. Após a desmama, os bezerros criados no hub são conduzidos para as propriedades parceiras de pequenos produtores, onde ganham peso nos 12 meses seguintes e são vendidos para a fase de engorda.

Na Amazônia, 47% de toda produção de bezerros nos principais estados produtores — Mato Grosso, Rondônia e Pará — estão em pequenas propriedades (IBGE, 2017). Esse dado é interessante porque a atividade de cria tende a migrar para regiões onde a terra é mais barata. Isso significa que os territórios onde esse tipo de produção é realizado coincide com regiões de fronteira onde há desmatamento. Além disso, é o elo no qual a tecnologia demora mais a ser incorporada. Transformar a produção de bezerros deve estar no foco da transição na cadeia pecuária. A experiência do projeto Juntos é inovadora e pode ser replicada em outras regiões.

Outra função que um hub pode exercer é organizar a comercialização de pequenos produtores agregando a produção em grandes lotes, medida que ajuda a gerar mais valor também para eles. O apoio à regularização das propriedades e ao acesso a crédito continuam sendo um gargalo, especialmente para os assentamentos.

Rastreabilidade como infraestrutura pública digital

A rastreabilidade entra no rol de ações prioritárias para apoiar o setor privado a dissociar suas cadeias produtivas da ilegalidade na Amazônia e atender demandas de mercado. Em estrito senso, ela implica conhecer o caminho de um produto. No Brasil, os sistemas de rastreabilidade existentes foram construídos como parte integrante de um sistema de defesa agropecuária, com o objetivo de dar aos órgãos responsáveis capacidade de resposta em caso de eventos sanitários.

A agenda do clima e os compromissos privados de cadeias de *commodities* sustentáveis trazem uma nova demanda do mercado, agregando à rastreabilidade a função de somar garantias socioambientais às garantias sanitárias. Tal mudança é uma tarefa complexa e exige adaptações e integrações entre bancos de dados e ferramentas já existentes, além da criação de novos instrumentos. Diversas organizações, coletivos e instituições, incluindo as governamentais, têm se debruçado sobre esse desafio.

Garantias socioambientais dependem de uma análise sobre o território na qual a *commodity* foi produzida e o produtor é responsável. Ora, o Brasil tem um instrumento obrigatório, criado por lei justamente para que passivos e ativos ambientais pudessem ser monitorados e para que o responsável por determinado território fosse identificado: o Cadastro Ambiental Rural (CAR). Cruzá-lo com bancos de dados públicos que garantam a legalidade da produção e associá-lo a outros instrumentos de rastreabilidade como a Nota Fiscal e a Guia de Trânsito Animal (GTA) parece um caminho óbvio para se garantir a rastreabilidade completa. No entanto, para que isso aconteça é preciso que sistemas de informação sejam adaptados e integrados, medida que depende da vontade política das diferentes agências governamentais responsáveis por eles e de um debate sobre acesso à informação e mitigação de eventuais riscos que tal integração possa causar.

Sabe-se também que propriedades rurais têm identificadores em diversos bancos de dados públicos com diferentes fins. Além do CAR, há, por exemplo, cadastros nos órgãos de defesa agropecuária, matrículas, cadastro de imóvel rural e inscrição estadual. No entanto, eles não estão necessariamente vinculados, o que dificulta sobremaneira a análise socioambiental dos imóveis e o próprio funcionamento das políticas públicas voltadas à produção rural. Embora um cadastro unificado não seja plausível no curto prazo, deveria ser uma prioridade da gestão pública a criação de um identificador que conecte uma mesma propriedade a seus diferentes cadastros. O CAR pode perfeitamente servir como esse identificador comum.

Há dificuldades distintas quando falamos de rastreabilidade de grãos e da pecuária. Normalmente, no primeiro caso ela é feita com base em documentos fiscais. E, embora não seja difícil chegar à informação das propriedades de origem de uma carga de grãos, segregar lotes com critérios específicos é um desafio logístico, uma vez que o produto (como a soja) de diferentes propriedades mistura-se no transporte e no armazenamento ao longo do caminho.

Já na pecuária, a dificuldade reside no fato de um animal passar por diferentes propriedades ao longo da vida. Hoje, o Brasil tem um sistema de rastreabilidade oficial baseado no controle de trânsito de grupos de animais, através das Guias de Trânsito Animal emitidas pelos órgãos de defesa agropecuária dos estados. Não é uma informação pública, e cada unidade federativa tem seu banco de dados, sem que exista uma integração central. Os cadastros dos produtores nos órgãos de defesa não têm a informação do CAR, à exceção do estado do Pará.

Nesse estado, o Selo Verde desenvolvido pela Universidade Federal de Minas Gerais (UFMG) acessa as informações de trânsito, cruza os dados dos cadastros de produtores com bancos de dados públicos e entrega uma informação sobre o nível de "contaminação" de ilegalidades na cadeia de fornecedores de determinada propriedade. No entanto, a ferramenta não permite ao privado, seja produtor, seja indústria, identificar a origem da contaminação, o que dificulta ações corretivas.

O uso de GTAs para fins de rastreabilidade socioambiental enfrenta resistência por parte de produtores, que entendem que informações sobre estoque e trânsito de animais não deveriam ser públicas e podem ser usadas indevidamente para fins comerciais, e também de parte dos serviços veterinários, que enxergam um risco de perda de controle da rastreabilidade sanitária caso produtores com inconformidades ambientais comecem a transitar animais sem GTAs ou com informações erradas.

Há certo consenso de que o Brasil deve caminhar para ter a rastreabilidade individual implementada em todo o rebanho. No final de 2023, o Pará anunciou seu Programa de Integridade da Pecuária, com planos para rastrear todo o rebanho até 2026. No fim de 2024, o Ministério da Agricultura e Pecuária lançou seu Plano Nacional de Identificação de Bovinos, com o objetivo de expandir a identificação individual para todo o território até 2032.

A rastreabilidade individual traria maior capacidade de resposta do país a eventos sanitários, gerando, assim, mais segurança. Também tornaria possível uma análise de conformidade de toda a cadeia e permitiria ganhos de gestão nas propriedades rurais. Mesmo assim, o uso da GTA associada ao CAR seria uma solução complementar possível de ser implementada no curto prazo e a baixo custo, mesmo reconhecendo-se as limitações de sua utilização.

Além dos desafios do monitoramento ao longo da cadeia de produção, a pergunta que se coloca é o que exatamente se deve monitorar e quem deve ser responsável por fazê-lo. As demandas em relação a quais critérios socioambientais devem ser monitorados nas unidades de produção podem variar de acordo com os compromissos das empresas e as políticas de compra de clientes. Iniciativas como a Moratória da Soja, o

Protocolo Verde de Grãos e os acordos firmados entre frigoríficos e o Ministério Público Federal (unificados pelo programa Boi na Linha) ajudaram a definir critérios e bases de dados para esse monitoramento feito pelo setor privado, como, por exemplo, a lista de áreas embargadas pelo Ibama, a "lista suja" do trabalho escravo, a sobreposição com terras indígenas ou unidades de conservação e o desmatamento.

Principalmente nas produções de soja e carne bovina, o setor privado assumiu o papel de monitorar esses critérios com o desenvolvimento de *know-how* em parceria com empresas de geotecnologia. Há um entendimento, no entanto, de que é responsabilidade do poder público garantir no mínimo a legalidade da produção. Uma vez que as informações estão em posse do governo, bastaria integrar e cruzar esses dados. O Ministério da Agricultura também anunciou no fim de 2024 a Plataforma AgroBrasil+ Sustentável, cujo objetivo é justamente o de fazer essa integração, permitindo qualificar propriedades, produção e integrar essa informação aos sistemas de rastreabilidade.

A rastreabilidade deveria ser entendida em um sentido mais amplo dentro do conceito de Infraestrutura Pública Digital (IPD). Ele nasce de discussões nacionais e internacionais sobre o uso de dados para a formulação de políticas públicas e a digitalização de governos com o objetivo de atender ao interesse público. Integrar dados públicos sobre propriedades rurais e informações de trânsito não somente garantiria ao Estado um controle sanitário, fiscal e ambiental, como também daria suporte para o monitoramento de políticas públicas como crédito rural, regularização ambiental e planos de restauração, agricultura de baixo carbono, atendimento por Ater e programas de Pagamento por Serviços Ambientais (PSA), entre outros usos. Permitiria também, a partir do desenvolvimento de métricas e parâmetros e da integração de informações dos próprios atores das cadeias agropecuárias, monitorar a redução de emissões do setor, além da biodiversidade e de serviços ecossistêmicos atrelados à produção, que, por sua vez, possibilitariam que incentivos fossem direcionados aos produtores em evolução.

Nesse sentido, é preciso capacitar os governos estaduais da Amazônia para pensarem nas infraestruturas digitais voltadas a seu território rural. Deve-se também criar uma governança público-privada que debata a rastreabilidade de forma propositiva e construa planos de implementação acordados entre todos, de forma que se diminua a resistência de atores locais, a exemplo do que o Pará tem feito com seu Programa de Integridade Pecuária. A troca de experiências entre os estados, mas também entre estes e o governo federal, pode permitir que casos exitosos e soluções possíveis sejam replicadas e fomentar a integração de informações. Por último, essa governança teria o papel de pensar não somente na implementação da rastreabilidade, mas também em como lidar com suas consequências.

Um dos grandes focos de resistência a medidas de transparência nas cadeias de valor vem da incerteza sobre o que irá acontecer com produtores que não estiverem operando dentro das regras de conformidade. Um trabalho feito pela UFMG em 2020 com uma amostra de propriedades de soja e gado na Amazônia e no Cerrado mostrou que, após 2008, 15% delas apresentavam desmatamento, e que este era potencialmente ilegal em metade dos casos. Desses, 2% foram responsáveis por 62% de todo o desflorestamento potencialmente ilegal.

Podemos dizer que apenas uma pequena parte dos produtores apresenta problemas. Dessa parcela, precisamos separar o que são os ilegais criminosos, ou seja, aqueles que ocupam e desmatam terras públicas. Estes formam uma minoria, mas são os que devem de fato ser excluídos tanto da cadeia de fornecimento quanto do sistema financeiro e responder perante a lei por seus atos.

O outro grupo é composto por produtores que desmataram sem autorização, mas que são "regularizáveis". É aqui que paira tanto a dúvida quanto à resistência. Eles serão impedidos de comercializar? O Estado terá capacidade para dar celeridade aos processos de regularização? Não existe incentivo para que esses produtores queiram transparência, já que pela sua perspectiva o que os aguardam são multas e sanções. Excluí-los da cadeia não resolve o problema e fomenta uma triangulação e um mercado paralelo que podem ter consequências ambientais e fiscais piores do que a situação atual.

A governança proposta acima precisa oferecer saídas que sejam inclusivas e que tragam um impacto positivo na restauração do dano ambiental, mas, também, no fortalecimento das cadeias. É possível pensar nisso como um grande acordo de melhoria contínua que, com esforço público e privado, elimine progressivamente o grau de contaminação por ilegalidade nas cadeias agropecuárias até que os riscos sejam insignificantes.

A polarização política como entrave à transição

Está claro que a visão até aqui apresentada pode não ser uma unanimidade no setor privado. O que normalmente é chamado de "agro" pela opinião pública na verdade é uma simplificação de um setor que internamente tem suas divisões e visões distintas sobre o futuro desejado para o país. Parte significativa dele acredita de fato na importância da preservação do meio ambiente como forma de redução de riscos para a produção, e que a agenda do clima traz oportunidades, seja nos mercados de *commodities* e de carbono, seja na atração de investimentos. Mas há uma parte significativa, concentrada, sobretudo, na produção primária, que opera na expansão da fronteira e vê na agenda ambiental apenas uma barreira ao modelo de desenvolvimento que acredita ser melhor para o país. Essa divergência manifesta-se na política da região.

Enquanto a intelligentsia brasileira que se preocupa com o clima horrorizava-se com os rios secos e a fumaça de incêndios que encobria boa parte do Brasil em 2024, quem mora na Amazônia e vive sob os piores índices socioeconômicos do país ajudava a eleger candidatos no pleito municipal para os quais a pauta ambiental não representa nada além de um estorvo e um entrave ao "desenvolvimento". Nas prefeituras, assembleias legislativas estaduais e mesmo no Congresso

Nacional, políticos da Amazônia esforçam-se para enfraquecer o quanto podem a proteção ambiental. Há um descompasso entre o mundo político da região (com raras exceções) e o que o mundo espera dela.

A hipótese sobre como chegamos a esse paradoxo se assenta sobre duas premissas. A primeira tem a ver com a demografia e o processo de colonização da Amazônia. Povos da floresta, indígenas, ribeirinhos, povos e comunidades tradicionais são uma minoria política. A maioria é formada por quem se estabeleceu na região vindo de outros lugares. E quem chegou à fronteira o fez em busca de oportunidades de prosperar. Na lógica da colonização, essa prosperidade se traduz basicamente em ouro, madeira, terra, boi e, agora, soja.

A segunda premissa está relacionada à degradação da política na direção de uma polarização rasa, movida a algoritmos das redes sociais e que impede um debate aprofundado sobre qualquer assunto. Em uma região onde a estrutura pública é precária, realidade que se traduz em educação, segurança, saúde e infraestrutura deficitárias, a primeira vítima da busca por prosperidade rápida é o bem coletivo. Vota-se em quem promete facilitar ao máximo o acesso ao que se considera oportunidade de prosperar, ainda que estejamos todos respirando fumaça.

Vamos olhar o exemplo de Mato Grosso novamente. Embora tenha 141 municípios, 15 deles são responsáveis por metade do seu Produto Interno Bruto (PIB); não por acaso, são os mesmos que figuram entre os maiores produtores de soja. Por isso, os eleitores do estado não aspiram conservar florestas ou o Cerrado, e sim ser a nova Sorriso ou a nova Sinop, municípios que cresceram a um ritmo chinês nos últimos anos.

É urgente demonstrar que é possível alcançar a prosperidade através do uso racional da terra, promovendo uma agropecuária sustentável em regiões consolidadas e uma economia florestal em áreas a serem conservadas. É preciso desfazer a ideia de que uma economia de baixo carbono é uma condenação à miséria, dando escala a projetos que possam de fato gerar renda e prosperidade a partir da floresta.

Ao mesmo tempo, o movimento ambientalista precisa refazer sua narrativa em relação à Amazônia. Hoje, o ambientalismo é visto politicamente na região como o movimento do "não pode". Não pode boi, soja, garimpo, hidrelétrica, termelétrica, ferrovia, hidrovia, asfaltar a estrada. É preciso clareza na mensagem de que sim, pode, desde que respeitados limites e condições que trarão benefícios a todos, sobretudo para quem vive ali.

Nessa realidade política, existem ainda três aspectos filosóficos a serem estudados para que novos caminhos sejam possíveis na Amazônia. O primeiro é a complexidade. Há uma miríade de iniciativas de todos os lados tentando lidar com toda a teia de desafios que a região encerra. É obviamente impossível controlar ou tentar coordenar tudo o que acontece. Mas é possível que todo esse movimento líquido nos leve, ainda que aos trancos e barrancos, para um lugar melhor. Para isso, é preciso sonhar e comunicar futuros possíveis que ensejem esse movimento coletivo.

O segundo tema é a cooperação. A solução de problemas cada vez mais complexos demanda um trabalho conjunto entre diferentes setores. Há um artigo extraordinário que traz elementos que moldam comportamentos de cooperação em grupo. O título é How neurons, norms, and institutions shape group cooperation. Advances in experimental Social Psychology, e seus autores são Jay J. Van Bavel, Philip Pärnamets, Diego Reinero e Dominic Packer, professores das Universidades de Nova York, Princeton e Lehigh.

Alguns destaques são importantes. Grupos de pessoas cooperam porque indivíduos fazem cálculos de custo e benefício do que podem ganhar fazendo-o ou não. Acontece que se os objetivos do trabalho conjunto são mais distantes (digamos, o clima no planeta daqui a 50 anos), o interesse diminui; quando mais próximos (por exemplo, como vamos fazer sua produtividade melhorar no ano que vem), a cooperação aumenta. Pessoas tendem a cooperar mais quando têm confiança no grupo do qual participam. Confiam mais se compartilham dos mesmos valores e posições. Quando estes são mais distantes, a cooperação é mais difícil. O preocupante é que as redes sociais estão cada vez mais corroendo o tecido social e deteriorando o nível de confiança que temos uns nos outros. Nesse caso, instituições confiáveis podem servir de intermediárias ou anteparos a essas colaborações.

O terceiro tema é a questão da liderança. Trocamos líderes de fato, que conseguem navegar na complexidade e promover a colaboração rumo a um futuro possível, por cheerleaders, que jogam para sua torcida e confundem liderança com likes. É preciso identificar lideranças do primeiro tipo, apoiá-las e criar redes de colaboração em torno delas. Quanto mais complexos os desafios, mais importante é o papel das redes de inteligência em torno de lideranças. Quando a política se traduz em um "nós contra eles", de qualquer lado, quem perde é nosso futuro. Há um papel fundamental a ser exercido pelo setor privado, sobretudo na formação dessas lideranças, que tem sido sumariamente negligenciado.

Referências bibliográficas

BRASIL. Ministério do Meio Ambiente. *Plano de Ação para Prevenção e Controle do Desmatamento na Amazônia Legal (PPCDAM)* 5ª Fase (2023 a 2027). Brasília, DF: MMA, 2023. Disponível em: https://www.gov.br/mma/pt-br/assuntos/controle-ao-desmatamento-queimadas-e-ordenamento-ambiental-territorial/controle-do-desmatamento-1/amazonia-ppcdam-1/5a-fase-ppcdam.pdf. Acesso em: 2 set. 2025.

CAMPOS, M. A.; RIBEIRO, P. H. C.; DA CRUZ, G. M. Efeito poupa-terra: produtividade é a chave para a sustentabilidade ambiental do agro brasileiro. *Insper Agro Global,* 2024. Disponível em: https://agro.insper.edu.br/agro-in-data/artigos/efeito-poupa-terra-produtividade-e-a-chave-para-a-sustentabilidade-ambiental-do-agro-brasileiro. Acesso em: 02 set. 2025.

CSR/UFMG. *Panorama do código florestal:* dados do balanço ambiental dos imóveis rurais com registros no CAR. Relatório. Disponível em: https://csr.ufmg.br/radiografia_do_cf/pt/. Acesso em: 2 set. 2025.

INSTITUTO CENTRO DE VIDA. *Legalidade do desmatamento na Amazônia e Cerrado.* 2024. Disponível em: https://www.icv.org.br/wp-content/uploads/2025/02/info-icv-legalidadedesm-a0.pdf. Acesso em: 2 set. 2025.

INSTITUTO ESCOLHAS. *Mesmo jogo, novas regras:* uma solução fundiária para a Amazônia. Sumário Executivo. São Paulo, 2023. Disponível em: https://escolhas.org/wp-content/uploads/2024/02/Sumario_MesmoJogo_Final.pdf. Acesso em: 2 set. 2025.

LEVY, S. A. *et al.* Deforestation in the Brazilian Amazon could be halved by scaling up the implementation of zero-deforestation cattle commitments. *Global Environmental Change,* [s.l.], n. 80, p. 1-12, 2023. Disponível em: https://www.sciencedirect.com/science/article/pii/S0959378023000377. Acesso em: 2 set. 2025.

STABILE, Marcelo C. C. *et al.* Solving Brazil's land use puzzle: Increasing production and slowing Amazon deforestation. *Land use policy,* [s.l.], v. 91, p. 1-6, 2020. Disponível em: https://www.sciencedirect.com/science/article/pii/S0264837719309809/pdfft?md5=d4f07bed34c47e94e178b469d44fbc4a&pid=1-s2.0-S0264837719309809-main.pdf.pdf. Acesso em: 2 set. 2025.

TORSIANO, R.; MARQUES, T. P. Regularização fundiária na Amazônia Legal: marcos legais e governança de terras. Brasília: R. Torsiano consultoria agrária, ambiental e fundiária, 2022. Disponível em: https://www.rtorsiano.com.br/download.php?s=a-regularizacao-fundiaria-na-amazonia-legal-marcos-legais-e-governanca-de-terras. Acesso em: 2 set. 2025.

VERÍSSIMO, B. *et al. As cinco Amazônias:* bases para o desenvolvimento sustentável da Amazônia Legal. Amazônia 2030, n. 52, nov. 2022. Disponível em: https://amazonia2030.org.br/wp-content/uploads/2022/11/As5Amazonias.pdf. Acesso em: 2 set. 2025.Struebig, Matthew J. "Political will has been critical for protecting forests in the Brazilian Amazon and Indonesia." Conservation Letters (2025).

WORLD ECONOMIC FORUM. Food, nature and health transitions: repeatable country models. Insight Report. 2023. Disponível em: https://www3.weforum.org/docs/WEF_Food_Nature_and_Health_Transitions_2023.pdf. Acesso em: 2 set. 2025.

WORLD FOOD PRIZE FOUNDATION. *Hunger's Tipping Point:* an urgent call to transform food and nutrition security. 2025. Disponível em: https://www.worldfoodprize.org/documents/filelibrary/Laureate_Letter_2025_Final_425F764B93640.pdf. Acesso em: 2 set. 2025.

Lorena França

Antropóloga, doutora pela Universidade Federal de Santa Catarina (UFSC) e moradora da Amazônia há 12 anos. Desenvolve pesquisa sobre alimentação indígena, é membro do Núcleo de Estudos da Amazônia Indígena (NEAI) da UFAM, e é colaboradora da Rede Maniva de Agroecologia em Manaus.

Débora Shornik

Chef de cozinha do restaurante Caxiri em Manaus e do Flor do Luar em Novo Airão, gastrônoma social, embaixadora do projeto de cozinha solidária Boca da Mata e do Gastromotiva.

Melrilane Farias

De origem Mura e quilombola, é bacharel em Desenvolvimento Rural e Segurança Alimentar pela UNILA. É analista de responsabilidade social, artesã, pesquisadora, modelo e ativista das causas afro-indígenas.

CULINÁRIAS INDÍGENAS

Práticas e inspirações de uma cultura alimentar ancestral

CAPÍTULO 11

Da raiz de Mani nasceram sabores que não alimentam apenas o corpo, mas a alma coletiva dos povos da floresta — cozinhar, aqui, é rito, memória e vínculo com a terra que nutre e ensina.

A forma como nos alimentamos molda o mundo em que vivemos. A partir de recursos naturais disponíveis (ou não) e dos conhecimentos compartilhados, construímos estratégias para produzir e consumir alimentos, que, com o passar do tempo, tornam-se tradição. Se é fato que comer é uma necessidade biológica, também é igualmente verdadeiro que cada grupo humano encontra respostas únicas para as formas de se alimentar. O que se come, quando, com quem, as regras à mesa, os tabus alimentares ou as dietas específicas: todos os aspectos do comer estão eivados de sentidos. As refeições compartilhadas entre consanguíneos e cunhados, amigos ou comunitários, são a base da vida social, constroem parentesco e dão ânimo ao viver coletivo. Os sentidos alimentares singulares de cada família ou grupo social são também atravessados e modificados pelo contexto político, econômico e territorial em que estão inseridos.

Refletir sobre a alimentação na Amazônia envolve olhar para um imenso território habitado por povos e populações tradicionais de diferentes composições étnicas — entre caboclos, ribeirinhos, seringueiros, quilombolas e indígenas. A diversidade social e étnica encontrada nessa parte do globo chama a atenção: só na Amazônia Legal estima-se que existam 180 povos (sem contar os povos isolados) e aproximadamente 500 mil pessoas indígenas[1]. Apesar das diferenças culturais que especificam cada um desses povos e comunidades, o modo de habitar o espaço físico — o ambiente ecológico — é radicalmente distinto da maneira como a civilização ocidental tem se organizado.

O ponto comum aos povos e comunidades tradicionais é a concepção da terra como fonte de vida e não apenas de extração de riquezas comercializáveis. Assim, a terra, mais do que o substrato físico sobre o qual se levanta a floresta, é associada à noção de território, "uma forma específica de ocupação territorial" que inclui "práticas sociais que regulam o espaço" (Gallois, 2004, p. 9). Em meio às noções próprias de habitar esse território, os povos tradicionais mantêm relações com a floresta, rios, igarapés, chuvas, bichos, peixes, aves e seres encantados que constituem a ontologia dos seus modos de existência. Os alimentos amazônicos estão, portanto, diretamente associados às territorialidades de cada grupo social.

Apresentamos neste capítulo um recorte sobre aspectos da alimentação indígena, um dos principais pilares da culinária amazônica. Queremos refletir como ela pode nos fazer pensar sobre a alimentação amazônica em sua amplitude, incluindo a cabocla, que, de algum modo, carrega o legado indígena ao ter como base alimentar a pesca e o cultivo da mandioca. Considerando a abrangência do território desse bioma e a incrível diversidade dos povos que nele habitam, apresentamos um recorte sobre povos de distintas famílias linguísticas que vivem nas suas porções noroeste (Baniwa, Baré e Tukano), norte (Wajãpi), sul (Enawenenawe) e central (Mura).

Em consonância com diversos autores e movimentos sociais, entendemos que comer é um ato político e, portanto, no caso da Amazônia, um dos caminhos a ser trilhado é a difusão das raízes dos conhecimentos indígenas, que podem se conectar com a gastronomia em favor da soberania alimentar

1 Os dados sobre as pessoas indígenas foram retirados da base de dados da Secretaria de Saúde Indígena (Sesai), do Ministério da Saúde, e incluem os estados do Mato Grosso, Maranhão e Tocantins, onde ocorre a transição da Amazônia para o Cerrado.

dos povos[2]. Este texto se destina a qualquer pessoa interessada na alimentação indígena amazônica, mas, especialmente, àquelas que vivem na Amazônia, nascidas nesse território ou não, e que buscam refletir sobre o legado e a potência que os povos originários deixaram.

Alimentação indígena em territórios tradicionais

A alimentação dos povos indígenas amazônicos que vivem em seus territórios assegurados é fortemente baseada nos alimentos cultivados, pescados ou caçados, além de complementos obtidos com os frutos silvestres da floresta. A coleta desses frutos, assim como a obtenção de alimentos de maneira geral, apoia-se no calendário ecológico e no entendimento da sazonalidade das espécies que vivem no território. Nos conhecimentos tradicionais indígenas, o tempo é marcado pelas constelações estelares e pela presença de plantas, frutos, insetos e aves percebidos em determinada época do ano. Os bioindicadores são observados pelos sentidos corporais (visão, olfato, audição), com minuciosa atenção às variações entre uma espécie e outra, formando o pensamento ou "a ciência do concreto", expressão cunhada pelo antropólogo francês Claude Lévi-Strauss (1989). Esses bioindicadores, associados ao regime de chuvas e à variação dos rios, formam o mapa territorial sobre o qual os povos indígenas se orientam e constroem suas vidas.

Na bacia do rio Negro, região do noroeste amazônico que faz fronteira com Colômbia e Venezuela, vivem cerca de 23 povos, de quatro famílias linguísticas, em um sistema intenso de trocas culturais. Trata-se de uma região etnográfica conhecida por sua diversidade cultural e biológica, com um vigoroso

2 A noção de segurança alimentar e soberania alimentar são distintas: enquanto segurança se refere ao direito de se alimentar de maneira suficiente e nutricionalmente adequada, a noção de soberania foi proposta pela Via Campesina, em 1996, para destacar o aspecto da autonomia alimentar de cada povo, no sentido de que cada grupo tem direito de escolher o que lhe parece culturalmente adequado, para além de saciar a fome (Matarezio Filho & Pedroza, 2024).

sistema alimentar tradicional. Dessa região, trazemos recortes sobre os conhecimentos Baniwa e Baré (da família Aruak) e do conjunto dos povos Tukano oriental, falantes de línguas diferentes e habitantes de rios distintos, mas integrantes de um mesmo sistema cultural e alimentar.

Durante o período das chuvas, de março a julho, quando sobe o rio Içana, que faz parte do Alto Rio Negro, os Baniwa consomem muitas frutas da sua beira. São comestíveis a wapixuna, a ingápewa (uma variação do ingá) e o periquito-castanha. Dentro do igapó (floresta alagada), navegando de canoa, encontram pirami resá, tucunaré resá e iwisé iyá. As frutas que crescem nesse local alimentam tanto os humanos como os peixes que ali vivem, e justamente nesse período há maior fartura de minhocas usadas como isca para a pesca. Nesse período da cheia, os pescados mais consumidos são dakiru — termo em nheengatu que designa, a partir da classificação local, um conjunto de espécies de peixes noturnos com espora —, jacundá, jandiá e surubim, entre outros.

Quando o rio começa a baixar, a paisagem muda completamente, com praias de areia aparecendo nas margens e nas ilhas, e surgem outros frutos e peixes disponíveis para a alimentação. Nas palavras de Francy Fontes Baniwa:

> Nos meses de agosto e setembro, as árvores trocam as folhas e começam a brotar flores, aparecendo outras frutas como abiu, bacuri e o maracujá do campo. Nos meses de outubro e novembro, é época de patawá e iwaká [bacaba]. O miriti [buriti] começa a soltar flores, mas já estamos comendo o wasai kaatinga [açaí chumbinho que dá na caatinga]. É tempo de praia e a criançada se diverte na areia que aparece em frente a Assunção. Em novembro e dezembro, temos as frutas que dão o ano todo, como banana, buyuyu, kamapo, cubiu, inajá e pacua caatinga (França; Fontes, 2022).

Em outro afluente da bacia do Rio Negro, o Tiquié, os povos Tukano vêm sistematizando seus conhecimentos sobre a sazonalidade das espécies animais e vegetais em um banco de dados. Os Agentes Indígenas de Manejo Ambiental (AIMAs) realizam, desde os anos 2000, pesquisas interculturais, coordenadas pelo Instituto Socioambiental (ISA), e sistematizam os dados obtidos em calendários circulares com representações dos principais bioindicadores distribuídos ao longo dos meses (Figura 1). Nos calendários, estão em destaque as plantas cultivadas e os peixes com maior ocorrência na bacia, incluindo seus ciclos de reprodução. Também há a representação de palmeiras importantes na alimentação, como o buriti e o açaí, pequenos frutos que alimentam peixes, e de animais que são alimentos e igualmente dispersores de sementes, como a paca e a cutia. Todos esses seres e elementos fazem parte das relações interespecíficas do ecossistema. Na concepção indígena, a alimentação humana é indissociável da alimentação de todos os outros seres que habitam o território.

Figura 1. Calendário anual dos povos do Tiquié

Fonte: Instituto Socioambiental (ISA).

Embora a representação do tempo nesses calendários inclua os meses do ano, essa é uma adequação para os parâmetros de tempo gregoriano de modo a facilitar a nossa compreensão. A passagem do tempo dos povos Tukano está organizada na antiga observação das constelações estelares, dispostas em vários conjuntos e associadas à presença dos bioindicadores. Assim, na época da constelação de Pamô (tatu), por exemplo, os conhecedores conseguem prever o amadurecimento da pupunha e o aparecimento de grandes cardumes de peixes nos rios, como os aracus (em suas variedades), o jandiá, a pirandira e o surubim, explica Gabriel Maia, autor tukano (2018). A constelação de Yehe (garça) é um grande referencial para o plantio de novas roças, pois coincide com o início do verão amazônico e o canto das cigarras. Segundo o autor tukano, "nesse período, ainda, temos o início da revoada das formigas; começam também a aparecer as primeiras flores de algumas plantas comestíveis da floresta: merẽ (ingá), kerõ (jatobá), burukyã (maracujá do mato), urẽ (pupunha), puhpiá (ucuqui) e karẽé (abiu)" (p. 49).

Entre os Enawene-nawe, povo de família Aruak habitante do noroeste do Mato-Grosso, na Amazônia Legal, a sazonalidade temporal é também uma grande referência para a obtenção de alimentos e preparos de comidas. Tal como mencionado para a bacia do rio Negro, a ocorrência de chuvas ou a variação do rio altera substancialmente a produção social.

> O começo da estiagem na região, a partir do mês de abril, marca o período das primeiras e mais abundantes colheitas das raízes de mandioca e, também, a época em que os homens estão retornando, com muito peixe, das excursões de pesca de barragem (wayti), a mais significativa do seu calendário. Estas duas importantes atividades movimentam a principal cerimônia enawene, o ritual yãkwa. Durante este período, são preparadas grandes quantidades de mingau de milho misturado com fécula de mandioca (ketera) e uma sopa de peixe com caldo de mandioca (holokware) — quando disponíveis, amendoim, feijão e castanha-do-brasil são acres-

> centados a essa sopa. São servidos aos participantes, ainda, o beiju (xixi) e a cerveja (oloyti), bebida levemente fermentada de sabor adocicado, à base de mandioca (Mendes dos Santos, 2006, p. 67).

Segundo a descrição de Mendes dos Santos, esse período anual é marcado especialmente pela associação entre o clima, a produção alimentar e o ritual que move intensamente a vida social da aldeia Enawene-Nawe. De modo abrangente, a passagem do tempo marca a organização coletiva do trabalho: o auge da seca é o período ideal para abrir a floresta (mata firme) com fogueiras controladas, iniciando um roçado com novos plantios. A cada ano, abre-se uma roça nova, de modo que uma família mantém de três a cinco delas, em diferentes estágios de maturação, da mais nova até as antigas, onde não se planta mais, mas que continuam sendo visitadas em busca de frutos e caças. O revezamento dos terrenos de áreas cultivadas permite a regeneração florestal e a manutenção de várias roças, e garante a segurança e a soberania alimentar das famílias (Emperaire et al, 2019; França, 2023; Cabral de Oliveira, 2006; Mendes dos Santos, 2006).

Técnicas e processamentos

De modo predominante, a mandioca brava é o alimento mãe dos povos originários da Amazônia, gerando os mais variados alimentos da comida cotidiana e ritual[3]: os beijus, as farinhas, a manicuera no mingau adocicado, o tucupi azedo ou doce usado em caldo de peixe e, ainda, as bebidas fermentadas consumidas nas festividades. Os processamentos da mandioca ocorrem a partir de uma gama de técnicas, como raspar, lavar, demolhar, enxugar, decantar, fermentar, assar ou torrar,

3 Há dois tipos de *Manihot esculenta*, nome científico da mandioca: a brava, tóxica devido à alta concentração de ácido cianídrico, e a doce, também chamada de mandioca mansa, macaxeira ou aipim. Esse tipo é mais comum no Nordeste e Sudeste brasileiros, em contraste com o predomínio da mandioca brava nas roças amazônicas de indígenas e ribeirinhos.

e são executados pelas mulheres, as mestras do conhecimento-prático culinário.

No sistema alimentar do rio Negro, a fécula da mandioca, localmente conhecida como "goma", é obtida a partir da decantação do sumo da raiz fresca (manicuera). O processo é feito com a intermediação de um cesto coador (cumatá, para os povos rionegrinos), que possibilita a separação de massa e líquido. Sem o intuito de retirar a goma, a massa também pode ser inserida no tipiti, um artefato cilíndrico, trançado de arumã, que enxuga o sumo através de uma constrição. É com essa goma decantada que se fazem os beijus de diferentes formatos e composições, e sua variação urbana é a famosa tapioca consumida atualmente em várias partes do Brasil.

O sumo da mandioca, por sua vez, contém alta toxicidade, mas os indígenas Baniwa, Baré e Tukano demonstram sua expertise retirando o veneno e produzindo diferentes versões do mesmo líquido: a manicuera doce, consumida como mingau matinal, o tucupi amarelo, normalmente azedo, que pode ser fervido com pimentas, ou o tucupi preto com sabores variados, do doce ao azedo. Ermano Stradelli, viajante italiano do início do século 20, já havia encontrado o tucupi preto do Alto Rio Negro e assim o definiu: "é o sumo da mandioca fresca apurado no fogo até tomar a consistência e a cor do mel de canna. Para o meu gôsto é o rei dos molhos, tanto para as caças, como para o peixe" (1929, p. 688).

Foto 1. Raízes de mandioca sendo raspadas para iniciar o processo técnico

Fonte das fotos desta e das páginas a seguir: Lorena França, Alto Rio Negro, 2018 e 2019.

Foto 2. Massa de mandioca sendo lavada para retirar goma e manicuera

Foto 3. Goma decantada

Foto 4. Tucupi amarelo com pimenta

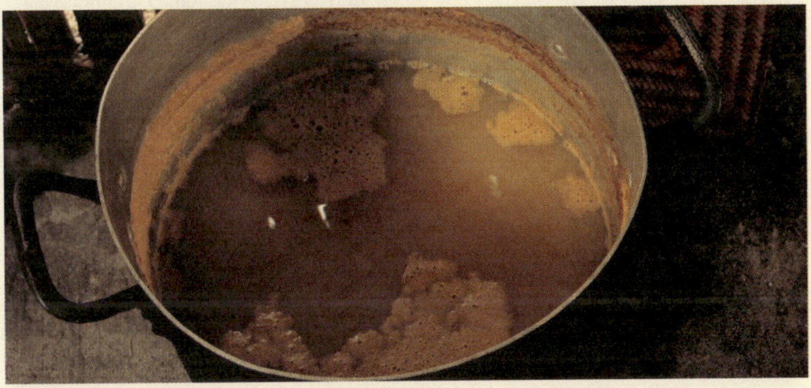

Foto 5. Tucupi em processo de redução

Foto 6. Tucupi preto bastante reduzido

Dos produtos da mandioca tributários da culinária indígena, talvez o mais conhecido seja a farinha, existente em muitas variações por todo o território brasileiro. Tecnicamente, ela é uma semolina torrada cujos grãos são formados pela aglutinação das partículas da fécula, afirmam Lúcia van Velthem e Esther Katz (2012). A farinha é muito versátil na sua transportabilidade e durabilidade, facilitando as viagens por longas distâncias. Como as autoras bem pontuam, se a farinha do Nordeste é seca, fina e branca, em todo o Norte a principal farinha, entre outras apresentações menos comuns, é a d'água: amarela e grossa, pronta para ser imersa no caldo, com sabor levemente fermentado. No sistema alimentar do rio Negro, para se produzir essa farinha, a mandioca é deixada de molho por vários dias até ficar puba (termo local para o estado de fermentação), fase em que a massa se desintegra e exala um cheiro forte. Antes de ser peneirada e torrada, ocorre a mistura da massa puba com a fresca numa proporção equivalente entre as partes[4]. A farinha é amplamente consumida no caldo de peixe, em forma de mingau, como acompanhante de açaí e, também, no xibé (farinha demolhada na água), a principal fonte de hidratação dos povos do rio Negro.

Assim como a farinha, os beijus são consumidos como acompanhantes de pescado ou carne de caça. Entre os Wajãpi, eles são preparados a partir da massa que sai do tipiti e fica em cima do moquém, com fogo constante. Com essa massa seca, pode-se fazer um beiju mais grosso e úmido, e outro mais fino, seco ao sol posteriormente (Cabral de Oliveira, 2006). De modo semelhante, o beiju enawene-nawe também é feito da massa seca no moquém. As mulheres ralam a mandioca fresca, secam na peneira, retirando o excesso do sumo com as mãos, e moldam bolos achatados que vão para o jirau por tempo indeterminado. Depois de seco, o bolo é quebrado e socado no pilão. A farinha gerada é peneirada e misturada com a fécula para a elaboração do beiju, assado bem grosso em chapas de apro-

4 Entre os Wajãpi, parece que a farinha não é feita da massa puba. No Solimões, ao contrário, a farinha quase não tem massa fresca, apenas a fermentada. São variações técnicas dentro de um contexto cultural amplo.

ximadamente 30cm de diâmetro, inseridas no chão das casas coletivas.

Em todo o sistema alimentar multiétnico da bacia do rio Negro, há 12 tipos de beijus ao todo feitos pelos diferentes povos, resultantes das combinações criativas entre a massa e a goma, ou sem combinações, usando apenas um dos ingredientes básicos da mandioca. Eles são grandes, assados em fornos de 60 a 70cm de diâmetro e virados com a ajuda de abanos trançados de arumã. Os povos Tukano preferem o tipo de beiju que mistura a massa fresca com a goma, o su'ukaró, ao passo que os Baré e Baniwa gostam do beiju feito das massas fresca e fermentada previamente misturadas, o pethe.

Destacamos também o beiju específico para a produção da bebida fermentada, o caxiri, encontrado tanto entre os Tukano e Baniwa do Rio Negro como entre os Wajãpi no Amapá, e consumido em dias festivos. Nesse caso, o disco é feito da massa fresca — eventualmente, da mandioca com a casca — e assado por mais tempo, até quase queimar, o que permite um controle da fermentação e agrega um gosto defumado à bebida. Para prepará-la, há muitas variações técnicas. Em uma delas, mistura-se esse beiju queimado, parcialmente mastigado, com a manicuera bem fervida, aguarda-se ao menos um dia e, depois, acrescenta-se um tubérculo cozido (cará-roxo, batata-doce ou macaxeira, por exemplo), água com açúcar e fécula, se necessário. O processo todo leva em torno de três dias, e a bebida é coada antes de ser servida pela mulher que o prepara.

Entre os Enawene-nawe, a bebida fermentada é feita da mistura do milho com a mandioca. As espigas de milho, depois de colhidas, terminam de secar no jirau, em casa. As mulheres pilam ou mastigam e cospem o cereal para dar início à bebida fermentada huyralo, de cor amarelada, fundamental para a realização de rituais. Há ainda outra bebida levemente fermentada, bem suave, consumida como bebida-alimento para hidratação de adultos e crianças, o oloyti. Para seu preparo, os pedaços de mandioca que sobram da ralação manual, ou mesmo de mandiocas não raladas, são secados ao sol e, posteriormente, socados no pilão, gerando uma farinha. O milho socado também gera uma farinha que é mastigada. Ambos os ingredientes são adicionados num caldeirão de manicuera, que deve ser bem fervida. Acrescenta-se, ainda, uma porção de fécula de mandioca.

Antigamente, os Mura tinham uma técnica específica de processamento da mandioca fermentada, chamada "massa assada". Deixavam a mandioca de molho por três dias, amassavam a massa já desintegrada e a cozinhavam em uma panela até dar liga. Em seguida, moldavam os bolos e os assavam diretamente em um forno preparado artesanalmente com fogo feito em buraco da terra, queimando o ouriço de castanha. Embora essa prática não seja corrente hoje, esse preparo da mandioca era um item muito valorizado, especialmente para receber visitantes. Além da massa assada, fazia-se o mingau da goma de babaçu misturado com leite da castanha. Os frutos do babaçu eram colocados de molho por dois dias, depois pilados e, em seguida, a massa era secada no tipiti para retirar a goma (Gomes da Silva *et al.*, 2008, p. 156).

Essa diversidade de processamentos alimentares demonstra a intimidade desenvolvida por esses povos com os alimentos cultivados ou coletados. Para os mesmos ingredientes (a fécula ou a massa da mandioca, por exemplo), há diversas escolhas culinárias possíveis, que respondem a interesses específicos de cada grupo social. Os Enawene-nawe se interessam pela combinação de milho e mandioca, os povos do rio Negro intensificam e desdobram as várias apresentações desse tubérculo, enquanto os Mura enterravam sua massa, técnica também aplicada em territórios diversos na conservação de outros frutos, como a pupunha e a batata-mairá.

Entre os Enawene-nawe, o mingau ketera, servido na cabaça, representa a união dos dois cultivos principais desse povo: a mandioca e o milho. Para produzi-lo, a manicuera, sumo da mandioca, é levada ao fogo até adocicar. Em seguida, acrescenta-se fécula de mandioca e a farinha do milho gerada da pilagem.

Foto 7. Mistura de massa e goma

Foto 8. Preparo de beiju curadá (*suukaró* em tukano)

Foto 9. Finalização do beiju curadá

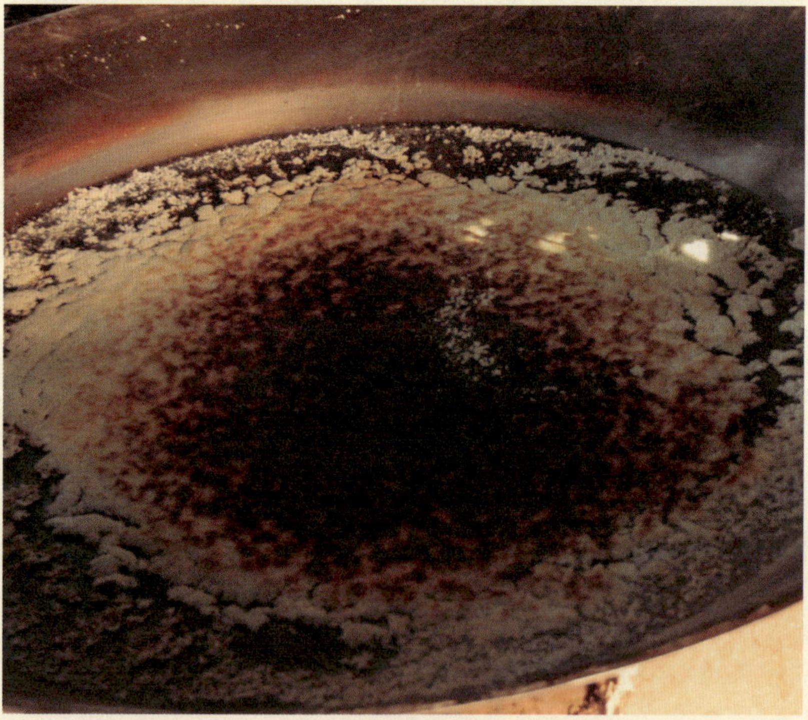

Foto 10. Beiju queimado para fazer caxiri

Foto 11. Beiju de massa (*meyu* em Nheengatu/pethe em Baniwa)

Foto 12. Torrando farinha

Foto 13. Caxiri de mandioca e cará-roxo sendo ofertado durante a cerimônia dabucuri

Etapas do processamento da mandioca entre os Enawene-nawe

Foto 14. Menina rala mandioca no ralador de metal sobre base de madeira

Foto 15. A massa da mandioca é espremida sobre peneira

Foto 16. A massa é separada do sumo manualmente em pequenos bolos

Foto 17. A massa é moldada em bolos

Fotos 18 e 19. Os bolos são defumados e secados em cima do jirau

Foto 20. O beiju é assado depois que o bolo defumado é debulhado

Fonte: Lorena França, Mato Grosso, 2018.

Processamento do milho na alimentação Enawene-nawe

Foto 21. Dupla de meninas pila o milho seco

Fotos 22 e 23. O milho é mantido pendurado no alto da casa e, depois de bem seco, é debulhado da espiga

Foto 24. Mingau ketera

Fonte: Lorena França, exceto foto 23, de Gilton Mendes dos Santos. Mato-Grosso, 2018.

Relações indígenas com o alimento e a terra

A diversidade de alimentos corresponde à produção intensa das roças. As roças bonitas são precisamente aquelas em que as manivas — parte aérea da planta da mandioca — crescem de maneira vigorosa, com raízes protuberantes, em grande diversidade e ao lado de outras espécies igualmente cultivadas com esmero. No Alto Rio Negro, cada dona de roça mantém, em média, de 15 a 60 tipos de manivas, herdadas, principalmente, da mãe ou da sogra, bem como de outras relações (França, 2023). Essa coleção particular é continuamente ampliada, a depender do interesse da mulher, a partir de visitas a parentes e vizinhas. Além disso, é considerada um bem de alto valor cultural, material e simbólico, que garante a reprodução alimentar da família, assim como prestígio social à sua dona.

A totalidade das variedades de manivas no Médio e Alto Rio Negro soma aproximadamente 140, ao lado de mais de 200 espécies cultivadas (Emperaire et al, 2019). Essa expressividade biológica é sustentada pelos conhecimentos tradicionais associados e teve seu reconhecimento como patrimônio cultural do Brasil[5]. Uma expressiva diversidade de cultivares de mandioca também é encontrada entre os Wajãpi, com 110 variedades (Cabral de Oliveira, 2006), e entre os Makuxi, com 78 variedades (Rival, 2008).

As roças dependem do esforço diário das mulheres que cuidam de suas plantas. Na bacia do rio Negro, quando se preparam para um dia de trabalho, as mulheres indígenas dizem "vou cuidar das minhas manivas" como quem cuida de suas filhas. Nas roças, é preciso fazer a limpeza do "mato" (plantas indesejadas) e queimá-lo. A fumaça não é apenas uma consequência indesejada, pois "a maniva gosta do cheiro da fumaça", segundo Cleomar Olímpio, dona de roça Baniwa. Existem qualidades que dão bem para uma mulher e outras não, existem aquelas que desaparecem e depois voltam ao roçado, configurando uma relação intersubjetiva singular entre plantas e mulheres no contexto cultural do rio Negro (França, 2023).

Os modos de cultivos dos Enawene-nawe possuem semelhanças e diferenças com os da bacia do rio Negro. As primeiras roças de mandioca são feitas coletivamente para os Iakaryti (os seres invisíveis) por homens e mulheres, com algumas distinções. Os homens vão na frente com ferramentas para o plantio, enquanto as mulheres vão depois e vertem, sobre as covas do centro da roça, oloyti (bebida levemente fermentada) e peixe defumado. Depois de alimentada, a mandioca recebe os cantos mágicos proferidos pelos hoenaytare (xamãs), que muitas vezes enfatizam o desejo da menina-planta de comer peixe (Mendes dos Santos, 2006, p. 191). As técnicas de plantio e cuidado das manivas são, portanto, muito distintas da lógica ocidental de agricultura, que se baseia em produtos químicos para o cuidado do solo e das plantas. Quando a roça coletiva está concluída, iniciam-se os preparativos das roças por uni-

5 Fazemos menção ao Sistema Agrícola Tradicional do Rio Negro, reconhecido como patrimônio cultural do Brasil pelo Instituto do Patrimônio Histórico e Artístico Nacional (IPHAN) em 2010. Trata-se de um caso exemplar de como a garantia do território e das condições de reprodução da vida cultural dos povos permite a conservação biológica/genética das espécies vegetais no modelo in situ, em oposição aos bancos de germoplasma que realizam a conservação ex situ.

dade familiar, em áreas de meio hectare, de modo a render uma produção para o ano todo. O trabalho de derrubada costuma ser coletivo, mas a limpeza do terreno, colheita e replantio das manivas corresponde a uma atividade cotidiana.

As roças de milho crioulo são as que ficam mais distantes da aldeia e são plantadas numa área bem maior que a de mandioca. Os Enawene-nawe possuem um rico conhecimento sobre a interação entre espécies vegetais, presença de aves e qualidade do solo — os bioindicadores — para definirem o local da roça de milho. O milho tradicional, crioulo, é consumido maduro (seco): esperam que as espigas amadureçam no pé, por vezes estabelecendo embates contra os porcos-do-mato que as querem comer. Além da mandioca e do milho, os Enawene-nawe plantam, em menor quantidade, feijão-fava, cará, inhame, batata-doce, araruta, algodão e urucum — itens que, juntos, compõem a diversidade alimentar.

Na cosmologia desse povo, a mandioca era humana antes de ser planta. Segundo conta a história, Atolo pediu à sua mãe Kokotero que a enterrasse viva. Do corpo da menina púbere nasceu a planta, cujas partes correspondem às do corpo humano. Outras meninas, vendo o sucesso da produção, também pediram para ser enterradas e deram origem ao cará, ao inhame e à batata. Quando a irmã da mãe de Atolo arrancou as raízes da mandioca de qualquer modo, com raiva, seu corpo chorou. Desde então, a planta não nasce mais espontaneamente, gerando a obrigação de os Enawene cuidarem sempre da roça e refazerem o plantio. A relação de mãe e filha pontuada no nascimento mítico da maniva se perpetua nos cuidados cotidianos das mulheres com as suas manivas, com as quais mantêm relações de consanguinidade (Mendes dos Santos, 2006).

Em diferentes contextos etnográficos, vê-se relações de cuidado mútuo que consolidam vínculos de parentesco entre os povos e as plantas. Os cuidados das mulheres sobre as plantas cultivadas as permitem crescer e frutificar, assim como são seus frutos, folhas e raízes que permitem fazer crescer, amadurecer, alegrar, seduzir e curar pessoas através de comidas, bebidas fermentadas e remédios.

Esse breve recorte sobre as produções alimentares indígenas em poucas localidades permite ter uma noção da diversidade das técnicas possíveis aplicadas sobre a mandioca, sobretudo, e, em menor escala, o milho. A expertise desenvolvida por esses povos sobre formas de extração de veneno, de extração da goma, de processamentos da massa, defumação, demolho e fermentação no preparo da mandioca também se expressa em processamentos de frutos da floresta, como o umari, a batata-mairá, o cunuri e o japurá (Mendes dos Santos; França, 2024). Seja da agricultura, seja do mato, os povos tradicionais demonstram uma exímia capacidade de extrair riquezas de maneira longeva, ensinando sobre resiliência e sustentabilidade a partir de noções de "natureza" muito distintas do modo de produção ocidental capitalista.

Vulnerabilidades territoriais e alimentares

As terras indígenas, segundo a Constituição Federal, são "as áreas habitadas em caráter permanente pelo grupo indígena, as utilizadas para suas atividades produtivas, as imprescindíveis à preservação dos recursos ambientais necessários a seu bem-estar, e as necessárias à sua reprodução física e cultural, de acordo com seus usos, costumes e tradições" (Artigo 231 da Constituição Federal de 1988). A delimitação do Estado deveria assegurar a existência do modo de vida tradicional indígena, evitando invasões, ameaças e usurpações de seus recursos. No entanto, invasões em terras demarcadas e o impacto dessas ações no usufruto da terra têm sido constantes. É o que acontece com os Yanomami, que sofrem com a invasão de garimpeiros em Roraima e Amazonas. Além disso, existem povos que vivem num território muito mais amplo do que os espaços diminutos reconhecidos pelo Estado, sofrendo todo tipo de ameaças ao seu modo de vida tradicional.

Os Mura são um povo indígena habitante da Amazônia Meridional, cuja ocupação antiga está localizada na bacia do rio Madeira, entre os municípios Borba e Manicoré, e, também, no município de Autazes, às margens do rio Preto de Pantaleão, afluente do Amazonas (Athila, 1998). Eles são historicamente caracterizados como canoeiros, de grande mobilidade, que fazem suas casas à beira de lagos e rios em área de várzea, constituindo sua territorialidade em função da alternância entre a cheia e a seca. Assim, há séculos adotam a agricultura itinerante, aproveitando a fertilidade da várzea para o plantio de cultivos de ciclo curto (milho, jerimum, cará, maxixe, entre outros) e, mais recentemente, para a criação de animais de pequeno porte (galinhas e porcos). Durante a cheia, os Mura se mudavam para os lagos e usufruíam das espécies de peixes e frutas desse período sazonal (Scopel, 2007). Toda a extensão de seu território tradicional foi sendo fragmentada durante o século 19 de maneira sistemática por diversas pressões territoriais e projetos colonizadores. Áreas contínuas importantes para sua subsistência, como os castanhais, foram definitivamente fragmentadas em delimitações conduzidas pelo Serviço de Proteção ao Índio (SPI) no início do século 20 (Athila, 1998). Ao menos desde a década de 1970, as diminutas Terras Indígenas Mura estão cercadas por pecuaristas que buscam as várzeas para a produção de bovinos e búfalos, situação que gera conflitos sociais, políticos e territoriais que afetam diretamente sua produção alimentar[6].

Durante um seminário sobre pesca indígena e direitos sociais, José Claudio Yuaka, Mura do município de Autazes, expressou o impacto territorial sofrido: "a minha terra indígena é cercada por fazendeiros! Na seca, eles levam os búfalos para as várzeas e eles espantam os peixes. Fazemos a autoproteção devido à ausência dos órgãos responsáveis [de fiscalização]". Ariane Santana, do Baixo Rio Madeira, acrescentou que, antes da chegada do gado, as águas dos igarapés entravam nos

6 A criação de gado chegou a ser estimulada pela Fundação Nacional dos Povos Indígenas (Funai) nos anos 1970 como alternativa de renda e autossustento, ao passo que nesse período aqueles que mais se beneficiavam com as cabeças de gado eram os próprios chefes de posto (Scopel, 2007). Essa questão evidencia como os Mura estão inseridos historicamente em relações de abuso de poder com os brancos, sejam eles representantes do Estado ou agentes das atividades econômicas.

lagos levando muito peixe, como o jaraqui (Semaprochilodus taeniurus). Agora, a presença dos búfalos aumentou a turbidez e o assoreamento da água, interrompendo esse fluxo natural de abastecimento de águas e peixes[7].

Além dos fatores que colocam em risco a soberania alimentar dos povos que habitam as terras demarcadas, existem os indígenas que sofrem com a insegurança alimentar nas cidades por diversas causas: ausência de recursos básicos, que geram fome e/ou desnutrição, distanciamento territorial e a respectiva desconexão com as tradições culturais alimentares, colonização do paladar e aumento do consumo de produtos industrializados. Os indígenas que vivem nas aglomerações urbanas lidam com a ausência da possibilidade de reprodução dos meios culturais e ambientais diretamente associados ao direito humano à alimentação adequada.

Memória e cultura alimentar Mura

A seguir, apresentamos o depoimento de Melrilane Farias, a Mel Mura, sobre sua história de resistência cultural e as referências alimentares aprendidas com sua mãe.

Eu sou uma mulher indígena Mura de 38 anos. Nasci em Manaus, mas até os dez anos de idade frequentei nosso território de origem. É a partir das minhas vivências da infância e das referências das minhas parentes que trago este relato. Infelizmente, o direito de afirmar minha identidade indígena foi violado durante a maior parte da minha vida, em decorrência da colonização e suas diversas formas de negar os corpos indígenas. Apesar da nossa forte resistência à colonização, até os dias de hoje há uma insistência em nos silenciar. Porém,

7 Os relatos de José Cláudio e Ariane Mura foram retirados do relatório final do "Seminário de Pesca Indígena e Orientações para a Pesca de Pequena Escala", realizado em Manaus, em março de 2019.

em um processo familiar de retorno ancestral, a partir da memória de minha mãe e minhas tias, principalmente, pude acessar informações e reconhecer parte da nossa alimentação ancestral.

O nosso território de origem fica no município de Autazes, no Amazonas. Para nós, quando apresentamos nosso território de origem, afirmamos ser o território pertencente ao povo indígena Mura, localizado na bacia do rio Madeira. Autazes costuma ser chamado de município da "Terra do Leite", por ser o maior produtor de leite de búfala do Brasil, mas isso, para mim, é uma representação colonizada do nosso território.

Nossos alimentos originários cultivados da terra eram macaxeira, maxixe, quiabo, mamão, banana-pacovã, banana-sapo e outras, além de batata, cará-roxo e milho. Nos quintais, tinha cupuaçu, açaí, castanha, tucumã. Do mato, comíamos as frutas pitomba, bacuri, abiu, apeua, inajá, jatobá, jenipapo, maracujá-do-mato e muitas outras. Dos peixes do território da juventude da minha mãe, tinha o bararuá, cará-açu, cará-branco. "Esses a gente não vê mais", conta Graça, minha mãe. Mas tem também cará-disco, traíra, tucunaré, jacundá, mapará, araçu, cará-cachimbo.

Um dos alimentos mais importantes para a nossa cultura é a castanha fresca, a castanha seca a gente não consome. Eu lembro da minha mãe ralando a castanha no ralo de lata pra fazer o leite. O bolo de macaxeira feito por ela tinha macaxeira, ovo, açúcar e leite de castanha. E também fazia mingau de jerimum ou de banana com esse leite. Nós não tínhamos o hábito de consumir leite de vaca, isso veio depois. E, aqui em Manaus, raramente minha mãe ou eu fazemos leite de castanha, porque se tornou uma coisa cara para a gente comprar. Vivendo no território, minha mãe e minhas tias apanhavam muita castanha no terreno da minha avó materna, Oscarina Farias, que ficava atrás da casa de farinha.

Uma prática muito lembrada pelas minhas parentes do período vivido nas aldeias é a farinhada, momento em que as mulheres se reuniam para fazer farinha. Elas me contam que esse procedimento afastava as doenças de seus corpos, porque o contato da massa da farinha nas suas mãos era uma forma de cura. A farinhada era um momento em que podiam trabalhar e levar seus filhos, conversar entre as cunhadas e fortalecer os laços com a comunidade. Ao preparar os alimentos, até a madeira escolhida para fazer o fogo era algo a dar atenção. Por exemplo, ao fazer alimentos doces, minha avó escolhia as madeiras com cheiro adocicado para o preparo desses alimentos. Assim ela também escolhia outros tipos para fazer remédios e comidas salgadas. Ao preparar farinha, era necessário a presença das crianças na casa de farinha para que houvesse uma melhor qualidade, do contrário a farinha não saía bem torrada. Hoje, para nós em Manaus, quando nos alimentamos da farinha produzida por parentes Mura no território, acessamos essa memória e essa força do nosso povo.

Na casa de farinha, fazíamos beiju-chica (um beiju pequeno e seco, crocante), pé de moleque com castanha, tapioca, goma. E também tínhamos os utensílios que compõem nossas memórias, como o tipiti, as cuias, as peneiras, as panelas e as colheres de pau. Assim, a casa de farinha e a mandioca passaram a ter um reconhecimento simbólico ainda mais forte, como um local de respeito, merecido de reconhecimento, por constituírem nossas memórias.

A vida em Manaus tem muitos desafios. A própria arquitetura da cidade influencia a nossa alimentação. No interior, por mais que cada um tivesse sua casa, tinha um lugar em comum onde todos cozinhavam, aberto e coletivo: a casa de farinha. Então, a refeição era coletiva. Hoje, não é mais assim. Em Manaus, a gente vive num mesmo terreno, é tipo uma comunidade, com seis famílias. Minha mãe arrumou esse terreno quando veio para Manaus em 1987, quando eu nasci. Ela fez uma casa de madeira grande, com seis quartos para todos nós. Crescemos ali, vivendo o tempo todo juntos. Quando a casa ficou velha e caiu, construímos seis quitinetes no quintal, um para cada um de nós. Hoje, eu e minhas irmãs e meu irmão estamos casados e com os nossos filhos, e cada família numa quitinete. Mas faz falta demais essa convivência, esse comer junto. As contações de história que a gente ouvia do território enquanto comia se acabaram por conta desse formato que a gente escolheu, infelizmente. Eu sinto muito forte o quanto isso influencia. É uma dor incomum o quanto faz falta o morar e comer junto. Hoje, a gente sonha em fazer uma casa de farinha no terreno, pra fazer farinha mas principalmente pra ficar junto, conversando.

Muita coisa mudou por vivermos na cidade. Das poucas coisas que conseguimos manter dos tempos antigos são as pias da cozinha para o lado de fora das casas e o uso de cuias para beber água, açaí... as cuias são uma memória forte da nossa avó, a matriarca da família. Então, elas significam muito para a gente.

Acredito que, ao nos alimentarmos dos alimentos ancestrais, estamos mantendo vivos nossos ancestrais e tendo a possibilidade de ativarmos nossas potências e nossos sonhos, por onde recebemos informações importantes para uma melhor qualidade de vida. Continuamos com nosso compromisso em nos mantermos vivos em vida, pois um povo sem memória e sem sua cultura alimentar é um povo morto em vida.

O relato de Melrilane Mura permite refletir como são muitos os desafios enfrentados pelos indígenas nas periferias das cidades para manter suas tradições, da arquitetura que reduz os espaços de convivência e impulsiona o individualismo ao elevado preço dos alimentos in natura. A mandioca, a banana, o açaí e o peixe se tornam a cada dia mais escassos na vida das pessoas, dando lugar à calabresa, ao frango de granja, ao militos (salgadinho de milho), que são encontrados com mais facilidade e por preços menores nos mercadinhos acessíveis a essas populações.

As transformações dos hábitos alimentares indígenas têm sido sistematizadas pelo conceito de transição alimentar, que indica a incorporação de hábitos urbanos na dieta (Silva; Garavello, 2012). Vários estudos apontam para o aumento do consumo de fontes de açúcares, sal e gordura, e para a redução do consumo de vitaminas e minerais presentes nos frutos e animais diversos que vão deixando de ser consumidos em favor dos ultraprocessados (Leite, 2012).

A urbanização pautada no concreto pouco espaço dá para o crescimento de quintais e roças diversificadas. Algumas famílias que moram próximas de áreas cultiváveis, como no Parque das Tribos, localizado às margens do igarapé Tarumã-Mirim, no noroeste de Manaus, chegam a iniciar suas roças e veem crescer algumas manivas. Mas esses cultivos não perduram em razão da impossibilidade de revezamento de terreno — a técnica tradicional indígena de plantio, mencionada anteriormente. Assim, em vez de comerem a própria farinha, que fortalece o corpo e tem o sabor cultural da tradição, comem a farinha produzida pela indústria do polo da Zona Franca, que não possui qualquer referência simbólica. É a desigualdade intrínseca e estrutural que comanda a vida.

De cozinhas solidárias à alta gastronomia

Há diversas formas de valorizar a comida amazônica e suas origens indígenas, seja nas comunidades, seja no contexto urbano, em diferentes camadas. Há iniciativas que enfocam as pessoas em situação de fome e insegurança alimentar, e há ações que buscam valorizar conceitual e simbolicamente o alimento amazônico em espaços socialmente privilegiados, como a alta gastronomia. Falaremos a seguir de algumas iniciativas que, juntas, têm a missão de reduzir a expansão do consumo de ultraprocessados e dar valor às raízes culturais da comida dessa região.

A Cozinha Boca da Mata é uma cozinha solidária que nasceu e atua no Parque das Tribos, na periferia de Manaus, o primeiro bairro indígena da capital. Atualmente, ele abriga cerca de 700 famílias, das quais aproximadamente 80% são indígenas de 35 etnias. Essa organização colaborativa se autodefine como "cozinha afetiva, social e não convencional na luta pela segurança alimentar através do alimento bom, limpo e justo que fortaleça as culturas locais". As atividades são realizadas por um coletivo de mulheres, lideradas por Renata Peixe-Boi, indígena Mura, membro da Rede Maniva de Agroecologia, que aposta na ancestralidade para modificar a realidade social. Desde 2021, a Boca da Mata tem sido apoiada pelo Gastromotiva, organização não governamental que "usa a gastronomia como um motor de transformação social", oferecendo cursos e suportes para iniciativas que atuam diretamente com a população em situação de fome e insegurança alimentar.

A Cozinha Boca da Mata desempenhou uma grande contribuição social ao servir refeições nutritivas para os indígenas do Parque das Tribos durante a pandemia de Covid-19, amenizando seus impactos. Com o apoio da Gastromotiva, nesse período, foram fornecidas gratuitamente, em caixas de papelão, cerca de 400 marmitas diariamente, com arroz, feijão, uma opção de proteína animal e legumes. A escolha por materiais biodegradáveis faz parte do entendimento de que a fome e a crise ambiental estão diretamente relacionadas. Elas nos lembram que é preciso ter atitudes mais coerentes com a saúde do corpo e a saúde da Terra.

Finalizada a pandemia, a organização continua atuando em várias frentes, servindo, inclusive, como opção de bufê sustentável para eventos. Em 2024, foi contratada para cozinhar para a delegação dos indígenas do vale do Javari em trânsito para o Acampamento Terra Livre, em Brasília. Em respeito à cultura alimentar desses povos, a Boca da Mata preparou refeições sem arroz e feijão, com carne e banana-da-terra cozida, demonstrando a possibilidade de fazer adequações às necessidades culturais dos povos.

Foto 25. As refeições são servidas em marmitas de papelão

Não é apenas na cidade grande que as pessoas indígenas sofrem com a insegurança alimentar. O excesso de oferta de ultraprocessados em diversos territórios aumenta consideravelmente o quadro das doenças crônicas não transmissíveis, como diabetes e hipertensão, na saúde indígena. Nas aldeias e comunidades, isso tem se tornado uma realidade por diversas frentes, cujas razões ultrapassam os objetivos deste capítulo. No entanto, trazemos aqui o exemplo da associação Mapana, iniciativa dos Ticuna do Alto Solimões. Os Ticuna e seus parceiros de luta conseguiram se mobilizar para inserir alimentos tradicionais, frescos e locais nas merendas escolares locais. Através do Programa Nacional de Alimentação Escolar (PNAE), a Mapana chegou a vender 309 toneladas de alimentos para escolas localizadas em suas aldeias e comunidades vizinhas (Matarezio Filho e Pedrosa, 2024).

Essa mobilização, efetuada ao longo de vários anos, conseguiu contribuir efetivamente com uma alimentação condizente com os princípios culturais dos Ticuna, tal como prescreve o direito humano à alimentação, e, ainda, gerar renda para os agricultores indígenas. Segundo Matarezio Filho e Pedrosa (2024), a prosperidade da associação Mapana diminuiu a dependência em relação aos atravessadores, aumentou o valor dos produtos produzidos por esse povo, e, do ponto de vista social e simbólico, efetivou uma "ticunização" da merenda escolar da região.

No campo da gastronomia, a potência e a versatilidade dos produtos amazônicos são frequentemente subestimadas. Quando, ocasionalmente, os alimentos nativos aparecem na composição gastronômica, é comum se fazer comparações com os produtos convencionais como forma de lidar com a diferença de sabores, texturas e cheiros. O tucupi preto é chamado de "shoyu amazônico", o arubé, de "mostarda amazônica", e o puxuri, de "noz-moscada amazônica", por exemplo. No entanto, se inicialmente a comparação ajuda, depois ela pode ser limitadora. Experimentar algo realmente diferente inclui novas sinapses em nosso cérebro e a fixação de novo repertório e novos conceitos, pois cada alimento novo apreendido carrega consigo a história de um lugar social.

O tucupi preto, com sua complexidade de sabor, vai muito além do shoyu. Como mencionado anteriormente, ele é um tipo específico do já conhecido tucupi amarelo, e varia em sabor e textura de acordo com quem o produziu. Hoje, no Caxiri, um restaurante de experiências gastronômicas no centro histórico de Manaus, há duas qualidades e origens: o dos Wapichana, que vivem em Roraima, e o produzido pelos Baré do Alto Rio Negro. O primeiro é denso e brilhante, levemente adocicado, por ser feito essencialmente com a mandioca fresca. Apresenta notas de sabor e aroma defumados. No restaurante, acrescenta-se rapadura, mel de cana ou açúcar mascavo para se produzir uma estonteante calda doce, com notas de café e chocolate. Já o tucupi do Alto Rio Negro é fluido e acrescido de formigas e pimenta, excelente para preparos salgados.

A experiência de uma chef de cozinha com os alimentos amazônicos

A seguir, o depoimento de Débora Shornik, chef do restaurante Caxiri:

Eu aprendi a usar o tucupi preto com as indígenas Macuxi e, para mim, é uma experiência emocionante usá-lo em minhas receitas e levar esse saber ancestral para meus clientes a partir da minha cozinha, feita a partir de uma visão afetiva sobre a Amazônia.

Outro ingrediente nativo da Amazônia de grande potência culinária, que conheci através de cozinheiras ribeirinhas de Novo Airão, na região metropolitana de Manaus, é o cubiu (Solanum sessiliflorum), também conhecido como "tomate de índio" ou "maná cubiu". Esse tomate selvagem possui uma textura firme, sabor peculiar e grande versatilidade, podendo ser utilizado em diversas receitas. Fica delicioso em caldeiradas, moquecas, assados, empanados, fritos, grelhados, e também pode ser consumido cru, em saladas e vinagretes. Além disso, com ele fazemos suco, compota, doce em calda, chutney e geleia. Nosso último invento no restaurante Caxiri foi o "ketchup da floresta", perfeito para acompanhar beiju de tapioca. Essa formulação é uma experiência de decolonização do paladar: não precisamos ser reféns dos tomates italianos, produzidos a quilômetros de distância em larga escala e com o uso em excesso de agrotóxicos, quando se tem esse ingrediente autêntico, naturalmente orgânico, à disposição. Para isso, é preciso sair da zona de conforto e aprender o que os alimentos nativos têm a nos ensinar.

A floresta é um ambiente denso, e seus frutos, como o cubiu, não são simples, nem sempre fáceis de lidar: possuem cascas e modos específicos de serem consumidos, cheios de artimanhas. É preciso cautela para descascar o cubiu, pois o contato com sua pele pode causar urticária. O manuseio deve ser delicado e rápido. Se for utilizá-lo em grande quantidade, após descascá-lo é necessário imergi-lo em uma solução aquosa cítrica ou na própria placenta do fruto, para evitar a oxidação e preservar sua coloração amarelo-ouro-claro.

É uma dádiva conhecer os ingredientes junto aos povos da Amazônia, na culinária da floresta. Esses sabores e saberes são indissociáveis e realmente complementares; acessíveis em encontros reais, para além de livros e matérias da internet.

Cubiu em calda, com bola de sorvete e calda de tucupi doce por cima

Sopa de cogumelos Yanomami com tucupi apimentado.
Fonte: Restaurante Caxiri, 2024.

Por fim, gostaríamos de apresentar a experiência gastronômica desenvolvida pelo Biatuwi, casa de comida indígena onde se apresentam sabores, técnicas e conhecimentos indígenas dos Tukano do Alto Rio Negro e dos Satere-Mawé. A casa foi fundada em 2021, em Manaus, por João Paulo Barreto, antropólogo tukano, e sua esposa Clarinda Ramos de Lima, antropóloga sateré-mawé, com a colaboração direta de Débora Shornik.

O local proporciona a seus clientes uma culinária que une a tradição dos dois povos, cujos pratos são preparados pelas mãos de Clarinda, nascida no Baixo Rio Amazonas. Trata-se de uma iniciativa que busca a inversão radical do que é a comida de alto valor: os povos indígenas manejam a floresta e sabem processar seus frutos e animais com expertise há mais de 10 mil anos, embora seu alimento seja considerado demasiadamente simplório pelos circuitos de poder social. Dentro do Biatuwi, a simplicidade dos alimentos é apresentada com requinte e nobreza, à altura dos conhecimentos associados que os geraram.

O carro-chefe da casa é a quinhanpira, ou biatu, na língua Tukano, alimento da tradição Tukano e dos demais povos do Alto Rio Negro. É um caldo de bastante pimenta (bia significa pimenta), que varia em quantidade e variedade, com peixe.

> Os modos de preparo são variados. O pescado e o camarão, por exemplo, podem ser assados, moqueados, pupecados ou cozidos no biatu (quinhapira), isto é, cozinhados à base de água, muita pimenta e sal (...) Entre os povos indígenas do Alto Rio Negro, o *biatu* é servido com peixe ou sem peixe pela manhã (antes de ir ao roçado), ao meio-dia e pela noite, como jantar. É um alimento do dia a dia e não pode faltar. E também é servido aos visitantes como boas-vindas e aos viajantes como acolhimento e desejo de boa viagem. É um elemento central de sociabilidade.
> (João Paulo Barreto, extraído do texto de apresentação do Biatuwi — Casa de comida indígena)

À quinhapira podem ser acrescidos o tucupi, as formigas (saúva ou maniwara) ou massas de frutas, como o japurá e o umari, conforme a localidade, a época do ano e o hábito específico dos povos que compõem o sistema alimentar da região. Segundo a cosmologia tukano, a pimenta possui um significado de limpeza e proteção xamânica e é usada desde os primeiros benzimentos sobre o corpo. Entende-se que ela ajuda na digestão e a produzir um corpo forte, belo, com ânimo e apetite sexual (Barreto, comunicação pessoal, 2025).

No Biatuwi, a formiga sahai ocupa um lugar de destaque ao lado da quinhanpira, como representante da tradição Sateré-Mawé. Tradicionalmente, é consumida com xibé durante ou depois do trabalho na roça. É servida numa farofa especial e, também, usada como tempero de peixe assado ou em caldo. A oferta da sahai no circuito gastronômico em Manaus recupera e valoriza sua coleta por aqueles que conhecem as profundezas e segredos da mata. Numa cuia, aos moldes tradicionais, também é oferecido o sapó — feito com água e pau de guaraná ralado uma bebida estreitamente relacionada à sociabilidade e à longevidade Sateré-Mawé.

A culinária criativa e a retomada das raízes amazônicas

Para pensar a Amazônia, é importante reconhecer e valorizar os saberes e as práticas alimentares dos povos indígenas, do passado ou do presente, como expressão do enraizamento desses povos e das demais culturas que são herdeiras da indianidade. Como apresentamos anteriormente, seu conceito alimentar está estreitamente associado ao modo de manejo da terra, tanto nas roças cultivadas quanto no manejo de espécies da floresta.

A variedade de alimentos derivados da mandioca corresponde, de certa forma, ao interesse que as mulheres têm na variedade de manivas plantadas, que se conecta ao gosto pela pimenta na comida e na preparação xamânica dos corpos. O processamento da farinha de milho seco dos Enawene-nawe, misturada com a mandioca para fazer o mingau ketera, a bebida fermentada de mandioca e outros tubérculos dos Wajãpi e dos Tukano, o mingau de babaçu com leite de castanha dos Mura são apenas alguns exemplos da infinidade de possibilidades da riqueza alimentar indígena. O domínio que eles demonstram sobre as espécies, seres com os quais mantêm relações sociais, é expresso na composição alimentar.

Os territórios estão nas aldeias, nas comunidades situadas no meio da floresta e na beira do rio, tal como descrevemos anteriormente, mas, também, são as casas localizadas nos bairros periféricos das cidades amazônicas que reproduzem, dentro do possível, referências culturais aprendidas nos territórios originários. Assim, a valorização da identidade étnica dos indígenas urbanos e suas referências e memórias é um passo essencial para atingir a ressignificação da comida em contextos periféricos. Conhecer e valorizar as raízes indígenas amazônicas na Amazônia é um ato político decolonial. Se os conhecimentos indígenas, a ciência, o Estado e o mercado se unissem, poderíamos ter ofertas de marmitas com alimentos locais, como peixes locais moqueados e tubérculos da terra, ketchups de cubiu, caxiri engarrafado e tantas outras ideias que podem surgir, abrindo-se uma frente de combate ao avanço dos ultraprocessados e à insegurança alimentar.

As tradições dos povos indígenas nos ensinam lições valiosas sobre a relação com a alimentação e a sazonalidade da natureza. No entanto, enfrentamos um paradoxo alimentar em nosso cotidiano. Muitas vezes, a correria das grandes cidades nos impede de cultivar um estilo de vida que respeite os ciclos de plantio e colheita. A rotina apressada frequentemente nos leva a optar por produtos processados e ultraprocessados, que prometem praticidade, mas podem prejudicar nossa saúde e reforçar os prejuízos ambientais. Os princípios alimentares do cotidiano de quem vive na Amazônia são essenciais para entender a alimentação saudável que nutre tanto o corpo físico quanto o espiritual. O convite proposto aqui é uma reflexão conceitual de entendimento da necessidade de retomada da alimentação de verdade, produzida em casa com alimentos locais. Estar em família comendo os alimentos ancestrais é um ato de valorização do coletivo e de autocuidado em nível individual.

Os alimentos são uma forma de reatar memórias. No entanto, a gastronomia amazônica tem sido supervalorizada nos circuitos gourmet de elite sem levar em conta as pessoas que fazem a historicidade e a profundidade desses conhecimentos existirem. Defendemos que a gastronomia tem potencial para se tornar uma extensão da cultura alimentar, não um recorte seletivo. Assim, é fundamental direcionar a criatividade para alimentos fora do padrão convencional, ouvir e entender como as cozinheiras indígenas e ribeirinhas produzem sua rica alimentação. Isso implica em aprender técnicas de conservação e métodos de preparo que utilizem integralmente os alimentos, incorporando nas receitas talos, raízes, folhas e cascas com criatividade e intenção. Significa ampliar o uso dos recursos disponíveis, nos colocando a serviço da cadeia alimentar proposta pela natureza e buscando a real sustentabilidade ambiental.

É preciso despertar o olhar para o que temos ao nosso redor como uma das práticas mais sustentáveis que podemos adotar. Compreender que existe uma vasta gama de alimentos e buscar a soberania alimentar de cada território é a chave para um futuro mais promissor e viável. Para isso, é imprescindível quebrar os paradigmas da colonização alimentar. É possível manter o respeito aos legados europeus construídos na gastronomia, mas podemos ir além e conhecer novos sabores e novas técnicas associados a conceitos de povos que construíram outros mundos na Amazônia.

Os alimentos guardam os mistérios da vida. Durante milênios, a floresta amazônica foi semeada pelas mãos dos povos originários. Hoje, ela resplandece como uma força potente e vital para toda a humanidade. Seguindo essa ideia, como cozinheiros e chefs de cozinha, somos mãos que trabalham coletivamente, espalhando sementes pelo direito à existência e à restauração das relações. A gastronomia é um motor de transformação social potente que poderia ser aproveitado por iniciativas que queiram investir na Amazônia e nas pessoas que vivem nela. Precisamos pressionar para que o direito ao bom alimento seja respeitado, colocando-nos como ferramentas vivas em prol de uma gastronomia sustentável e social, entendida como um princípio e não apenas uma etiqueta.

Referências bibliográficas

ATHILA, A. R. Índios de verdade: territorialidade, história e diferença entre os Mura da Amazônia Meridional. Dissertação (Mestrado em Sociologia e Antropologia) – Programa de Pós-Graduação em Sociologia e Antropologia, Instituto de Filosofia e Ciências Sociais, Universidade Federal do Rio de Janeiro, Rio de Janeiro, 1998.

GALLOIS, D. 2004. Terras indígenas e unidades de conservação da natureza: o desafio das sobreposições. São Paulo: Instituto Socioambiental, 2004.

GOMES DA SILVA, A. et al. Aldeias indígenas Mura. Manaus: Editora da Universidade Federal do Amazonas, 2008.

EMPERAIRE, L. et al. Dossiê Sistema Agrícola Tradicional do Rio Negro. Brasília: IPHAN, 2019.

FRANÇA, L. Comer e viver: o sistema alimentar indígena do Rio Negro. 2023. Tese (Doutorado em Antropologia Social) – Programa de Pós-Graduação em Antropologia Social, Universidade Federal de Santa Catarina, Florianópolis, 2023.

FRANÇA, L.; FONTES, F. Alimentação na Floresta: relações entre frutos, comidas e os yóopinai entre os Baniwa, Alto Rio Negro. Maloca: Revista de Estudos Indígenas, Campinas, v. 5, p. 1-36, 2022.

LEITE, M. Nutrição e alimentação em saúde indígenas, notas sobre a importância e a situação atual. In: GARNELO, L.; PONTES, A. L. (org.). Saúde indígena: uma introdução ao tema. Brasília: SECADI; UNESCO, 2012.

LÉVI-STRAUSS, C. O pensamento selvagem. Campinas: Papirus, 1989.

MATAREZIO FILHO, E. T.; PEDROSA, H. C. Mapana, alimentação escolar e soberania alimentar dos Ticuna (Magüta). Revista de Antropologia, São Paulo, v. 67, 2024. Disponível em: https://www.scielo.br/j/ra/a/yDfyyvVsC4tnGm73ZxGVc6R/?format=pdf&lang=pt. Acesso em: 4 set. 2025.

MENDES DOS SANTOS, G. Da natureza à cultura: um estudo do cosmos e da ecologia Enawene-Nawe. Tese (Doutorado em Antropologia Social) – Programa Pós-Graduação em Antropologia Social, Universidade de São Paulo, São Paulo, 2006.

MENDES DOS SANTOS, G.; FRANÇA, L. Culinária da floresta: técnicas indígenas na produção alimentar amazônica. Estudos Avançados, São Paulo, v. 38, n. 112, 2024. Disponível em: https://www.scielo.br/j/ea/a/G8g8qXJZmjLg8d6NMQGhjTQ/?format=pdf&lang=pt. Acesso em: 4 set. 2025.

OLIVEIRA, J. C. de. Classificações em cena: algumas formas de classificação das plantas cultivadas pelos Wajãpi do Amapari (AP). Dissertação (Mestrado em Antropologia Social) – Programa de Pós-Graduação em Antropologia Social, Universidade de São Paulo, São Paulo, 2006.

SCOPEL, D. Saúde e doença entre os índios Mura de Autazes (Amazonas): processos socioculturais e práxis da auto-atenção. Dissertação (Mestrado em

Antropologia Social) – Programa de Pós-Graduação em Antropologia Social, Universidade Federal de Santa Catarina, Florianópolis, 2007.

SILVA, R.; GARAVELLO, M. E. Ensaio sobre transição alimentar e desenvolvimento em populações caboclas da Amazônia. Revista Segurança Alimentar e Nutricional, Campinas, n. 19, v. 1, p. 1-7, 2012.

VELTHEM, L. H. van.; Katz, E. A 'farinha especial': fabricação e percepção de um produto da agricultura familiar no vale do rio Juruá, Acre. Bol. Mus. Para. Emílio Goeldi. Cienc. Hum, Belém, v. 7, n. 2, p. 435-456, 2012.

César Favarão

Geógrafo e doutor em Planejamento e Gestão do Território pela Universidade Federal do ABC (UFABC). É pesquisador no Núcleo Cebrap Sustentabilidade, onde foi coordenador da Cátedra Itinerante "Inclusão Produtiva no Brasil Rural e Interiorano" e, atualmente, desenvolve pesquisas sobre as transições sustentáveis nos sistemas agroalimentares.

Georgia Jordão

Responsável pela frente de conhecimento da iniciativa Uma Concertação pela Amazônia. Pesquisadora associada no Centro de Desenvolvimento Sustentável da Universidade de Brasília (CDS-UnB), é bacharel e licenciada em Geografia, mestre em Geografia pela Universidade Federal do Rio de Janeiro (UFRJ) e doutora em Política e Gestão da Sustentabilidade pelo CDS-UnB. É professora colaboradora do Mestrado Profissional em Ciência da Sustentabilidade na PUC-RJ.

Joanna Martins

Empresária da bioeconomia paraense e pesquisadora de cultura alimentar amazônica, com formação em Publicidade e Administração. Fundadora e diretora da Manioca, marca de bioeconomia amazônica, e diretora executiva do Instituto Paulo Martins, onde esteve à frente de projetos como curadoria e coordenação geral do Festival Ver-o-Peso da Cozinha Paraense, criação e coordenação da eventos, conferências de gastronomia e de projetos editoriais e educacionais ligados ao alimento da região. Atua também como ativista e articuladora de arranjos institucionais para o desenvolvimento de sistemas alimentares com enfoque em cultura, turismo, promoção e abertura de mercado para a sociobioeconomia alimentar).

PARADOXOS AMAZÔNICOS

Desafios e oportunidades para uma transição justa e sustentável dos sistemas agroalimentares

Assim como Mani brotou entre dor e promessa, os sistemas agroalimentares da Amazônia vivem entre contrastes: fartura e escassez, saber e esquecimento. A transição justa floresce quando escutamos a terra e suas contradições, plantando futuro com raízes de equidade e floresta em pé

A Amazônia brasileira é paradoxal, pois nela convivem abundância e escassez, diversidade e monotonia. O paradoxo da abundância e da escassez manifesta-se na profunda desigualdade socioeconômica que marca o cotidiano de populações que, apesar de viverem em um território de imensa biodiversidade, ainda enfrentam a fome e a má alimentação. Já o paradoxo da diversidade e da monotonia revela a tensão entre a riqueza de modos de vida, práticas alimentares e sistemas produtivos tradicionais e o avanço de padrões de produção e consumo que homogeneízam as dietas e as paisagens ecológicas. Essa condição paradoxal transforma a Amazônia em um território-laboratório, um lugar em que convivem, simultaneamente, grandes desafios e grandes oportunidades para que a região lidere uma transição justa e sustentável dos sistemas agroalimentares.

Foi a partir desse pano de fundo que se estruturou a presente publicação, composta por um prólogo, onze capítulos e este epílogo, escritos sob diversas perspectivas disciplinares e trajetórias pessoais. Ao articular diferentes experiências de vida, reflexões e perspectivas teóricas, a coletânea buscou qualificar o debate sobre como se produz, distribui e consome comida nas Amazônias — no plural — e quais caminhos podem ser trilhados para transições agroalimentares mais justas e regenerativas.

Abordar essa riqueza de maneira a oferecer um panorama que articule as diferentes contribuições não é, definitivamente, uma tarefa simples. Um olhar geral, no entanto, permite traçar um cenário comum a todos os relatos, revelando com nitidez os principais paradoxos amazônicos, que percorrem os capítulos como fios entrelaçados. O prólogo "Mesa posta" expôs esses contrastes e ofereceu ao leitor um panorama introdutório bastante ilustrativo de como os paradoxos se intensificam nas histórias de vida narradas por diferentes habitantes de distintas regiões do imenso território amazônico. Os capítulos seguintes aprofundaram os caminhos traçados nessas narrativas particulares, a partir de entradas teóricas e reflexivas heterogêneas. Neles, foi possível identificar que os paradoxos operam de forma dinâmica por meio do que se pode chamar de vetores de retração e vetores de tração para a transição justa e regenerativa dos sistemas agroalimentares amazônicos.

Os **vetores de retração** referem-se à rápida expansão no tempo e no espaço de monoculturas e do desmatamento, à instalação de infraestruturas territorialmente inadequadas e à recente disseminação de formas de consumo alimentar com pouco valor nutricional e que prevalecem sobre alimentos relacionados aos saberes tradicionais. São vetores que impulsionam e aprofundam as desigualdades, comprometendo a valorização da ciência conectada à sociobiodiversidade e afastando os sistemas agroalimentares amazônicos de uma trajetória de sustentabilidade e justiça da produção de comida para os seus moradores.

Já os **vetores de tração** são aqueles que promovem a riqueza e a diversidade sociocultural e ecológica. São exemplos os sistemas agroflorestais, o manejo sustentável de espécies nativas, os conhecimentos tradicionais e as inúmeras práticas e tecnologias que conservam e/ou ampliam a durabilidade de alimentos, reduzem os impactos ambientais da produção agrícola convencional e ampliam a resiliência de vidas humanas e mais que humanas nos territórios. São, portanto, vetores que aproximam os sistemas agroalimentares de uma rota de transição rumo a mais resiliência ecossistêmica e inclusão social.

Ao longo do livro, torna-se evidente que as oportunidades para uma transição justa e sustentável nas Amazônias depende de um novo conjunto de incentivos político-institucionais que reconheça efetivamente a centralidade das populações locais como portadoras e codesenvolvedoras de soluções que promovem e conservam a sociobiodiversidade amazônica. Isso implica romper com a lógica vigente de incentivos governamentais contraditórios, que, ao mesmo tempo em que priorizam os vetores de retração — por meio de subsídios, financiamento, oferta de infraestrutura e leniência diante do descumprimento das leis ambientais —, tenta mitigar seus efeitos socioambientais negativos com incentivos insuficientes e desarticulados para as práticas mais sustentáveis.

Considerando esses aspectos, este epílogo tem como objetivo oferecer um panorama das transformações político-econômicas e socioambientais pelas quais passa a Amazônia brasileira e suas interrelações com os sistemas agroalimentares, a partir de abordagens científicas, técnicas e sensíveis que dialogam com temas estruturantes dos territórios, a exemplo da cultura, povos indígenas, quilombolas e comunidades tradicionais, economia, cidades, saúde e desmatamento. Além disso, procurou-se, dentro dessa heterogeneidade, identificar os caminhos e possibilidades para a construção de sistemas agroalimentares amazônicos mais justos e sustentáveis. Como a casa de Mani, onde vida e alimento brotam do chão com força simbólica e concreta, os caminhos aqui apresentados apontam para a necessidade de uma transição centrada na ampliação do acesso a alimentos nutritivos, sustentáveis e conectados à ciência ancestral e na regeneração e ampliação de áreas florestais.

A Amazônia, com sua vastidão verde, não é apenas um território. É um organismo vivo, pulsante, onde os saberes ancestrais e os desafios contemporâneos se entrelaçam como as raízes das samaumeiras. Entre rios e florestas, o alimento nunca foi apenas sustento — é cosmovisão, é identidade, é futuro.

Vetores de retração: predominância dos modelos convencionais e aumento da monotonia

A Amazônia brasileira apresenta um modelo de desenvolvimento que, historicamente, tem comprometido a viabilidade de uma transição dos sistemas agroalimentares rumo à sustentabilidade. Os capítulos 2 e 3 revisitaram essa trajetória histórica, apontando que, desde meados do século passado, a expansão da agropecuária voltada à produção de *commodities* — com destaque para carne bovina, soja e milho — tem sido o principal motor da transformação territorial e ecológica da região. Essa dinâmica, fortemente orientada à exportação e alicerçada no agronegócio convencional, intensificou-se nas últimas décadas, tornando-se o principal vetor de homogeneização das paisagens naturais e dos modos de vida locais.

Os dados são impressionantes: entre 1985 e 2023, mais de 53 milhões de hectares de floresta amazônica foram convertidos em áreas agropecuárias, sendo 84,5% destinados à formação de pastagens. A pecuária responde pela quase totalidade — 88,5% — das áreas desmatadas, sendo uma atividade marcada pela baixa produtividade, associada ao patrimonialismo, e responsável pelos altos níveis de emissões de gases de efeito estufa, seja pelo processo de digestão do gado, seja pelas mudanças no uso do solo relacionadas a essa prática. Esse modelo está especialmente presente nos estados do Mato Grosso, Rondônia, Tocantins, Pará e Maranhão, e, mais recentemente, tem avançado sobre a área de confluência entre

Amazonas, Acre e Rondônia, intensificando a pressão sobre florestas primárias e ampliando o chamado "arco do fogo".

A expansão da infraestrutura rodoviária tem sido catalisadora desse processo, ao favorecer o acesso de grandes empreendimentos agropecuários a áreas anteriormente protegidas ou isoladas. A concentração fundiária agrava esse cenário, dificultando o acesso à terra por parte de agricultores familiares e comunidades tradicionais. Mesmo as inovações tecnológicas, como a agricultura de precisão, quando inseridas nesse modelo, tendem a reforçar desigualdades e impactos ambientais.

A intensificação dessas dinâmicas ocorre em um contexto de mudanças climáticas aceleradas, cujos efeitos já são sentidos sobre os sistemas produtivos amazônicos e se agravam com a persistência de problemas estruturais da região. Nesse sentido, o capítulo 6 explora outro paradoxo amazônico: em uma região que abriga uma das maiores bacias hidrográficas do mundo, o acesso à água tratada e ao saneamento básico permanece limitado, realidade que se agrava com o avanço da mineração ilegal, responsável por contaminar rios e afetar diretamente a saúde e os meios de subsistência de populações ribeirinhas e indígenas.

O novo cenário climático não apenas eleva os custos de produção, mas, como mostrou o autor do capítulo 7, também agrava a insegurança alimentar, sobretudo em municípios com altas taxas de desmatamento, que apresentam os piores indicadores sociais e elevadas taxas de subnutrição e desnutrição infantil. Essa correlação direta entre destruição ambiental e violação ao Direito Humano à Alimentação e Nutrição Adequada (DHANA) reforça a urgência de repensar o modelo de uso e ocupação do solo na região. Já o capítulo 6 apontou que importantes áreas agrícolas da Amazônia e do Cerrado já operam sob temperaturas mais altas. O aumento das secas, da irregularidade das chuvas e da frequência de eventos extremos vem impactando culturas fundamentais à segurança alimentar da população local como a castanha-do-pará, o açaí, a mandioca e o milho, além de comprometer a disponibilidade de água para irrigação e uso doméstico. A expansão dos biocombustíveis, por sua vez, como mostra os autores desse capítulo, embora promovida sob a bandeira da produção de energia limpa e sustentável, frequentemente opera como mecanismo de realocação da pecuária para a Amazônia, deslocando — e não resolvendo — as pressões socioambientais.

Simultaneamente à transformação do uso do solo, observa-se uma transformação nos padrões de consumo alimentar, impulsionada pela elevação da renda, pela urbanização e sob a égide dos conglomerados da agroindústria alimentar e da chegada das grandes redes de varejo nos territórios. Como mostraram as autoras do capítulo 8, esses grupos têm expandido cadeias longas de abastecimento e promovido a disseminação de produtos ultraprocessados na Amazônia, reduzindo a diversidade alimentar e aumentando a dependência de alimentos de baixa qualidade nutricional. Essa dinâmica é reforçada por uma estrutura produtiva centrada no processamento de grãos e carnes para exportação, enquanto alimentos básicos voltados ao consumo humano cotidiano — como mandioca, banana, arroz, feijão e café — perdem espaço nas áreas cultivadas e nos espaços de comercialização.

A monotonia alimentar, que acompanha a monotonia produtiva e ecológica, é uma marca do sistema agroalimentar hegemônico e globalizado, baseado na padronização genética de animais, na monocultura intensiva que empobrece e contamina o solo e a biodiversidade, e na redução da diversidade dietética. A tendência de substituição de alimentos tradicionais por ultraprocessados é visível em estados como o Amapá, onde o consumo desses produtos já supera a média nacional, e também em capitais como Boa Vista e Macapá, onde o fenômeno se intensificou durante a pandemia. Ao lado do aumento no consumo de carne, observa-se um declínio contínuo na ingestão de alimentos tradicionais, como pescados, frutas locais e produtos da mandioca, o que compromete não apenas a saúde nutricional das populações amazônicas, mas também a reprodução de práticas culturais e de sistemas de conhecimento associados a tradições alimentares locais.

Além dos fatores associados diretamente à produção e ao consumo alimentar, há outros vetores que também influenciam e impulsionam os sistemas agroalimentares para longe de uma rota de justiça e sustentabilidade. Como discutido no capítulo 7, as grandes obras de infraestrutura energética, como a Usina de Belo Monte, exemplificam como a produção de energia, quando desvinculada de uma perspectiva territorial e social, pode afetar negativamente a segurança alimentar. A instalação de Belo Monte não apenas desestruturou ecossistemas locais, mas também desorganizou modos de vida baseados na pesca e na agricultura de subsistência, deslocando populações e induzindo o consumo de alimentos industrializados por meio de programas de compensação financeira.

Por fim, o capítulo 11 demonstrou que a convivência conflituosa entre distintos modelos de uso do território é outra dimensão importante desse cenário. O caso do povo indígena Mura, que habita a bacia do rio Madeira, ilustra esse embate: praticantes de agricultura itinerante adaptada aos ciclos naturais de cheias e secas da várzea, os Mura vêm sendo pressionados pela expansão da pecuária, em especial pela criação de búfalos, que ocupa e degrada áreas fundamentais para sua reprodução social e cultural. Esse exemplo explicita a tensão e a convivência conflituosa entre modos de vida locais e a dinâmica de ocupação territorial promovida pela expansão desregulada do agronegócio.

Os diferentes capítulos evidenciaram como os sistemas agroalimentares amazônicos estão imersos em um conjunto complexo de vetores de retração, que incluem a concentração fundiária, a expansão de monoculturas, a substituição de práticas alimentares tradicionais, a degradação dos recursos naturais e o aprofundamento da vulnerabilidade socioeconômica. A monotonia em curso nos territórios amazônicos — seja ela produtiva, ecológica ou alimentar — e a constante necessidade de impor processos produtivos exóticos, culturalmente estranhos e não adaptados ao território, sintetizam a trajetória de homogeneização imposta pelo modelo dominante, com seus impactos diretos sobre a resiliência dos territórios e das populações que neles vivem.

A superação desses entraves exige, portanto, mais do que intervenções pontuais e o escalonamento de soluções exitosas. A mensagem subjacente a todos os capítulos é clara nesse sentido: **é necessário romper com lógicas extrativistas e de retornos de curto prazo, enfrentando exemplarmente o avanço dos vetores de retração que impedem a tração de sistemas agroalimentares que conciliam justiça social, segurança alimentar e integridade ecológica. Em suma, um novo paradigma de desenvolvimento regional é necessário.** Os caminhos para isso já existem, e estão esboçados sob diferentes perspectivas nos capítulos, como será tratado a seguir.

Vetores de tração: alternativas de transição para sistemas agroalimentares diversos e resilientes

A Amazônia, enquanto território com a maior biodiversidade do planeta, encontra-se sob constante escrutínio internacional, e as pressões externas têm exercido um papel fundamental na reformulação dos marcos comerciais ao longo das últimas décadas. Como discutido nos capítulos 2, 6 e 10, mudanças recentes nas regras do comércio internacional apontam para um horizonte de maiores restrições aos produtos oriundos de áreas de desmatamento e de violação de direitos humanos, como exemplificam o regulamento aprovado pelo Parlamento Europeu em 2023 e a Declaração Chinesa de Carne Sustentável. A instabilidade na demanda por alimentos nos moldes tradicionais, devido à desaceleração do crescimento populacional e urbano em países como a China, reforça ainda mais a necessidade de reconfigurar os sistemas produtivos amazônicos. Nesse cenário, o conteúdo das Contribuições Nacionalmente Determinadas (NDCs) ganham relevância, e oferecem uma oportunidade para estabelecer metas, compromissos e benefícios concretos para que os produtores e empresas se alinhem a compromissos ambientais mais rigorosos.

Esse contexto tem provocado o reposicionamento de frações de atores do agronegócio, cada vez mais inclinados a um movimento de *phase-out* dos sistemas convencionais. A pecuária, embora seja a atividade de maior impacto negativo sobre os ecossistemas da região, apresenta também o maior potencial de reversão de danos ambientais. O capítulo 10 apresentou um panorama de técnicas acessíveis e de baixo custo, como a arborização de pastagens, os sistemas agroflorestais e a Integração Lavoura-Pecuária-Floresta (ILPF), que despontam como alternativas viáveis para mais de 500 mil pequenas propriedades pecuaristas amazônicas. Soma-se a isso um estoque significativo de terras subutilizadas e degradadas — cerca de 60% dos pastos — que poderiam ser recuperadas com ganhos ambientais e produtivos.

O país já dispõe de um repertório técnico para avançar na conformação de sistemas produtivos mais sustentáveis, com destaque para práticas como o Sistema de Plantio Direto (SPD), a Fixação Biológica de Nitrogênio (FBN) e os recentes avanços no desenvolvimento de bioinsumos, que permitem uma produção mais diversa, saudável para o solo e alinhada às exigências ambientais. Ao contrário de países industrializados, onde o bloqueio tecnológico impõe limites à transição, no Brasil as emissões de gases de efeito estufa derivam majoritariamente das transformações no uso da terra, o que oferece uma oportunidade estratégica para reverter esse quadro por meio de mudanças relativamente mais baratas nos sistemas convencionais de produção.

Além da transição ecológica nos sistemas convencionais, é necessário impulsionar e fortalecer ainda mais os chamados nichos sustentáveis de produção de alimentos. Como abordado nos capítulos 7 e 11, experiências com sistemas agroflorestais, agroecológicos e regenerativos não apenas preservam a floresta, como também promovem inclusão produtiva e integram a ciência ancestral de povos indígenas, ribeirinhos, quilombolas e outras comunidades tradicionais. A mandioca, com sua versatilidade e alto rendimento em pequenas propriedades, é um exemplo de como produtos tradicionais podem ser a base de cadeias sustentáveis e multifuncionais. Esses sistemas estão fortemente vinculados ao que a literatura denomina Sistema Agrícola Tradicional (SAT), caracterizado por uma relação de baixa intensidade com a natureza, uso de tecnologias simples e mão de obra familiar. A integração entre cultivo, extrativismo e criação animal promove a segurança alimentar e a soberania dos povos da floresta, ao mesmo tempo que se alinha aos princípios da sustentabilidade ecológica e justiça social. Produtos como o cacau, a castanha-do-Brasil, o açaí, a borracha e o palmito exemplificam essa convergência entre biodiversidade, ancestralidade e inclusão socioeconômica.

A ciência ancestral, por sua vez, aparece como um vetor de tração da transição, revelando que os caminhos para a regeneração dos ecossistemas amazônicos já foram, em muitos aspectos, traçados pelos povos originários. Conforme evidenciaram os autores do capítulo 1, os registros arqueológicos oferecem fortes evidências de que a riqueza da biodiversidade amazônica resultou da coexistência e da coevolução entre os diferentes modos de vida e necessidades dessas populações, bem como de suas técnicas de apropriação da natureza, desenvolvidas ao longo de milhares de anos, modificando e incrementando a diversidade ecológica — o que faz do bioma amazônico um verdadeiro mosaico de paisagens manejadas. Retomar o sentido da domesticação da fauna e da flora, fundamentada na valorização da biodiversidade, como praticada pelos povos e comunidades ancestrais, pode ser uma fonte de inspiração para caminhos possíveis à transição agroalimentar.

Nos capítulos 7, 8 e 11, os autores ilustraram a inter-relação entre ancestralidade e diversidade, evidenciando como os saberes ancestrais se manifestam nos diversos usos da mandioca e do babaçu, cujas técnicas tradicionais promovem o aproveitamento integral das espécies, com aplicações que vão da alimentação à construção civil e à produção de energia. A ciência ancestral aplicada à agricultura manifesta-se também na prática de manutenção das centenas de variedades nativas de manivas catalogadas na região do Rio Negro, o que garante não apenas a diversidade genética, mas também a continuidade cultural, com destaque para protagonismo feminino nesse processo. Manifesta-se, ainda, nas diferentes formas de processamento do tucupi, com suas variações locais bastante valorizadas na gastronomia regional, associando tradição à agregação de valor econômico.

Cozinhas como a paraense, com sua origem indígena, influência multicultural e seu reconhecimento internacional, são exemplos de como uma tradição alimentar pode se tornar referência, símbolo de orgulho e vetor da economia criativa. O reconhecimento de Belém como Cidade Criativa da Gastronomia pela UNESCO, em 2015, foi fruto direto desse movimento.

Além disso, iniciativas como os Agentes Indígenas de Manejo Ambiental têm sistematizado saberes alimentares e ecológicos dos povos da bacia do Rio Negro, mostrando como a biodiversidade alimentar está intrinsecamente ligada aos regimes de chuva e aos ciclos ecológicos.

Outro elemento essencial nessa transição são as inovações organizacionais locais, que estruturam e ampliam a capacidade de ação dos territórios frente aos desafios da sustentabilidade. O capítulo 7 destacou a importância das lutas sociais por direitos constitucionais desde os anos 2000, bem como o papel estratégico das organizações da sociedade civil na mediação entre comunidades tradicionais e o Estado. Experiências como a Cozinha Boca da Mata, em Manaus, o Festival Ver-o-Peso da Cozinha Paraense em Belém, e as compras institucionais feitas por associações indígenas, como a Mapana, mostram como políticas públicas e ações da iniciativa privada, podem ser mobilizadas para fortalecer sistemas alimentares inclusivos. O capítulo 5 citou o projeto Agents, coordenado pelo pesquisador Eduardo Brondizio e colaboradores, que mapeou mais de 200 iniciativas em 900 localidades, revelando um arquipélago de práticas que, embora ainda isoladas, oferecem alternativas concretas ao modelo convencional. Elas não apenas geram renda e promovem a inclusão social, como também conectam produção e consumo sustentáveis, constituindo bases para mercados de alimentos mais saudáveis e resilientes.

Não menos importante é o papel das pequenas indústrias urbanas locais de alimentos que têm potencial significativo para crescer por meio de parcerias com grandes empresas, especialmente aquelas com interesse em produtos sustentáveis e de apelo socioambiental. Essas conexões abrem oportunidades importantes para que iniciativas locais escalem suas operações, beneficiando-se de acesso a mercados maiores e proporcionando ganhos concretos na ponta do sistema produtivo[1]. São inúmeras as iniciativas nesse sentido, e abarcam desde a produção de farinhas e geleias com base nos saberes tradicionais, o beneficiamento de castanha e óleos florestais, o processamento de frutas regionais em polpas até a produção de mel nativo com valor agregado.

Por fim, a diversidade étnica e cultural da Amazônia aparece como um vetor intrínseco à sustentabilidade da região. A visão de mundo que concebe a terra como fonte de vida — e não apenas como recurso explorável — constitui um antídoto ético contra a lógica extrativista que historicamente orientou a ocupação da região. Como sintetizou o capítulo 11, esse entendimento está na base de modos de vida que conciliam produção com conservação, cuja valorização é indispensável para uma transição justa e territorializada. Assim, os sistemas agroalimentares amazônicos não serão transformados apenas pela introdução de tecnologias ou políticas setoriais, mas por um processo complexo de articulação entre aspectos comerciais, ecológicos, culturais e institucionais.

A consolidação de um novo paradigma exige não apenas reconhecer as experiências em curso, mas também conectá-las, protegê-las e fortalecê-las, de forma a garantir um futuro em que preservação ambiental, inclusão social e soberania alimentar caminhem juntas.

1 É o caso da Manioca, *foodtech* de Belém que hoje fornece para redes como Pão de Açúcar e com apoio de investimentos corporativos. Ver mais em: https://veganbusiness.com.br/foodtech-manioca-recebe-investimento-da-ajinomoto/

Caminhos e alternativas para uma transição justa e sustentável

Frente à intensificação das tensões entre os diferentes modelos de desenvolvimento e seus vetores antagônicos discutidos anteriormente, os sistemas agroalimentares da região enfrentam o desafio de romper com dinâmicas baseadas na homogeneização produtiva, na degradação ambiental e na insegurança alimentar, e avançar rumo a arranjos sustentáveis e inclusivos. Nessa perspectiva, é possível sintetizar que as recomendações e caminhos propostos nos diferentes capítulos preconizam uma ampla reestruturação dos incentivos político-institucionais e financeiros em torno de três eixos interdependentes: i) conectar a oferta e o consumo de alimentos saudáveis e sustentáveis, ii) fortalecer práticas e modelos sociotécnicos sustentáveis, e iii) melhorar os incentivos institucionais e financeiros, de forma coerente com os objetivos de justiça socioambiental e valorização da ciência e cultura associadas à sociobiodiversidade.

i) Conectar oferta e consumo de alimentos saudáveis e sustentáveis. A Amazônia produz majoritariamente para fora, inserida em cadeias de *commodities* desconectadas das demandas alimentares e culturais da própria população regional. A monocultura do gado e da soja, voltada à exportação, avança sobre territórios que antes abrigavam roças de subsistência e pomares comunitários. O alimento que chega à mesa da população amazônica muitas vezes percorre longos trajetos logísticos, encarecendo produtos e empurrando as famílias para o consumo de ultraprocessados baratos e de baixo valor nutricional. Reverter esse quadro exige políticas públicas que promovam o reencontro entre produção e consumo locais, integrando práticas baseadas na sociobioeconomia e nos saberes tradicionais.

No campo da oferta, o capítulo 9 destacou o papel da agricultura urbana e periurbana, que tem potencial para suprir demandas locais, reduzir emissões associadas ao transporte e fortalecer circuitos econômicos de base territorial. As autoras citaram um importante estudo organizado pelo Instituto Escolhas, que demonstra que, na capital Belém, o aproveitamento de terrenos urbanos ociosos poderia suprir toda a demanda alimentar da população da cidade. No entanto, políticas públicas voltadas à agricultura urbana ainda são incipientes, carecendo de maior fomento à infraestrutura de distribuição e armazenamento, além de assistência técnica orientada às suas especificidades.

A questão das infraestruturas de fornecimento de alimentos para as populações urbanas também foi abordada no capítulo 9, que indicou as deficiências na distribuição por parte das centrais de abastecimento da região, como a Ceasa Paraense, que ainda depende em grande medida de produtos de outros estados — 80% de sua oferta —, revelando a urgência de reorganizar os sistemas de comercialização e distribuição, com foco na regionalização das cadeias.

Do lado do consumo, a preocupação está em combater a crescente penetração dos alimentos ultraprocessados e ampliar a disponibilidade de alimentos baseados na diversidade sociocultural da região. Nesse sentido, como bem apontado no capítulo 11, o Programa Nacional de Alimentação Escolar (PNAE) desponta como política estratégica, pois já funciona como meio de integração entre saberes tradicionais e cadeias curtas de abastecimento. Outro exemplo de iniciativa que promove essa conexão entre produtores e consumidores é a associação Mapana, criada por indígenas Ticuna. Experiências como a do Grupo de Consumo Agroecológico (GRUCA) também demonstram o potencial de iniciativas da sociedade civil na conexão direta entre produtores e consumidores, sem atravessadores, promovendo relações mais justas e sustentáveis. Outro exemplo de inovação social é a Cozinha Boca da Mata, localizada na periferia de Manaus, que atua em parceria com a ONG Gastromotiva e reforça o papel das cozinhas solidárias como dispositivos de combate à fome e valorização da biodiversidade alimentar em contextos urbanos.

A rede produtiva da gastronomia tem uma característica rara: combina alta agregação de valor com baixa exigência tecnológica. Isso quer dizer que é possível empreender com baixo investimento inicial, mas com potencial de retorno elevado —

especialmente se houver estratégia, identidade e qualidade. Essa característica, que amplia mercados e conecta o território ao mundo, ampliando a fronteira territorial, é especialmente relevante para jovens da região, que anseiam oportunidades, mas encontram poucas portas abertas no território.

Um outro caminho possível, e já em operação embrionária na região, é o desenvolvimento de uma sociobioindústria de alimentos menos ultraprocessada, que usa de soluções de baixo/média exigência tecnológica ao mesmo tempo que oferece para o consumidor um alimento preservado e seguro, sem o uso exagerado de aditivos artificiais ou nocivos à saúde humana e ao meio ambiente. Estas soluções, podem gerar processos escaláveis e de retorno financeiro compatível com as necessidades do mercado (financeiro e consumidor).

Pequenos e nascentes negócios, apoiados por aceleradoras e programas como a Amaz, do Idesam, o Jornada Amazônia, da Fundação Certi ou o Inova Amazônia do Sebrae, aliados a equipamentos e centros tecnológicos como o CBA, de Manaus e Parque de Bioeconomia e Inovação da Amazônia, em Belém, são movimentos e estruturas que impulsionam esse caminho e tem uma força importante de potencializar seus resultados.

Ainda assim, os aprendizados trazidos por essas iniciativas precisam ser melhor internalizados nas estruturas dos governos locais, transformados em políticas públicas e potencializados a partir do acesso a novos mercados, para que possam ser replicadas em outros territórios amazônicos. Além disso, o aproveitamento dessas experiências como vetores de tração para maior sustentabilidade dos sistemas alimentares da região depende da superação de gargalos logísticos, de assistência técnica e de financiamento — fatores que ainda limitam o potencial dessas ações.

ii) Promover práticas e modelos sociotécnicos sustentáveis e inclusivos. A transição para sistemas agroalimentares sustentáveis na Amazônia requer a substituição dos modelos sociotécnicos baseados na degradação da biodiversidade e na expropriação da terra por práticas e técnicas que promovam resiliência ecológica, justiça social e valorização dos saberes locais. Isso envolve tanto a transição sustentável dos sistemas convencionais quanto o fortalecimento de nichos inovadores ancorados na sociobiodiversidade.

No tema da transição dos sistemas convencionais, o capítulo 10 abordou o potencial do Programa Nacional de Conversão de Pastagens Degradadas (PNCPD) e seu papel estratégico na contenção do desmatamento, apontando que, com a recuperação de áreas degradadas, seria possível dobrar a capacidade produtiva da região. Cita também o Plano ABC+ e a Política Nacional de Biocombustíveis (RenovaBio), que visam reduzir as emissões da agropecuária, embora enfrentem desafios relacionados à escassez de investimentos e à ausência de articulação com políticas fundiárias e ambientais. Segundo o autor, além do aumento dos investimentos, é necessário dar coerência a esses planos a partir de um projeto de Estado que integre os diferentes entes federativos e que não esteja sujeito às mudanças de governo.

Já no campo dos modelos alternativos, as práticas agroecológicas, os sistemas agroflorestais (inclusive urbanos), o manejo sustentável dos recursos naturais e a valorização de produtos da sociobiodiversidade se colocam como pilares de uma transição inclusiva. Diversos autores apontam que o uso de tecnologias sociais e tradicionais deve ser integrado aos novos paradigmas de produção, respeitando e incorporando o protagonismo dos povos e comunidades tradicionais. Mais do que isso, tais práticas precisam ser acompanhadas de medidas estruturantes, como a ampliação da oferta de infraestrutura de transporte, educação e saneamento. Sem esses elementos, essas iniciativas continuarão funcionando de forma isolada, sem capacidade de fazer frente ao avanço dos modelos convencionais.

Outro mecanismo de fomento aos modelos de produção de alimentos mais sustentáveis e justos é a certificação socioambiental e a rastreabilidade das cadeias produtivas. Esses instrumentos são cruciais para garantir o acesso a mercados diferenciados, que remunerem de forma justa os produtos da floresta em pé e viabilizem economicamente essas práticas. Contudo, tais mecanismos ainda carecem de incentivos concretos e acessíveis, especialmente para a agricultura familiar. Como discutiu o capítulo 10, apesar do crescimento no número de empresas que assumiram compromissos de desvincular o desmatamento de suas cadeias produtivas e reduzir emissões, as certificações dificilmente ganham escala, uma vez que os altos custos envolvidos na sua adoção impedem sua ampliação e disseminação.

iii) Melhorar os incentivos institucionais e financeiros. A coexistência de políticas públicas voltadas à conservação com incentivos robustos ao agronegócio e à expansão de grandes obras de infraestrutura revela o caráter ambíguo e contraditório do atual quadro institucional voltado aos sistemas agroalimentares amazônicos. Enquanto os subsídios estatais, o crédito rural convencional e as políticas energéticas continuam a favorecer cadeias produtivas intensivas em desmatamento — como a sojicultura, a pecuária extensiva e as pequenas centrais hidrelétricas –, faltam mecanismos eficazes de fomento à produção sustentável.

Como mostraram os capítulos 5 e 9, a base dessas desigualdades reside no legado desenvolvimentista do Estado na região, que promoveu a ocupação especulativa e patrimonialista do território. O financiamento de grandes produtores, sobretudo no setor da carne, segue impulsionando o desmatamento direto e indireto, dada a ausência de critérios ambientais robustos nas linhas de crédito.

Em contrapartida, os investimentos sustentáveis enfrentam grandes desafios, como apontado no capítulo 7. Apesar do crescente interesse de investidores privados em mecanismos como créditos de carbono e pagamentos por serviços ambientais, esses instrumentos ainda não se traduzem em melhorias concretas nos territórios. A baixa atratividade econômica, a baixa adaptabilidade do modelo financeiro à realidade do território e a precariedade da infraestrutura e a frágil governança local limitam a efetividade desses recursos. O mesmo ocorre com o Fundo Amazônia, cuja capacidade de conversão de recursos em ações efetivas é travada pela falta de participação das comunidades na tomada de decisão.

Nesse sentido, melhorar a efetividade e a aplicabilidade de instrumentos como o Cadastro Ambiental Rural (CAR), o zoneamento ecológico-econômico e a rastreabilidade das cadeias produtivas é fundamental para conter o avanço da fronteira agropecuária, garantir o ordenamento territorial e oferecer maior previsibilidade para investimentos financeiros privados. Isso requer a construção de arranjos institucionais mais coerentes e plurais, que integrem diferentes níveis de governo, movimentos sociais, universidades e o setor privado.

A construção de um novo paradigma de desenvolvimento amazônico, endógeno e centrado na valorização da sociobiodiversidade, depende da capacidade do Estado de atuar como planejador, cofinanciador, formulador e regulador de políticas integradas. Como destaca o conjunto de capítulos analisados, essa transição exige que o Estado abandone a lógica extrativista e tecnocrática do passado e assuma um papel dialógico e orientador, incorporando soluções territoriais inovadoras e exitosas à política pública e dando maior coerência ao conjunto de políticas promissoras já existentes.

Por fim, trata-se de reconhecer e apoiar os inúmeros sujeitos coletivos e experiências locais que já atuam como vetores de transformação. Fortalecer esses atores com instrumentos financeiros, institucionais e tecnológicos adequados é condição indispensável para consolidar uma trajetória justa e sustentável para os sistemas agroalimentares amazônicos.

Considerações finais

A Amazônia brasileira atravessa uma encruzilhada histórica na qual os rumos do seu desenvolvimento precisam ser urgentemente discutidos à luz da crise climática, da insegurança alimentar e das desigualdades sociais persistentes. O atual panorama revela a convivência conflituosa entre políticas e incentivos que fortalecem práticas predatórias e iniciativas que buscam valorizar modos de vida sustentáveis e compatíveis com os limites socioambientais do bioma. Nesse contexto, uma transição sustentável dos sistemas agroalimentares amazônicos deve, necessariamente, articular múltiplas estratégias que promovam a convivência entre modelos produtivos orientados para exportação — desde que efetivamente sustentáveis — e os sistemas baseados na sociobiodiversidade e na valorização dos territórios e saberes locais.

Um elemento central dessa transição é a superação da monotonia alimentar tanto na produção quanto no consumo. Isso implica diversificar a base produtiva, hoje fortemente concentrada em poucos cultivos e cadeias convencionais, e impulsionar práticas alimentares ancestrais, em sintonia com a rica biodiversidade e as culturas alimentares da região. A valorização de alimentos nativos, de baixo impacto ambiental e alto valor nutricional e cultural, precisa ser acompanhada de políticas públicas que favoreçam a segurança e soberania alimentar das populações amazônicas, especialmente as mais vulneráveis. Para concretizar esse potencial, é preciso mais que vontade: é preciso estrutura. Políticas públicas que fortaleçam redes cooperativas, que garantam crédito verde, assistência técnica e infraestrutura. Bioindústrias locais, certificações de origem, plataformas de comercialização adaptadas à realidade amazônica. Tudo isso pode — e deve — ser articulado com um olhar de futuro.

Inovação, na Amazônia, é também respeito. Respeito aos tempos do rio, às mãos que moem a mandioca, às tradições que atravessam gerações. Inovar, ali, é valorizar o que já existe, o que já resiste. É distribuir riqueza sem arrancar raízes. É construir novos negócios que não apaguem histórias.

O papel do Estado é central. A visão do setor privado de impacto é crucial. Governança inclusiva, educação alimentar, valorização da agricultura familiar e da merenda escolar baseada na sociobiodiversidade, bioindústrias que processem ativos da floresta e os tornem mais preparados para alcançar o mundo. Tudo isso desenha políticas que nutrem, que educam, que transformam.

E há ainda a força ancestral da culinária indígena, não como folclore, mas como ciência, como filosofia de vida. Cozinhar, para esses povos, é também cuidar. É também ensinar. É, sobretudo, resistir.

E há ainda uma dimensão simbólica que não pode ser ignorada. Quando um jovem ribeirinho escolhe abrir um negócio com tucupi e jambu, ele está dizendo que seu território tem valor. Quando uma mulher indígena ensina sua filha a preparar um beiju com formiga, está garantindo a continuidade de um saber. Quando um cozinheiro da cidade viaja ao interior para aprender a técnica de conservação do pirarucu, está construindo uma ponte entre mundos. Isso também é inovação.

Em suma, este texto é uma convocação. Para que pensemos a Amazônia não apenas como floresta, mas como mesa. Não apenas como bioma, mas como banquete. Porque a mesa une, a mesa ensina, alimenta e propicia o diálogo e o entendimento entre diferentes povos e gerações. Uma Amazônia que alimenta corpos, mas também almas. Que inspira o mundo com seus sabores, mas sem esquecer de nutrir os próprios filhos. Porque o futuro da alimentação no Brasil passa pela Amazônia. E o futuro da Amazônia passa por comida de verdade, floresta em pé e gente com dignidade.

Que saibamos ouvir a floresta. Que saibamos aprender com seus povos. Que saibamos, enfim, nos alimentar de futuro. O futuro é agora.

Concepção e organização
Georgia Moutella Jordão
Kamyla Borges
Lívia Pagotto
Thais Ferraz

Direção Editorial | Editora Jandaíra
Lizandra Magon de Almeida

Edição
Igor Ojeda

Assistência Editorial | Editora Jandaíra
Maria Ferreira

Revisão | Uma Concertação pela Amazônia
Clayton Peron
Georgia Moutella Jordão

Preparação e Revisão Textuais
Colmeia Edições

Peça artística
Andréia da Silva

Projeto gráfico e diagramação | Biancheria
Debora Bianchi

Projeto gráfico da capa
Bruna Foltran

Narrativa artística | Uma Concertação pela Amazônia
Fernanda Rennó

Produção Executiva | Uma Concertação pela Amazônia
Joana Braga

Apoio
Instituto Clima e Sociedade

Este livro foi revisado segundo o Novo Acordo Ortográfico da Língua Portuguesa.

Esta publicação é fruto de parceria editorial, e embora parte dos exemplares seja comercializada pela editora, não há fins lucrativos ou repasse de recursos para a Uma Concertação pela Amazônia e para o Instituto Clima e Sociedade.

Dados Internacionais de Catalogação na Publicação (CIP)
(Câmara Brasileira do Livro, SP, Brasil)

Sistemas agroalimentares e Amazônias / organização
Uma Concertação pela Amazônia , Instituto Clima e Sociedade. -- 1. ed. -- São
Paulo :
Editora Jandaíra, 2025.

Bibliografia

ISBN 978-65-5094-168-0

1. Agricultura 2. Agrobiodiversidade
3. Agrofloresta 4. Agropecuária 5. Alimentação
6. Amazônia 7. Bioeconomia 8. Natureza - Preservação
I. Uma Concertação pela Amazônia. II. Instituto Clima e Sociedade.

25-306525.0 CDD-304.2709811

Índices para catálogo sistemático:

1. Amazônia : Sistema agroalimentar : Aspectos socioambientais
304.2709811

Maria Alice Ferreira - Bibliotecária - CRB-8/7964

jandaíra

+55 11 96310-3125
Editora Jandaíra
editorajandaira.com.br
@editorajandaira

Este livro foi composto pela fonte Franie e Acumin
e impresso pela Pigma Gráfica em outubro de 2025.
O papel de miolo é o Pólen Natural e o de capa
é o Cartão Supremo.